Kultur und Jagd.

Kultur und Jagd.

Ein Birschgang durch die Geschichte

von

Ulrich Wendt.

I. Band: Das Mittelalter.

Berlin
Druck und Verlag von Georg Reimer
1907.

Inhalt.

1. Kapitel.

Die heidnische Zeit der Stammesrechte.

1—600.

2. Kapitel.

Die Ausbildung des großen Grundbesitzes.

600—1100.

3. Kapitel.

Die Entwicklung der Landeshoheit.

1100—1500.

Die Jäger und ihr Recht.

Das Volk und die Jägerknechte.

Die Technik der Jagd.

Literatur.

Nachstehend gebe ich einige Schriften an, in denen ich brauchbares Material über die Jagd und die Kultur des Mittelalters gefunden habe:

Aelian, Deutsche Ausgabe des Metzlerschen Verlages in Stuttgart.

Angilberts Leben und Dichtungen. Herausgegeben von H. Althoff, Minden 1888.

K. G. Anton, Geschichte der teutschen Landwirtschaft. Gorlitz 1799. Ein erster, aber höchst gelungener Versuch, auch in jagdlicher Hinsicht sehr ergiebig.

Arrian, Kynegetikos. Übersetzt von C. H. Dörner.

Fr. Bangert, Tiere im altfranzösischen Epos. Marburg 1885.

Beowulf. Übersetzt aus dem Angelsächsischen von H. v. Wolzogen.

C. H. Edmund Freiherr v. Berg, Geschichte der deutschen Wälder bis zum Schlusse des Mittelalters. Dresden 1871.

A. Bernhardt, Geschichte des Waldeigentums. Berlin 1872.

E. Bormann, Die Jagd in den altfranzösischen Artus- und Abenteuer-Romanen. Marburg 1887. Anschaulich und ergiebig.

H. Brunner, Deutsche Rechtsgeschichte. Leipzig 1892.

J. Caesar, Der gallische Krieg. Übersetzt von Oberbreyer. Leipzig.

Columella, Zwölf Bücher von der Landwirtschaft. Übersetzt von Curtius. Hamburg und Bremen 1769.

Petrus de Crescentiis. Deutsche Übersetzung. Straßburg 1474.

F. Dahn, Geschichte der deutschen Urzeit. Gotha.

Die Edda, Götterlieder und Heldenlieder. Aus dem Altnordischen von Hans v. Wolzogen. Leipzig.

Erec, von Hartmann v. d. Aue. Herausgegeben von M. Haupt. Leipzig 1839.

Erec et Enide, par Chrestien de Troyes. Zeitschrift für deutsches Altertum. Berlin 1856.

Wolfram v. Eschenbach, Parzival. Übersetzt von K. Pannier. Leipzig.

Gratius Faliscus. Herausgegeben von Perlet. Leipzig 1826.

Der Minne Falkner, in Hadamar v. Labers Jagd. Herausgegeben von J. A. Schmeller. Stuttgart 1850.

Ludwig Felix, Entwicklungsgeschichte des Eigentums. Leipzig 1886.

Fergus, Roman von Guillaume le Clerc. Herausgegeben von E. Martin. Halle 1872.

Comte de Foix, Gaston Phoebus, la chasse, par J. Lavallée. Paris 1854. Eine Hauptquelle über die Technik der mittelalterlichen Jagd.

J. R. v. Franck, Der großmächtig Weidmann. Berlin 1898.

Petrus Georgisch, Corpus juris germanici. 1738. Gibt die Volksrechte und Kapitularien.

Gregor v. Tours, Zehn Bücher fränkischer Geschichte. Übersetzt von Giesebrecht. Leipzig.

J. Grimm, Deutsche Mythologie. 1876.

Derselbe, Deutsche Rechtsaltertümer. 1881.

Derselbe, Weistümer. Hauptquelle für urkundliches Material.

Henne am Rhyn, Kulturgeschichte des deutschen Volkes. Berlin 1897.

Friedrich v. Hohenstaufen, Von der Natur der Vögel und der Falknerei. Übersetzt von H. Schöpffer. Berlin 1896. Wichtig und ergiebig.

Horaz. Übersetzt von J. H. Voß. Leipzig, Reclam.

A. Horn, Kulturbilder aus Altpreußen. Leipzig 1886.

M. Heyne, Fünf Bücher deutscher Hausaltertümer. I. Wohnungswesen. Leipzig 1899. II. Nahrungswesen. Leipzig 1901.

G. R. Jesse, Researches in to the history of the british dog. London 1866.

v. Inama-Sternegg, Deutsche Wirtschaftsgeschichte. Leipzig 1879—1891.

S. Isaacsohn, Geschichte des preußischen Beamtentums. Berlin.

E. Jullien, Le livre de l'art de Faulconnerie et des chiens de chasse par Guilliaume Tardif. Paris 1882.

Th. G. Karajan, Maximilians geheimes Jagdbuch. Wien 1858.

Die Königsberger Jagdallegorie. Herausgegeben von K. Steiskal. Zeitschrift für deutsches Altertum und Literatur. Berlin 1880.

B. Kmiotek, Siedelung und Waldwirtschaft im Salzforst. Leipzig 1900.

Th. Krabbes, Die Frau im altfranzösischen Karlsepos. Marburg 1884.

Hadamar v. Laber, Jagd. Herausgegeben von Steiskal. Wien 1880. Hauptquelle für das Überlandjagen.

G. Landau, Beiträge zur Geschichte der Jagd und Falknerei in Deutschland. Kassel 1849.

Freiherr v. Laßberg, Liedersaal. 1820. I—IV.

Lucians Werke. Übersetzt von Pauly. Stuttgart 1827.

Albertus Magnus, Tierbuch. Frankfurt 1545.

E. Matthias, Die Jagd im Nibelungenliede. Halle 1883.

v. Maurer, Geschichte der Städteverfassung. Erlangen 1870.

Derselbe, Geschichte der Fronhöfe, der Bauernhöfe usw. Ebenda 1862.

Derselbe, Einleitung zur Geschichte der Mark-, Hof- und Dorfverfassung.

Maximilian I., Das Jagdbuch. Mit Einleitung von M. Mayr. Innsbruck 1901.

Derselbe, Das Fischereibuch. Herausgegeben mit Einleitung von M. Mayr. Innsbruck 1901.

Derselbe, Der Weiß Kunig. Wien 1775.

Derselbe, Teuerdank. Holbein-Society, London 1884.

J. N. Mederer, Leges Bajuvariorum. Regensburg 1780.

Konrad Megenberg, Buch der Natur. Herausgegeben von Schultz. Greifswald 1897.

Melleranz, Herausgegeben von Karl Bartsch. Stuttgart 1861.

Fritz Meyer, Die Stände und ihr Treiben. Dargestellt nach den altfranzösischen Artus- und Abenteuer-Romanen. Marburg 1892.

F. Michel, Tristan, recueil de ce qui nous reste des poëmes, relatifs à ses aventures. Londres 1835.

M. Miller, Das Jagdwesen der alten Griechen und Römer. München 1883.

Roy Modus, Le livre du, et de la Royne Racio, nouvelle édition par Elzéor Blaze. Paris 1839. Eine Hauptquelle für die Technik der mittelalterlichen Jagd.

A. Nehring, Über Herberstien und Hirsfogel. Berlin 1897.

Das Nibelungenlied.

Ermoldus Nigellus. Herausgegeben von Th. Pfund. Leipzig.

Eilhart von Oberge. Herausgegeben von Franz Lichtenstein. Straßburg 1877.

F. Oppenheimer, Großgrundeigentum und soziale Frage.

Oppian, La chasse, traduit par de Ballu. Straßburg 1787.

Ovid, Verwandlungen. Übersetzt von J. H. Voß. Leipzig.

H. Prutz, Rechnungen über Heinrich v. Derbys Preußenfahrten. Leipzig 1893.

K. Roth, Geschichte des Forst- und Jagdwesens in Deutschland. Berlin 1879.

Ruodlieb. Herausgegeben von Friedr. Seiler. Halle 1882.

Sachsenspiegel. Herausgegeben von Karl Müller. Leipzig.

M. de la Curne de Sainte-Palaye, Memôires sur l'ancienne chevalerie. III. Paris 1781.

E. Schaff, Die zur Jagd verwandten Falkenarten. Anlage zu Schöpffers Ausgabe der Falkenjagd von Friedrich v. Hohenstaufen.

A. Schwappach, Handbuch der Forst- und Jagdgeschichte Deutschlands. Berlin 1886.

Alwin Schultz, Das höfische Leben zur Zeit der Minnesinger. Leipzig 1889. Gibt gutes Material aus der höfischen Poesie.

H. Semmig, Geschichte der französischen Literatur im Mittelalter. Leipzig 1862.

H. Siegel, Deutsche Rechtsgeschichte. Berlin 1889.

F. X. Smoler, Historische Blicke auf das Forst- und Jagdwesen. Prag 1847.

G. Steinhausen, Deutsche Privatbriefe des Mittelalters. Berlin 1899.

A. Sternberg, Die Angriffswaffen im altfranzösischen Epos. Marburg 1886.

C. L. Stieglitz, Geschichtliche Darstellung der Eigentumsverhältnisse an Wald und Jagd in Deutschland. Leipzig 1832.

Gottfried v. Straßburg, Tristan und Isolde. Übersetzt von Pannier. Leipzig. Von den Hofsängern die beste Quelle in jagdtechnischer Hinsicht.

J. Strutt, Horda-Angel-Cynnan, or a compleat view of the manners etc. London 1775.

Peter Suchenwirt, Werke. Herausgegeben von A. Primesser, Wien 1827.

Tacitus, Germania. Übersetzt von Oberbeyer. Leipzig.

Guillaume Twici, Le art de venerie, printed at Middle-Hill-Press. 1875.

Le bon varlet de chiens. Herausgegeben von E. Jullien & Paul Lacroix. Paris 1881.

Virgil, Vom Landbau. Übersetzt von Osiander. Stuttgart 1884.

Voltaire, Sämtliche Schriften. II. Berlin 1786.

v. Wagner, Über die Jagd des großen Wildes im Mittelalter. Germania, Vierteljahrsschrift für deutsche Altertumskunde. Wien 1884.

G. Waitz, Deutsche Verfassungsgeschichte. 1893.

H. Werth, Altfranzösische Jagdlehrbücher. Halle 1889.

J. Wimmer, Geschichte des deutschen Bodens. Halle 1905.

M. Winter, Kleidung und Putz der Frau nach den französischen chansons de geste. Marburg 1886.

Xenophon, Cyropädie. Übersetzt von Walz. Stuttgart.

Derselbe, Von der Jagd. Übersetzt von Christian und Bayer. Stuttgart.

Edward of York, The master of game. Edited by A. and F. Baillie-Grohmann. London 1904. Ergiebige Quelle für die Technik der Jagd im Mittelalter.

P. Zeller, Die täglichen Lebensgewohnheiten im altfranzösischen Karlsepos. Marburg 1885.

Erstes Kapitel.

Die heidnische Vorzeit der Stammesrechte.

X—600.

Einleitung.

Motto: Keine Nation gewinnt ein Urteil, als wenn sie über sich selbst urteilen kann. Zu diesem Urteil gelangt sie aber sehr spät.

Goethe.

Zu allen Zeiten haben mehr oder weniger geistreiche Menschen auf die Ähnlichkeiten hingewiesen, die zwischen dem geschäftigen Treiben der Bienen und Ameisen und dem Hasten und Wirken, Schaffen und Sorgen der Menschen unleugbar vorhanden sind. Auch die bewegende Ursache ist ja die gleiche, denn in letzter Linie ist es dort wie hier die gleiche göttliche Macht, die sich in allen Regungen des Willens offenbart, die in der schwachen Biene wie in dem schwachen Menschen mächtig ist. Oder hat der Mensch eine Freiheit des Willens, kann er aus eigener Machtvollkommenheit sich entschließen, ob er den Falken nach dem Reiher werfen oder in die Messe gehen will? An diesem harten dialektischen Bissen haben die Gelehrten aller Zeiten sich die Zähne stumpf gemacht, ohne auch nur einen Schritt vorwärts zu tun nach einer wirklichen Erkenntnis hin. Jedenfalls ist die Willensfreiheit, wenn sie überhaupt besteht, doch in bedingter Weise nur vorhanden und in den meisten Entschlüssen wird der Mensch wie die Biene von außen her bewegt. In diesem Sinne erklärt Aristoteles den Staat für ein Naturprodukt und in diesem Sinne nennt er die Biene ein politisches Wesen.[1]) Stirner vergleicht vor 1848 die deutschen Staaten mit Bienenkörben; er sagt: „von den achtunddreißig Staaten Deutschlands verlangen, daß sie als Eine Nation handeln sollen, kann nur dem unsinnigen Begehren an die Seite gestellt werden, daß achtunddreißig Bienenschwärme, geführt von achtunddreißig Bienenköniginnen, sich zu einem Schwarm vereinigen

---

[1]) Aristoteles, Politik, 1. Buch, I. 9 u. 10.

sollen.“ Andrerseits aber hat man auch das Drohnentum zum Vergleich herangezogen mit jener Menschenklasse, die von Anderer Arbeit lebt und sich gewohnheitsmäßig futtern läßt. „Woher kommt es nur“, fragt Rabelais, „daß man die Mönche Störenfriede nennt und sie aus jeder guten Gesellschaft entfernt, ganz wie die Bienen die Drohnen aus ihren Stöcken verjagen?“ Mandeville zog im 18. Jahrhundert den Bienenstaat für seine bekannte Fabel zum Vergleich heran, in der er nachzuweisen suchte, daß die Laster untrennbar seien von der menschlichen Gesellschaft, daß der Reichtum und die Macht nicht ohne sie bestehen könnten, und daß in letzter Linie die Schelme nützliche Glieder der Gemeinschaft seien. Der Hauptunterschied zwischen dem Bienen- und dem Menschenstaat in dem Verhalten der Einwohner den Drohnen gegenüber liegt darin, daß im Bienenstaat die Drohnen totgestochen und hinausgeworfen werden, während man im Menschenstaat sie durchfuttert und leben läßt. Der Bienenstaat ist eben ein Naturprodukt vom reinsten Wasser, hier hat der alte Stagyrite Recht, und die Natur ist nicht gewohnt Rücksichten zu üben. Unbedenklich opfert sie Milliarden von Lebewesen, ob mit Absicht und für einen Zweck, oder völlig gedankenlos nach mechanischen Gesetzen, steht dahin, davon wissen wir nicht mehr, als von der Willensfreiheit. Wir beobachten aber, daß der Menschenstaat sich nur entwickelt in unausgesetzter Arbeit und geradezu im Kampf mit der Natur und vielfach im Gegensatz zu ihrem Wirken; er ist zum guten Teil eine Schöpfung des bewußten Geistes, der nie so sicher und ohne Überlegung handelt wie der Geist in unbewußter Form, der in der Biene den Stachel wider die Drohne kehrt; im bewußten Handeln tritt die Unsicherheit an die Stelle schneller Tat, und der Entschließung angeborene Farbe wird angekränkelt von des Denkens Blässe. Darum läßt man hier die Drohnen leben, denn: es finden sich Gründe dafür! — Darwin sagt zwar, daß bei Menschen, die unter genau denselben Bedingungen auferzogen würden wie Korbbienen, unsere unverheirateten Frauen es gleich den Arbeitsbienen für ihre heilige Pflicht betrachten würden, ihre Brüder zu töten.[1]) Der Gedanke ist aber eigentlich verfehlt: dann wären sie eben Bienen und keine Menschen mehr, und wenn die große Drohnenschlacht hier Wirklichkeit erlangen sollte,

---

[1]) Darwin, Die Abstammung des Menschen, deutsch von David Haek, Lp. 147—48.

dann müßte vorher mit dem bewußten Geiste ebenso gründlich Kehraus gemacht sein wie im Bienenstaat; denn dieser Geist bereitet auch den Drohnen die Möglichkeit der Existenz und gestattet ihnen nicht etwa im Verborgenen zu leben, wie man wohl meinen könnte, sondern setzt sie oben an die Tafel des Lebens, bewirtet sie mit Rehbraten und Romanée und gibt ihnen alles was sie brauchen zu einem Leben voll Behagen und Genuß.

Fragt nun der Leser, wer mit dem Rätselworte Drohnen denn gemeint ist, antworte ich ihm: in erster Linie der Stand der großen Grundbesitzer des Mittelalters, die classe disponible der Physiokraten, die Nachkommen der fränkischen Eroberer und deren Dienerschaft, diejenige Menschenklasse also, welche ohne eigene Arbeit, ohne einen anderen Titel als das Glück im Kriege und edles Strebertum am Königshof zu großem Landbesitz gekommen war und die Mittel zum Unterhalte dadurch fand, daß sie ihre großen Liegenschaften stückweise auszuschlachten und auszuleihen suchte gegen die Verpflichtung des Empfängers, den Boden zu bebauen, die Produkte zu verarbeiten, von dem Ertrage aber einen Teil an den Gefälltagen pünktlich abzuliefern. Da jedes Land nur eine beschränkte Menge Boden zur Verfügung hat, so wächst mit der Bevölkerung die Nachfrage, der Boden steigt im Wert und neben der üblichen Verzinsung bildet sich die Grundrente. Sie ist vorzugsweise ein Ergebnis der Kultur, und da diese auf der Arbeit ruht, so ist sie ein Ergebnis der menschlichen Arbeit und der wachsenden Bedürfnisse, sie entsteht meistens ohne Zutun, ohne Verdienst der Grundbesitzer, wird begünstigt durch die Lage und die Bodenart, macht die Eigentümer reich und reicher, während diese im Genuß des Lebens die Zeit sich standesmäßig zu vertreiben suchen, im Mittelalter mit tjostieren und mit buhurdieren,[1]) mit der Falkenbeize und der Jagd. Wenn wir hier absehen vom Nomadenleben, so bildet sich durch das Eigentum am Boden der erste große Unterschied von Drohnen und von Arbeitsbienen, von Herren und von Knechten, von Adel und von Untertanen, und ein spekulativer Kopf des Mittelalters, etwa ein Mönch, der zur kritischen Betrachtung neigte und im Klostergarten die Muße fand zum Nachdenken, konnte leicht auf die Idee geraten, daß die Erfindung

[1]) Tjost war ein Stechen mit stumpfer Lanze, aber in voller Rüstung, Buhurt war ein Reiterspiel ohne Rüstung.

des privaten Eigentums am Boden ein Werk des Teufels sei, einer jener Riesenfehler, deren der beschränkte Menschengeist im Auf- und Niederwogen seines Werdeganges, wie unter dem Walten eines feindlichen Geschicks, sich immer wieder schuldig macht. Er konnte sich die Frage vorlegen, ob nicht der so beschaffene Menschengeist in eigener Person ein solcher Fehlgriff sei der werdenden Natur, eine Mißgeburt, erzeugt in einer Weinlaune des Geschicks durch den Keim einer krankhaften Wucherung der Großhirnzellen mit allen Folgen, die aus diesem „ersten Anstoß" werden mußten; er konnte zweifeln, ob nicht Jehovah Recht gehabt, die räuberische Menschheit zu vertilgen von der Erde, und ob es nicht unzeitige Schwäche von ihm war, daß er sich erweichen ließ, um sie in Noahs Samen doch noch fortzupflanzen. Wenn unser Mönch an all das Elend dachte, all die Not, den Jammer, die Verzweiflung sich vergegenwärtigte, welche durch den Raub des Landes, den Diebstahl an der Mutter Erde, durch das private Eigentum am Boden und die dadurch bedingte Teilung der von Gott doch gleichgeschaffenen Menschen in Drohnen und in Arbeiter im Laufe der Jahrtausende hervorgerufen sind, dann konnte er die Frage an die Gottheit richten, warum sie all den Jammer zugelassen, warum sie nicht den Bodenraub verhindert habe. Und wenn die große Sphinx auf seine Fragen wieder stumm verblieb, für all den Jammer keine Antwort hatte als das tote Schweigen, das kalt und schauerlich, dem Eismeer gleich, das um den Nordpol kreist, sich um die heiße Seele unseres Mönches legte, dann hätte er leicht dem Zweifel diese Seele öffnen können und weiter fragen, ob denn die Gottheit in der Tat allmächtig sei; wenn sie allmächtig sei, dann sei sie nicht gewillt, das Glück der Menschen zu befördern, dann sei sie hart und grausam, gleichgültig gegen das Elend und die Not. So führt das Bodeneigentum in seinen schlimmen Folgen auf die alte Frage nach dem Dualismus der Natur zurück, über welche der Geist seit Jahrtausenden still sinnt und brütet, und zum Bodeneigentum gehört nach altem deutschem Recht die Jagd.

Die Jäger und ihr Recht.

Der Drohnenstand des Mittelalters hat sich zunächst durch Krieg und Überfall, durch das sic volo sic jubeo des Siegers ausgebildet, das die Besiegten entrechtete und das Eigentum an der Erde ihnen entriß, die sie im Schweiße ihres Angesichts seither bebaut und vor Gott und Menschen damit erworben hatten; dann aber auch, und zwar nachhaltiger und verhängnisvoller, entwickelte er sich aus dem mit der Eroberung gegebenen Prozeß der sozialen Vorgänge.

Die ältesten Bewohner Deutschlands waren Kelten;[1]) sie wohnten westlich von der Weser und südlich von dem Main, lebten auf Einzelhöfen, hatten eine blühende Landwirtschaft und erfreuten sich einer relativ hohen Kultur. Nach und nach wälzte sich die erste Flut der germanischen Völker aus dem Osten heran und drängte die Kelten zurück. Die Germanen besetzten zum großen Teil die Keltenhöfe, machten die alten Bewohner zu Knechten und führten nun als Herren die Wirtschaft auf dem Einzelhofe weiter. In anderen Fällen vermaßen sie die Flur von neuem und verteilten sie zu gemeinschaftlichem Eigentum an ihre Sippen und Geschlechter,[2]) die nun in den sogenannten Gewanndörfern jenes Herrenleben zu entwickeln wußten, das für die Sieger die Folge der Eroberung eines angebauten Landes war, und das uns Tacitus in seinen Einzelheiten in staatsrechtlicher, wirtschaftlicher und häuslicher Beziehung, in Krieg und Spiel, in Liebe und in Lust, in Trunk und Jagd in seiner Germania so anziehend geschildert hat. Kein freier Germane durfte arbeiten; als Mitglied eines Drohnenstandes beschränkte er sein Tun auf die Verwaltung und die Verteidigung des geraubten Landes, denn Gesetze machen, sie handhaben und die Waffen führen darf der Drohnenstand den Arbeitsbienen nicht gestatten, weil Gesetz und Waffe sich sofort gegen ihn wenden und ihn aus seinem schönen Herrensitz verdrängen würden. Das galt damals wie es heute gilt, ist die letzte Ursache aller reaktionären Strömungen und zugleich die oberste Maxime, nach welcher die meisten Länder heute noch verwaltet werden. Die produktive mechanische und geistige Arbeit, welche die Werte schafft, das Leben erst erhöht und adelt, auf dem Boden des natürlichen Lebens jenes großartige Kulturgebände baut, in welcher die Menschheit eine Zuflucht findet vor dem rücksichtslosen Walten der Natur, in welchem auch der Drohnenstand seiner Neigung leben, sich leibliche und geistige Genüsse schaffen kann, diese göttliche, schöpferische

[1]) Ich sehe hier ab von jenen Urbewohnern, von denen wir keine geschichtliche Kunde haben, von denen nur die Paläontologie aus der Tertiärzeit und der neolithischen Periode uns berichtet.

[2]) Meitzen, Siedlung und Agrarwesen der West- und Ostgermanen usw. II. 96.

Arbeit galt dem Drohnenstand des Mittelalters für unrein und für unwürdig. Er zwang die Arbeitsbienen dadurch nieder, daß er ihnen den Grund und Boden vorenthielt; er nahm die Gaben der Entrechteten entgegen wie etwas Selbstverständliches, indem er sie allenfalls damit quittierte, daß er die Hand zum Kusse bot, er war der Gott des Landes, dem geopfert werden mußte, an dessen Altar das Leben zerrann, die schöpferische Kraft verblutet ist.

Einige Jahrhunderte nachdem Tacitus geschrieben hatte, drangen mit der Völkerwanderung neue Scharen aus dem germanischen Osten vor; sie zogen mit Weib und Kind heran, ergossen sich mit Feuer und Schwert über die bewohnten Gefilde, vernichteten das politische Leben, nahmen das bebaute Land in Besitz, schleppten Gefangene herbei und gesellten sie den Knechten auf den alten Drohnenhöfen. So wurden die Gewanndörfer neu besiedelt, an manchen Orten auch die Einzelhöfe direkt in Betrieb genommen; an anderen Orten wurden diese wieder neu vermessen und in Gewanne aufgeteilt. Neben den Gewanndörfern und Einzelhöfen entstanden die Weiler, kleine dorfartige Niederlassungen in Gruppen von drei bis zehn Höfen, die aber keine Gewannfluren und keine Gemengelagen hatten.[1])

So war aus der zweiten Eroberung ein neuer Arbeiterstand und ein neuer Drohnenstand hervorgegangen. Die Nachkommen der alten Knechte wie der alten Drohnen verschmolzen jetzt zu einer unfreien Bevölkerung, welche die mechanische Arbeit fortan übernehmen und sich rastlos plagen mußte, um der neuen Herrenklasse die Mittel zum Genuß zu bieten, zu einem Leben, das des Lebens wert sein konnte. Wir feiern in der Schule die Kämpfe Armins gegen die Römer als eine patriotische Tat, aber wir schweigen darüber, daß Germanicus die Niederlage des Varus blutig gerächt hat, daß Thusnelda in Rom im Triumph aufgeführt wurde, daß ihr einziger Sohn wahrscheinlich als Fechter starb, und Armin an seinen ehrgeizigen Plänen zugrunde ging.[2]) Wir schweigen darüber, daß unsere eigenen Vorfahren es waren, welche die Freiheit der Römerkämpfer vernichtet haben, daß die Nachkommen der Genossen Armins als unfreie Knechte und Mägde auf denselben

---

[1]) Meitzen I. 416 f. — J. Wimmer, Geschichte des deutschen Bodens. Halle a. S. 1905. 37—43.

[2]) Tacitus, Annalen, II. 88.

Höfen scheu umhergeschlichen sind, auf denen sie als Herrenkinder aufgewachsen waren. Durch die systematische und fortgesetzte Fälschung der Geschichte sucht man den Patriotismus unserer Jugend zu erhitzen, sie chauvinistischen Wallungen zugänglich zu machen und ein lenkbares Volk von willenlosen und einsichtslosen Massen zu erziehen. Man verengt den Gesichtskreis der Jugend, statt ihn zu erweitern, erweckt falsche Vorstellungen vom eigenen nationalen Wert und Recht und von dem ewigen Unrecht und der Minderwertigkeit der Nachbarvölker. Das Spiel ist gefährlich. Hätten die Germanen des Tacitus die eigene Vortrefflichkeit nicht gar so hoch bewertet, dann würden sie mit mehr Kritik den großen Ödgürtel im Osten[1]) angesehen haben, hinter welchem das Verderben lauerte; sie hätten instinktiv dem Volke mehr Freiheit gelassen, ihm die Waffe in die Hand gedrückt, und vielleicht hätten sie den Ansturm der Völkerwanderung von ihren Grenzen abgewehrt. So aber wurden sie überrannt, mußten ihren kurzen Blick und ihre Habgier mit dem Verlust des Landes büßen und des Knechtes Joch nun auf den eigenen Nacken nehmen. Die Eroberer standen zweifellos nicht einmal auf der gleichen Sprosse der geistigen und gemütlichen Bildung wie die Besiegten, und darum wirkte die Versklavung nur um so brutaler, und um so mehr konnte unser Mönch geneigt sein, in ihr den Akt einer grausamen Gottheit zu erschauen. Fast der ganze Arbeiterstand Germaniens war leibeigen. Knecht und Magd konnte der Herr töten, ohne die Blutrache einer Sippe oder die Vergeltung des Gesetzes befürchten zu müssen, denn der „Staat" hat um die unfreie Bevölkerung sich nie gekümmert, die immer der Adelsherrschaft überlassen blieb.

Die neue Erobererklasse war aus einem Bauernvolk zu einem Drohnenstand geworden, und zwar im Handumdrehen. Das Mittel war so einfach, man brauchte nur dreist zuzugreifen; die Welt war so verkommen, daß die Räuberscharen meistens Sieger blieben. Der neue Herrenstand dokumentierte seine Befähigung zum Regieren zunächst dadurch, daß er ängstlich die Hände von allem ließ, was nur entfernt nach körperlicher Arbeit schmeckte. Ausdrücklich nennt das bayerische Gesetz „Ochsenkuppeln, sie an den Wagen spannen und fahren, Zäune

[1]) Von der Insel Rügen nach dem Oderbruch zu und weiter nach dem Riesengebirge hin und den Karpaten zog sich eine öde Strecke Landes, die Scheide zwischen den West- und Ostgermanen. Caesar, bell. gall. 4, 3. Vgl. Wimmer, Gesch. d. deutschen Bodens. Halle a. S. 1905. 12.

bessern, Gras mähen, Getreide schneiden und einfahren" Arbeiten für Sklaven. Die Verwaltung des Gemeinwesens und die Landesverteidigung blieben wieder dem neuen Drohnenstande vorbehalten, der im übrigen bei Liebe, Trunk und Spiel die Zeit zu kürzen suchte und die Jagd als eins der besten Unterhaltungsmittel und einen Krieg im Kleinen eifrig übte.

Nach der römischen Schilderung war Germanien mit Wald und Sumpf bedeckt; dazwischen aber haben sich zweifellos offene Grasflächen oder Steppen eingeschoben. Als solche offenen Flächen nennt Wimmer das südbayerische Alpenvorland, die Niederungen am Main und Neckar, die Ränder der rheinischen Tiefebenen von Basel bis Mainz, die nordischen Stromniederungen, besonders die der Saale und der Elbe, und noch weiter nordwärts die Heiden und die Niederungen an den Küsten. Auf diesen offenen Flächen hatten vormals Kelten und jetzt Germanen sich niedergelassen, geeint in Stämmen, fester gegliedert in Hundertschaften und weiter in Sippen und Geschlechter. Jeder Stamm, z. B. die Cherusker, bildete eine politische Einheit; auch die Hundertschaft, z. B. die des Ariovist und die Armins, war ein politischer Kreis, der durch einen König oder Grafen verwaltet und vertreten wurde. Das gemeinschaftliche Land des Stammes hieß die Mark. Aus der Stammesmark wurde jeder Hundertschaft eine Mark oder ein Gau von einigen Quadratmeilen zur Besiedlung überwiesen. Die Sippen oder Geschlechter siedelten sich meistens in Dörfern an; sie bildeten keine Einheit mehr im politischen, sondern nur noch im wirtschaftlichen Sinne. Die Gesamtheit der freien Hofbesitzer bildete im Zentgau später die sogenannte Markgenossenschaft, welche die gemeinschaftlichen Angelegenheiten verwaltete. Das Amt des Königs war erblich, das des Grafen nicht, darin bestand der eigentliche Unterschied. Diese Vorsteher der Hundertschaften bildeten im Stamme den Rat, die Gesamtheit der Stammesgenossen aber war die ausschlaggebende und höchste Macht. Übrigens waren die Hundertschaften durch die Stammesversammlung nur locker verbunden.[1])

Meitzen berechnet für eine Hundertschaft in der keltisch-römischen Zeit, d. h. für 120 Familien bei einem Viehbestand von 3600 Rindern ein erforderliches Weideland von drei Quadratmeilen. Das galt für

---

[1]) Vgl. hierzu F. Dahn, Könige der Germanen, I. 5—10. 23.

das Hirtenleben, doch wird die erste Siedlung einen wesentlich geringeren Bedarf an Land schwerlich gehabt haben. Nimmt man für jedes Dorf im Durchschnitt 20 Familien an, so hatte jede wirtschaftliche Gemeinde ein Areal von etwa 2800 qkm oder rund 11000 Morgen zur Verfügung. Wenn die Familie mit Meitzen und Wimmer zu 8 Köpfen gerechnet wird,[1]) so ergibt sich pro Quadratmeile eine Einwohnerzahl von 320 Köpfen,[2]) das sind 6 Köpfe auf das Quadratkilometer, eine Zahl, die mit Rücksicht auf die Knechteschar wohl sicherlich verdreifacht werden kann. Aber auch 18 Köpfe pro Quadratkilometer entsprachen noch einer äußerst spärlichen Bevölkerung, da Westpreußen z. B. heut 64 Köpfe auf der gleichen Flächeneinheit trägt.

Jedes Dorf nahm zunächst nur soviel Land in Kultur, als zum Unterhalte der Bewohner nötig schien, das übrige blieb liegen als Wald und Weideland. Die ganze Mark der Hundertschaft war gemeinschaftlicher Besitz der Markgenossen, die Dorfmark war den Dorfgenossen eigentümlich. Das anbaufähige Land wurde in mehrere Schläge eingeteilt, die Gewanne hießen; jeder Dorfgenosse erhielt in jedem Gewanne den gleichen Anteil durch das Los zugewiesen und in jedem Jahre wurde neu verlost. Da schon zur Zeit des Tacitus aus den Gemeinfreien besondere Edelfreie sich erhoben hatten, ist nicht ausgeschlossen, daß diese einen größeren Anteil Land in der Form von mehreren Losen erhalten haben.

Der gesamte Anteil des einzelnen am Ackerlande hieß die Hufe. Die Größe dieser Hufe ist uns nicht überliefert; doch rechnet Wimmer (S. 41) in der römisch-keltischen Zeit für das ganze Dorf eine Ackerfläche von 12 bis 1600 Morgen. Nimmt man an, daß bei diesen Urdörfern die Fläche bis zur Völkerwanderung auf 2000 Morgen sich vielleicht gehoben hat, so verfügte im Durchschnitt jedes Dorf über eine Ackerflur von 2000 und ein Ödland von 9000 Morgen, die Hundertschaft dagegen über eine Ackerfläche von 12000 Morgen und ein Ödland von 54000 Morgen, und diese Flächen bildeten den gemeinschaftlichen Jagdbezirk. Selbstverständlich sind diese Zahlen unsicher, das Revier kann kleiner, an anderen Stellen doppelt so groß gewesen sein; die Zahlen sollen auch nur eine ungefähre Vorstellung geben von den

---

[1]) Meitzen, I. 140 f. Wimmer, 14. 15.

[2]) Delbrück rechnet 250 Köpfe. Gesch. d. Kriegskunst, Berlin 1900. II. 25.

damaligen Dorfanlagen, namentlich zwischen der Weser und der Elbe,[1]) und von der Größe des Reviers, das den Markgenossen zur Verfügung stand. Es ist ungewiß, ob die Jäger nur die Dorfmark oder die Hundertmark bejagen durften; jedenfalls wird man es mit den Grenzen in der ersten Zeit nicht allzu streng gehalten haben, und man kann wohl die Behauptung aussprechen, daß jedem Markgenossen ein Jagdrevier von mehreren Quadratmeilen zur Verfügung stand. Die Angaben der Forscher auf diesem Gebiet der frühen Siedlungsgeschichte weichen vielfach voneinander ab; Schmoller hat Recht, wenn er sagt, daß über diesen frühen Zuständen noch ein gewisser Schleier ruht.[2])

Alles Land, das zur Dorfmark gehörte, aber nicht Hof oder Acker war, also Weide, Wald, Wasser, Wege, faßte das Recht zusammen unter dem Namen Allmende, und die Nutzung derselben stand jedem Markgenossen frei, er konnte sich soviel Holz zum Bauen und Brennen holen wie er brauchte.[3]) Das private Eigentum, das zunächst an den Geräten und der Hofstatt ausgebildet wurde, während das Land noch im Kollektivbesitz verblieb, hat indessen auch schon an Feld und Wald sich geltend gemacht in jener Zeit der Stammesrechte, und es kam vor, daß einzelne Anteillose aus dem markgenossenschaftlichen Besitz ausschieden. Schon der Ausdruck res privatae, privates, d. h. der Allgemeinheit geraubtes Eigentum deutet darauf hin, daß ursprünglich der Besitz ein gemeinschaftlicher war, und daß die Bildung privaten Eigentums als ein Unrecht am Ganzen empfunden worden ist. In den Volksrechten finden sich Ausdrücke wie silva aliena und silvae dominus,[4]) die bereits auf ein privates Eigentum hindeuten. Deutlicher aber geht die Abgrenzung aus dem Strafrecht hervor, nur darf man nicht an das hier nachweisbare Eigentum den heutigen Maßstab legen, nach welchem jeder Landeigner befugt ist, den landlosen Menschen friedlos und rechtlos zu machen,

[1]) Diesen Streifen nennt Meitzen das Volksland, weil er rein deutsch ist und in geschichtlicher Zeit nie von einem anderen Volke als Germanen bewohnt wurde.

[2]) G. Schmoller, Grundriß der allgem. Volkswirtschaftslehre, Leipzig 1901. I. 262. Ähnlich äußert sich M. Heyne, er sagt geradezu: „Es gibt wenige Vorstellungen über die Urzeit des germanischen Volkes, die unter den Forschern als unbestritten gelten dürfen." Fünf Bücher deutscher Hausaltertümer. I. Einleitung.

[3]) Stieglitz, Geschichtliche Darstellung der Eigentumsverhältnisse an Wald und Jagd. 1832. 9—13. Auch Anton, Geschichte der teutschen Landwirtschaft. Görlitz 1799. I. 148.

[4]) Ebenda, 16.

indem er ihn von seiner Gemarkung weist. Das burgundische Gesetz besagt, daß jeder, der keinen eigenen Wald besaß, aus dem Walde eines andern Leseholz und Windbrüche holen durfte, nur mußte er die masttragenden Bäume schonen. Der Eigentümer des Waldes, der den Leseholzsammler hindern wollte, wurde bestraft (Tit. 28). Das ripuarische Gesetz bestrafte die Entwendung von Holz weniger schwer als andere Diebstähle, „weil das Holz nicht im Besitz war". Mehr als das Holz selber wurde die Arbeit des Holzfällens geschützt, und wer geschlagenes oder abgefahrenes Holz entwendete, wurde bei den Saliern, den Ripuariern und den Longobarden strenger bestraft, als derjenige, der in den Wald ging und das Holz sich selber schlug. Bei den Allemannen waltete sogar schon die Auffassung vor, daß ohne den Willen des Eigentümers niemand dessen Grund und Boden betreten dürfe, eine Beschränkung, die wohl auf römische Einflüsse zurückzuführen ist.[1]) Traf der Waldhüter den Holzdieb auf handhafter Tat und verfolgte er ihn in das Dorf, so mußte er stehen bleiben vor dem Hause. Drang er ein, so durfte der verfolgte Dieb die Axt nehmen, die in dem Stützbalken seiner Wohnung stak und den Beamten als einen Friedbrecher niederschlagen. Er war straflos, wenn der Getroffene innerhalb der Schwelle niedersank. Das ist der altgermanische, in England noch geltende Grundsatz: my home is my castle.[2])

Das anerkannte Recht privaten Eigentums am Walde zog den Begriff des unbefugten Jagens nach sich, denn das Recht des Jagens war nach deutscher Auffassung schon frühzeitig mit dem Grundeigentum verbunden, einerlei ob das letztere gemeinschaftlich war oder geraubt[3]) (privat). Der unbefugte Jäger wurde aber weniger streng bestraft als der Dieb, der zahmes Vieh entwendet hatte. Hier sind vielleicht wieder Gedanken aus dem römischen Recht mit eingeflossen, das ja immer an dem freien Tierfang festgehalten hat, denn als Grund für die gelindere Strafe gab das ripuarische Gesetz an, daß das Wild in niemandes Besitz sei und erst auf der Jagd erlegt werden müsse.[4]) Das salische und das ripuarische Recht bestraften den Wildfrevler mit 15 Schillingen,

---

[1]) Vgl. Stieglitz, 16—39.

[2]) Henne am Rhyn, Kulturgeschichte des deutschen Volkes. Berlin 1886. I. 19.

[3]) A. Schwappach, Handbuch der Forst- und Jagdgeschichte, Berlin 1886. 54. 55.

[4]) L. Ripuar. tit. 42. c. 1.

während z. B. der Schweinedieb bei den Saliern mit 35 Schillingen und bei den ripuarischen Franken gar mit 600 Schillingen bestraft wurde.[1]) Bei den Longobarden konnte man sich Habichte aus fremdem Walde holen; der Eigentümer des Waldes war aber befugt, die Habichte an sich zu nehmen, wenn er dazu kam. Nur das Gehege des Königs war auch gegen den Habichtsraub geschützt mit einer Buße von 12 Schillingen. Auch konnte jeder Freie in seinem Revier einen Habichthorst für sein Eigentum erklären, wenn er den Baum zeichnete, auf welchem sich der Horst befand. In diesem Falle verfiel der Frevler einer Strafe von 6 Schillingen.[2])

Die öffentliche Sicherheit machte schon früh polizeiliche Maßnahmen notwendig. Wer Fallgruben, Fußangeln oder Schlingen legen wollte, mußte dies den Nachbarn vorher anzeigen, sofern er seine Fangvorrichtungen nicht tief in der Wildnis anlegte. Auch hier aber blieb er haftbar nach anglischem Recht, wenn ein Stück zahmes Vieh zu Schaden kam, während er nach dem Recht der Westgoten von aller Schuld frei war, sofern er nur den Nachbarn vorher Meldung gemacht hatte.[3])

Einen besonderen Schutz genossen die Tiere, welche zur Jagd gebraucht wurden, insbesondere Hunde, Hirsche und Falken. Das alemannische Recht bestraft den Dieb eines Leithundes höher, als den eines Pferdes, denn ersterer wurde mit 12 Schillingen, letzteres nur mit 6 Schillingen gebüßt. Im allgemeinen bewegt sich die Buße für einen Jagdhund zwischen 3 und 15 Schillingen, nur bei den Saliern tritt für den Kopfhund eine Strafe von 45 Schillingen ein. Eine besondere Art der Strafe hatten die Burgunder; sie stellten es dem Diebe frei, sich mit 5 Schillingen auszulösen oder dem gestohlenen Hunde in Gegenwart des ganzen Volkes einen Kuß auf den Hintern zu geben.[4]) Auch

---

[1]) L. Ripuar. tit. 18, L. Salica tit. 2. 10. Nach Roth, Geschichte d. Forst- und Jagdwesens S. 21, waren die Strafen der Volksrechte in Goldschillingen gedacht, deren einer heut einem Metallwert von 12 M. entspricht (40 Denare à 30 Reichspfennige). Es waren also ganz anständige Strafen, mit denen die Volksrechte arbeiteten.

[2]) L. Rothar. c. 325—26.

[3]) L. Burgund. 46. — L. Rothar. 315. — L. Angl. tit. 17. 2. — L. Wisigoth. lib. VIII. tit. 4. c. 23.

[4]) L. Burgund. Additamentum, tit. 10.

die Lockvögel waren geschützt, denn wer z. B. eine Taube von dem Nest, oder sonst einen Vogel vom Strick oder einer Lockfalle stahl, gab nach salischem Recht 3 Schillinge Strafe.[1])

Gezähmtes Rotwild wurde insbesondere von den Ripuariern, den Alemannen und Longobarden zur Jagd gebraucht und war höher geschützt als andere Tiere. War das Stück nur erst gezähmt, aber jagdmäßig noch nicht abgeführt, so stand auf seine Erlegung und Entwendung eine Strafe von 1—35 Schillingen; im anderm Falle aber, insbesondere wenn durch zweier Zeugen Mund sich feststellen ließ, daß mit dem zahmen Stück schon drei Stück Wild erlegt waren, stieg die Strafe auf 6—45 Schillinge. Die Alemannen verwendeten nicht nur zahmes Rotwild zur Jagd, sondern auch Bisonbüffel und Auerochsen (bisontem et bubulum), und unterschieden, ob die Tiere zum Schreien abgerichtet waren oder nicht.[2])

Falken, Habichte und Sperber wurden mit 1—45 Schillingen gebüßt; auch hier hat, wie bei Hunden und Edelwild das salische Recht die höchsten Sätze. Die Salier (von Yssel, Isala) hatten sich im nördlichen und mittleren Gallien ausgedehnt, das damals in höherer Kultur stand als die deutschen Gaue. Vielleicht hatte das Geld dort weniger Wert. Die Burgunder leisteten sich auch bei diesen Strafen wieder ein besonderes Vergnügen; der Habichtdieb mußte entweder 2 Schillinge Strafe und 6 Schillinge Entschädigung an den Verletzten zahlen, oder den Habicht 6 Unzen Fleisch von seinen Hoden kröpfen lassen.[3]) Das bayerische Gesetz stellt auch gezähmte Waldvögel unter seinen Schutz, „die durch Kunst und menschlichen Fleiß aus wilden einheimisch und zahm gemacht werden, daß sie in den Höfen der Adligen herumfliegen und singen". Diese Vögel wurden mit einem Schilling gebüßt, außerdem mußte der Übeltäter schwören, in Zukunft keinen Vogel mehr zu stehlen.[4])

Der fruchttragende Acker, das bestellte Feld wurden vor Schaden streng behütet. Die Felder wurden umzäunt, außerdem aber verfiel

---

[1]) Anton, Gesch. d. teutschen Landwirtschaft, I. 161.

[2]) L. Alemann. tit. 99, c. 1—10. — L. Rothar. c. 320.

[3]) L. Burgund. Addit. tit. 11. — Stieglitz übersetzt nicht Hoden, sondern Brust. Der Leser entscheide selbst: Si quis acceptorem alienum involare praesumpserit, aut sex uncias carnis acceptor ipse super testones commedat etc.

[4]) L. Bajuvar. tit. 20. c. 6.

derjenige einer Strafe von 10 Schillingen, der durch die Saat einen Weg sich machte;[1]) ebenso wurde derjenige bestraft, der im Frühjahr sein Vieh auf die gemeinschaftliche Weide trieb.[2]) Ein Betreten der Saat und der jungen Wiesen zum Zweck der Jagdausübung war demnach als ausgeschlossen anzusehen.

Das Recht der Folge, d. h. das Recht, ein angehetztes oder gar verwundetes Wild über die Reviergrenze hinaus zu verfolgen, war allgemein anerkannt, und zwar scheint eine Frist von 24 Stunden für die Ausübung dieses Rechtes gültig gewesen zu sein. Innerhalb dieser Frist durfte niemand ein Stück Wild sich aneignen, welches die Hunde eines anderen Jägers gehetzt und ermüdet hatten, bei einer Strafe von 6 bis 15 Schillingen. Wer aber ein solches Wild tötete und dem ersten Jäger dann Meldung machte, hatte ein Anrecht auf das rechte Blatt und die ersten sieben Rippen.[3]) Wenn ein verwundetes oder gehetztes Wild einen Menschen verletzte oder tötete, so war nach longobardischem Recht der Jäger haftbar, so lange die Jagd dauerte; die Haftbarkeit hörte auf, wenn der Verletzte dem Wild sich genähert hatte, um es sich anzueignen.[4])

Der Acker war während der Saat mit hölzernen Zäunen eingefaßt zum Schutz gegen das Weidevieh und das Wild; im nächsten Jahre blieb er als Brache liegen und diente seinerseits zur Weide. Die Bestellung des Ackers konnte bei der Gemengelage nur gleichmäßig im Wege des Flurzwangs vor sich gehen; die einzelnen Verrichtungen, das Pflügen, Säen, Hacken, Ernten, Einzäunen erfolgte auf gemeinschaftlichen Beschluß. Die angebaute Frucht bestand aus Hafer und Roggen, vielleicht auch schon aus Weizen. Natürliche Wiesen gab es selbstverständlich, doch wußte man ihren Ertrag nicht künstlich zu erhöhen. An landwirtschaftlichen Geräten kannte man den Pflug, die Sichel und den Dreschflegel. Das Getreide ward in Wassermühlen gemahlen, doch waren zweifellos auch die Handmühlen noch vielfach im Gebrauch. Alles Vieh bezog im Frühjahr die Weide auf den Wiesen und im Walde, und blieb daselbst wohl bis zum Winter Tag und Nacht. Jede Sorte Vieh trug

---

[1]) L. Sal. 37. 2. 3.

[2]) L. Wisigoth. lib. VIII. tit. 3. c. 12.

[3]) L. Sal. tit. 36. c. 5. 6. — L. Rothar. c. 319. — Stieglitz, Eigentumsverhältnisse, 32.

[4]) L. Rothar. c. 316.

besondere Glocken am Halse, Pferde, Rinder, Schafe und Schweine, um in den weiten Hutungen leichter auffindbar zu sein.[1])

Hätte man damals schon im Luftballon über die deutschen Lande sich erheben und aus der Vogelperspektive sie beschauen können, so würden zwar zusammenhängende Waldungen, Heiden und Sümpfe in erster Linie sich gezeigt haben, durch welche in kühnen Windungen sich das silberne Band der Ströme zog. Inmitten dieser Ödländereien aber und vorwiegend an den Strömen hätte der Luftschiffer große Wiesenflächen erkannt, auf denen freundliche Dörfer standen und zahlreiche Herden weideten. Um die Dörfer lagen die Gewanne, große Ackerschläge, auf denen die Sklaven der Dorfbewohner mit Ochsen oder Kühen Furchen zogen, während die Freien des Dorfes mit Lärmen und Rüdengebell dem nahen Walde zustrebten zur fröhlichen Jagd.

Nicht nur die Äcker, sondern auch die Höfe waren eingezäunt und mit mehr Gebäuden versehen als heut, denn die anfängliche Technik hatte es noch nicht gelernt, verschiedenartige Räume unter einem Dache zu vereinen. Die Hofstatt hieß die Wurt, eine Abstraktionsbildung von werden. Hier wie überall hat zuerst die Technik gewirkt und geschaffen, und nachher trat die Sprache herzu und entlehnte den Begriff. Es mag dahin gestellt bleiben, ob die ersten Hütten oder Häuser eine kreisförmige Grundform gehabt haben; zur Zeit der Volksrechte überwog die rechteckige Form, sonst würden die Gesetze nicht von Winkelsäulen sprechen, deren Verletzung unter besondere Strafe gestellt war.

Es kann wohl heut als ausgemachte Sache gelten, daß die Germanen der Völkerwanderung nicht die Barbaren gewesen sind, als welche sie den feinen Römern im Gegensatz zur eigenen hochstehenden Kultur erscheinen mochten. Ein Volk, welches bald nach seiner Niederlassung Gewohnheitsrechte ausgebildet hat, wie sie in der Form der uns überlieferten Volksrechte niedergeschrieben sind, war keine Barbarenhorde, auch kein Hirtenvolk, sondern ein Volk, das lange vordem seßhaft war, an geregelte Lebensweise und an Ackerbau jahrhundertelang gewöhnt. Im Jahre 520 wird der Name Bajoarii zum ersten Male genannt,[2]) und vielleicht ein Menschenalter später mag das bayerische Volksrecht schon aufgeschrieben sein. In diesem Volksrecht ist bereits

---

[1]) Anton, Geschichte der teutschen Landwirtschaft. I. 24—29. 102. 111.

[2]) Wimmer, 34.

von First- und Winkelsäulen, von Balken, Spangen (Dachschwellen), Brettern und Bohlen, Ziegeln und Kalköfen die Rede. Andere Volksrechte nennen neben dem Schmied den Zimmermann, so daß wir zwar vielleicht geschrotene, zweifellos aber regelrecht abgebundene und gefügte, vermutlich mit Brettern bekleidete und mit Stroh gedeckte Häuser annehmen müssen, die fest verankert und verklammert waren. Im Beowulfliede heißt es ausdrücklich, daß die strahlende Halle von innen und außen mit eisernen Banden umklammert war. Es kamen auch schon massive Bauten vor. Das bayerische Gesetz nennt im Tit. 9 das Wohngebäude, die Scheune, das Badehaus, den Backofen und die Küche, das salische im Tit. 19 den Speicher, die Scheune, den Viehstall und den Schweinestall, die anfangs alle als besondere Gebäude aufgeführt gewesen sind.[1]) Dazu kam auf jedem Hofe noch das Frauenhaus.

Das Wohngebäude hatte eine Vorhalle; im übrigen bestand es aus einem einzigen rechteckigen und großen Raum. In diesem Raum standen einige Freisäulen, welche den Unterzug und weiter oben den Dachfirst trugen; einige Binderbalken durchquerten als Anker den Raum. Auf dem Unterzug lagen die blitzenden Kessel.[2]) Die Wände waren vermutlich mit Binsengeflecht bekleidet[3]) oder getäfelt und wurden bei festlichen Gelegenheiten mit Geweben geschmückt. Der Fußboden bestand aus einfachem oder gemustertem Estrich. Fenster fehlten; das Licht trat ein durch die Tür und durch die Öffnungen des Daches, durch welche der Rauch abzog. Mitten in dem Raum stand auf einem gemauerten Unterbau[4]) der Herd, dessen Feuer mehr zum Wärmen und Leuchten diente, als zum Kochen, da für das Zubereiten der Speisen ein besonderes Küchengebäude vorhanden zu sein pflegte.

In diesen Sälen kamen die Markgenossen abendlich zusammen, um kluge Worte zu tauschen über die gemeinschaftlichen Angelegenheiten; als ein Hauptkapitel wurde die Jagd erörtert, und wenn bei den Markgenossen auch die Kenntnis fremder Sprachen in jener Zeit noch selten war, das Jägerlatein hat man sicherlich verstanden. Die Männer waren bekleidet mit Hemd und Schuh, um die Schulter trugen sie den

---

[1]) Vgl. hierüber M. Heyne, „Fünf Bücher deutscher Hausaltertümer." 1899. I. 25.

[2]) Die Edda, Reclam, 93. 95.

[3]) Ebenda, 163.

[4]) Die Edda, Reclam, 96.

Mantel aus gewebtem Stoff, oder aus Tierfellen. Der Kopf war unbedeckt, die Beine meistens nackt, im Winter wahrscheinlich mit Zeug umwickelt. An den Wänden des Saales zogen sich hölzerne Bänke hin, zum Teil als Hochsitz ausgebildet für den Ehrenplatz. Die Bänke waren mit Strohsäcken und Kissen belegt.[1]) Vor den Bänken standen feste Tische, auf denen die Abendmahlzeit und die Getränke aufgetragen wurden. Die Hausfrau und ihre Töchter gingen selber ab und zu, ermunterten die Gäste und reichten den Trunk, während auch Schenk und Kämmerer ihres Amtes walteten.[2]) Die Speisen wurden gekocht oder gebraten, eine beliebte Speise war das Hafermus. In der Festhalle über der Feuerstelle hingen die Schinken und Speckseiten im Rauch, und es kam wohl vor, daß noch während des Essens ein neuer Schinken unter allgemeinem Jubel heruntergeholt wurde. Zur Fleischspeise aß man Brot und Semmeln. Die Butter scheint eine nordische Erfindung zu sein, und den vorzüglichen Schweizerkäse wußten schon die Römer zu schätzen. Jeder Freie war sein eigener Bierbrauer, und an edlem Naß zum Anfeuchten der Speisen, wie zum Schlummertrunk, hat es sicherlich nicht gefehlt. Mit dem Ausgang des 3. Jahrhunderts war der Weinbau nach Deutschland gekommen und hatte zunächst wohl in der bayerischen Pfalz Fuß gefaßt, um Speyer, Mainz und Worms herum. Auch Met wird in keiner geordneten Wirtschaft gefehlt haben, ein aus gegorenem Honig bereiteter gelbbrauner, süßer und berauschender Trank.[3])

Die Markgenossen lebten nicht schlecht. Malerisch und heimlich muß der Saal ausgesehen haben, wenn die Männer in ihm zechten. Wenn draußen der Sturm an Dach und Wänden rüttelte, dann flammte und knatterte in der Halle die mächtige Glut, dunkel entwallte der Rauch und schwärzte die Wände. Lichter und Schatten jagten und haschten sich in gespenstischem Tanz. Das Bier belebte die Zunge der Männer, und wenn ein Sänger zugegen war, weckte er wohl die „Wonne der Harfe“ und sang Wundergeschichten von Helden und Schlacht. Lauter und wilder ward das Gespräch; dazwischen heulte ein getretener Hund,

[1]) Die Edda, Reclam, 103. 109. Beowulf, Reclam, 31.

[2]) Im Saale Wodans wählt Freia selbst die Sitze aus. Edda, 87. Vgl. das. auch 101—111. S. auch d. Beowulflied, 46—47. 70.

[3]) Die Einzelheiten dieser Schilderung sind teils den schon genannten Werken von Anton und Heyne entnommen, teils dem Beowulfliede und den Volksrechten.

zwei andere fielen zusammen und balgten sich, laute Rufe und Salven ungefügen Gelächters durchbrausten den Saal. Wenn aber die Mitternacht heraufzog, der Sturm sich ausgetobt hatte und draußen der volle Mond die frisch beschneiten Felder und Höfe beschien, dann wurde es auch in der Halle allmählich still. Die Glut auf dem Herde erlosch, der Geist in den Köpfen entschlummerte, der Reiher Vergessen rauschte durch den Saal,[1]) die Zungen wurden ungelenk und lallten nur noch schwache Worte, matt und ausdruckslos sah das Auge; müde Häupter sanken herab auf den Tisch und leise glitt ein Kämpe herab von der Bank auf den sicheren Boden; ihm folgte der zweite, und schließlich lag die ganze Gesellschaft unter den Tischen friedlich beisammen und übereinander, der dicke Erek neben dem langen Iwein, alles schnarchte in grausigem Konzert und schlief den bleiernen Schlaf des Gerechten.[2])

Die unfreie Bevölkerung.

Wie wir gesehen haben, war die Jagd in der Zeit der Stammesherrschaft keineswegs mehr gänzlich frei; die Kollision der Interessen hatte schon zu festen Rechtsnormen geführt und das private Eigentum an Wald, Wild, Jagdgerät und Jagdtieren unter besonderen Schutz gestellt. Sicherlich aber gab es auch noch weite Waldungen, die nicht im Privateigentum, nicht im Bezirk einer Dorfmark sich befanden, sondern als Volksland und freies Revier dem Tierfang offen standen. Hier konnte auch der Unfreie vermutlich jagen, während er sonst vom Jagdrecht ausgeschlossen war.[3]) Die Jagd war in jener Zeit noch ein Erwerbszweig, die Versorgung der Küche mit Wild ein äußerst wichtiges Geschäft, und da dieses Geschäft noch überdies Vergnügen machte, wollte es sich der Herrenstand nicht schmälern lassen. Er untersagte daher den Unfreien die selbständige Ausübung der Jagd und zog die Knechte nur heran zu seiner Bedienung, teils ständig als angestellte Wald- und Wild-Aufseher, teils vorübergehend zum Tragen, Fahren, Hundeführen, Treiben

[1]) Das Bild der Trunkenheit, Edda, Reclam, 48.

[2]) Vgl. hierzu die Stellen im ersten und sechsten Gesang des Beowulf, wo die Helden nach dem Biergelage im Saale eingeschlummert sind und in diesem hilflosen Zustande von Grindel und seiner Mutter getötet werden. Vgl. auch Tacitus, Germania, 22 u. die Edda, Reclam, 48. 101—112.

[3]) Die Jagd gehörte zum freien Grundeigentum und lag in der Hand der Markgenossen. A. Schwappach I. 54. Derselbe verweist auch auf Gierke II. 249.

oder sonstigen Wald- und Jagdarbeiten. Dabei war natürlich nicht ausgeschlossen, daß in einzelnen Fällen die Grundherren ihre Knechte auch zur selbständigen Ausübung der Jagd ermächtigten, wenigstens auf einige Wildarten und namentlich auf Bär und Wolf, denn der Landmann führte einen scharfen Kampf um die Existenz mit den Tieren des Waldes. Bison, Ur, Elch, Sau und Edelwild fielen in die Saaten ein und vernichteten oft in einer Nacht die Felder, Bär, Wolf und Luchs holten aus den Herden sich Tribut. Cäsar sagt von den Sueven, d. h. den Germanen zwischen Weser und Elbe, daß eine ihrer Hauptbeschäftigungen die Jagd sei, eine Lebensweise, die sowohl durch die Nahrungsmittel, als durch die täglichen Leibesübungen und das ungebundene Leben ihre Kräfte unterhalte und ihren Körpern die ungemeine Größe gebe.[1]) Damals jagten also noch die Herren selbst. Tacitus aber äußert sich schon anders. Er sagt, daß die Germanen viele Zeit mit der Jagd hinbrächten, aber mehr noch im süßen Nichtstun, beschäftigt nur mit Essen, Trinken, Schlafen. „Gerade die tapfersten Krieger treiben gar nichts; die Sorge für Haus und Herd und Feld ist den Weibern, Greisen und den Schwächsten der Familie überwiesen; sie liegen auf der Bärenhaut." An anderer Stelle heißt es: „Freilich sind sie nur zum stürmischen Angriff tüchtig, für Strapazen und Mühseligkeiten haben sie nicht die gleiche Ausdauer. Am allerwenigsten können sie Durst und Hitze ertragen; dagegen Frost und Hunger auszuhalten sind sie durch Boden und Klima gewöhnt."[2]) Das Lob, welches der Römer der körperlichen Rüstigkeit unserer Vorfahren spendet, ist also keineswegs uneingeschränkt, und die Leidenschaft der Jagd wird auch in jener Zeit nicht alle Volksgenossen gleichmäßig beherrscht haben. Es scheint im Gegenteil, als wenn es Faulenzer genug gegeben habe, die zu träge waren, selber auf die Jagd zu gehen, und die daher ihren Kolonen mehr Gelegenheit zur selbständigen Ausübung der Jagd gegeben haben mögen, als sich mit den wirtschaftlichen Pflichten derselben vereinigen ließ; doch ist uns hierüber nichts Näheres bekannt. Fest steht nur, daß die Jagd grundsätzlich den Freien zustand, den Eigentümern des Landes, anzunehmen ist aber, daß in jener Zeit auch die unfreie Bevölkerung zur selbsttätigen Ausübung der Jagd mit zugezogen worden ist; namentlich

---

[1]) Cäsar, D. gall. Krieg, deutsch von Oberbreyer. Leipzig. 4, 1.

[2]) Tacitus, Germania, übersetzt von Oberbreyer, Kap. 15 u. 4.

gegen das große Raubzeug, und daß ihr auch die Jagd auf kleines Wild, insbesondere der Vogelfang wohl gänzlich freigestanden hat.

Je weniger also gerade aus der Jagd dem Volke in der Zeit der Stammesrechte eine besondere Last erwachsen ist, oder eine Beschränkung seiner Notwehr gegenüber den Angriffen des Wildes auf sein Eigentum stattgefunden hat, um so mehr müssen wir uns vergegenwärtigen, daß das Volk in jeder anderen Hinsicht in der freien Betätigung seines Willens sich gehemmt sah. Eigentlich frei war nur der Drohnenstand, die Nachkommenschaft der in der Völkerwanderung eingedrungenen Stämme, und auch hier hatte das Königtum schon vielfach Schranken gesetzt. Dagegen lebte die Arbeiterschaft, die ganze große Masse des Volkes in Sklaverei. Äußerlich trat dieser Zustand wenig in Erscheinung, denn das Volk wurde äußerlich durch seinen Herrenstand vertreten, wie der Baum durch seine Krone, seinen Blätter- und Blütenschmuck. Das Wurzelwerk und der Stamm des Baumes aber, aus dem die Krone ihre Nahrung saugt und die allein ihr Kraft und Halt gewähren, das große deutsche Volk der Zukunft blieb still und unbeachtet, das Interesse nur auf das Tagewerk gerichtet, das gestern wie heut und heut wie morgen in angestrengter Arbeit sich vollzog.

Unsere Geschichtswissenschaft ist noch jung, sie ist noch nicht hinabgetaucht bis auf den Grund des großen Völkerstromes und hat sich meistens auf der Oberfläche nur bewegt. Voltaire schrieb bereits im 18. Jahrhundert: „Ich betrachte das Schicksal der Menschen mehr, als die Veränderungen des Thrones. Das menschliche Geschlecht muß der eigentliche Gegenstand der Aufmerksamkeit in der Geschichte sein. Hier hätte jeder Schriftsteller sagen müssen: homo sum; aber die meisten Historiker haben nur Schlachten beschrieben." So blieb es, Ausnahmen zugegeben, bis auf unsere Zeit. Erst seit einigen Dezennien hat sich eine Schar bedeutender Männer daran gegeben, das Leben der unteren Klassen zu studieren und mit großem Fleiß aus den alten Sagen und Gesängen, den Chroniken, Urkunden, Weistümern und namentlich aus dem Schatz der Sprache die Vorgänge zu sammeln und aneinander zu reihen, welche ein Verständnis unseres Volkes anzubahnen und den Schleier zu lüften geeignet sind von den eigentlichen verborgenen Ursachen und den treibenden Kräften in der Weltgeschichte, neben und unter dem Tamtam der Schlachten und dem zeremoniellen Flitterstaat der Hofordnung. Auch die Kunst ist an dem Leben der Arbeit still vorbei gegangen; Auge und Ohr waren auf diese feinen Töne nicht gestimmt, sie suchten farbenreiche Bilder, laute Klänge, und nur aus der schwermütigen Lyrik des Volksliedes tritt uns etwas entgegen, das an die Seele des Volkes gemahnt. Leider reichen diese Klänge in die Vorzeit nicht hinab. Am ersten sind es noch die kümmerlichen Überreste der heidnischen Göttersage, die ein schwaches Band herstellen zwischen dem Gefühlsleben unserer Ahnen und dem unsrigen, sofern sie der fanatischen Vernichtungswut christlicher Priester entgangen sind.

Im Leben der Bauern spielten die wilden Tiere in den ersten Jahrhunderten unserer Zeitrechnung noch eine große Rolle. Wenn die Familie des Abends um das Herdfeuer saß, und aus dem nahen Walde das Geheul der Wölfe schaurig herüberklang, dann wurde die Sage vom Werwolf lebendig, der zu Zeiten Mensch, zu Zeiten aber Wolf sein mußte; und wenn der Donner rollte über das Land und der Regen auf die Fluren rauschte, dann fuhr Tors Wagen dahin, im Hause aber schalteten die kleinen Hausgeister, die Heinzelmänner, die Penaten und Laren des Altertums. Unsere Vorfahren durchgeistigten die Natur in gleicher Weise wie die Griechen, die Tiere hatten eine Sprache und verstanden den Menschen, die Pflanzen hatten lebendiges Gefühl, und die Seelen der verstorbenen Menschen konnten in Tier- und Pflanzenformen übergehen. Unter geweihten Bäumen wurde den Göttern geopfert, Tiere waren ihnen heilig, Roß und Rüde wurden dem toten Jäger mit ins Grab gegeben. Die Nornen spannen und durchschnitten den Lebensfaden, als Nixen und Schwanjungfrauen belebten sie den See, als Walkyrien trugen sie die Helden nach Odins Halle. Sterbliche Jungfrauen wurden zu Walkyrien von Odin gewählt; Elben und Zwerge belebten den Wald, Wichte, Moosleute und Waldweibchen. Der Bär galt unseren Ahnen für den König der Tiere, zwei Wölfe saßen Odin zur Seite, Raben waren seine beständigen Begleiter, ein Wolf war der grimme Lokisohn, der Fenrisulfr. Die Vögel waren weise und kündeten dem Sonntagskinde das Geschick der Menschen an. Die Seele galt für eine Taube, die aus des Menschen Mund flog, wenn er starb. Der Tod war kein tötendes Wesen, er geleitete den Verstorbenen in die Unterwelt, er kam zu Roß als Mann oder als Jungfrau, und brachte auch den Toten Rosse mit. Die kleinen Vögel, Schwalben, Rotkehlchen, Rotschwänzchen und vor allem die Meisen waren durch das Recht und die Sage geschützt.

Diese wundervolle Poesie hat das Christentum zerstört! — Es hat die alten Götter in häßliche Dämonen, in Teufel und in Hexen umgewandelt und die einstmals unversiegbare Quelle der Dichtung und der Kunst vernichtet. Man vergleiche unsere höfische Poesie des 12. und 13. Jahrhunderts mit den Gesängen des Homer! Dieser hat noch die lebendige Anschauung der durchgeistigten Natur, jene haben den Blick dafür verloren, wie oft bewegen sie sich auf Gemeinplätzen oder in seelenlosen Abstraktionen! Das Christentum hat uns den bleichen Menschenkopf gegeben mit der Dornenkrone und das Totengerippe mit dem Stundenglas. Das Leben ist an sich schon traurig genug; die Religion soll die Menschheit trösten, das Leben ihr erleichtern, sie immer neu verjüngen und ihr immer wieder von dem Springquell alles Lebens, von der Hoffnung so viel zu kosten geben, daß sie leben kann in Zuversicht. Wenn die Kirche die Menschheit quält und sie bedroht, wenn sie sich aufwirft zur Erzieherin, sie, deren Träger selber Sünder sind, wenn sie die Schrecken einer Hölle ihr öffentlich vorgaukelt und einen harten grausamen Gott, wenn sie den Sinn von diesem Leben ablenkt, um an ein kommendes zu denken, dann verfehlt sie den Beruf. Hier ist unser Wirkungskreis, hier liegen unsere Pflichten. Was nach dem Tode aus uns wird, davon weiß der Christ so wenig wie der Heide.

Die unfreie Bevölkerung wohnte zur Zeit des Tacitus in besonderen Häusern; sie hatte einen Acker zu bewirtschaften und Abgaben in Nahrung und in Kleidung zu leisten an den Herrenhof. Der Freigelassene war zwar persönlich freier, wirtschaftlich aber auf der gleichen Stufe. Ein eigentliches Gesinde, d. h. eine Dienerschaft, welche die Arbeit am Herrenhof verrichtete, war zur Zeit des Tacitus noch unbekannt.[1]) Da die Bildungsstufe bei Herr und Knecht die gleiche war, und der materielle Reichtum sich vorwiegend erst im Grundbesitz und in den Herden offenbarte, der Knecht ein Haus bewohnte, das von dem des Herren nicht sehr verschieden war, er sich auch in gleicher Weise kleidete und der Unterschied im Reichtum äußerlich also wenig fühlbar war, konnten sich keine allzu großen gesellschaftlichen Schranken bilden zwischen Herr und Diener, und tatsächlich wuchsen denn auch die Sklavenkinder mit den Herrenkindern in trautem Zusammenleben zwischen den Fohlen, Ferkeln und Kälbern des Herrenhofes auf, sie spielten zusammen

[1]) Tacitus, Germania, 25.

und balgten sich, ärgerten das Federvieh und suchten gemeinschaftlich die Eier, die eine liederliche Henne verschleppt hatte. Diese Eintracht hinderte natürlich nicht, daß der Vater der Herrenkinder den Vater der Spielgenossen gelegentlich mit dem Grabscheit über den Kopf schlug, oder daß er nach der Peitsche griff und der lang verhaltenen Spannung seiner Nerven durch wiederholte energische Kraftentladung auf den Rücken des Knechtes eine wohltuende Erleichterung zu schaffen suchte.[1])

Es drängt sich unwillkürlich hier die Frage auf, weshalb der Knecht die Mißhandlungen hinnahm, warum er dem Herrn nicht an die Kehle sprang, oder ihn gründlich verprügelte. Aristoteles sagt, es sei ein Zeichen knechtischer Gesinnung, Beschimpfungen ruhig hinzunehmen; an einer anderen Stelle gar: „schöner ist es, sich an seinen Feinden zu rächen, als mit ihnen zu versöhnen". Der christliche Priester natürlich sagte mit einem seelenvollen Blick nach oben und mit weihevoller Stimme: „Seid untertan!" Wir haben gesehen, daß die Knechteschar vielfach aus den Nachkommen der germanischen Freiheitskämpfer bestand, ursprünglich stolze, hartgesottene Gesellen, die im Kampfe ihren Mann gestanden hätten. Es scheint aber, als wenn nichts so rasch und sicher die Menschen erniedrigt und herunterdrückt, als die siegreiche Überflutung durch eine andere Völkerschaft. Ist ein Volk einmal in der Schlacht geschlagen und in der Art überrannt, daß die siegreiche Völkerschaft sich in dem Lande dauernd niederläßt, und ist diese zahlreich genug, um die alten Herrenhöfe zu besiedeln, dann ist eine Erhebung des besiegten Volkes sehr erschwert. Es lebt verstreut unter den Augen der Sieger; mit der Niederlage ist die alte Organisation zerstört, während die der Sieger fortbesteht. Jeder Versuch sich zusammenzuscharen wird im Keime leicht erstickt, und wenn das besiegte Volk im Anfang auch die Fäuste ballt: sobald das Netz einer neuen Verwaltung über das Land gezogen ist, ist jeder Widerstand gebrochen. So kann eine verhältnismäßig kleine Drohnenschar ein starkes Volk beherrschen, und erst wenn die vorgeschrittene Technik die sozialen Verhältnisse umgewandelt und einen Stand geschaffen hat, der unabhängig ist vom Grundbesitz, werden Revolutionen möglich. Vergeblich suchten die Heloten, die Bagauden, die französischen und deutschen Bauern sich zu erheben; dagegen war

---

[1]) Tacitus, Germania, 20 u. 25.

der Kampf des Demos und der Plebs siegreich in Griechenland und Rom gegen die Optimaten und Patrizier, ebenso der Kampf der Italiker gegen Rom, des mittelalterlichen Handwerks gegen die Geschlechter und des dritten Standes gegen den Adel in der englischen und französischen Revolution. Bis es soweit ist, verhält das besiegte Volk sich ruhig, trägt die Lasten, füttert die Drohnen, beugt den Rücken der Peitsche des Herrn, verkommt an Geist und Willen und läßt die neue Herrschaft wie ein Verhängnis über sich ergehen. Die Religion muß oft ein übriges tun, um das Volk in geistigem Bann und in leiblicher Knechtschaft festzuhalten.

Wie stark die Zahl der Unfreien zur Zeit der Stammesrechte war, ist uns nicht überliefert worden, auch schwer zu schätzen, jedenfalls aber war sie erheblich stärker als die Zahl der Freien. Das folgt allein daraus, daß um jene Zeit das freie Grundeigentum stückweise an unfreie Bauern als Zinsland hingegeben wurde,[1]) und daß am Herrenhof um diese Zeit auch schon ein zahlreiches Gesinde sich befand. Das deutsche Volk war also zur Zeit der Stammesrechte durchaus kein freies mehr, sondern weit eher ein Volk von Sklaven.

Die Unfreien waren leibeigen, eine Handelssache, sie konnten gekauft, veräußert, verpfändet und gestohlen werden gleich den Herdentieren auf der Weide, oder in dem Stall. Wie ein Pferd wurde der gekaufte Knecht zurückgegeben, wenn man die nämlichen Fehler an ihm fand, wenn er schlecht sah oder hörte, körperlich schwach war, oder einen Bruch hatte.[2]) Bei den Longobarden hatten eine schwangere Magd und eine schwangere Stute das gleiche Wergeld.[3]) Das Recht der Friesen setzt fest (Tit. 4), daß derjenige nach der Schätzung der Beschädigten den Schaden bezahlen soll, der einen Sklaven, Ochsen, ein Schaf, Schwein, eine Ziege oder sonst ein Haustier erschlagen hat. Der Sklavenhandel war allgemein verbreitet; die meisten Sklaventransporte gingen nach Frankreich, weil dieses als alte römische Provinz die höchste Kultur und den größten Bedarf an Arbeitskräften hatte. Spanien und Britannien, vorzüglich aber das Land der Sachsen lieferten große Sklavenmengen.[4])

---

[1]) Schon bei Tacitus, 25.

[2]) L. Bajuvar. tit. 15. c. 9.

[3]) L. Rothar. c. 338. 339.

[4]) Anton, Gesch. d. deutschen Landwirtschaft, I. 71.

Es war nicht allein der Ackerbau, der durch die Unfreien bewirkt wurde; die vorgeschrittene Technik hatte, im Gegensatz zur Zeit des Tacitus, bereits zu einer weitgehenden Teilung der Arbeit geführt, zu einer berufsmäßigen Bearbeitung und Umformung der Naturprodukte, und hatte ein Handwerk entstehen lassen. Im salischen Gesetz werden der Schmied, der Goldschmied, der Zimmermann, der Winzer und der Müller aufgeführt (Tit. 6), andere Gesetze nennen noch den Koch, den Bäcker, den Schwertfeger, den Kupferschmied, den Silberarbeiter, den Schuster und den Schneider. Diese Leute standen zum Teil hoch im Wert, waren aber unfrei gleich den Ackerleuten. Zwischen die Sklaven und die Freien schob sich die Schicht der Halbfreien und Freigelassenen, Leute, die zum Teil persönlich frei, aber dennoch einem Herrn unterstellt und zu Abgaben verpflichtet waren und selten eintraten in die Rechte der Vollfreiheit. Sie hießen Liten oder Läten, in Italien Aldionen; wenn sie dem Fürsten angehörten, nannte man sie Fiscalini. Es gab unfreie und freie Kolonen,[1]) unfreie und freie Handwerker, aber die ersteren bildeten die große Masse.[2]) Zu der unfreien Bevölkerung gehörten auch die Jägerknechte, über die in diesem Kapitel noch wenig zu sagen ist. Für den Sauhirten, den Schmied, den Winzer, Müller, Wagner, Jäger und Handwerker erhielt der Herr nach salischem Recht die gleiche Buße, wenn sie gestohlen und verkauft worden waren.[3])

Die Kolonen bewohnten abgesondert ihren Hof, der Haus, Viehstall, Scheune und Kornboden umfaßte.[4]) Sie hatten Abgaben und Dienste zu leisten und diese waren zum Teil bereits geregelt, wie das bayerische Volksrecht erkennen läßt. Hiernach hatten die Kolonen folgende Pflichten: sie gaben als Ackerzins den Zehnten, sie entrichteten Weidegeld, sie pflügten, säeten, schnitten, umzäunten, fuhren ein und luden ab nach einer bestimmten Ackerfläche. Auch an Wiesen und Weinbergen hatten sie bestimmte Arbeiten zu verrichten. Sie zinsten den Zehnten an Flachs und Bienenstöcken, gaben vier Hühner und fünfzehn Eier. Sie stellten ein Pferd oder gingen persönlich wohin sie gesandt

---

[1]) L. Alemann. tit. 23, 1.

[2]) Vgl. hierzu v. Maurer, Gesch. d. Fronhöfe, Erlangen 1862. I.

[3]) Stieglitz, Geschichtl. Darstellung d. Eigentumsverhältnisse an Wald und Jagd, Leipzig 1832. 25. 26.

[4]) L. Alemann. tit. 81. 4—6.

wurden. Sie leisteten Landfuhren 15 Leugen weit. Sie misteten auf den herrschaftlichen Höfen, besserten Schuppen und Zäune aus und verrichteten dergleichen Arbeiten mehr. Die Hälfte der Woche arbeiteten die Kolonen auf dem Herrenhof,[1]) die übrige Zeit konnten sie auf ihre eigene Wirtschaft verwenden. Diese Festsetzungen galten aber nur für den freien Bauern, der Vieh und Gerät sein Eigen nannte. Wenn ihm der Herr dieses Inventar in die Wirtschaft geben mußte, dann waren die Verpflichtungen des Bauern ungemessen und er mußte kommen und gehen, wie es der Herr befahl.[2]) Für die Leibeigenen galt diese letzte Regel stets.

Bei den Handwerkern hatte jede Sklavensorte ihren Meister, einen Liten oder Aldionen, unter dem sie gemeinschaftlich arbeitete. Das Handwerk fing aber in jener Zeit schon an, sich vom Hofzwang frei zu machen, indem es gegen eine besondere Abgabe die Erlaubnis sich erwirkte, auch fremde Aufträge erledigen zu dürfen.[3]) Nach und nach war der Handwerker imstande, seine Werkstatt auszudehnen, höhere Abgaben zu leisten und die Summe für den Freikauf zu erlegen. Dieser Freikauf war in den meisten Fällen ein beschränkter und der Freigelassene blieb einstweilen unter der Muntschaft seines Herrn. Hier aber, aus der Hände Arbeit, entsprang der Quell der jungen Freiheit, hier erwuchs die Kraft und die Größe des heutigen Deutschen Reiches. Es trifft nicht zu, wie Roth behauptet, daß die Nation in den Eichenwäldern groß und stark geworden ist, daß sie es wurde durch Jagd und Krieg; das kann im höchsten Falle gelten für den Drohnenstand. Nur ganz rohe, jugendliche Völker messen ihre Stärke nach der Muskelkraft der Streiter, und das Urteil des Tacitus haben wir oben schon gehört. Sobald die Kultur Wurzel faßt, ist es die Technik, welche neben dem Geist und der Zahl des Volkes ausschlaggebend wird. Die kleinen Römer waren den großen und starken Urgermanen überlegen durch die besseren Waffen und die bessere Taktik. Nicht in Jagd und Krieg erwächst die Kraft des Volkes, sondern hinter dem Pfluge und in der Werkstatt.

---

[1]) L. Bajuvar tit. 1. c. 14. 6. — L. Alemann. tit. 22.

[2]) Vgl. Anton, Landwirtschaft, I. 74—78 u. 81—83.

[3]) L. Burgund. tit. 21.

Das jagdliche Vereinswesen.

Bevor wir zur Ausübung der Jagd übergehen, möchte ich der Jägersitten und Gebräuche kurz gedenken, von denen wir aus diesem Zeitabschnitt eine Kunde besitzen, die Arrian uns überliefert hat. Er nennt zwar nicht die Germanen, sondern die Kelten als die Träger der Gebräuche, indessen kann man diese auf die Germanen auch beziehen. Von Cäsar erfahren wir, daß die Kelten zwischen der Garonne und der Seine saßen; wir haben aber gesehen, daß auch westlich von der Weser und südlich vom Main sich Kelten angesiedelt hatten, die in der Zeit zwischen Cäsar und Tacitus von den Germanen verdrängt und besiegt worden waren. Es ist daher wohl anzunehmen, daß diese Landstriche zur Zeit Arrians den Namen der keltischen noch bewahrt hatten; daß es tatsächlich diese Landstriche gewesen sind, an die Arrian dachte, als er von den Kelten sprach, wird bestätigt dadurch, daß er selbst an anderer Stelle die auf dem linken Donauufer hausenden Stämme zu den keltischen zählt.[1]) Da überdies die Erzählung Arrians mit einer Erzählung des Gregor v. Tours übereinstimmt, die dieser in das Moseltal verlegt, habe ich keine Bedenken, die von Arrian den Kelten zugeschriebenen Gebräuche auf die Germanen in Anwendung zu bringen.

Arrian starb in der Mitte des 2. Jahrhunderts nach Christo, also bald nach Tacitus. Nach seiner Angabe hatten die keltischen Jäger ihre geselligen Vereine, die unter dem Schutz einer weiblichen Gottheit standen, welche er mit dem Namen Artemis bezeichnet, und es bestand der löbliche Brauch, dieser Artemis zu Ehren alljährlich ein Liebesmahl zu feiern. Die Gelder dazu wurden im Laufe des Jahres gesammelt, und zwar in der Form einer Spende, welche die Jäger in die Klubkasse zu geben hatten. Die Spende belief sich für einen erlegten Hasen auf zwei Obolen, für einen Fuchs auf eine Drachme, für eine Gazelle (Reh?) aber auf vier Drachmen. Beim Jahresfest wurde der Schatz ausgeschüttet und je nach seiner Höhe eine Ziege, ein Schaf oder gar ein Rind gekauft und schmackhaft für den Schmaus bereitet. Das gekaufte Tier wurde zunächst der Göttin der Jagd als Opfer dargebracht.

---

[1]) Arrian, Anabasis I, 3, 1. Vgl. hierzu die Erläuterung von Dörner in dessen Übersetzung von Arrians Kynegetikos.

Bei dem Essen gingen auch die Hunde nicht leer aus, sie wurden sogar bekränzt in der ausgesprochenen Absicht, um darzutun, daß eigentlich um ihretwillen das Fest gefeiert werde.[1])

Etwa 400 Jahre nach Arrian treffen wir anscheinend noch ganz ähnliche Zustände. Der Bischof Gregor v. Tours läßt einen Diakonus Vulfelaich von einer Klostergründung erzählen, die sich im Jahre 585 zugetragen hatte. Vulfelaich hatte bei Trier ein Bild der Diana gefunden, „welches das abergläubische Volk abgöttisch verehrte". Er kam nun auf den genialen Einfall, sich als Säulenheiliger zu produzieren und in dieser Rolle Vorstellungen zu geben. Er hielt auch in der kalten Jahreszeit barfuß auf seiner Säule aus. Die Nägel froren ihm von den Füßen, aber er blieb, und wenn er nur von Ferne einen Menschen zu Gesicht bekam, dann fing er an zu predigen: „Es sei nichts mit der Diana, nichts mit den Bildern, nichts mit dem Götzendienst, unwürdig seien jene Lieder, die sie beim Weine und ihren schwelgerischen Gelagen sängen, würdig sei es allein, dem allmächtigen Gott Opfer des Dankes zu bringen, der Himmel und Erde gemacht habe", usw.[2]) Mit der Zeit sammelte sich nun doch eine Anzahl Gaffer und Neugieriger um ihn, die ihn ob seiner Ausdauer bewunderten. Als Vulfelaich merkte, daß er Anhang fand, kletterte er herunter von seiner Säule, und es gelang ihm, den blöden Haufen dahin zu bringen, daß er Hilfe leistete, um das gewaltige Bild der Diana mit Stricken umzustürzen. Der Haufe zerschlug das Bild dann mit eisernen Hämmern und verwandelte es in Staub. — Wir sehen hier ein lehrreiches Beispiel, wie die Macht dreist und überzeugungsvoll vorgetragener Ideen die Menge ergreift. Darauf beruht ja überhaupt die Macht der Religion. Ein halbverrückter Mensch, der auf einer Säule wohnt, stürzt die alte Naturreligion, die Feld und Wald poetisch verklärt und auch die Jagd mit der Gottheit fromm verbunden hatte, zugunsten eines abstrakten Schematismus. Wir lernen aber aus dieser Geschichte zweierlei: erstens, daß die Jagdfeste, von denen Arrian erzählt, anscheinend auch im 6. Jahrhundert noch üblich waren, und daß die germanischen Jäger bei dem Fest besondere Lieder

[1]) Vgl. Arrian, Kynegetikos, übersetzt von Dörner und Beyer, Verlag von Langenscheid, Berlin.

[2]) Gregor v. Tours, übers. von Giesebrecht, Leipzig. II. 71 u. f. Da Arrian, griechisch schreibend, die Jagdgöttin Artemis, Gregor aber, lateinisch schreibend, sie Diana nennt, erfahren wir leider nicht ihren wahren Namen.

gesungen haben. Schade um die Lieder: alles verrauscht und verklungen! —

Die Technik der Jagd.

Der große Römer Julius Cäsar liefert einen der ersten Berichte über den Wildstand Germaniens; er hat sich, vielleicht durch einen der germanischen Reiter, die in seinem Heere dienten, wiederholt dabei einen Bären aufbinden lassen, wie er brummender und gewaltiger gar nicht gedacht werden kann. Treuherzigkeit war sonst keineswegs eine der löblichen Eigenschaften Cäsars. Zunächst werden wir unterrichtet von dem Einhorn, das im herzynischen Walde hauste, einem großen Tier, einem Hirsche von Gestalt mit einem einzigen Horne zwischen dem Gehöre mitten auf der Stirn. Dieses Einhorn Cäsars hatte nicht das Aussehen, wie es Böcklin sich gedacht und auch gemalt hat in seinem Bilde „Das Schweigen im Walde", sondern das eine Horn verästelte sich an der Spitze in eine reiche Krone, die sich mit einer Palme vergleichen ließ.

Das zweite Fabeltier ist das Elentier, Elch, alces; fabelhaft allerdings nur in der Dichtung Cäsars, die aber hier eine so ungeheuerliche Form annimmt, daß ich es vorziehe, dem großen Römer selbst das Wort zu geben: „Der Gestalt und den bunten Flecken nach ist der Elch einem Rehe gleich, doch etwas größer und ohne Hörner. Die Beine haben weder Knöchel noch Gelenke, daher es sich weder der Ruhe wegen niederlegt, noch, wenn es durch einen Zufall hinstürzt, sich aufhelfen und emporrichten kann. Ein Baum dient ihm zum Lager; an diesen stützt es sich, und so, ein wenig angelehnt, ruht es. Merken nun die Jäger aus der Spur, wo ein solches Tier seine gewöhnliche Ruhestätte hat, so untergraben sie entweder alle Bäume in dieser Gegend, oder schneiden den Stamm so weit durch, daß der Gipfel aufrecht stehen bleibt. Wenn nun das Tier sich nach seiner Gewohnheit anlegt, so wirft es durch die Last den schwach stehenden Stamm um und fällt mit ihm zu Boden."[1])

Aus diesen Stellen sehen wir, daß Cäsar jedenfalls nicht Jäger war, wenigstens nicht im landläufigen Sinne, er trieb nur die Menschenjagd, die immer für die vornehmste gegolten hat, und die ihn neben anderen Staatsgeschäften so in Anspruch nahm, daß es für die Jagd auf Tiere ihm an der notwendigen Voraussetzung gebrach, an der freien Zeit, die

---

[1]) Cäsar, D. gallische Krieg, deutsch von Oberbreyer, VI. 27.

er auf sie hätte verwenden können. Cäsar hat auch den Ur erwähnt, den Auerochsen, bei dessen Schilderung ist er aber glimpflicher davon gekommen. Plinius führt bei der deutschen Fauna neben dem Elch den Bison auf und den Ur.[1]) Uneinig sind die Gelehrten über eine Tierart, die als schelo in einer Urkunde Ottos I. erwähnt wird und im Nibelungenlied unter dem Namen Schelch wiederkehrt. Einige sehen in ihr eine ausgestorbene Hirschart, den Riesenhirsch, andere den männlichen Elch. Ich möchte mich für die letztere Annahme entscheiden, weil in der Urkunde Elch und Schelch zusammen genannt werden und sogar verbunden sind durch „oder".[2]) Daß der Bär und der Wolf die deutschen Wälder bewohnt haben, wurde oben schon erwähnt. Die Erinnerung an diese Gesellen drang so tief in das Gedankenleben des Volkes ein, daß man die Personennamen aus den Namen dieser Tiere abzuleiten liebte und Zusammensetzungen bildete, die uns in Bernhardt, Wolfgang, Wolfhart, Eberhart, Bärwolf, Beowulf und ähnlichen zum Teil bis heute noch erhalten sind. Wilde Pferde grasten herdenweise in den Waldungen und auf den Steppen; ungewiß bleibt die Art derselben. Man weiß nicht, ob es sich um eine ursprüngliche und wilde Art gehandelt hat, oder ob es verwilderte Tiere waren. Tief im Walde auf dem Ast der Eiche lauerte der Luchs, in den Strömen baute der Biber seine Burgen, und auf den Alpen naschte der Steinbock die saftigen Kräuter. Diese drei Tiere beschließen die geschwundene Fauna, die im Mittelalter die deutschen Gaue noch belebte. Außer diesen ausgestorbenen Tieren aber durchzog die ganze jetzige Tierwelt Wald und Felder, und wenn auch vereinzelte Tierarten seltener gewesen sein mögen, wie z. B. der Damhirsch und das Reh, so waren Schwein und Edelwild um so zahlreicher.

---

[1]) Plinius, historia naturalis, VIII, 15, 16. Der Bison stand vorn höher als hinten, hatte einen Bart, eine Mähne und kurze Hörner, während der Ur einen horizontalen Rücken hatte und wohl zottig, aber doch mähnenlos war und lange Hörner trug, die zu Trinkgefäßen verarbeitet wurden, indem man ihren Rand mit Silber einfaßte. Sie dienten als Pokale auf den Tafeln der Markgenossen, wie heute noch Hörner bei den Kneipereien deutscher Musensöhne. Es sei gleich hier erwähnt, daß es nicht der Ur ist, der Auerochse, der im Walde von Bialowitsch noch sein Dasein fristet, sondern der Bison oder Wisent. Beide Tiere sind im Mittelalter verwechselt worden. Nach Nehring ist der Auerochs der Stammvater unseres Hausrindes A. Nehring, Über Herberstain u. Hirsfogel, Berlin, 1897.

[2]) Vgl. die Urkunde bei Heyne, Fünf Bücher deutscher Hausaltertümer, II. 235.

Alles Wild mit dunkler Haut wurde unter dem Namen „Schwarzwild" zusammengefaßt,[1]) Ure, Wisente, Schweine und Bären; ihm stand das Rotwild gegenüber,[2]) dessen bräunlich rotes Haar im Sommer durch das grüne Blattwerk leuchtete. Die Einteilung ist so naheliegend, daß man nicht an Einflüsse aus dem Altertum zu denken braucht, obschon auch das Altertum diese Einteilung kannte.[3])

Die Methode der Jagd wird im wesentlichen bedingt durch die Technik der Jagdwaffen und Fanggeräte, durch den materiellen Reichtum der Jäger, durch die Größe der Jagdreviere, durch die Kultur des Bodens und die wirtschaftliche Höhe, durch die sozialen Verhältnisse und in Verbindung mit diesen durch das jägerische Empfinden und die geistige Bildung der Zeit. Die Jagdwaffen sind im wesentlichen gleich geblieben von der Zeit der Römer bis zu jener Zeit im Mittelalter, als die Armbrust aufkam. Dagegen hat der Reichtum der Jäger sehr geschwankt. Die griechischen und römischen Jäger, von denen uns berichtet wird, lebten in der Zeit einer hohen materiellen Kultur, sie waren reich und konnten einen großen Aufwand entfalten an Personal, an Pferden, Hunden und an Jagdgerät. Das Revier war unbeschränkt, denn im Altertum galt das Recht des freien Tierfangs; die Kultur des Bodens war höher als zur Zeit der Markgenossen und ebenso die wirtschaftliche Blüte, aber die Äcker wechselten mit großen Strecken unangebauten Landes ab, namentlich in den Bergen Griechenlands und Italiens. Die sozialen Verhältnisse des Altertums beruhten auf der Sklaverei. Die germanischen Jäger waren in den ersten Jahrhunderten unserer Zeitrechnung noch arm, es war noch kein mobiles Kapital erarbeitet, der Reichtum erschöpfte sich am Grundbesitz und an den Herden. Die Jäger mußten sich mit weniger Personal, kleineren Meuten und einem geringeren Aufwand an Jagdgerät behelfen, namentlich an Netzen, die übrigens in der Zeit der Volksrechte gar nicht genannt werden, so daß man zweifelhaft sein kann, ob sie damals im Gebrauch gewesen sind. Die Jagdreviere der Germanen waren zwar nicht unbeschränkt, aber doch recht ausgedehnt, die gemeinschaftliche Mark stand allen offen, sie war noch wenig durchschnitten von privatem Eigentum. Die Boden-

[1]) L. Bajuvar. 20. 7.

[2]) L. Alemann. tit. 99. c. 4 u. 5.

[3]) Vgl. Lucian, Gastmahl oder die Lapithen, 27, in den griechischen Prosaikern. Metzler, Stuttgart, 1832.

kultur beschränkte sich auf die Gewanne und einzelne Wiesen, welche das Dorf umgaben; der weitaus größte Teil der Mark konnte zu jeder Jahreszeit bejagt werden. Auch hier erhob sich der soziale Aufbau auf der Sklaverei.

Die jagdlichen Verhältnisse des griechischen und römischen Altertums und der germanischen Stammesherrschaft hatten im großen und ganzen also viel Berührungspunkte, und man wird sich von der Wahrheit schwerlich weit entfernen, wenn man aus den Jagd- und Fangmethoden des Altertums auf die der Markgenossen zu schließen und die Art der Jagdausübung hiernach zu ergänzen wagt. Es sind uns aber auch direkte Angaben über die germanische Jagdweise überliefert worden, und namentlich geben die Volksrechte dem manches Material, der zwischen den Zeilen zu lesen versteht.

Alles Weidewerken hat den mittelbaren Zweck, wilde Tiere in die Gewalt des Jägers zu bringen, sei es lebendig oder tot. Dieser Zweck kann erreicht werden durch mechanische Fangvorrichtungen, durch eigentliches Jagen und Greifen, und durch Schleudern einer Waffe oder Schießen. Diese Methoden greifen vielfach ineinander, im wesentlichen aber geben sie doch eine brauchbare Einteilung, welche auch das Mittelalter festgehalten und gekennzeichnet hat durch die Worte vangen, jagen, birsen, wozu als viertes Moment dann noch beizen kam oder das vederspil. Auch mit dem Wurfspeer wurde früher „geschossen", so im Parzival 120, 2:

„Er lernte des gabilotes swanc,
Dâ er mangen hirz erschôz."

Die Fangjagd war im frühen Mittelalter, als die Schußwaffen noch mangelhaft waren, allgemein im Gebrauch, und zwar nicht nur für Raubtiere, auf die sie noch heute üblich ist, sondern auf jede Art von Wild. Sie wurde ausgeübt auf sehr verschiedene Weise; allgemein gebräuchlich waren Fallgruben, foveae[1]), große viereckige Gruben, die unten weiter waren als oben, mit Zweigen, Laub und Erde bedeckt und unsichtbar gemacht, so daß jedes Tier hinunterstürzen mußte, das die trügerische Decke betrat. Selbstverständlich verunglückten auch Menschen in den Gruben, und um diese Unglücksfälle zu verhüten, schrieben, wie wir oben gesehen haben, die Volksrechte vor, daß das Anlegen von Fallgruben den Nachbarn mitgeteilt werden müsse. Das gefangene Wild

---

[1]) L. Wisigoth. lib. VIII. tit. 4. c. 22. 23.

wurde von oben her durch Stechen, Schießen und Schlagen auf eine barbarische Art getötet.

Eine andere Art der Fangjagd war das Legen von Fallen und Fußangeln (taliolae et pedices).[1] Die Einrichtung der Fallen ist uns näher nicht bekannt. Die Fußangeln bestanden aus einer Schlinge, an welcher ein Klotz befestigt war. Hatte das Wild sich gefangen, so verfolgte der Jäger die vom Klotz geschleifte Spur, setzte wohl auch die Hunde auf die Fährte und bemühte sich, das Wild zu stellen. Der edle Hirsch ging mit einer solchen Angel oft ins Wasser, wenn er keinen anderen Ausweg sah; so lange es ging suchte er zu flüchten. Völlig erschöpft und atemlos brach er zuletzt zusammen; alsdann näherte sich der Jäger und tötete ihn mit dem Wurfspieß.[2])

Eine dritte Fangmethode bestand in dem Aufhängen von Schlingen (laquei)[3]) oder Stricken an den Wechseln. Das Wild geriet mit dem Kopf in die Schlinge, erschrak bei der Berührung, sprang zu und war gefangen. Alle Versuche zur Flucht waren vergeblich. Mit eisernem Griff hielt die Schlinge fest und nach heftigem Kampfe verendete das Wild, nicht ohne böse Qualen. Der Kopf war dick und angeschwollen, die Lichter aus den Höhlen getreten. Außer dieser Fangmethode werden in den Volksrechten noch Bögen (arcus)[4]) erwähnt, die vermutlich darauf beruhten, daß ein junger Baum herabgebogen wurde zu einer Stellvorrichtung, die mit einer Schlinge verbunden war. Geriet ein Stück Wild in die Schlinge, löste sich die Stellvorrichtung, der Baum schnellte in die Höhe und riß das gefangene Wild mit sich in die Luft. Dort hing es wie an einem Galgen. Alle vier Fangmethoden wurden bis in die Neuzeit hinein angewandt; die letzte war insofern vielleicht am meisten weidgerecht, als sie das Wild am schnellsten tötete und lange Qualen ihm ersparte. Auch der Vogelfang wurde in ausgedehntem Maße ausgeübt, doch sind wir über dessen Einzelheiten in diesem Zeitabschnitt nur wenig unterrichtet.

---

[1]) L. Rothar. n. 315.

[2]) Xenophon, Von der Jagd, c. 9. — M. Miller, Das Jagdwesen der alten Griechen und Römer. München 1883.

[3]) L. Wisigoth. lib. VIII. tit. 4. c. 22. 23. — L. Angl. et Werin. tit. 17.

[4]) L. Wisigoth. lib. VIII. tit. 4. c. 22. 23. — A. Schwappach deutet arcus auf Selbstgeschosse mit Pfeil und Bogen. Handbuch der Forst- und Jagdgeschichte, Berlin 1886. 68.

Die Hetzjagd wurde mit Hilfe der Hunde ausgeübt; dabei muß man unterscheiden, ob die Hunde das Wild verfolgten vermöge ihrer Nase, d. h. durch den Sinn des Geruchs, oder vermöge der Augen, durch den Sinn des Gesichts. Hiernach zerfielen die jagenden Hunde in zwei Gruppen. Die erste Gruppe wurde im Mittelalter unter dem Namen der Spürhunde zusammengefaßt, auch waren die Namen Bracke und Leithund schon früh im Gebrauch. Die zweite Gruppe wurde als Windhunde, Rüden und Schweinshunde bezeichnet.

Über die deutsche Bracke hat uns Arrian unterrichtet, von dem wir oben schon gesehen haben, daß er zwar von den Kelten schreibt, tatsächlich aber Landstriche einbegreift, in denen schon Germanen saßen. Er erzählt in seinem Kynegetikos von einer keltischen Hunderasse, die zum Spüren sehr geschickt sei, wenn auch etwas langsam. Er nennt die Hunde hegusische und leitet den Namen von einem keltischen Volksstamme ab. Arrian schrieb griechisch; im Lateinischen ist der Name „hegusische" in „segusische" umgewandelt worden. Cäsar erzählt im gallischen Krieg I, 10 und VII, 64 von den Segusianern, die in der Nähe von Lyon, westlich von der Rhone saßen.[1]) Die segusische Bracke war auch in Germanien weit verbreitet und kommt in den Volksrechten unter dem Namen canis seusium,[2]) canis seusem[3]) und canis segutius[4]) vor. Es hat also dieser Name nichts mit sausen zu tun, wie Heyne irrtümlich angenommen hat.

Arrian schildert verschiedene Jagdweisen und behandelt auch die Hirschjagd in den Donaufürstentümern, die um jene Zeit von slavischen und germanischen Völkerschaften durchsetzt waren. Wir finden hier bereits das Überlandjagen vor, eine Jagdart, die sich im ganzen Mittelalter bis in die Neuzeit lebendig erhalten hat und speziell in Frankreich weitergeführt und ausgebildet worden ist unter dem Namen der Parforcejagd. Das Überlandjagen ist sehr alt, schon die Meder und die Perser haben es geübt;[5]) wie weit sie die Meute geschult haben und der Parforcejagd nahe gekommen sind, läßt sich aus den Überlieferungen

---

[1]) Vgl. hierzu die Erläuterungen Dörners in Arrians Kynegetikos, übersetzt von Dörner und Bayer.

[2]) L. Salica tit. 6. — L. Alemann. tit. 82.

[3]) L. Bajuvar. tit. 20.

[4]) L. Burgund. Addit. tit. 10.

[5]) Xenophon, Kyropaedie, I. 4.

leider nicht beurteilen. Das Überlandjagen beruht darauf, daß ein Stück Wild mit einer Hundemeute gehetzt wird, während die Jäger zu Pferde und zu Fuß zu folgen suchen. Arrian sagt ausdrücklich, daß die Jagd mit Vorliebe dort getrieben werde, wo im offenen Felde leicht zu reiten sei. Hier konnte man die schnellen Windhunde mit Erfolg anwenden, die nach dem Auge jagten und in freiem Felde ein Stück Rotwild bald zum Stehen brachten. Der gehetzte Hirsch stellte sich alsdann zur Wehr und brauchte gegen die Hunde sein Geweih. Arrian sagt: „Das Tier (der Hirsch) ist stark und läuft weit und mit ihm zu kämpfen ist nicht ganz sicher, auch ist die Gefahr nicht klein, einen guten Hund eines Hirsches halber zugrunde zu richten." [1]) Deshalb jagte man lieber das wehrlose Tier, das früher zur Erschöpfung kam und nicht gefährlich werden konnte. „Abgemattet und vor Verlegenheit lechzend steht es da, und jetzt hat man Gelegenheit, wenn man will, es ganz aus der Nähe, als wäre es gefesselt, mit einem Wurfspieß zu erlegen, oder aber, wenn man es vorzieht, ihm eine Schlinge umzuwerfen und es lebendig abzuführen." [2]) In vielen Fällen aber hatte die Meute nicht nur gestellt, sondern auch schon gepackt, ehe der Jäger herankommen konnte. Sie zog das Tier zu Boden und pflegte es sehr bald zu zerreißen, wenn nicht der Jäger noch seine schützende Hand darüber halten konnte. Hier war die Meute der Hunde einem Rudel von Wölfen völlig gleich. Junge Hunde ließ man auch mit Absicht würgen, um sie scharf zu machen. Ein erhebender Anblick ist es sicher nicht gewesen, ein mattgehetztes, wehrloses, edles Tier von der gierigen Meute gepackt zu sehen.

Die Meuten waren bei dem Überlandjagen jedenfalls gemischt, d. h. sie bestanden aus Bracken und Windhunden. Die Bracken mußten aushelfen, wenn das Wild den Wald annahm, wo nicht nach dem Auge gejagt werden konnte. Die Windhunde folgten hier nur dem Geläut der Bracken. Ging die Jagd aber aufs freie Feld hinaus, so traten sie in Wirksamkeit und waren gegen die anderen Hunde weit voraus. Auch das späte Mittelalter hat noch an den gemischten Meuten festgehalten, und Arrian erwähnt sie ausdrücklich bei der Hasenjagd.

---

[1]) Übersetzung von Dörner, Berlin.

[2]) Ebenda. Denselben Kunstgriff mit der Schlinge wendet 1200 Jahre später die Königsberger Jagdallegorie noch an, in welcher die gefangene Hinde vor Frau Venus geführt wird.

Die Jagd mit Bracken, bei welcher eine Meute der Spur eines einzelnen Wildes folgt, gestattet immer nur einem einzelnen Hunde im eigentlichen Sinn die Fährte zu halten, die anderen Hunde fallen bei und folgen ihm, so lange er führt und suchen erst, wenn er die Fährte verloren hat. Schon Plinius erwähnt, daß die gallischen Meuten stets einen Leiter und Anführer hatten.[1]) Dieser führende Hund läuft der Meute um eine Hundelänge vorauf und wird in der Jägersprache Kopfhund genannt. Es können die führenden Hunde wechseln, doch fällt das Führeramt meistens alten erfahrenen Hunden zu, die damit die Rolle der Kopfhunde ein für allemal übernehmen. Auf die guten Eigenschaften dieser Kopfhunde kommt es in erster Linie an; sie spielen bei der Brackenjagd die gleiche Rolle, wie die chiens sages bei der Parforcejagd; sie müssen, wenn sie gut sein sollen, die einmal aufgegriffene Fährte festhalten, unbekümmert um andere frische Fährten; auf der Sicherheit der Kopfhunde beruht vor allem der Erfolg der Jagd. Ein guter Kopfhund war natürlich besonders wertvoll und die Volksrechte sprachen daher von dem canis seusum, qui magister sit und qui primus currit, auch von dem canem seusum quod leitihunt dicunt. Unter Leithund verstand und versteht man sonst eine andere Hundeart, wie wir gleich sehen werden. Das bayerische Volksrecht aber nennt den Kopfhund Leithund, weil er die Meute leitet. Der nachfolgende Meutehund wird als triphunt, als canis seusium reliquus, qui secundum currit bezeichnet.[2])

Den Reiz der Brackenjagd haben die Markgenossen mit Vorliebe auf sich wirken lassen. An einem schönen Herbstmorgen zogen die Jäger hinaus; der junge Tag versetzte sie in frohe Stimmung. Der Nebel hatte sich gehoben, klar und durchsichtig war die Luft, noch blühte die Erika, silberne Spinnewebe hatten sich darauf gelegt, wie der Brautschleier der neu verjüngten Erde. In allen Farben leuchtete der Wald, melodisch klangen in ihm die Herdenglocken. Die Jäger stellten sich auf am Dickicht oder am Waldessaum, die Hunde wurden gelöst zum Suchen und alles lauschte still und aufmerksam auf die kommenden Laute. Es vergehen fünf, es vergehen zehn Minuten, die Erwartung ist aufs höchste gespannt, da wird ein Hund laut, bald fällt ein zweiter

---

[1]) Plinius, Naturgesch. VIII. 61, 5.

[2]) Vgl. L. Salica tit. 6. — L. Alemann. tit. 82. — L. Bajuvar. tit. 20.

bei, ein dritter, die Meute schließt sich zusammen und nun erschallt der gleichmäßige Laut der Hunde durch den Wald wie Kirchenglocken. Man hat versucht, das helltönende Geläut durch jingel-jangel, jingel-jangel wiederzugeben, andere wollten es ausdrücken durch ijáh-ijoi-ijáh-ijoi, ohne doch die Klangfarbe zu erreichen;[1] später ging man in England geradezu darauf hinaus, das Geläut in bewußter Weise abzustimmen, und ergänzte hiernach die Meute durch Hunde mit hohem oder tiefem Laut.[2] Eingehender behandelt wird das Überlandjagen im 3. Kapitel.

Die Hetzjagd bezweckt das Ermüden und Ergreifen des Wildes die vorhergehende und nächstliegende Aufgabe ist aber die, da Wilde überhaupt erst aufzufinden. Man kann die Meute auf gutes Glück selbst suchen lassen; bei leidlichem Wildbestand wird sie auch bald finden. Der Jäger hat aber keine Sicherheit, dasjenige Wild vor die Hunde zu bringen, welches er jagen will; er will vielleicht einen Hirsch jagen und die Meute geht ab auf einer Hasenspur. Deswegen war es eine Hauptaufgabe des Jägers, die Meute zunächst einmal auf die gewünschte Fährte zu bringen, und zu diesem Zweck mußte er wissen, wo das gesuchte Wild zu finden war. Diese Aufgabe löste er mit dem Leithund, wie das alemannische, oder Spürhund, wie das bayerische Volksrecht sagt. Auch die genaue Arbeit der Leithunde kann ich erst später besprechen im 3. Kapitel; hier sei nur soviel angedeutet, daß der Jäger mit dem Leithund am Morgen vor der Jagd einen Waldteil umzog, in welchem er das gesuchte Wild, sagen wir Rotwild, vermuten durfte. Der Hund, der auf Rotwild gearbeitet war, zeigte jede Rotwildfährte, die in den Wald hinein, oder aus ihm hinausgerichtet war, dem Jäger dadurch an, daß er sie anfiel und auf ihr fortzugehen trachtete. Der Jäger konnte nun die Fährte untersuchen, die sein schwaches Auge auf dem Gras- und Blätterboden ohne den Hund nicht gefunden hätte, und nach der Art und der Zahl und der Richtung der Fährten konnte er auf die Art, die Stärke und die Stückzahl des Wildes schließen, das in dem umzogenen Waldteil steckte. Beim Beginn der Jagd ließ der Jäger auf einer dieser Fährten vom Leithund sich zum Wild hinleiten. Kam er so nah, daß er das Wild

---

[1] Dr. Jungklaus in „Unser Jagdhund", 1906. Nr. 5.

[2] Jesse, Researches into the history of the british dog. London 1866. II. 339.

aus dem Bett hochwerden und fortbrechen hörte, dann rief er nach den Kopfhunden und setzte diese auf die gewählte Spur. Die Hunde nahmen sogleich mit lautem Hals die warme Fährte an und die Jagd ging ab. Konnte der Jäger auch nicht sicher sein, daß gerade der eine Hirsch gejagt wurde, dessen starke Fährte ihm besonders aufgefallen war, weil die Hirsche in geschlossenen Trupps zu stehen pflegen, so war er doch wenigstens sicher, daß Rotwild gejagt wurde und kein Hase. Daß man in der Zeit der Volksrechte mit dem Leithund in dieser Weise schon zu arbeiten verstand, kann nicht bewiesen, aber auch nicht gut bezweifelt werden, da auch das Altertum den Leithund kannte, und Plinius und Gratius Faliscus, Oppian und Aelian uns die Arbeit mit dem Leithund schildern. Allerdings wird die Vorsuche mit dem Leithund zur Zeit der Markgenossen schwerlich eine so hohe Vollkommenheit gezeigt haben, wie im späteren Mittelalter bei der hirschgerechten Jägerei. Daß aber der Leithund eine hohe Bedeutung hatte, geht aus der Höhe der Bußen hervor, durch welche er geschützt war.[1]) Das bayerische Volksrecht bestraft den Tod oder die Entwendung eines Leithundes ebenso hoch wie die eines Kopfhundes, und das alemannische sogar doppelt so hoch.

Die Meuten, die wir bisher besprochen haben, waren aus segusischen Bracken und Windhunden zusammengesetzt. Wenn es sich aber bei der Jagd um wehrhaftes Wild handelte, um das Wildschwein, den Bären, den Ur und den Wisent, dann reichte die Kraft der leichten Hunde nicht aus, das Wild zu stellen und zu packen, und es mußten schwere Hunde heran, sogenannte Fanghunde, die Vorfahren unserer heutigen Doggen. Da das schwarze Wild nicht so flüchtig war wie das rote, konnten hier auch die schweren Hunde leichter folgen, wenigstens waren die Bracken dem Schwarzwild wohl beständig auf den Versen. Die Volksrechte erwähnen die schwere Hunderasse mehrfach. Sie heißt veltris porcarium, canis porcaritium, qui vaccam et taurum prendit und canis, qui ursis vel bubolis id est majoris feris, quod swarzwild dicimus persecuntur.[2]) Auch die Hirten brauchten starke und

---

[1]) Auch Schwappach nimmt eine Vorsuche und ein Bestätigen des Wildes an. I. 69.

[2]) L. Salica tit. 6. 2. — L. Alemann. tit. 82. 3. — L. Bajuvar. tit. 20. 6. (Schweinshund, der die Kuh und den Stier faßt, der Bären und Büffel verfolgt, d. h. die großen Tiere, die wir Schwarzwild nennen.)

dabei schnelle Hunde, um den Wolf von der Herde abzutreiben; diese Hunde griffen den Wolf nicht nur beherzt an, sondern töteten ihn auch; sie sind, wie in der späteren Zeit, so auch damals von den Markgenossen zweifelsohne den schweren Meuten beigegeben worden, wenn es auf einen ernsten Kampf ankam.

Ovid, der zwischen Cäsar und Tacitus lebte, hat uns eine Saujagd beschrieben.[1]) Bei der Gleichartigkeit der Waffen wird man annehmen dürfen, daß auch von den Germanen die Jagd in gleicher Weise gehandhabt wurde, und da wir aus germanischer Quelle keine Überlieferung besitzen, lasse ich die Jagd des Ovid hier in möglichster Treue kurz folgen.

Fünfunddreißig Jäger und eine Dame brechen auf mit der Meute, um einen Keiler zu erlegen, der den Saaten vielen Schaden tut. Wo das schräg ansteigende Feld den Wald begrenzt, werden Netze gespannt und die Hunde gelöst zum Suchen. Ein Teil der Jäger nimmt selbst die Fährte auf. Der Keiler hat sein Lager nicht weit in einem sumpfigen Tal, das mit Ried und Rohr bewachsen ist. Bald haben die Hunde den Keiler aus dem Lager gesprengt, der das Röhricht verläßt und sich nun der Jägerschar gegenüber sieht, die im Bogen sich aufgestellt hat und ihm die Schweinsfedern entgegenhält. Während der Keiler die Hunde abschlägt, fliegen einige Wurfspieße auf ihn zu, ohne Schaden zu tun. Der Keiler will flüchten, durchbricht die Jägerwehr, rennt zwei Jäger über den Haufen und schlägt einem dritten die Sehnen des Kniegelenks von hinten entzwei, während ein vierter Jäger sich auf einen Baum rettet und von dort aus zusieht, wie der Keiler in das nahe Dickicht tritt. Die schöne Jägerin folgt ihm und verwundet ihn durch einen Pfeilschuß leicht unter dem Gehör, aber doch so tief, daß Schweiß austritt. Vor Scham über diesen Erfolg der weiblichen Tapferkeit werfen die Jäger nun einen Hagel von Spießen durch die Luft, ohne dem Keiler Schaden zu tun, da sie sich gegenseitig hindern. Ein Grieche will sich besonders hervortun und naht törichterweise dem Keiler mit hochgehobener Axt! Der arme Kerl muß daran glauben; der Keiler schlägt ihm den Bauch derartig auf, daß die Eingeweide heraushängen. Wieder folgt ein Hagel von Spießen, dabei wird durch einen ungeschickten Wurf ein Hund getötet. Meleagers Spieß fährt dem Keiler

[1]) Ovid, Verwandlungen, 36. Ich erzähle nach der Übersetzung von Voß.

in den Rücken und während dieser wutschnaubend nach dem Schützen äugt, reizt ihn Meleager zum Angriff[1]) und läßt ihn auf die vorgehaltene Schweinsfeder glücklich auflaufen. Freudig drängt sich alles herbei, um dem Sieger die Hand zu drücken, und ein jeder bohrt sein Eisen noch in den toten Keiler ein, wie Fallstaff sein Schwert in den Leichnam des Percy. Den Kopf und die Haut vom Rücken des Schweins überreicht der galante Meleager der Dame; diese Trophäe war vermutlich das damalige Jägerrecht.[2])

Von der Jagd auf den Wisent und den Ur kann ich leider nichts berichten, dagegen spricht Oppian von einer Art der Bärenjagd, die mir auf deutsche Verhältnisse anwendbar erscheint. Oppian lebte im Anfang des 3. Jahrhunderts nach Christi Geburt, als auch die Germanen schon an der Weser den Bären jagten. Er schreibt die von ihm geschilderte Jagdart den Armeniern zu und leitet sie in der Weise ein, daß er zunächst einzelne Jäger mit dem Hund an der Leine das Revier absuchen läßt. Hat der Hund eine frische Fährte gefunden, so folgt ihr der Jäger bis in die Nähe des Lagers; dann kehrt er zurück zur Jagdgesellschaft, die nun augenblicklich aufbricht und das Lager des Bären mit Netzen umstellt. Die Jagd selbst wird sich dann wohl in ähnlicher Weise wie die auf den Keiler zugetragen haben, doch sagt Oppian, daß der Bär flüchtig in die Netze fiel. Interessant ist an dieser Jagdart, daß wir hier einer richtigen Vorsuche begegnen, wie wir sie im 3. Kapitel beim Überlandjagen und der Parforcejagd wiederfinden.

Zur Zeit der Markgenossen war die Hasenhetze eine beliebte Jagdart, sie wurde mit leichten Windhunden ausgeübt. Bracken kamen im allgemeinen nicht zur Anwendung; nur beim Aufsuchen des Hasen kam es wohl vor, daß man ein Gehölz von Bracken absuchen ließ, während man am Feldrand die Wechsel mit Windhunden besetzte. Jagten die Bracken einen Hasen auf, und nahm er das Feld an, dann wurden die Windhunde gelöst. Arrian erzählt, daß die reichen Kelten (und Germanen) am Morgen vor der Jagd Leute aussandten, um auszukundschaften, wo ein Hase saß. Diese Kundschafter, Jagdaufseher oder Bauern

---

[1]) Hu Su! werden die Markgenossen gerufen haben.

[2]) Kopf und Rückenstreif wurden als Schmuck und Renommierstück getragen, in erster Linie natürlich von Männern. Ermoldus Nigellus schildert eine Jagd Ludwigs des Frommen und sagt, daß von den erlegten Bären „Haupt und Rücken" als Beute heimgenommen wurden. Ausgabe von Pfund, Leipzig 1899. 481 u. f.

hatten also nur die Aufgabe, den sitzenden Hasen im Lager zu entdecken, ohne ihn dabei zu stören. Bei einiger Übung ist diese Aufgabe nicht schwer, aber mancher „lernt es nie". Diezel sagt, er habe unter den Wildschützen Leute gekannt, die auf unglaubliche Ferne jeden nur halbwegs sichtbaren Hasen augenblicklich erkannten.[1]) An einem schönen Herbstmorgen, wenn das Getreide eingeerntet war und die Stoppel goldig erglänzte, zog man zu Pferd oder zu Fuß zum Hetzen aus. Hatte keine Vorsuche stattgefunden, dann ritten die Reiter in gewissen Abständen in einer Reihe langsam über das Feld dahin. Fuhr ein Hase heraus, lösten sie die Hunde. Zu Fuß aber hielten sie genaue Richtung ein, gingen im gleichmäßigen Abstand die Felder auf und nieder und richteten ihr Augenmerk auf jeden verdächtigen Punkt. Die Hunde waren in der Jägerreihe verteilt und durften nicht willkürlich gelöst werden, wenn irgendwo ein Hase aufstand, sondern nur nach erteilter Weisung. Wenn zuviel Hunde gelöst wurden, verlor der Hase leicht die Geistesgegenwart, wurde zu leicht gefangen, und die Freude an der Flucht des Hasen und dem Jagen der Hunde, der eigentliche Genuß des Jagens ging verloren. Es hatte daher ein Jäger das Kommando und die Leitung der Jagd. Die Hasenhetze war die Freude der Markgenossen, namentlich wenn sie beritten waren. Über Äcker und Wiese, über Heide und Moor den Hunden nachzusetzen und die List des Hasen und den Eifer der Hunde zu beobachten, galt für ein göttliches Vergnügen. Da röteten sich die Wangen, da hob sich die Brust, vergessen waren Leid und Sorge, man lebte nur in der Gegenwart und trank in vollen Zügen die köstliche Luft!

Der Windhund hieß bei den Markgenossen veltrahus, veltraus oder veltres, auch argutarius. Die Herkunft des Wortes veltrahus ist umstritten. Heyne will es aus dem Lateinischen oder Keltischen ableiten mit Rücksicht auf ein Distichon des Martial,[2]) welches den Windhund bespricht und ihn canis vertagus nennt. Jesse gibt die Ableitung aus dem Sächsischen von velt und racha; das Wort würde hiernach Feld-

---

[1]) Diezel, Erfahrungen aus dem Gebiete der Niederjagd. 1849. S. 417.

[2]) Das Distichon ist überschrieben „der Windhund" (canis vertagus), es findet sich unter 14, 200 und wird von Alex. Berg übersetzt wie folgt:

„Sich nicht, sondern dem Herrn jagt Wild der hitzige Windhund,
Unverletzt durch den Zahn trägt er den Hasen dir zu."

bracke bedeuten und wenigstens einen Sinn haben.[1]) Wie man nachher aber dazu gekommen ist, gerade den Dachshund mit dem Namen canis vertagus zu belegen, ist schwer verständlich; vielleicht hat die Erzählung Münchhausens dazu beigetragen, dessen Windhund sich ja die Beine soweit abgelaufen hatte, daß er nur noch als Dachshund Verwendung fand.

Die Markgenossen begnügten sich nicht mit der Jagd auf der Erde, sie verfolgten und hetzten auch den Vogel in der Luft, indem sie den Habicht nach ihm warfen. Der Ursprung der Falkenjagd liegt noch im Dunkeln; sie scheint aber sehr alt zu sein und es ist wohl anzunehmen, daß sie auch in Europa während der Zeit des Altertums schon geübt worden ist. Aelian, der um 200 nach Christi Geburt lebte, erwähnt mehrfach die Falkenjagd; er legt sie den Indern bei (IV, 26),[2]) aber auch den Thraziern (II, 42), d. h. den Einwohnern der heutigen Türkei, ein Landstrich, der durch Marc Aurel dem römischen Reiche einverleibt wurde. Durch die Annexion wurden die Römer mit den Sitten und Gewohnheiten der Thrazier bekannt und bekamen nun die Kunde von der Falkenjagd, die wahrscheinlich seit unvordenklichen Zeiten dort geübt worden ist. Man darf aber annehmen, daß auch weiter nördlich, d. h. landeinwärts die Falkenjagd bestanden hat. Wir gelangen hier in das alte Stammland der germanischen und slawischen Völkerschaften, in den Landstrich zwischen der Ostsee und dem schwarzen Meer.[3])

Die Bücher über die Falkenjagd gehen auf fremde Quellen zurück und führen an die Gestade des Mittelmeeres oder gar nach dem Orient. Es hat aber auch Gelehrte gegeben, welche die Falkenjagd für urdeutsch erklärt haben, so J. Grimm und G. Baist. Der Haupteinwand, der ihnen entgegengehalten wurde, bestand darin, daß die deutsche Sprache das Wort Falke nicht kenne.[4]) Ich glaube mich der Auffassung von Grimm und Baist anschließen zu sollen und bin der Meinung, daß die

---

[1]) M. Heyne, Fünf Bücher deutscher Hausaltertümer, II. 222—223. — Jesse, Researches into the history of the british dog. II. 27.

[2]) Bei den Indern hat Ktesias schon um das Jahr 400 v. Chr. die Falkenjagd gefunden. Auch soll schon um 75 n. Chr. die thrazische Falkenjagd bekannt gewesen sein. Vgl. Brehms Tierleben. Kl. Ausg. 1870. II. 206.

[3]) Vgl. über die Herkunft der Germanen M. Heyne, Fünf Bücher usw., I. S. 3 u. f.

[4]) Vgl. H. Werth, Altfranzösische Jagdbücher usw. Halle 1889.

Vogeljagd schon lange vor Christi Geburt von den verschiedensten Völkerschaften geübt worden ist, sowohl östlich, als auch südlich vom mittelländischen Meer, als auch in dem Stammsitz der Germanen. Was hat das Wort Falke damit zu tun? Die Germanen haben verschiedene Raubvögel für die Beizjagd abgetragen, sicher sind auch Falken darunter gewesen, und wenn sie im übrigen für die Beizvögel andere Namen gehabt haben und im wesentlichen nur zwischen accipiter und sparuarius unterschieden, dem Habicht und dem Sperber, so tut das dem Prinzip doch keinen Abbruch. Wahrscheinlich ist die Falkenjagd sowohl von Norden, als von Süden her in Rom bekannt geworden. Abgesehen von dem Zeugnis des Aelian, hat es auch nach den Volksrechten unbedingt den Anschein, als wenn die Falkenjagd eine altbekannte und eingewurzelte Jagdart war, die den Germanen ebenso geläufig und vertraut gewesen ist wie die Brackenjagd. Die gesetzlichen Bestimmungen über die Raubvögel reihen sich in den Volksrechten gleichmäßig denen über die Hunde an, und was hier aufgezeichnet wurde, war doch nur der schriftliche Niederschlag von altgeübten, von Geschlecht zu Geschlecht fortgepflanzten Sitten und Gebräuchen und Gewohnheitsrechten. Von südländischen Jagdarten, insbesondere von der Netzjagd und von den Hunden der Römer, von der umbrischen, der kretischen Bracke, ist in den Volksrechten nichts gesagt, nur die Steinbracke ist den Burgundern bekannt geworden,[1]) weil sie an der oberen Rhone saßen und dort die Bergjagd kennen gelernt hatten. Wie sollte nun gerade die überaus schwierige Falkenjagd, die nur bestehen kann bei einer langen Überlieferung und einer alten Falknerschule, bei den germanischen Völkerstämmen etwa von Rom aus so schnell und so völlig heimisch geworden sein, wie sie in den Volksrechten uns entgegentritt? Wie sollte sie von Süden aus so früh bis zu den Friesen gedrungen, wie gerade bei den Bayern bekannt geworden sein, die doch erst spät eingewandert sind und im Jahre 520 zuerst als Bajoarii genannt werden?[2]) Die Falkenjagd ist zweifellos eine altgermanische Jagdweise, ganz abge-

---

[1]) Lex Burgund. Addit. 10. nennt auch den canem patrunculum.

[2]) Wimmer, Gesch. d. deutschen Bodens, S. 34. Verschweigen kann ich allerdings hier nicht, daß auch eine Theorie besteht, nach welcher die Bayern um 520 zurückgekehrt sind, nachdem sie von den Römern vorher verdrängt worden waren. Auf die Eigenschaft der Beize als einer alten deutschen Jagdart würde aber auch diese Annahme wenig Einfluß üben.

sehen davon, daß auch Kirgisen, Semiten und Hamiten sie geübt haben mögen, und die erste Kunde davon vielleicht durch sie nach Byzanz oder Rom gekommen ist.

Wann und wo das Wort Falke zuerst auftaucht, weiß ich nicht. Zur Zeit der Markgenossen war der Handel noch zu wenig ausgebildet, als daß damals schon mit solcher Regelmäßigkeit nordische Falken hätten bezogen werden können, wie es später geschah. Gerade die Friesen, die hierzu in erster Linie berufen gewesen wären, haben in ihrem Recht die einzelnen Vogelarten nicht aufgeführt. Daß sie aber die Beizjagd kannten, folgt aus der Erwähnung der Habichthundes, des canis acceptoricius.[1] Jedenfalls stellt sich die Falkenjagd in manchen Volksrechten ebenso geregelt und ausgeglichen dar wie die Hundejagd, und wir haben keinen einzigen stichhaltigen Grund zu der Annahme, daß sie weniger alt und weniger national gewesen wäre.

Man ging in den Wald und holte sich die Vögel aus dem Nest, die für die Beize zu brauchen waren,[2] und unterschied und schätzte die abgetragenen nach ihren Leistungen. Das bayerische Volksrecht unterscheidet den Habicht, der den Kranich schlägt, von dem, der die Gans und dem, der die Ente schlägt, und diese Habichte wieder von dem Sperber. Ähnlich klassifiziert das Volksrecht der Alemannen. Der Markgenosse ging oder ritt mit dem Vogel auf der Faust an die beschilften Ufer der Landseen und Ströme und warf ihn ab, wenn Enten aus dem Schilf aufstanden; er birschte sich mit dem Vogel mühsam in den Gräben und Geländefalten an die Stoppeln heran, auf denen die wilde Taube und die Gans in Schwärmen eingefallen waren. Die größte Freude aber hatten die Markgenossen, wenn sie den schlauen Kranich überlistet hatten und trotz der ausgestellten Posten so dicht an ihn herangekommen waren, daß sie den Beizvogel nach ihm werfen und den Kampf der Vögel in der Luft beobachten konnten. Der Kranich stieg hoch und höher, der Beizvogel suchte ihn zu übersteigen, um auf ihn stoßen zu können, und hatten die Markgenossen keine Falken, sondern nur Habichte, so mag der Kranich oft genug entkommen sein, denn der Habicht kann sich bei seinen kurzen Flügeln nicht so hoch erheben wie der Falke. Er

---

[1]) Lex Frisionum tit. 4. 4.

[2]) Der Römer fing die Habichte auch in Schlaggarnen, ob das auch die Markgenossen taten, ist nicht überliefert. Horaz, Briefe, I. 16. 50.u 51.

bedarf zwar einer geringeren Stoßhöhe, da er schräger stößt, immerhin aber hatte er eine schwere Aufgabe zu lösen. Darum stand der Kranichstößer, der cranohari der Bayern, in doppelt so hohem Wert wie der Gänsehabicht, und in sechsfach so hohem wie der Entenhabicht und der Sperber. War es dem Habicht oder Falken gelungen, den Kranich im Steigen zu ermüden, war diesem die Luft zu dünn geworden, die ihn tragen sollte, dann stürzte er unter jämmerlichem Klagen auf die Erde nieder, ihm nach die Beizvögel. Der Kranich warf sich auf den Rücken, der Kampf begann und dauerte fort, bis die Jäger herbeieilten.[1]) Genaueres über die Falkenjagd kann ich erst im 3. Kapitel geben. Der Reiher, der später das beliebteste Wild des Falkners war, wird in den Volksrechten noch nicht erwähnt.

Ob die Habichthunde, die im friesischen und bayerischen Recht genannt werden,[2]) nur zum Stöbern dienten, zum Aufjagen des Sumpfgeflügels und der Enten, oder ob sie auch auf Rebhühner und Wachteln schon gebraucht wurden und vorstehen mußten, kann nach den vorliegenden Quellen nicht entschieden werden, darum enthalte ich mich über diesen Punkt der weiteren Ausführung.

Als Pelztier gesucht war der Biber. Die Jagd auf ihn erwähnt das bayerische Recht[3]) und obschon uns Einzelheiten nicht überliefert sind, kann man sich von der Jagdart doch eine Vorstellung machen. Die Jagd wurde vermöge des Biberhundes ausgeübt, von dem gesagt wird, daß er unter der Erde jage; er stand ebenso hoch im Werte wie der Leithund, beide waren geschützt durch eine Buße von je 6 Schillingen (72 Mark!). Der Biber führt nicht nur die sogenannten Burgen auf, in denen er dann seinen Aufenthalt nimmt, sondern er legt wie der Otter am überhängenden Ufer und unter dem Wurzelwerk der Bäume sogenannte Baue an, d. h. er gräbt sich Löcher in die Erde, ohne sie zu eigentlichen Gängen fortzutreiben, wie der Fuchs und der Dachs. Ein Biberbau besteht eigentlich nur aus einem Kessel.[4]) Die Jäger suchten mit den Hunden, die wahrscheinlich nur Biber jagen durften, die Ufer ab. Fand der Hund einen bewohnten Bau, so fuhr er hinein, lag vor

---

[1]) Vgl. Dietrich aus dem Winckell, Handbuch für Jäger, Leipzig 1865. I. 189, 190 u. II. 474.

[2]) Lex Frision. tit. 4. 4. — Lex Bajuvar. tit. 20. 6.

[3]) Lex Bajuvar. tit. 20. 4.

[4]) Aus dem Winckell, Handbuch für Jäger, Leipzig 1865. I. 417.

und schnitt dem Biber den Ausweg ab. Die Jäger eilten herbei, watend oder in Einbäumen, oder in Kähnen aus Tierfellen,[1]) und suchten mit Spießen und sonstigem Gerät dem Hunde zu Hilfe zu kommen und den Biber zu töten. Man darf bei diesen Hunden aber nicht an unsern Dachshund denken, wie tatsächlich schon vorgekommen ist, sondern an bewegliche kräftige Hunde, die das Wasser liebten, etwa im Sinn unserer heutigen Otterhunde. Wahrscheinlich hat die segusianische Bracke damals ausgeholfen.

Es bleibt nur übrig, noch einiges über die Schießjagd zu sagen, die zur Zeit der Markgenossen mit Pfeil und Bogen geübt wurde und natürlich nicht annähernd die Vollkommenheit und die Bedeutung erreicht hatte, welche die heutige Waffentechnik ihr verschafft. Wir sind über die Schießjagd auch nur mangelhaft unterrichtet.

Die Volksrechte sprechen von gezähmtem Rotwild und von gezähmtem Schwarzwild, insbesondere dem Bison und dem Ur, die zur Jagd gebraucht wurden; in welcher Weise aber, darüber ist etwas Bestimmtes nicht gesagt, doch scheint es sich um Schießhirsche oder Schießbüffel zu handeln, denn das Wild wurde mit Hilfe der gezähmten Tiere geschossen.[2]) Auch weibliches Rotwild wurde für den genannten Zweck gebraucht. Das zahme Wild ist vermutlich in ähnlicher Weise verwendet worden wie heute wohl das Schießpferd noch gebraucht wird. Es mußte sich vom Jäger lenken und leiten lassen, der hinter ihm Deckung nahm und hinter dieser Kulisse auf Umwegen, langsam und unter Wind sich dem gesuchten Wild so weit zu nähern strebte, daß er mit Erfolg einen Schuß abgeben (sagittare) konnte. Es scheint fast, als wenn es gelang, vermöge des Rotwilds nicht nur an anderes Rotwild, sondern auch an Schwarzwild heranzukommen.[3]) Als besonderes Moment tritt noch hinzu, daß das gezähmte männliche Wild in der Brunst auch schreien mußte[4]), und zwar sowohl die Hirsche als

---

[1]) Eichbäume höhlte man zu Schiffen aus, die bis zu 50 Mann fassen konnten, man machte aber auch Kähne aus Weide und überzog sie mit Tierfellen. Vgl. Anton, Gesch. d. t. Landwirtschaft, I. 31.

[2]) Lex Alemann. tit. 99. 4. Si rubeus feramus cum ipso „sagittatus est“. Daß das Zähmen der Wildstiere, insonderheit des Urs keine Schwierigkeiten machte, bestätigt Albertus Magnus, Tierbuch, Cap. Buballus.

[3]) Lex Alemann. tit. 99. 5 u. 10.

[4]) Ebenda, tit. 99. 1. — Lex Rothar. 320.

die Büffel. Hier möchte man glauben, daß das zahme Wild sich in einer Vermachung frei bewegt hat, sonst hätte es wohl nicht geschrien.

Der Jäger hat mit seinem zahmen Hirsch sich vermutlich vor Tagesanbruch auf einen der bekannten Brunstplätze begeben, dort den Hirsch in eine Verzäunung getan und abgewartet, bis die freien Hirsche anfingen zu schreien. Vielleicht war der zahme Hirsch zur Zeit der Brunst auch in die Verzäunung dauernd eingestellt, vielleicht sogar mit einigen Tieren. Wenn er nun auf den Schrei der wilden Stammesbrüder Antwort gab, dann versteckte sich der Jäger in der nächsten Dickung und wartete, bis durch den Ruf seines zahmen Hirsches gereizt ein freier Hirsch herankam, um den vermeintlichen Nebenbuhler zu vertreiben. Sobald der freie Hirsch nah genug war und schußgerecht stand, ließ der Jäger den Pfeil fliegen. Der zahme Hirsch diente also in diesem Falle als Lockvogel, es war die Jagd „auf den Ruf", die der Jäger heut in der Weise ausübt, daß er den Schrei des Hirsches selbst hervorzurufen sucht, indem er sich einer Muschel bedient, oder anderer Instrumente. Mitteilen möchte ich noch, daß auch Columella zahmes Wild erwähnt,[1]) das in Gallien dazu dienen sollte, das frisch gefangene Wild, das in einen der Riesenparks gesetzt war, an die Futterstellen zu gewöhnen. Hatte vielleicht das gezähmte Wild der Volksrechte den gleichen Zweck? Diente es als Schlepper, damit seine Brüder an der Fütterung abgeschossen werden konnten? Columella schrieb in der Zeit, in der die Volksrechte aktuell waren.

Damit wäre das, was über die Jagd in der Zeit der Stammesherrschaft zu sagen war, im großen und ganzen wohl erschöpft, sofern man sich an die geschichtlichen Quellen halten und nicht der Phantasie die Zügel schießen lassen will. Ich habe mich darauf beschränkt, nur das anzuführen, was aus den alten Schriftstellern und den Volksrechten sich belegen läßt.

Rückblick.

Blicken wir zurück, so zeigt sich uns in jagdlicher Beziehung kein unfreundliches Bild. Daß sich die Menschheit wiederholt in Drohnen und in Arbeiter gespalten hatte, in Herren und in Sklaven, war in jedem

[1]) Columella, Zwölf Bücher von der Landwirtschaft, übers. von Curtius. Hamburg und Bremen, 1769. II. 75.

Falle das Ergebnis eines Gewaltaktes gewesen, einer einmaligen in großem Stile durchgeführten Räuberei, welche die Kultursprache mit dem beschönigenden Namen Eroberung bezeichnet. Hunger und unverwüstliche Trägheit waren die treibenden Kräfte solcher Eroberung gewesen, weil man selbst nicht arbeiten mochte, sollten es andere tun. Die Jagd spielte erst insofern eine Rolle, als sie um jene Zeit noch ein wichtiges Mittel war, den Hunger zu stillen. Da sie außerdem Vergnügen gewährte, legte der neue Drohnenstand Beschlag auf die Jagd und erklärte sie für ein unveräußerliches Herrenrecht. Es ist aber anzunehmen, daß die Jagd in jener Zeit den Gegensatz zwischen Herr und Knecht nicht noch verschärft hat. Die Markgenossen hatten im allgemeinen noch keine ausgedehnten Ländereien unter dem Pfluge, sie hielten, Ausnahmen zugegeben, höchstens einige Landlose in ihrer Hand und waren in ihrem Lebensunterhalt auf den Ertrag der kleinen Ernte angewiesen. Sie hatten also ein lebhaftes Interesse daran, den bestellten Acker vor jeder Vernichtung durch das Wild zu schirmen, einerlei, ob es sich um Saalland oder Dienstland handelte. Es ist sogar anzunehmen, daß auch der Sklave in der Ausübung der Jagd nicht allzu sehr beschränkt gewesen ist, und daß er namentlich das Wild von den Feldern mit allen Mitteln abtreiben und ebenso die Herden schützen konnte. Diese Einschränkung gilt allerdings nur für Germanien; in Gallien bestand seit langer Zeit ein Stand von großen Grundbesitzern mit allen Folgen, die uns das nächste Kapitel zeigen wird. Dort gab es auch große eingezäunte Waldungen, in denen ein starker Wildstand gehalten wurde, weite Gegenden, „ganze Gebirge“ sagt Columella (II, 73, 74).

Weidmännisch in unserm Sinne wurde die Jagd natürlich nicht betrieben; man schonte weder Alter noch Geschlecht und jagte das ganze Jahr hindurch. Von einer Folge auf verwundetes Wild, von einer Pflicht des Jägers, diese auszuüben, um dem Wild die Qualen zu verkürzen, ist noch lange keine Rede, und wenn eine Nachsuche stattfand, so geschah sie nur im eigenen Interesse, weil man den Braten nicht verlieren wollte. Eine merkwürdige Stelle im Horaz scheint aber darauf hinzudeuten, daß die Römer auch den Schweißhund gekannt, und von diesem sogar das Todverbellen in Anspruch genommen haben. In dem Briefe an Lollius spricht Horaz von dem erwachsenden Jagdhund, der

„Muß in dem Hof anbellen die ausgepolsterte Hirschhaut,
Eh' er den Feldzug macht im Gehölz."[1])

Bei einer Bracke wäre solche Vorschule überflüssig, bei einem Leithund ganz verfehlt gewesen, weil der Leithund nicht laut werden darf. Daß auch die Markgenossen den Schweißhund gekannt haben, ist nicht nachzuweisen, obschon die Annahme naheliegt, daß sie ihren „Spürhund" auch auf krankes Wild verwendet haben mögen, wenn auch vielleicht mehr in der Form einer Hetze, als einer geregelten Nachsuche. Schwerlich aber waren die Markgenossen weidgerechter als die Römer, und hinter der weidgerechten römischen Gesinnung muß man oft ein großes Fragezeichen machen. Zunächst in gesellschaftlicher Hinsicht! Hier warf das leidige Institut der Sklaverei schon wieder seine dunkeln Schatten und ließ selbst auf der Jagd keinen ungezwungenen Verkehr aufkommen, wo doch sonst die Ranguntersch iede um ein weniges zu fallen pflegen. Philostrat, ein Zeitgenosse Oppians, betont z. B., daß es beim Mahle auf der Jagd in bezug auf den Anteil am Essen keinen Rangunterschied gebe;[2]) in bezug auf den Verkehr aber sagt er nichts, hier werden die Schranken eben geblieben sein, und man muß doch sagen, daß keine große weidmännische Gesinnung dazu gehört hat, um den anderen nicht die besten Bissen wegzuschnappen oder sich den Leib nicht doppelt so voll zu schlagen wie die Jägerknechte. Wichtiger aber ist das Verhalten gegen das Wild. Die Schlinge war allgemein im Gebrauch. Auch Horaz fängt den Hasen in der Schlinge und voller Freude über dieses Vergnügen bricht er in die Worte aus: „Wem senkt das nicht allen Kummer in Vergessenheit?"[3]) Virgil erzählt von den Völkerschaften an der Donau, denselben, deren Hetzjagd auf das Tier uns Arrian vermeldet hat, und in denen wir neben slawischen in erster Linie auch germanische Stämme suchen müssen, eine arge Art der Jagdausübung, die im Winter dort betrieben wurde. Wenn die in Rudeln stehenden Hirsche ermattet im tiefen Schnee steckten und nicht fort konnten, vielleicht vor Schmerzen an den wunden Läufen, dann überfielen die Jäger sie, mordeten das laut klagende Wild mit dem Schwert und trugen „fröhlich mit lautem Geschrei nach Hause die Beute". Diese

[1]) Horaz, Briefe. I. 2. 66—67.

[2]) M. Miller, Das Jagdwesen der alten Griechen und Römer, München 1883. 17.

[3]) Horaz, Epode 2.

Jäger glichen den Hyänen des Schlachtfeldes, Virgil hat aber kein Wort des Tadels gegen sie.[1])

Andrerseits aber finden sich aus jener Zeit auch Spuren von einem besseren jägerischen Sinn. Daß die Geselligkeit in der Jägerei gepflegt wurde, daß das Vereinswesen blühte, haben wir oben schon gesehen. Es war üblich, die Vereine einer Gottheit zu unterstellen, der sogenannten Diana oder Artemis, ähnlich wie die heutige Zeit ohne das Protektorat eines Prinzen, oder ohne seinen Ehrenvorsitz nicht auskommen kann! Die christlichen drei Gottheiten sind für diese Aufgabe gänzlich ungeeignet, und erst in der neuen Zeit hatte man die Heiligenlegenden so weit trivialisiert, daß ein toter Bischof die Rolle der Artemis übernehmen konnte. Es fehlte aber der Jägerei auch nicht ein edleres und mehr durchgeistigtes Gefühl, das in den Schriften Arrians uns überliefert ist. Wenn man dessen Ausführungen liest, gerät man unwillkürlich auf den Gedanken, daß hier der feine Römer spricht und daß seine seelischen Regungen nichts gemein gehabt haben mit den roheren, von einfachen sinnlichen Trieben gelenkten Willensakten der germanischen Markgenossen. Allein Arrian macht seine Ausführungen gerade aus Anlaß der Jagd der Kelten und jener Völkerschaften, die an der Donau saßen, der Illyrer, der Mysier und Skyten. Daß die Kelten Arrians auch die Germanen mit umfaßten, haben wir oben schon gesehen, und nördlich von der unteren Donau saßen auch germanische Völkerschaften. Arrian entwickelt seine weidmännischen Ansichten namentlich aus Anlaß der Hasenhetzen mit Windhunden, und diese Jagdart wurde in Germanien so gut geübt wie in Gallien. So nennt schon Gratius Faliscus den Windhund bald den Vertagus, bald den gallischen, bald den keltischen Hund, bald den Sygambrer. Wir werden uns also schwerlich etwas aneignen, was uns nicht zukommt, wenn wir von den weidmännischen Gesinnungen des Römers auch für unsere germanischen Vorfahren einen Teil in Anspruch nehmen.

Arrian will bei der Hasenhetze keine eigentliche Jagd gelten lassen, sondern nur einen Sport, nicht das Fangen der Hasen, sondern den Kampf um die Schnelligkeit und Geschicklichkeit. Er nimmt diese Auffassung in Anspruch für alle, die in jener Zeit als echte Jäger gelten konnten. Diese Jäger waren zufrieden, wenn der Hase glücklich ent-

---

[1]) Virgil, Georgica, III. 370—75.

kam; und wenn sie sahen, daß er sehr ermattet war und sich in einem Gebüsch zu drücken suchte, dann riefen sie die Hunde ab, zumal wenn der kleine Kerl den Kampf gut bestanden hatte. Griffen die Hunde aber den Hasen, so war es eine ehrenvolle Aufgabe des Jägers, den Hasen noch zu retten, den Hunden ihn noch rechtzeitig zu entreißen und ihm die Freiheit zu schenken,[1]) ein Trick, der natürlich nur in den seltensten Fällen gelingen konnte. „Wer das Tierchen aufspüren, verfolgen, fortrennen sieht, kann alles was er sonst lieb hat, darüber vergessen; allein ich behaupte, es fangen zu sehen ist weder ein anmutiges, noch ein grausiges Schauspiel, sondern eher ein widerliches."[2]) Auf das Schauspiel aber kam es an, hier lag das Genießen.

Bei der Hirschjagd, d. h. beim Überlandjagen, betont Arrian gleichfalls, daß es sich hier um einen Kampf mit gleichen Waffen handle, um einen Kampf der Schnelligkeit, Gewandtheit und Ausdauer.[3]) Er verwirft die Jagd mit Fallen, Netzen und Schlingen, die auf List, Betrug und Gaunerei gegründet sei; er vergleicht die freie Hetze mit dem Krieg, die Fangjagd mit Räuberei und Diebstahl. „Die einen überfallen das Wild wie heransegelnde Seeräuber, die anderen besiegen, wie die Athener in offener Schlacht die Meder bei Artemisium oder bei Salamis besiegt haben, in gleicher Weise das Wild auch in offenem Kampfe."[4]) Es fehlte also jener Zeit nicht an feinem jägerischem Sinn. Arrian schrieb vielleicht 50 Jahre später, als Tacitus seine Germania geschaffen hatte.

Nicht viel später ergriff Oppian die Feder. Aus seinen Schilderungen ersehen wir, daß der alte, in der neueren Zeit so oft mißbrauchte Satz, daß die Jagd eine Vorschule des Krieges sei, damals nicht ohne Grund war. Oppian verlangt, daß der Jäger nicht zu wohlbeleibt sei; oft müsse er sich zwischen Felsen auf das hohe Roß schwingen, über breite Gräben setzen, in der rechten Hand den Wurfspeer, bereit, dem Wilde den Tod zu geben, oder sich gegen räuberische Angriffe zu verteidigen. Den Jäger, der die Fährte eines Wildes verfolgt, läßt

---

[1]) Arrian, Kynegetikos, übers. von Dörner, 110—13.

[2]) Ebenda.

[3]) Ganz gleich war der Kampf nun wohl nicht, auch wenn keine Relais vorhanden waren. Die große Zahl der Hunde machte den hinteren ein beständiges Kupieren möglich, von dem auch die Jäger Gebrauch machten, da das Rotwild nicht geradeaus flüchtet, sondern öfter Winkel schlägt.

[4]) Arrian, Kynegetikos, deutsch von Dörner, 120—21.

er auf bloßen Füßen gehen, damit das knarrende Schuhzeug ihn nicht verrate. Der Jäger soll auf dem Leib nur eine Tunika tragen, die auf beiden Schenkeln geschlossen ist, den Mantel verwirft Oppian, weil er durch sein Flattern das Wild erschreckt. Das ganze Gerät, der ganze Apparat, mit dem Oppian auf die Jagd auszieht, ist nun allerdings recht umfangreich, und wohl nur auf reiche römische Verhältnisse berechnet; man sieht, es geht zu einem Jagen „in den Netzen". Er will Prellnetze haben, die auf Gabeln ruhen, Fallnetze, hohe Tücher, einen Dreizack, mehrere eiserne Speere, Pfähle, Pfeile, Degen, Axte, krumme Haken, bleierne Ringe, Schnüre oder Leinen aus Sparta, Fallen, Schleifen, Stangen und eine Jagdtasche aus geflochtenen Maschen.[1])

„Welch köstliches Vergnügen ist es", sagt Oppian, „zur Frühlingszeit auf blumigen Gefilden zu ruhen, welches Behagen, sich im Sommer in einer kühlen Grotte hinzustrecken; wie köstlich mundet dem Jäger der Imbiß nach anstrengender Arbeit auf einem Felsvorsprung eingenommen! Welch Labsal bietet ein frischer Trunk aus dem Felsenquell! Welche Erquickung ein kühles Bad! Welches Vergnügen ergibt sich nebenbei für die, welche Freunde von Blumen sind."[2]) Hier glaubt man einen modernen Jagdschriftsteller zu hören, er preist das leibliche Behagen und die Freude an der Natur.

Wir finden also in der kaiserlichen Zeit der Römerherrschaft und des aufstrebenden Germanentums die rücksichtsloseste, roheste Jagdweise neben einem fein entwickelten Sinn für sportliche Betätigung, denn ein Sport war die Hetze der Hasen nur, auf den Fang kam es nicht an, und ähnlich so hat Arrian das Überlandjagen auf Rotwild angesehen. Die Jagd hat immer das Ziel im Auge, das Wild in die Gewalt des Jägers zu bringen, während der Sport sich selbst genügt. Auch bei Horaz, dem Schlingensteller, scheint sportlich eine feinere Gesinnung zu bestehen. Er betont, daß der Jäger dem flüchtenden Hasen tief durch den Schnee nachjage, den sitzenden aber unberührt lasse;[3]) das geschieht nicht etwa, weil er den sitzenden Hasen nicht sieht, sondern weil er Sport treiben, jagen, laufen will. Ob der Römer im Schnee dem Hasen folgte, ob er ein feuriges Pferd tummelte, ob er mit dem

---

[1]) La chasse, poème d'Oppien, traduit en français par de Ballu. Straßburg 1787. 9.

[2]) Miller, Das Jagdwesen der alten Griechen und Römer, München 1883, S. 16.

[3]) Horaz, Oden I. 37. — Satiren I. 2. 105—106. — Ebenda II. 2. 9—15.

Ballspiel sich die Zeit vertrieb, oder sich im Diskoswerfen übte, galt ihm im wesentlichen gleich. Was er suchte, war Sport, Bewegung, Leibesübung, Spiel. Auch Virgil kennt die Hasenjagd im Schnee.[1]) Man muß also unterscheiden zwischen Jagd und Sport. Die Jagd wurde in unserem Sinn nicht weidmännisch geübt, ein feines Gefühl äußert sich wohl in der Liebe zur Natur, zur Landschaft, zur Pracht der Blumen und dem Gemurmel des Baches. Dagegen versagt dieses Gefühl völlig, wo es sich um die Leiden der lebendigen Kreatur handelt, und Schopenhauer hat Unrecht, wenn er sagt, daß das Christentum es sei, das im Anschluß an die jüdische Überlieferung das Mitleid gegen die Tiere in uns ertötet habe; schon die Römer waren roh in dieser Hinsicht. Ein lebhafteres Gefühl dagegen erzeugte der Sport, wenn er zu seinem Objekt sich einen Zweig der Jagd erkor. Hier sollte die Freude gelten, die Erholung, hier empfand man das Leiden des Wildes als ungehörig, als unharmonisch und unschön, und die ästhetische Geschmacksmoral löste sogar etwas wie Mitleid aus. Den Konflikt, der daraus entstand, daß die Kreatur leiden mußte, nicht um einem Bedürfnis abzuhelfen, nicht um dem Menschen zur Nahrung zu dienen, sondern ihm ein Vergnügen zu bereiten, hat der Römer nicht empfunden. Ich will auf die Zergliederung dieses Konfliktes hier auch nicht eingehen und verweise den Leser auf das letzte Kapitel des 2. Bandes. Auch bei den Markgenossen werden wir den roheren Sinn des Römers in der Ausübung der Jagd vorauszusetzen haben, denn auch das Mittelalter hatte hier kein tieferes Gefühl; von der feinen Gesinnung des sportliebenden Römers aber mag auch auf die Markgenossen ein schwacher Abglanz hingeglitten sein.

---

[1]) Virgil, Georgica, I. 308—10. Wir empfinden heut auch die Hetze im Schnee als unweidmännisch, weil unser Gefühl dahin drängt, jedem Wild bei tiefem Schnee eher helfend zu nahen, als ihm feindlich entgegenzutreten, da es bei Schnee im Kampf mit der Natur ohnehin genug zu leiden hat.

Zweites Kapitel.

Die Ausbildung des großen Grundbesitzes.

600—1100.

Die Jäger und ihr Recht.

Die Franken hatten sich westlich vom Rhein in langsamer, aber ständiger Ansiedlung allmählich vorgeschoben und bis an die Schelde in dichten Massen heimisch gemacht. Die römischen Besitzer wurden meistens vertrieben, verknechtet und erschlagen. Als es endlich zwischen den fränkischen Eindringlingen und dem kümmerlichen Überrest der einst so stolzen Römerherrschaft unter Syagrius zur Entscheidung durch die Waffen kam, siegten die Franken; sie befestigten damit ihren neuen Landbesitz. Bald wurden die Alemannen unterworfen, die im heutigen Süddeutschland saßen; ihnen folgten die Westgoten in Gallien, die Burgunder an der Rhone und die Thüringer zwischen Elbe und Donau, so daß bereits in der Mitte des 6. Jahrhunderts das Frankenreich von der Garonne bis zur Saale, von der Nordsee bis an die Alpen ging. Karl der Große fügte später die spanische Mark, Sachsen, Bayern, Kärnten und das Reich der Longobarden hinzu, d. h. Italien bis zu halber Höhe zwischen Rom und Neapel.

Diese gewaltigen Eroberungen hat das fränkische Reich vollzogen vermöge des Volksheeres und der Gefolgschaften, der Antrustionen. Das Volksheer bestand aus den freien Markgenossen und den sogenannten Halbfreien, den Liten; es stand unter der Führung der Gaukönige und diese unter einem gemeinsamen Oberfeldherrn, zuerst unter Chlodwig, der ebenfalls ein Gaukönig der Franken war.[1]) Er war einer jener großen Verbrecher, welche die Geschichte laufen läßt, während sie die kleinen hängt. Durch wiederholten Meuchelmord beseitigte

[1]) F. Dahn, Geschichte der deutschen Urzeit. 2. Hälfte. Gotha 1888. 515.

er seine Rivalen, und mit der Axt erschlug er eigenhändig den gefesselten Ragnacher, einen Frankenfürsten, nachdem er zuvor mit gefälschtem Geld dessen Vasallen erkauft hatte: „So gab Gott täglich", schrieb der fromme Bischof von Tours, „Chlodwigs Feinde in seine Hand, weil er mit rechtem Herzen vor ihm wandelte!" Auf solche und ähnliche Weise verdrängte Chlodwig die fränkischen Fürstengeschlechter, er setzte seinen Fuß auf ihren Nacken und ihre Güter zog er ein. Er hatte Erfolg und die Geschichte hat ihm Recht gegeben; er begründete das Frankenreich, das aber nach seinem Tode in drei Teilreiche zerfiel.

Die Gefolgschaften ergänzten sich aus den jüngeren Söhnen der Markgenossen, die in das Gefolge der Gaukönige freiwillig eintraten und von ihnen ernährt und besoldet wurden. Das Gefolge des Frankenkönigs wurde zu einer Adjutantur und Gardetruppe, welche den Schutz des Königs und seiner Familie wahrzunehmen hatte. Die Mitglieder des Gefolges bildeten den geselligen Kreis des Königs, bei ihnen suchte er Zerstreuung und Heiterkeit, sie waren seine Tischgenossen, sie spielten am Hofe eine große Rolle, hatten das Ohr des Königs und galten viel in seinem Rat.[1])

Das römische Gallien hatte einen ausgedehnten Dominialbesitz gehabt, der in die Hände der fränkischen Könige gefallen war. Ein großer Teil der Latifundien des römischen Adels wurde für herrenloses Gut erklärt, da die Besitzer geflüchtet waren, und auch diesen eignete sich die fränkische Krone zu. Das Hausgut der beseitigten Stammesherzöge in Alemannien, in Burgund, in Aquitanien, in Thüringen und Bayern, das Krongut der Longobarden, die umfangreichen Konfiskationen in Sachsen ergaben neue große Liegenschaften, welche die Frankenkönige an sich zogen. Alle wüsten Strecken, insbesondere die Sümpfe und die Wälder, die noch nicht angebaut und in genossenschaftliches oder privates Eigentum übergegangen waren, wurden vom Könige als Krongut in Anspruch genommen in seiner Eigenschaft als Repräsentant des Volkes. Das deutsche Recht unterschied nicht das Krongut von dem Privatbesitz des Königs, und die Folge war, daß er über das ihm zugefallene Land verfügen konnte.

Als Ergebnis der fränkischen Eroberungen sehen wir also eine gewaltige Ländermasse in der Hand der fränkischen Könige sich vereinen.

---

[1]) H. Brunner, Deutsche Rechtsgeschichte. Leipzig 1892. II. 97—100.

Dabei hat es den Anschein, als wenn im 6. Jahrhundert das genossenschaftliche und das private Eigentum des Feindes im allgemeinen noch geschont worden ist. Später ging man anders vor, denn auch das Erobern will gelernt sein. Schon gegen die Araber, Avaren und auch gegen die Sachsen hatte die frühere Rücksicht aufgehört; die Sachsen wurden in ganzen Scharen von 7000 bis 10 000 Leuten fortgeführt und zwangsweise angesiedelt.[1]) Das verlassene Land ging in das Eigentum des Königs über. Gegen die Slawen machte man nur noch von dem Recht des Stärkeren Gebrauch: die ganze Bevölkerung ging ihrer Freiheit verlustig, sie wurde in fiskalische Hörigkeit gegeben, ihr Eigentum wurde geraubt und in Zinsland umgewandelt.[2])

Politisch zerfiel das Frankenreich in Teilreiche, diese in Provinzen, diese in Gaue und diese in Hundertschaften. An der Spitze der Provinz stand der Herzog, an der Spitze des Gaues der Graf. Diese Ämter wurden vom König besetzt, und zwar in der ersten Zeit aus den besitzlosen Gefolgschaften. Der Vorsteher der Hundertschaft, der Centenarius, ging aus freier Wahl der Markgenossen hervor; seine Tätigkeit läßt sich allenfalls vergleichen mit der des preußischen Landrats. Jede Hundertschaft zerfiel in Dörfer oder Höfe, je nachdem die Dorf- oder die Hofsiedlung bestand. Die Dorf- oder Gehöferschaft hatte die niedere Gerichtsbarkeit und die selbständige Verwaltung ihres Grundeigentums. Der Graf war der Träger der königlichen Gewalt; nur das Krongut und zum Teil auch das Kirchengut waren seinem Einfluß entzogen.[3]) Das Krongut stand unter einer besonderen Gruppe von Beamten, den majores oder villici. Der geistliche Besitz wurde rechtlich und militärisch durch Vögte verwaltet, die meistens aus den benachbarten Großgrundbesitzern gewählt wurden. Den Vögten wurde für ihre Tätigkeit ein Teil des geistlichen Herrschaftsgutes als Einnahmequelle überwiesen.[4])

Der König konnte seinen Leuten in der Zeit der Naturalwirtschaft, wenn er sie nicht selbst verpflegen wollte, keine andere Einnahmequelle, kein Gehalt in anderer Form zuweisen, als in der Form von Grund-

---

[1]) Wimmer, Gesch. d. deutschen Bodens, 55.
[2]) Brunner, II. 70—76.
[3]) Dahn, II. 602. — Brunner, II. 73.
[4]) v. Inama-Sternegg, Deutsche Wirtschaftsgeschichte, II. 121.

besitz, und daher kam es, daß die eroberte ungeheure Ländermasse ihm in den Händen wieder zerrann wie trockener Sand. Einen großen Teil hat das Königtum sogleich verschenkt, in erster Linie natürlich an die blutarmen Herren aus den Gefolgschaften, die sich nun zu einem neuen Grundbesitzerstand erhoben. Zur merowingischen Zeit ging durch die Schenkung noch volles Eigentum an die Beschenkten über, das nur durch Untreue verwirkt werden konnte. Wäre der König aber mit dem Schenken fortgefahren, so wäre er sehr schnell ein armer Mann gewesen; darum wurde statt des Schenkens das Leihen eingeführt, die Landleihe, das Beneficium, das dem Empfänger den lebenslänglichen Genuß des Landes sicherte, dasselbe nach seinem Tode aber an den Eigentümer zurückfallen ließ.

Das Gefolge des Königs ergänzte sich beständig neu; vollfreie Männer, nachgeborene Söhne der alten Geschlechter strömten an den Hof, warfen die alte Freiheit hin und traten in den Dienst des Hofes und der Waffen. Sie erhielten Benefizien zugewiesen und Karl Martell hat sich, um die Kriegerschar bezahlt zu machen, nicht gescheut, sogar das Kirchengut für diese Zwecke empfindlich anzugreifen.[1]) Im 8. Jahrhundert ist der Ausdruck Antrustionen verschwunden, durch welchen das Gefolge sonst bezeichnet worden war; er wird ersetzt durch vassi oder vassalli, ein Zeichen, daß der Übergang dieser landlosen Scharen in den Grundbesitz sich vollzogen hatte, denn Vasallität war bald mit Grundbesitz verbunden. Aus Vasallität und Beneficium ging das Lehnwesen hervor.[2])

Einen großen Teil des eroberten Landes hat die Kirche erhalten, teils als Dienstland für die Bischöfe, teils als Ackerland für die Klöster. Ein anderer Teil mußte an die Beamtenschaft des Staates als Dienstland hingegeben werden, an die Teilkönige, an die Herzöge und Grafen; einen vierten Teil erhielten die Hofbeamten, die persönliche Dienerschaft des Königs. So lange das Land nach dem Tode des Empfängers an den König zurückfiel, gab es im Amte nur einen Berufsadel. Vom 7. Jahrhundert ab wurden die Grafenstellen aber meistens an die Grundbesitzer des Grafschaftsgaues vergeben, und damit wurde die Erblichkeit des Grafenamtes angebahnt, und der Grund gelegt zu einem neuen

---

[1]) Brunner, II. 247.

[2]) Dahn, 502—508.

Standesadel.[1]) Noch zwei andere Momente trugen bei zur Entstehung eines neuen Großgrundeigentums. Der Begriff der Majestätsbeleidigung war aus dem römischen Recht aufgegriffen und ins fränkische Recht übertragen worden. Der Verurteilte verlor seine ganzen Liegenschaften, die zum Krongut geschlagen wurden. Man kann sich denken, wie oft in den ersten stürmischen Zeiten die Majestät beleidigt wurde, und wie einträglich das Geschäft sich handhaben ließ. Ferner ist der großen Rodungen noch zu gedenken, die darin bestanden, daß jüngere Söhne der Markgenossen sich Neuland verschafften, indem sie große Strecken Wald abtrieben und rodeten, oft unter Aufwendung der Mittel, die sie im Gefolge des Königs erworben hatten. Diese Arbeiten beginnen im 6. Jahrhundert, wickeln sich aber meistens in der Zeit vom 7. bis 9. Jahrhundert ab. In allen deutschen Wäldern klang die Axt und weit über das Land hin zogen die Wolken der Brennkultur. Am gerodeten Land, dem sogenannten Bifang, erwarb der Rodner Sondereigen, durch Einzäunung erklärte er es für privates Eigentum.

Wir sehen also neben dem König einen neuen Grundbesitzerstand im Frankenreich erwachsen. Er ging hervor aus den Schenkungen des Königs am eroberten Lande und aus den Rodungen im Gemeindewald. Auf dem neuen Grundbesitz erhoben sich die „Großen des Reichs", die aus den Mitgliedern der königlichen Familie, den Herzögen und Grafen, den großen Vasallen, Bischöfen und Äbten und auch wohl schon aus den obersten Hofbedienten bestanden, dem Seneschall, dem Marschall, dem Truchseß und dem Kämmerer. Jeder von den Großen des Reichs besaß einen Königshof im kleinen, jeder hatte seine Dienerschaft, die er mit Land belehnte, und so wiederholte sich der Prozeß der Landleihe bis ins dritte und vierte Glied,[2]) jeder gab das empfangene Land weiter und teilte es auf, bis die Teile so klein waren, daß sie eine weitere Zerstücklung nicht mehr zuließen ohne den Überschuß zu gefährden, und diese kleinen und letzten Einheiten empfingen der leibeigene Handwerker und Bauer; sie allein mußten arbeiten, sie in erster Linie waren die segentragenden, die fruchtbaren und spendenden Kräfte des Reiches. Auf ihren Schultern ruhte das Gemeinwesen, bankettierten Graf und Bischof, turnierte der Ritter, psalmierte der Mönch, erklang das Horn

---

[1]) Brunner, II. S. 171.

[2]) G. Waitz, Deutsche Verfassungsgeschichte. 1893. VI. 20.

und der Laut der Meute in dem sonst so schweigsamen Wald. Über der großen und arbeitsamen Masse des Volkes erhob sich der neue Drohnenstand, der Adel und die Geistlichkeit.

Solange nicht die Bearbeitung der Naturprodukte eine Bevölkerungsklasse hat erstehen lassen, die unabhängig vom Grundbesitz und neben ihm ihr Leben fristen kann, solange nicht Gewerbe und Handel erblüht sind, fehlt dem landlosen Manne die Möglichkeit, sich zu behaupten. Wenn ein intelligenter aber mittelloser Handwerker aus unserer Zeit durch einen Zauberspruch in das Reich der Merowinger versetzt worden wäre, sagen wir ein Schuhmacher, so würde er seine Freiheit bald verloren haben. Seine Ware hätte er feilbieten müssen von Hof zu Hof, denn Städte mit Läden gab es nicht, jedermann erhielt seine Stiefel amtlich geliefert aus der Hofwerkstatt der leibeigenen Handwerker. Der eine Grundherr würde unsern Schuster ausgelacht und ihm gesagt haben: „Mein Lieber, ich habe meinen eigenen Schuster, der ohnehin schon den halben Tag auf der Faulbank liegt, ich brauche deine Stiefel nicht!" Der zweite Grundherr, intelligenter als der erste, hätte die Ware unseres Schusters wohl betrachtet und ein Paar Stiefel anprobiert. Hätten sie gepaßt, würde er dem Schuster auf die Schulter geklopft haben mit den Worten: „Deine Stiefel sind besser, als ich sie von meinen Sklaven erhalte, sie passen mir, was willst du dafür haben? Laß dir von meinem Meier zwei kleine Schweine aushändigen." Geld war nicht im Verkehr und was sollte unser Schuster nun mit den Schweinen anfangen? Sie aufessen? Er hatte ja keine Küche, keinen Herd, Mietwohnungen gab es nicht. Wovon sollte er leben, wovon sich kleiden, wo schlafen? Wie sollte er sich neues Leder beschaffen zu fernerer Arbeit? Sobald der Hunger ernstlich sich gemeldet hätte, wäre er zum zweiten Grundherrn zurückgekehrt und hätte ihn gebeten: „Nimm mich bei dir auf, ich will dein Sklave sein; gib mir ein Haus, in dem ich wohnen, und ein Stückchen Land, auf dem ich so viel Getreide und Gemüse bauen kann, daß ich zu leben habe. Zum Danke will ich dir ständig Schuhzeug fertigen, wenn du mir das Leder gibst." In der Zeit der Naturalwirtschaft ist das Leben an den Grundbesitz gebunden, die Arbeit ist noch bodenständig, und ein jeder muß dem Boden selber abringen, was ihm zur Nahrung dienen soll. Ausgenommen ist nur der Grundbesitzer. Er läßt sich Zinsen zahlen für das Ausleihen von Land, er wuchert mit dem Pfunde, das seine Vorfahren durch Raub gewonnen haben, er lebt als der Kapitalist der Naturalwirtschaft und er lebt nicht schlecht.

Der Boden läßt sich nicht vermehren, er ist in jedem Staat nur in bestimmtem Umfange vorhanden. Gestatten die Bewohner, daß eine Räuberschar sich diesen Boden aneignet, so hängen sie fortan von deren Willkür ab. Die Räuberschar verwandelt sich in einen Drohnenstand, sie regelt eigenmächtig die Bedingungen, unter denen sie kleine Teile des Bodens an die Bevölkerung zu überlassen sich bereit erklärt, und diese muß „die Gnade" dankend annehmen, oder die Räuber totschlagen, oder das private Bodeneigentum beseitigen. Die deutschen Stämme sahen zur Zeit des Frankenreichs vor diese großen Fragen sich gestellt, und von den drei Wegen, die sich boten, haben sie den ersten, schlechtesten beschritten. In der englischen und französischen Revolution beschritt das Volk den zweiten Weg und hat einen Teil der Drohnen totgeschlagen, als es längst zu spät war; die dritte Lösung steht noch aus. Die Markgenossen hatten das gemeinschaftliche Bodeneigentum, aber in unzweckmäßiger Form; es folgte das Mittelalter mit dem geraubten Eigentum; die Aufgabe der Neuzeit liegt darin, das Eigentum des Volkes wieder herzustellen auf höherer, staatlicher Grundlage. Auch hier sind wieder einmal These und Anthitese gegeben und warten auf die Synthese: Hegels göttlicher Instinkt bricht immer wieder durch!

In Gallien war angeblich schon der dritte Teil des Bodens im 7. und 8. Jahrhundert in die Hände der Kirche gelangt[1]) durch einen Mißbrauch der kirchlichen Gewalt und eine Beugung des menschlichen Geistes. Unaufhörliche Stiftungen und Schenkungen lieferten die Erde aus an die tote Hand. Die geängsteten Seelen schenkten der Kirche auf dem Sterbelager alles was sie haben wollte, wenn ihnen nur die Sünden vergeben und die Seligkeit versprochen wurde. So handelte die Kirche mit Dingen, die sie selber nicht besaß, auf die sie keinen Einfluß hatte, und zu dem Wucher mit der Mutter Erde trat nun der Wucher mit dem Himmel.[2]) Die Freiheit der landlosen Be-

[1]) v. Maurer, Einleitung zur Geschichte usw., S. 207. 213.

[2]) Vgl. Stieglitz, Geschichtliche Darstellung der Eigentumsverhältnisse an Wald und Jagd. Leipzig 1832. S. 98. Die Mehrzahl der Urkunden, die auf uns aus früher Zeit gekommen sind, besteht aus Schenkungen an Geistliche und Bestätigungen ihrer Rechte und Güter. Diese Urkunden lauten in den Anfängen vielfach über-

völkerung, die in der Zeit des Römerreiches in Gewerbe und Handel sich mit Leichtigkeit behauptet hatte, schwand dahin, je mehr die Nacht des Mittelalters sich auf die alten Arbeitsfelder legte, und der würdige Abschluß wurde erzielt, als die Kapitularien des 9. Jahrhunderts wiederholt verordneten, daß jeder landlose Mann sich einem Schutzherrn zu unterstellen habe. Aus dieser Anschauung entsprang das Sprüchwort „nulle terre sans seigneur". Wer keinen Schutzherrn, d. h. keinen Grundbesitzer zum Herrn hatte, galt als Wildfang, war biesterfrei, war schutz- und rechtlos wie der Wolf im Walde.[1]) Damit herrschte der neue Grundbesitz in schönster Form Rechtens, und die Bevölkerung war aufs neue geschieden in Drohnen und in Arbeiter.

In der Zeit der Stammesherrschaft hatten die Grundbesitzer die gemeinschaftliche Nutzung der Dorfmark gehabt an Acker, Wiese, Wald, Wasser, Bodenschätzen, Fischerei und Jagd; aus dieser Nutzung waren die Grundrechte hervorgegangen. Es kam nun vor, daß einzelne Losgüter in der Hand eines Markgenossen sich vereinigten, daß solche an die Kirche geschenkt wurden, daß der Graf oder einer der großen Vasallen sie erwarb, oder am Ende gar der König selbst. In diesem Falle waren die Kirche, der Graf, der Vasall oder der König zu Markgenossen geworden und hatten zunächst auch keine anderen Rechte. Vermöge ihres größeren Reichtums aber sind es diese Mächte vorwiegend gewesen, welche den Kostenvorschuß für den Roden leisten konnten und von dem Okkupationsrecht an der gemeinen Mark Gebrauch machten. Sie erweiterten ihren Anteil an dem Markacker, und wenn sie ihren Raub in der Tasche hatten, schieden sie aus der Gemeinschaft wieder aus.[2]) Markgenossen, welche mehr als drei Hufen Landes hatten, waren zur Zeit Karls des Großen keine Seltenheit mehr; aus ihnen konnte er die Schöffen bilden, die an den Gerichtstagen das Urteil finden sollten, damit der kleine Mann nicht seine Wirtschaft zu versäumen brauchte. Selbstredend wurden die größeren Grundbesitzer in erster Linie zum

---

einstimmend: „Zum Heil meiner Seele", oder „Aus Rücksicht auf göttlichen Lohn", oder „Auf die Bitten unserer geliebten Gattin", oder „Auf die Bitten des ehrwürdigen Bischofs", oder „Auf Ansuchen des Abtes" usw.

[1]) v. Maurer, Gesch. der Fronhofs. II. 94.

[2]) Vgl. hierüber v. Maurer, Einleitung zur Geschichte d. Mark-, Hof-, Dorf- und Stadtverfassung. 113. 116. 117. 97. 259. 137. 157. 205—206. 229. 231. 242. 212. Ferner Gesch. der Fronhöfe. I. 283—92.

Zentenar, Kirchenvogt und Obermärker gewählt, auch wohl zum Grafen ernannt, und zu dem überlegenen Einfluß des größeren Besitzes trat alsdann der Übermut des Amts hinzu. Die alten Rechte der Markgenossen wurden zurückgedrängt, und mit den anderen Rechten fiel oftmals auch das Recht der Jagdausübung an die politisch und wirtschaftlich stärkere Gewalt.[1])

Dem König stand auf den eroberten Ländereien überall die Jagd zu, und diese ging mit dem Lande durch Schenkung und Leihe über auf den neuen Grundbesitzerstand. Der Vasall war jagdberechtigt. Er erhielt in allen Fällen eine so große Fläche Landes zugewiesen, daß er selber nicht zu arbeiten brauchte und als Drohne leben konnte; die nötigen Arbeitskräfte wurden ihm mit überwiesen. Er hatte keine anderen Pflichten als die Heerfolge und die Hoffahrt. Wer mehr als drei Hufen Landes besaß, mußte für den Krieg sich selbst ausrüsten; wer mehr als zwölf besaß, mußte zu Pferd erscheinen und mit einer Brünne bekleidet sein, dem alten Panzerhemd aus Schuppen oder Ringen.[2]) Der Andrang der freien Bevölkerung in den Vasallenstand war so groß, und die Fülle des verleihbaren Landes war so umfangreich, daß das Heer aus einem Fußheer in ein Reiterheer verwandelt werden konnte. Karl der Große hatte zum größten Teil schon Reitertruppen, und Karl II. bot 864 nur noch Reiter auf.[3]) Wir sehen hier wieder einmal, wie so oft in der Geschichte, die Erscheinung Platz greifen, die Plato schon in seinem Staat befürwortet, daß eine besondere Bevölkerungsklasse die Verteidigung des Landes ausschließlich in die Hand nehmen solle, während die übrige Bevölkerung ihren wirtschaftlichen Aufgaben nachzugehen und die Landesverteidiger zu ernähren habe. Plato nennt die Klasse der Landesverteidiger die Wächter, und es muß wundernehmen, daß der griechische Weise nicht längst als Autorität der Staatswissenschaft vom Grundadel ins Feld geführt ist, wenn es sich um die Berechtigung des Drohnenstandes handelte. Sieht man jedoch genauer hin, so findet man den Grund mit Leichtigkeit, denn der grie-

---

[1]) A. Schwappach, Handbuch der Forst- u. Jagdgeschichte Deutschlands (Berlin 1885. I. 129), sagt, daß häufig das Jagdrecht dem Obermärker eingeräumt wurde.

[2]) Maurer, Gesch. d. Fronhofs, I. 442. 445. — H. Brunner, Deutsche Rechtsgeschichte, II. 205—210.

[3]) Ebenda.

chische Banause will den Wächtern ja ein Eigentum nicht zugestehen! Alles Nötige, „was besonnene und tapfere Kriegskämpfer brauchen, sollen sie nach bestimmter Feststellung von den übrigen Bürgern als Lohn für ihren Wachdienst erhalten, und zwar gerade so viel, daß für den Zeitraum eines Jahres ihnen weder etwas übrig bleibt, noch sie Mangel haben.“ Um ja nicht mißverstanden zu werden, fügt Plato an anderer Stelle noch hinzu: „Wenn sie selbst sowohl eigenes Land, als auch Wohnungen und Geld besitzen, dann werden sie nicht Wächter, sondern Haushälter und Landbebauer sein, und eher feindliche Gebieter als Bundesgenossen der übrigen Bürger werden, und hassend und gehaßt und Hinterlist übend und durch Hinterlist verfolgt, werden sie ihr Leben hinbringen.“[1]) So hat dieser griechische Träumer wie in einer Vision das Mittelalter vorausgesagt. Er hatte das Beispiel der Thessaler und Penesten, der Spartiaten und Heloten vor Augen; die Segnungen der Grundherrschaft bleiben sich gleich, ob sie in Hellas blüht oder im heiligen römischen Reiche deutscher Nation. Die aus der Luft gegriffene Ideenlehre Platos ist immer wieder festgehalten, unzählige Male bearbeitet und ausgestattet worden und spukt noch heut in manchem Kopfe herum; die ewig wahren, brauchbaren und praktischen Gedanken aber, die sich wie einzelne Goldkörner in seinem phantasiereichen Staatsgebilde finden, hat kaum ein Mensch berührt, denn praktische Fragen waren im Mittelalter nicht der Tummelplatz der Wissenschaft, die erst aus dem metaphysischen Reich der Religion in langen Wehen mühsam sich herausarbeiten mußte.

Es ist selbstverständlich, daß die herrschende Bevölkerung sich die Verteidigung des Staates angelegen sein läßt, dessen Fleischtöpfe ihr so trefflich munden. Andernfalls würden die Fleischtöpfe bald leer werden; aber es ist ein ganz verfehltes Unternehmen, dieser Klasse die Landesverteidigung als ein Verdienst auszulegen, denn sie handelt dabei nur in ihrem eigensten selbstsüchtigen Interesse. Der unterdrückten Bevölkerung ist es gleich, ob sie den Herrn wechselt, sie geht stillschweigend aus einer Hand in die andere über. Die innerpolitischen und wirtschaftlichen Fesseln sind die schwersten, die auswärtigen sind locker und labil. Nur ein freies Volk kann Liebe zum Vaterlande haben, und die größte Liebe haben natürlich die Herren selbst.

---

[1]) K. Prantl, Platos Staat. Stuttgart 1857. III. 22.

Die Wächterklasse Platos hatte in der Zeit des Frankenreiches neben dem Recht der Waffen auch den Grundbesitz sich zugeeignet und genoß neben sonstigen Annehmlichkeiten auch das Vergnügen der Jagd. Sie teilte sich in dieselbe mit dem Überrest der freien Markgenossen, denn die Jagd war auch jetzt ein Ausfluß des freien oder verlehnten Grundeigentums. Die Krone hatte genug zu tun, um den jagdlichen Übereifer ihrer Beamten zu zügeln. Die Grafen fanden es weit amüsanter, an den Gerichtstagen in dem Allmendewald auf die Jagd zu gehen, als dem Gericht zu präsidieren und das langweilige Gezänk der streitenden Parteien anzuhören. Sie schickten ihre Missi auf die Dingstätte, um sie zu vertreten, und machten sich selbst einen vergnügten Tag. Karl der Große untersagte diesen Unfug in einem Capitulare aus dem Jahre 789. Mehr und mehr Land aber sog die Kirche auf; mit den Ländereien gelangte auch die Jagd in die Hände der Geistlichkeit; die Bischöfe fanden es sehr unterhaltend, die Jagd in eigener Person auszuüben, wie sie es auch seit dem 8. Jahrhundert mit den Aufgaben der Seelsorge und der christlichen Liebe für sehr gut vereinbar erachtet haben, das Aufgebot ihrer hörigen Mannschaft selbst ins Feld zu führen. Auch gegen die Jagdausübung der Geistlichen mußte Karl der Große einschreiten. Im Jahre 789 wurde das Verbot erneuert. Es wurde den Bischöfen, Äbten und Äbtissinnen untersagt, Koppeln von Hunden zu unterhalten, sowie Falken und Habichte.[1])

Neben dem neuen Adelsstand gab es noch Gemeinfreie, die alten Markgenossen, die nach der Väter Weise ihren Kohl und ihr Getreide durch ihre Sklaven bauen ließen, während ihre Söhne an den Hof gegangen und große Herren geworden waren, neuerdings sogar Großgrundbesitzer! Die kleinen Markgenossen waren unbequem und paßten mit ihren veralteten Anschauungen nicht in den Gesichtskreis, nach dem das neue Reich verwaltet werden sollte. Der Graf des Gaues trug die königliche Macht, er war ein großer Herr und liebte keinen Widerspruch. Wenn die Markgenossen auf den Gerichtstagen das Urteil zu finden hatten, so geschah das nicht immer nach dem Wunsch des Grafen; wenn das Vieh von den gräflichen Meiereien auf die Wiesen der Markgenossen trat, waren diese wohl unverschämt genug, es zu pfänden, und wenn der Graf auf seiner Jagd die Grenzen überschritt und im Walde der

[1]) Capitulare III. a. 789. n. 15.

Markgenossen jagte, so kam es vor, daß sie sich das verbaten, und fruchtete die Drohung nicht, so verklagten sie den Grafen beim Königsgericht.[1]) Auf diese veralteten Selbstherrlichkeitsgelüste antwortete der Graf mit einer raffinierten Anwendung der Amtsgewalt, und bald zeigte sich, daß er der Stärkere war. Er quälte mißliebige Markgenossen namentlich mit der Aushebung, indem er den unbeliebten Mann beständig ins Feld sandte und seinen Hof mit Kriegsfuhren belastete. War der Markgenosse wirklich mal zu Haus, setzte der Graf Gerichtstage an und kontrollierte sicherlich, ob auch der Mann zugegen war, und wieder mußte der Gemeinfreie die Verwaltung seines Anwesens versäumen. Der Graf zog die Steuerschraube fester an, denn auch die Markgenossen mußten jährliche Abgaben entrichten. Der Graf schikanierte mißliebige Leute mit der Beherbergung und Verpflegung der königlichen Beamten, die auf Reisen waren; er zog sie heran zum Straßen-, Schleusen- und zum Brückenbau, zum Unterhalt der königlichen Pfalzen und der Kirchen; er bereicherte sich an ihren Strafgeldern, denn ihm fiel der dritte Teil der Friedensgelder und der Bannbußen zu, und gerade die Höhe der Bannbußen war das Verhängnis der kleinen Grundbesitzer. Der Zentenar sank herab zu einem Fronboten des Grafen, der bald auch von ihm ernannt wurde. Aus dem Strafprozeß schwand die Mitwirkung der Markgenossen, das Schöffengericht trat an die Stelle des Volksgerichts, und der Graf wurde mehr und mehr allmächtig. Ganz so sorglos wie in den ersten Jahrhunderten war die Wirtschaft auf den Höfen der Markgenossen überhaupt nicht mehr. Wer nur ein Landlos besaß, sah sich vor den wirtschaftlichen Kampf gestellt und hatte genug zu tun, wenn er bei der neuen Lebenshaltung sich behaupten wollte. Die Ackerfläche war nur klein, die materielle Kultur aber, die Preise und die Anforderungen an das Leben waren gewachsen, der landwirtschaftliche Betrieb hatte bis zur Zeit der Karolinger sich verfeinert; er war verwickelter geworden und verlangte eine Steigerung des Arbeitsaufwandes. So war der wirtschaftliche Kampf erschwert, und Maurer sagt, daß z. B. die Art, wie der Heerbann zusammengebracht wurde, zu Bedrückungen und Erpressungen geführt habe, die aller Beschreibung nach fürchterlich und fast unerträglich gewesen sein müssen.[2]) Viele

[1]) F. Dahn, Gesch. d. deutschen Urzeit. II. 484.

[2]) v. Maurer, Einleitung zur Geschichte usw., S. 120. Vgl. auch Dahn, II. S. 479.

Markgenossen verzweifelten zuletzt an dem Erfolg des ungleichen Kampfes, sie gaben, wie oben unser Schuster tat, die Freiheit auf, traten ihr Besitzrecht an der Mark und ihr privates Eigentum dem Grafen ab, stellten sich in seinen Schutz und empfingen das alte Eigentum zurück als Lehen. Viele Markgenossen stellten sich in den Schutz des Königs, viele in den Schutz der Kirche, und der größte Vorteil, der ihnen dabei ward, bestand darin, daß sie jetzt nicht mehr willkürlich ausgehoben werden konnten, da der Heerdienst nur den freien Männern oblag und die unfreien nur selten und dann nur im Gefolge ihres Schutzherrn im Feld erschienen. Bis ins 6. Jahrhundert hinein hatte es kein Seniorat, keine Schutzherren gegeben für die Markgenossen, sie waren frei gewesen und hatten andere bedrückt. Jetzt kehrte sich die Sache um, jetzt lernten sie selbst den Druck der Herrschaft kennen, und wieder tauchte ein alter Herrenstand hinab in die Versenkung, und wieder trat ein neuer auf die Bühne des Lebens, nicht schöner als der alte, aber gerissener und gefährlicher.

So schwand die Gemeinfreiheit dahin. Ein grausames Schuldrecht beschleunigte den Vorgang,[1]) und wie heut der industrielle und kaufmännische Großbetrieb die kleinen Handwerker aufsaugt, so verzehrte damals der große Grundbesitz die kleinen Markgenossen. Die Landlose in den Gewanndörfern und die Einzelhöfe verloren ihr Eigenleben und wurden zu Gliedern eines größeren Organismus, der neue Dienstadel siegte über den alten Volks- und Stammesadel, ein Drohnenstand fraß den anderen auf.

Der deutsche Jäger pflegte sich um die Einhaltung der Grenzen im allgemeinen wenig zu bekümmern, obschon die Grenzbäume gezeichnet, die Steine gerichtet waren. Es scheint, als wenn auch an privatem Bodeneigentum den Markgenossen noch hie und da ein Recht zur Jagd verblieb,[2]) und wenn an anderen Stellen auch die Jagd verboten wurde, so waren solche Liegenschaften doch nur spärlich, und wenn sie nicht umzäunt waren, und der Hirsch gerade seine Flucht zu ihnen nahm,

---

[1]) Wer ein schuldiges Wehrgeld nicht zahlen konnte, mußte zuletzt Kinder, Frau und sich selbst in Knechtschaft geben. J. Grimm, Deutsche Rechtsaltertümer, 1881. 329. — Lex Bajuvar. 1, 11.

[2]) A. Schwappach, Handbuch der Forst- und Jagdgeschichte, Berlin, 1886. 54. 55.

dann pflegte man sich schwerlich viel zu sorgen und folgte eben nach! Noch das Sachsenrecht hat die biblische Unschuld sich bewahrt und vertritt die Auffassung des alten Testaments, daß Gott, da er die Menschen schuf, ihm Gewalt gegeben habe über Fische und Vögel und über alle wilden Tiere, und daß dem Menschen der Schutz vom Herrgott „urkundlich“ verliehen sei, daß „niemand seinen Leib, noch seinen Gesund, an diesen dreyen verwirken möge“.[1]) Die Krone hatte das herrenlose Land sich zugeeignet, das zwischen den einzelnen Marken sich befand, und gerade hier hatte immer die Jagd als frei gegolten. Als sie das Land nun in Kultur genommen, in Pfalzen und in Villen aufgeteilt, besiedelt und angebaut hatte, blieben die benachbarten Vasallen zwar dem angebauten Lande fern, denn sie hüteten sich weislich, die königlichen Saaten zu verletzen, dagegen übten sie im Walde nach wie vor die Jagd.

Der König empfand das Jagen als einen Mangel an Respekt, es kam oft zu unliebsamen Szenen, von denen uns ein Vorkommnis berichtet, das weiter unten in dem Abschnitt über die Ministerialen ausführlicher geschildert wird.

Karl der Große entschloß sich, dem Übelstand ein Ende zu bereiten und das königliche Recht des Bannes, d. h. bei Strafe zu gebieten und zu verbieten, auf seine Wälder anzuwenden und auf das unbefugte Jagen in denselben eine Strafe festzusetzen, deren Höhe 60 Schillinge betrug. Ein so gebannter Wald hieß Bannforst, und da die königlichen Pfalzen mit ihren Waldungen im ganzen Reich verteilt lagen, so tauchten nun auch Bannforsten im ganzen Lande auf. Zuerst wurde nur das Krongut gebannt, bald aber wurde auch der Bann auf einzelne Waldungen der Markgenossen ausgedehnt.[2]) Der König hatte wohl von alters her daselbst gejagt und die Markgenossen hatten es geduldet, weil sie vom Grafen so mattgehetzt waren, daß sie es nicht auch mit dem König noch verderben wollten. Schließlich leitete der König ein Recht aus der Gewohnheit her und schloß durch seinen Bann das Mitjagen der Markgenossen aus.[3]) Die neue Anwendung des Königsbannes gefiel den großen Grundbesitzern so über alle Maßen wohl, daß sie von allen Seiten

---

[1]) Sachsenspiegel. II. 61.

[2]) Frhr. v. Berg, Gesch. der deutschen Wälder. Dresden 1871. 278—79. — Schwappach, Forst- u. Jagdgeschichte, I. 61. 200.

[3]) Dahn, Gesch. d. deutschen Urzeit, 2. Hälfte bis 814. 1888. 699.

nun den König drängten, auch ihre Wälder durch den Bann dem allgemeinen Jagdrecht zu entziehen. Die Grafen, die ja den Bann handhabten, wenn auch zunächst nicht mit 60, sondern nur mit 30 Schillingen, ahmten aus eigener Macht dem König nach und schützten ihre eigenen Waldungen durch ihren Bann. Dem Anstürmen der Grundherren hat die Krone vielfach nachgegeben und namentlich das Land der Kirche unter den Bann gestellt, und oft sogar den Bann hier noch erhöht. Dagegen ist sie gegen die Eigenmächtigkeit der Grafen zunächst eingeschritten, und Ludwig der Heilige verordnete 819, daß jeder ohne seines Vaters Zustimmung verhängte Bann aufzuheben sei,[1] und eigenmächtig von den Grafen kein neuer Bann verhängt werden dürfe.

Die Ausdehnung der Bannforste vollzog sich vorwiegend vom 10. bis ins 13. Jahrhundert. Jeder einseitig verfügte Bann war eine Verletzung fremder Rechte; oftmals kam er in der Art zustande, daß die nicht mehr reichsunmittelbaren Markgenossen sich einfach vor die Tatsache gestellt sahen. In anderen Marken wurden die Markgenossen vorher um ihre Zustimmung gefragt. Meistens hatten sie wohl auf das Jagdrecht schon Verzicht geleistet, wenn sie die Reichsunmittelbarkeit aufgegeben und sich unter eine Schutzherrschaft gestellt hatten; in solchem Falle wurde gern für den Schutz das Recht der Jagd getauscht.[2] Mit dem 10. Jahrhundert kommt für den Bann die Bezeichnung Wildbann auf, und die Belehnung mit dem Wildbann begriff in sich nicht nur das alleinige Recht der Jagdausübung, sondern auch die Aufsicht in dem Walde, insonderheit das Recht, das Roden zu verbieten und das Gericht zu handhaben. In der ersten Zeit blieb die Form des alten Forstgerichts bestehen, mit dem Umstand und den gewählten Schöffen. Das Amt des Richters aber und der Vorsitz wurden nunmehr durch den Schirm- oder Bannherrn ausgeübt, der sich durch seine Beamten auch vertreten lassen konnte. Es bahnte sich auch hier der Übergang allmählich an vom Volksgericht zum landesherrlichen Richterpersonal.[3]

Wir sehen also durch den Wildbann das alte Recht gebrochen, daß die Jagd ein Zubehör zum Grund und Boden sei. Schon im 9. Jahrhundert haben die Könige an Klöster Liegenschaften hingegeben ohne

---

[1] S. bei Berg, S. 283: Capitulare 4 de 819.

[2] A. Bernhardt, Geschichte des Waldeigentums. Berlin 1872. I. 98.

[3] v. Berg, 279—80.

das Recht der Jagd; andrerseits wurde der Wildbann auf fremdes Eigentum gelegt und vergeben als besonderes Lehen.[1]) Es war die Jagd die Ursache der Bannforsten gewesen; sie wurde mittelbar die Ursache zum Ausscheiden von Allmendewäldern aus dem Verband der Marken, zum Vordringen grundherrlicher Rechte an die Stelle des genossenschaftlichen Rechts. Der Wildbann trug erheblich bei zur Kräftigung der großen Grundbesitzer und zu ihrer Verwandlung in die Form von Landesherren, denn als Grundherren hatten sie im Allmendewald die Jagd und das Gericht besessen, und beide galten von alters her für ein Zeichen echten Eigentums. So ist die Jagd eine Quelle der Hoheitsrechte geworden, sie zog nach sich Gericht und Polizei; sie hat auch die Regale fortgebildet, denn schon das Recht des Königs, Bannforste einzurichten, war ein ausschließlich königliches Recht, war ein Regal.

Die Jagd hat eine treibende Kraft entwickelt in der Fortbildung des mittelalterlichen Rechts; sie hat zur Vernichtung der Markgenossen und zum Aufkommen der lokalen Machthaber ganz erheblich beigetragen, sie hat die freie Persönlichkeit vernichtet und das Fürstentum gestärkt. Mit dem 13. Jahrhundert hört die Errichtung von Bannforsten auf: der große Grundbesitz bedurfte ihrer nicht mehr. Friedrich II. von Hohenstaufen, trüben Angedenkens, hatte geistliche und weltliche Grundherren selbständig gemacht, und die neuen Landesherren schützten ihre Jagd nunmehr aus eigenem Landesrecht und bauten die Hoheitsrechte aus über das Land und seine Insassen. Ein Gutes aber hat die Jagd gewirkt, sie hat als das heißumworbene Mittel zum Vergnügen und zum Wohlbehagen der Vernichtung des deutschen Waldes vorgebeugt. Die Wälder gaben um jene Zeit wenig Ertrag,[2]) die Verbindungswege waren schlecht, ein weiter Transport des Holzes war nur auf Flüssen durchführbar.[3]) Es war kein rechter Grund vorhanden, den Wald zu schützen vor dem von allen Seiten andrängenden Gewerbe. Da ist es denn die Jagd gewesen, welche die Fürsten zum Einschreiten veranlaßte. Mit dem Wildbann hatten sie das Recht, das Roden zu verbieten, und sie haben schon

---

[1]) Schwappach, 198. 200.

[2]) Schwappach, I. 286.

[3]) Ermoldus Nigellus preist den Reichtum des Wasgaues und den Handel auf dem Rhein. Salz, Wein und Fett gingen den Rhein hinunter und gewebte Stoffe kamen von den Friesen wieder herauf. 9. Jahrh. Ausgabe von Pfundt, 111.

im 9. Jahrhundert von diesem Recht Gebrauch gemacht.[1]) Wie jammervoll der Zustand der vielen kleinen Herrschaften im heiligen römischen Reiche politisch auch geworden war: jeder Gernegroß verlangte seinen Wald, in dem er jagen konnte und die Langeweile töten, an der er oft so furchtbar leiden mußte. So wurde die Jagd ein Teil von jener Kraft, die stets das Böse will und stets das Gute schafft: sie wollte die Volksrechte brechen und brach sie auch, aber sie bewahrte den Wald.

Aus dem Anfang des 10. Jahrhunderts sind uns drei wallisische Gesetzbücher erhalten, die interessante Angaben machen über das Jagdrecht in Wales. Der König hatte das Recht, das ganze Land zu bejagen, der Eigentümer des Landes aber, auf welchem ein Hirsch erlegt wurde, hatte in den meisten Fällen Anspruch auf eines der hinteren Viertel. Im übrigen waren die jagdlichen Bestimmungen in Wales sehr mild und unterschieden sich dadurch vorteilhaft von den blutigen Gesetzen der germanischen Eroberer, der Sachsen, Dänen und Normannen. Jeder Reisende hatte das Recht, vom Wege aus in den königlichen Forsten ein Stück Wild zu erlegen und es zu verfolgen, so lange er es in Sicht behielt. Wenn des Nachts die Bauern mit den Hunden an den Feldern wachten, um das Wild abzuwehren, so gehörte der erste Rehbock, Fuchs oder Hase, der von den Hunden gegriffen wurde, „diesen und ihren Herren". Die Bauern des Königs mußten einmal im Jahr die Jäger, Hunde, Falkner und das ganze Jagdpersonal unterstützen,[2]) d. h. also einmal im Jahre Frondienste leisten bei der Jagd, eine Pflicht, die sie allerdings wohl mehrere Wochen im Walde festgehalten haben mag.

Wir sehen das Jagdrecht mehr und mehr aus der Hand der Markgenossen schwinden und hinübergleiten in den Machtbereich der neuen Herrenklasse, des Königs, der Geistlichkeit und der Vasallen. Im übrigen galten noch die Bestimmungen der Volksrechte. Man jagte das ganze Jahr hindurch, auch jedes Alter und Geschlecht, und ein Eingriff der königlichen oder grundherrlichen Gewalt zum Schutz des Wildes, oder vielleicht des jungen Wildes, ist ganz und gar nicht nachweisbar. In England und speziell in Wales jagte man die Hindinnen und jedenfalls die schwachen Hirsche, Schmaltiere und Kälber auch, vom Anfang des Jahres bis in die Sommermitte, von da ab bis zum September speziell den Hirsch,

---

[1]) Bernhardt, I. 98.

[2]) Jesse, Researches into the history of the british dog. I. 361 u. f.

der wieder durch das Schwarzwild abgelöst wurde,[1]) das im Oktober feist war, namentlich nach einer guten Eichen- und Buchenmast. Im großen und ganzen wurde die Jagdzeit bedingt durch die Feistzeit, und es ist wohl anzunehmen, daß schon in der Zeit von 600 bis 1100 die gleichen Gepflogenheiten bestanden haben, die wir im späteren Mittelalter finden und die sich kurz dahin zusammenfassen lassen, daß ein Verbot des Jagens auf irgendwelche Wildart zu keiner Zeit bestanden hat, daß aber die zweckmäßige Ausnutzung des erbeuteten Wildes an Fleisch, Feist, Haut und Balg von selbst zu gewissen Regeln führte. Auch am fränkischen Hofe jagte man den Hirsch im August und die Sau im September.[2]) Von einer eigentlichen Schonzeit ist noch nichts bekannt.

Die Waffen bestanden wie im vorigen Abschnitt aus dem Schwert, dem Wurfspieß, der Saufeder, dem Weidmesser und dem Bogen, Waffen, welche die altfranzösische Literatur wohl durch folgende Ausdrücke bezeichnet: espée, lance, espié (dem späteren espieu), coutel und arc. Der Bogen wurde aus Splintholz gefertigt und auch wohl mit Horn belegt, um ihm mehr Federkraft zu geben.[3]) Man schoß spitze und stumpfe Pfeile, sogenannte Bolzen (boujons, bozons). Über die Kleidung der Jäger kann ich nicht viele Angaben machen. Es liegt mir im Horda-Angel-Cynnan eine Nachbildung von Miniaturen aus dem 10. Jahrhundert vor, aus der Zeit der Sachsenherrschaft in England; daselbst ist auch eine Jagd auf Schwarzwild dargestellt zur Zeit der Eichelreife, und unter diesem Bilde steht eine Falkenjagd. Manche Jäger haben nur ein Hemd an, das in der Mitte gegürtet ist, an den Füßen haben sie Schuhe, die Beine sind nackt; sicherlich haben sie aber zu anderen Zeiten auch Hosen getragen und diese mit Schenkelbinden umwickelt. Gegen Kälte tragen die Jäger einen halblangen Mantel, der auf der rechten Schulter durch eine Agraffe zusammengehalten wird. Eine Kopfbedeckung ist nirgends zu sehen, sie ist offenbar nicht üblich gewesen.[4]) Die fränkische Tracht, bei welcher sowohl das Hemd als auch die Tunika und der Mantel kurz waren, ist im 11. Jahrhundert

---

[1]) J. Strutt, Horda-Angel-Cynnan, or a compleat view etc. London 1775. 44. Taf. XII. 1.

[2]) Sainte-Palaye, Mémoires sur l'ancienne chevalerie. Paris 1781. III. 178.

[3]) Aron Sternberg, Die Angriffswaffen im altfranz. Epos. Marburg 1886. 46.

[4]) J. Strutt, Horda-Angel-Cynnan. Tafel X. 1 u. XII. 1 u. 2.

teilweise verdrängt worden durch die byzantinische, die längere Gewänder hatte und zugleich eine größere Kostbarkeit der Stoffe, doch hat die Mode auf die Jägertracht wohl wenig Einfluß geübt. Der Reise- oder Regenmantel war mit einer Kappe versehen und wurde hinten auf den Sattel geschnallt. Strümpfe kamen vor, für die Schuhe wird Korduanleder genannt, doch ging man auch noch vielfach barfuß, sogar die Damen.[1])

Die Landwirtschaft hat in der Zeit der Karolinger eine Höhe erreicht, welche unsere volle Anerkennung herausfordert. Der Auszug aus dem capitulare de villis, der weiter unten folgt, läßt die Fürsorge Karls des Großen erkennen für seine Landgüter, für Menschen, Tiere, Wald und Ackerbau. Auch die Gemüsegärtnerei war hoch entwickelt und hatte Kohl, Kerbel, Lauch, Zwiebeln, Karotten und Bohnen in Kultur, ferner Gurken, Kresse und Petersilie, Kümmel und Fenchel. Obst, Wein und Flachs wurden fleißig angebaut. Es kamen verschiedene Sorten Äpfel vor, ferner Birnen, Pflaumen, Pfirsiche, Nußbäume, Mandel- und Maulbeerbäume und Kirschen. Man baute Weizen, Gerste, Hafer und Roggen. Die Viehzucht wurde eifrig betrieben, insbesondere die der Pferde und der Schweine, der Bienenzucht ward eine ausgedehnte Pflege zuteil, denn der Honig mußte die Stelle des Zuckers vertreten. Die Art des landwirtschaftlichen Betriebes ist vom 8. bis zum Ausgang des 18. Jahrhunderts in Deutschland und in Frankreich ziemlich stationär geblieben [2]) und hat ihren Charakter nur wenig verändert: das Dornröschen Landwirtschaft schlief einen Todesschlaf von tausend Jahren! Dagegen regte sich das Gewerbe um so mehr, schon zu Karls des Großen Zeiten fing man an, in den Pfalzen steinerne Wohngebäude zu errichten, und das städtische Leben nahm seinen Anfang.

Der Grundherr lebt auf seiner Burg, gesichert gegen plötzlichen Überfall. Der Türmer wacht und weckt die Burgbewohner in der Frühe durch sein Horn. Nach dem Ankleiden begibt sich der Burgherr mit den Seinen in die Messe, die von dem Kaplan in der Burgkapelle gehalten wird, eine fromme und schöne Sitte, die im ganzen Mittelalter üblich

---

[1]) Ruodlieb, herausgegeben von Seiler, 106—109. Über das Barfußgehen macht Winter Mitteilung in „Kleidung und Putz der Frau nach den altfranz. chansons de geste". Marburg 1886.

[2]) v. d. Goltz, Geschichte der deutschen Landwirtschaft. 1902. I. 121.

war. Es folgt die erste Mahlzeit. Die Burgbewohner essen nur zweimal am Tage, des Morgens und des Abends. Wenn nichts Besonderes vorliegt, wird gern ein Jagdausflug unternommen, von dem die Jäger meistens erst am Abend wiederkehren. Neben der Beute bringen sie einen guten Appetit nach Hause und eilen zum Abendbrot. Vor und nach der Mahlzeit werden die Hände gewaschen, denn die Gabel und das Schnupftuch sind noch unbekannt. Man pflegt nicht an einer langen Tafel, sondern paarweise an kleinen Tischen zu essen. Ist man vertraut mit seinem Tischgenossen, speist man mit ihm gemeinschaftlich aus der gleichen Schüssel und trinkt aus dem gleichen Becher. Die Töchter des Hauses bedienen bei Tisch, in größeren Haushaltungen tun es besondere Knaben, Mundschenk und Kämmerer leiten den Dienst, sie haben die Rolle unseres heutigen Oberkellners. Oft ist beim Bedienen die Kniebeuge erforderlich! Es gibt frisches und gesalzenes Fleisch, Haustiere, Hirsch-, Bären- und Schweinsbraten, auch Hasen und Kaninchen, Lerchen und Finken kommen auf den Tisch. Dazu wird Schwarz- und Weißbrot gegessen. Der Nachtisch bringt Früchte, und während der Mahlzeit wird Wein getrunken; doch ist auch der Met noch ein beliebtes Getränk, der allmählich mit der höfischen Zeit verschwindet. Nach dem Essen werden die Tische aufgehoben und entfernt,[1]) und die Burgbewohner säumen jetzt nicht länger, sich zur Ruhe zu begeben. Bei den Betten legt man weniger Wert auf saubere Bettwäsche, als auf kostbare Bezüge. Die Kissen bestehen oft aus Sammet und Seide und sind noch obendrein mit Pelz besetzt.

Das Leben eines Drohnenstandes, dem es für Flirt und Tändeln nicht an Zeit gebrach, mußte neuere und feinere Umgangsformen schaffen, die indessen erst im 12. und 13. Jahrhundert mit dem Rittertum zur vollen Ausbildung gelangten. In unserem Abschnitt findet sich der Übergang. Der Verkehr der Geschlechter ist unbefangen, Schüchternheit ist den jungen Damen fremd. Sie wollen geheiratet sein, denn von der Ehe erhoffen sie ihre Versorgung. Sie tragen sich wohl dem Manne selber an, machen ihm die Erklärung und rühmen ihre körperlichen Vorzüge. Ob sie bei diesem reizenden Unterricht bis zur Anschaulichkeit vorgegangen sind, kann ich leider nicht verraten. Hat der Ritter dem Burgfräulein die Ehe versprochen, gewährt sie ihm wohl auf der Stelle alle Gunst. Sie

---

[1]) Daher stammt unser heutiges Wort „die Tafel aufheben".

ist treu und hingebend, in der Liebe aber rücksichtslos und opfert dieser kalten Blutes Vater und Geschwister. Sie hat Freude am Kampf und sieht ihm gern zu[1]) und kommt dem Geliebten dabei mit Beten zu Hilfe. Die Dame ist gegen ihre unfreien Dienerinnen und Gespielen freundlich und mitteilsam, so lange diese ihr gehorsam sind. Sie vergißt aber nicht, daß sie die Herrin ist, und verfügt ungeniert über die Mädchenehre ihrer Gespielen.[2]) Auch gegen ihre Vasallen ist die Dame gnädig und herablassend, aber sie verlangt auch hier Gehorsam und straft Ungehorsam durch den Tod. Höherstehenden gegenüber heuchelt sie die größte Demut und Ergebenheit. Hier zeigt sich des Lehnstaates unsittliche Natur in ihrer ganzen Blöße.[3])

Die Christin ist natürlich immer besser als die Heidin. Die Taufe ging in der Weise vor sich, daß der Täufling nackt in eine Kufe stieg und wohl gänzlich untertauchte. Ungeniert entkleiden sich die Damen in Gegenwart des ganzen Umstandes. Nach dem Untertauchen werden sie aus der Taufe gehoben. Ludwig der Fromme hebt in Ingelheim den Dänenfürsten Herold aus der Taufe, Judith die Fürstin, und Hluthar den Sohn. Nach der Taufe werden die neuen Christen mit weißen Gewändern bekleidet. Der Grund, warum sich Herold taufen läßt, ist der Glaube, daß der Christengott für Gebete größere Gaben verleihen kann, als die alten Götter.[4])

Zu den christlichen Festen geht der Grundherr an den Hof, Ostern, Pfingsten und Weihnachten. Obschon die Ritter nicht lesen

---

[1]) Die Angaben über die Frau entstammen meist dem alten französischen Karlsepos. Es fällt aber auf, wie sehr die Kriemhild aus den Nibelungen und dem Rosengarten, wie sehr auch die Isolde Gottfrieds mit dieser Schilderung übereinstimmen. Es handelt sich ja dort wie hier um germanisches Blut! In den chansons de geste kennen die Dichter an den Frauen nur blondes, gelbes oder goldblondes Haar.

[2]) Das Gleiche tut übrigens auch noch Kriemhild in dem Gedicht der Rosengarten aus dem 13. Jahrhundert. Strophe 308.

[3]) Harte Behandlung und Demütigung gefangener Frauen scheint öfter vorgekommen zu sein; nicht nur ist im Gudrunliede ausführlich davon die Rede, 1070, 1189, 1283—84, sondern auch in der Edda, Ausg. von Wolzogen, Reclam, 333.

[4]) Ermoldus Nigellus IV. 163—64. Und Jakob tat ein Gelübde und sprach: So Gott wird mit mir sein und mich behüten auf dem Wege, den ich reise, und mir Brot zu essen geben und Kleider anzuziehen und mich mit Frieden wieder heim zu meinem Vater bringen, so soll der Herr mein Gott sein. 1. Mose 28. Hier wie dort der gleiche Schacher.

und nicht schreiben können, sind sie zuweilen doch vertraut mit der Harfe. An Spielleuten fehlt es nicht und zum Spiel wird getanzt. Bei dem einen Tanz stellen Herr und Dame Falke und Schwalbe vor. Neben dem Einzeltanz ist auch der Reigen noch beliebt, der Massentanz, namentlich beim Landvolk. Man steht vor den Frauen auf, erzeigt ihnen kleine Dienste und ist der Frau vom Hause Ehrerbietung schuldig.

Liebe zu den Tieren scheint in dieser Zeit weit verbreitet gewesen zu sein. Der Hund des Ruodlieb ist kunstvoll dressiert, nimmt nicht die Brocken, die vom Tische fallen, sondern nur was man ihm reicht, auch ist er auf die Verfolgung der Diebe abgerichtet. Hier findet sich vermutlich schon die gleiche Sitte vor, die Diebe mit Spürhunden zu verfolgen, die später in England zur Ausbildung gelangte. Papageien, Raben, Dohlen, Elstern und Stare werden in Käfigen gehalten und zum Sprechen abgerichtet; sie können das pater noster auswendig bis caelis. Tierkämpfe sind beliebt.[1])

Das Volk und die Jägerknechte.

Geschieden von der Jägerei war die arbeitende Bevölkerung, die auch die Jägerknechte mit umfaßte. Das Schwergewicht der nationalen Arbeit lag um jene Zeit im Bauernstand. So lange noch freies Land vorhanden ist, der Grundbesitzer seine Betriebsfläche erweitern kann und den jüngeren Söhnen die Möglichkeit sich bietet, durch Roden Neuland zu gewinnen und einen eigenen Herd zu gründen, so lange ist die ländliche Arbeitskraft gesucht, und die unausbleibliche Folge ist, daß der Preis für diese Ware steigt. Diesen Zustand sehen wir mit der Frankenherrschaft Platz greifen und andauern bis zum Ausgang des 14. Jahrhunderts, bis zu jener Zeit, da die Besiedlung des Ostens beendet war und alles verfügbare Land seinen Herrn gefunden hatte. Die Zinsen und Fronen der Bauern wurden geregelt und begrenzt, so daß der arme Schelm nun wenigstens wußte, welche Zeit neben dem Herrendienst ihm übrig blieb, um für sich selbst zu arbeiten, für Weib und Kind. Bei

---

[1]) Vorstehender Schilderung liegen hauptsächlich zugrunde: Ermoldus Nigellus, Ruodlieb und die Zusammenstellungen von Zeller und Krabbes aus dem französischen Karlsepos. Vielleicht sind die Karlsdichtungen zum Teil etwas spät; sie reichen aber anderseits hinauf bis zu Ludwig dem Frommen. Vgl. H. Semmig, Gesch. d. franz. Literatur im Mittelalter. 1862. 101—103.

der damaligen Armut und den schlechten Verkehrsverhältnissen wütete in der Bauernschaft in einem Turnus von fünf Jahren mit trauriger Regelmäßigkeit die Hungersnot,[1]) und da der Herr in solcher Zeit sehr unbequemerweise in die Tasche greifen mußte, wenn er nicht Menschen und Vieh verlieren und selbst verarmen wollte, war er aus diesem Grunde schon gezwungen, dem Bauern wenigstens eine etwas mehr gesicherte Existenz zu bieten. Die Pflichten der Bauern wurden in den sogenannten Urbarien verzeichnet, Ertragslisten der einzelnen Güter; zuerst kam es zur Festlegung der Pflichten in den Klöstern.

An den sozialen Verhältnissen wurde indessen wenig geändert. Wenn dieselben einmal durch einen Gewaltakt, durch eine Eroberung in eine bestimmte Lage gebracht sind und nun auf organischem Wege vermöge der Arbeit und ihrer Werte sich verändern sollen, so muß man immer mit langen Zeitabschnitten rechnen, und zwar um so mehr, je rückständiger die Technik ist. Bis zur Geburt eines freien Handwerkerstandes und einer freien Stadtbevölkerung haben Altertum und Mittelalter nach der Besiedlung Jahrhunderte gebraucht. Die Sklaverei erhielt sich auch im Mittelalter. Noch in dem Gesetz der Longobarden, das König Rothar im Jahre 644 gegeben hat, ein Menschenalter nach der Einwanderung in Italien, einem Gesetz, das also nicht nur der alten Gewohnheit, sondern auch den neuen Verhältnissen Rechnung tragen mußte, und zwar an einer Stelle, die neben Byzanz und den arabischen Kulturstätten in der höchsten geistigen und wirtschaftlichen Blüte stand, wird an der Sklaverei unbedingt festgehalten. Der Sklave wird eine Sache genannt, und zwar gleichviel, ob er ein servus romanus, gentilis, massarius, ministerialis oder rusticanus war.[2]) Dieser Zustand tritt uns noch anschaulicher entgegen in den Gesetzen des Königs Liutprand, die in der ersten Hälfte des 8. Jahrhunderts erst erlassen wurden. Hiernach

---

[1]) Anton, Gesch. d. teutschen Landwirtschaft. 2. Buch. 81.

[2]) L. Rothar. 232 besagt: „Wenn jemand fremde Sachen, sei es ein Sklave oder eine Magd, oder andere adlige Gegenstände.... verkaufen sollte" usw. Vgl. hierzu Karl Türck, Die Longobarden und ihr Volksrecht. Rostock 1835. S. 226. Gentiles oder Liten, Laeten nannten die Römer die besiegten Völkerschaften, die sie in ihre Dienste nahmen, indem sie ihnen Ländereien (terrae laeticae) zuwiesen. Vgl. Maurer, Fronhöfe, Einleitung 14. Massarius entsprach wahrscheinlich dem lateinischen major, dem deutschen Meier, dem Vorsteher eines Guts (Türck, 226). Ministeriales war die Dienerschaft des Herrenhofes, rusticus hieß der Bauer.

zog die freie Longobardin, die sich einem Knecht vermählte, diesem die Todesstrafe zu, und sie selbst mußte von ihren Verwandten getötet oder außer Landes verkauft werden.[1])

Eine besondere Gruppe der Bevölkerung waren die Ministerialen, ein Name, der die gesamte Bedientenschaft umfaßte, welche auf einem Herrenhofe gebraucht wurde, nicht nur zur persönlichen Bedienung der Herrschaft, sondern auch zur Beschaffung von Kleidern und Geräten und zur Bewirtschaftung des Saallandes. Die Ministerialität umfaßte zunächst die allbekannten Hofämter, die ursprünglich auf jedem germanischen Edelhof zu finden waren, den mariscalcus oder Pferdeknecht, den siniscalcus oder Altknecht, den camerarius oder Hausknecht und den Truchseß oder Oberkoch. Die Bezeichnung Truchseß rührt her von truht Schar, Gefolge, denn der Truchseß hatte in der Halle den Antrustionen die Plätze anzuweisen, war also auch Zeremonienmeister. Die ganze Ministerialität war ursprünglich leibeigen, und erst in dem Maße, als der Umfang der Geschäfte wuchs, stieg auch das Ansehen der oberen Beamten, obschon sie noch lange in der Unfreiheit verblieben. Die ältesten vier Ämter erhoben sich zuerst, und zwar um so höher, je höher die Herrschaft stand, sie wurden am Königshof zu Reichsämtern. Es traten mit der Zeit auch freie Antrustionen in die Hofämter ein, und zwar mit Hingabe der Freiheit, denn so lange sie im Dienst standen, waren sie hörig, wenn auch nicht gerade unfrei. Es bestand ein Unterschied zwischen freien und unfreien Ministerialen, und letztere konnten körperlich gezüchtigt werden. Die persönliche Unfreiheit der Ministerialen, die Bedeutung ihres Amtes und ihre gesellschaftliche Scheinstellung führten unabwendlich zu einer Reihe von Konflikten, die oftmals einen häßlichen Charakter trugen. Wie sehr die Ministerialität in der Willkür der Herren stand, auch wenn sie mit hohen Ämtern verbunden war, zeigt eine Geschichte, die Gregor von Tours uns überliefert hat, die in der Zeit der Merowinger spielt, die Verhältnisse anschaulich schildert und insbesondere auch die Jagd berührt.

Der König Guntram von Burgund befand sich mit seinem Gefolge auf der Jagd im Wasgenwalde, dessen Bejagung er sich vorbehalten hatte. Das Unglück wollte es, daß der König selber einen getöteten Auerochsen im Walde fand. Guntram war ein etwas eigentümlicher

[1]) Leg. Liutpr. IV. 6. — Leg. Rothar. 222.

Herr und krankte zum Beispiel daran, daß ihm nicht die geringste Achtung vor der Heiligkeit eines Gesandten beizubringen war. Er hatte einen Abt, der von einem Frankenkönig an ihn abgesandt war, in scheußlicher Weise geißeln und in den Kerker werfen lassen. Die zweite gesandtschaftliche Auflage, die noch besonders „mit geweihten Stäben" (Heroldstäben) kam, behandelte er ebenso; er ließ auch sie auf den Block spannen und mit aller Macht peitschen, weil er geheime Aufträge vermutete. Andere Gesandte, die ihm wohl gefährlicher erscheinen mochten, ließ er beim Abzug wenigstens mit Kot und Pferdemist bewerfen. Als dieser Guntram nun im Walde den Eingriff in seine allerhöchsten Rechte sah, bäumte sich die gekränkte Majestät zu einer namenlosen Wut empor. Blutrot vor Zorn ruft er den Förster (custodem silvae) und mit geschwollenen Adern schreit er ihn an, wer sich unterfangen hätte, in dem königlichen Walde (in regali silva) dies Verbrechen zu begehen. Der Förster lächelt höhnisch und zeigt auf den alten Oberkämmerer Chundo hin und beschuldigt ihn der Tat. Ohne die Antwort des alten Dieners abzuwarten, ruft der König zu den Jagdbedienten: „Legt ihn in Fesseln und dann fort mit ihm nach Chalons!" Als nach einigen Tagen die gröbsten Wallungen des ersten Zornes verraucht waren, rief der König beide Ministerialen vor seinen Richterstuhl. Der Förster klagte an, und Chundo leugnete, und da keiner die Wahrheit seiner Aussage erweisen konnte, rief der König das Gottesurteil an und verhängte den Zweikampf. Da Chundo schon ein alter Herr war, erbot sich sein Neffe, an Chundos Stelle den Förster kämpflich zu grüßen, und die Vertretung wurde angenommen. Die Kämpfer waren ausgerüstet mit Schwert, Wurfspeer und Schild. Dem Neffen glückte der Wurf mit dem Speer; er traf den Gegner so heftig am Fuße, daß dieser hinstürzte. Schnell zog der Neffe das Schwert in der Absicht, dem Gegner den Kopf abzuschlagen. Dieser aber nahm seine ganze Kraft zusammen und stieß dem Jüngling sein Schwert in den Bauch. Beide Kämpfer sanken hin und gaben bald ihren Geist auf. Wie der Oberkämmerer sieht, daß das Gottesurteil nicht für ihn gesprochen hat, überfällt ihn wilde Angst und läßt ihn nach der Kirche des heiligen Marcellus eilen, an deren Altar er Schutz zu finden hofft. Der König sieht ihn laufen und errät die Absicht. „Haltet ihn! Haltet ihn!" schallt seine Stimme weit über den Platz, und die Schar der strebsamen Höflinge fliegt im Wettlauf wie eine Meute jagender Hunde hinter dem Alten her und erreicht ihn auch wirklich noch kurz vor der Kirche. Der König läßt den Alten jetzt ohne weiteres an einen Pfahl binden und befiehlt die Steinigung.

Das war Königsdienst zur Zeit der Merowinger! So schnell war dem neuen Drohnenstand der Kamm geschwollen, daß er ein Menschenalter nach der Eroberung alle menschlichen Regungen mit Füßen trat; und dabei wird Guntram noch gerühmt als ein weiser und gerechter König![1]) Er war nicht schlechter als die anderen. Konnte aus diesem Drohnenstande etwas Gutes kommen? Eine Zeit der Menschwerdung des heiligen Geistes und eine Blüte freien Menschentums?

An der Spitze des gesamten Hofwesens stand der Hausmeier, dessen Bezeichnung vielleicht nur ein anderes Wort darstellt für Oberknecht, für siniscalcus oder Seneschall. Später hatte das gleiche Amt der Oberhofmeister in Händen. Die ganze Hofdienerschaft war eingeteilt in Ministerien, an deren Spitze die vier alten Ämter standen. Als in der Neuzeit Hof- und Staatsdienst geschieden wurde, nahmen die abgelösten Zweige der neuen Verwaltung den alten hofhörigen Namen Ministerium mit hinüber in den Dienst des Staats.

Zu den Ministerialen gehörten auch die Handwerker. Es hat zwar immer freie Handwerker gegeben, meistens aber waren sie unfrei und an den Herrenhöfen beschäftigt in der Weise, daß ihnen ein Haus und ein Stückchen Land gegen Zins überwiesen wurde. Den Zins leisteten sie durch ihre gewerbliche Arbeit. Im Handwerk kamen schon frühzeitig Freilassungen vor, denn der geschickte Handwerker ruft neben dem Kaufmann zuerst den Tauschverkehr ins Leben, er läßt das Geld umlaufen und erhebt sich zu einer wirtschaftlichen Macht, welche ihm die Möglichkeit gewährt, sich freizukaufen. In den meisten Fällen zog die Freilassung auch jetzt noch nicht die volle Freiheit nach sich. Der Freigelassene blieb dem alten Herrn zu bestimmten Leistungen verpflichtet, die auch erst wieder abgelöst sein wollten, denn nur in langsamem wirtschaftlichem Kampfe wurde die Freiheit wieder geboren, die durch eine unglückliche Schlacht verloren ging; das war genau so in der Zeit des Christentums wie in der Zeit der Griechen und der Römer. Der ganze mittelalterliche Adel hat nicht nur Sklavenhandel getrieben, sondern

[1]) Gregor v. Tours, übers. von Giesebrecht. II. 59. Die Geschichte steht S. 202 lib. X. c. 10.

auch gewuchert und gefeilscht mit der menschlichen Freiheit. Anderseits kam aber die gänzliche Freilassung auch vor, die manumissio der Römer. Noch bei den Longobarden wurde sie vollzogen unter bestimmter Förmlichkeit.[1]) Der Herr gab in öffentlicher Versammlung seinen Leibeigenen in die Hand eines zweiten Freien, dieser ließ ihn in die Hand eines dritten und dieser wieder in die Hand eines vierten übergehen. Dieser vierte Freie führte den Leibeigenen auf einen Kreuzweg, und während die anwesenden Zeugen die Worte sprachen, „welchen der vier Wege du wählst, du hast die Freiheit dazu", war aus dem Leibeigenen war ein freier Mann geworden.

Der Vorsteher eines Gutes war der Meier, mehrere Güter wurden als fiscus zusammengefaßt und von dem Hofrichter verwaltet, der bei Karl dem Großen den Namen Judex führte. Neben dem Meier kamen als besondere Ämter vor der Kellner, der Gestütsverwalter, Vogt und Zöllner, und zu dieser Beamtenklasse gehörten auch die Jäger und die Förster. Alle Untergebenen einer Grundherrschaft bildeten zusammen die Familie, eine Hofgenossenschaft, nach dem Vorbilde des römischen Rechts. Noch im 11. Jahrhundert redet das Gesinde den Herrn mit Vater an, auch wenn derselbe jung ist, während er das Gesinde seine Kinder nennt.[2])

Das Dienstverhältnis der ländlichen Familie hat Karl der Große zum Teil geregelt in dem Capitulare de villis. Er verbot zunächst dem Judex, die Familie für seine privaten Zwecke auszunutzen und von ihr Geschenke anzunehmen (Art. 3). Der Unterschied zwischen privater und staatlicher Wirtschaft, zwischen privater und öffentlicher Kasse scheint dem König also durchaus nicht unbekannt gewesen zu sein, nur in seinem eigenen Haushalt wollte er von dieser Sonderung nichts wissen, denn im Frankenreich waren das Privatgut des Königs, das Hausgut des Geschlechts, Krongut und Staatsgut nicht geschieden. Man muß allerdings zugeben, daß der König zeitweilig eines großen Schatzes bedurfte, den er in diskretionärer Weise mußte verwalten können. Die berühmte deutsche Treue des Gefolges gründete sich nur allzusehr auf der Fülle dieses Königshortes, jener einen großen Schüssel, aus der sich alle satt zu essen strebten. Schenken und immer wieder schenken,

---

[1]) Lex Rothar. 225.

[2]) Ruodlieb, herausgeg. von Seiler. 84.

das war es, was die höfische Poesie noch im späteren Mittelalter immer wieder von dem Fürsten forderte, ein Thema, das sie bis zur Ermüdung breitgetreten hat, denn um Geld, um Schmuck, Geschmeide und kostbare Gewänder drehte sich der Gedankengang der Gefolgschaften oft mehr als um die Liebe, um Turnier und Jagd. Noch im 14. Jahrhundert galt das Sprichwort: „Ein Fürst mit Gab, ein' Frau mit Gunst, die zwei schmücken Ritterskunst.“ [1]) Wie zart hat Homer dagegen diesen Punkt behandelt!

Als Lothar II. im Jahre 842 im Kampf mit seinen Brüdern von Aachen flüchten mußte, gab er seinen Schatz dem schwankenden Gefolge preis. Den berühmten silbernen Tisch aus der Kunstkammer Karls des Großen ließ er zerschlagen und an die Gefolgschaft austeilen, und durch diesen idealen Kitt wurde denn auch die deutsche Treue wieder einmal für einige Zeit zusammengeleimt. Ich erinnere ferner an den schmachvollen Treubruch der Vasallen gegen Ludwig den Frommen, den sein Heer auf dem Lügenfelde im Stiche ließ.

Laut Art. 10 des Capitulare de villis sollen die Ministerialen und unter ihnen also auch die Förster ihren Ackerdienst verrichten, statt der Handdienste aber ihrem Amte vorstehen. Die Förster, die teils hörige Leute, teils aber auch Knechte waren, hatten eine Dienstwohnung und einen Dienstacker. Sie bezogen kein Gehalt und mußten obendrein noch Zins zahlen, Getreide, Vieh und Eier, je nach der Festsetzung.[2]) Dagegen waren sie von den Fronarbeiten auf dem Herrenhof entbunden und hatten an deren Stelle ihren Dienst zu tun. Die Jäger standen in Logis und Kost am Herrenhof.

Das Capitulare kommt in den Artikeln 4 und 16 auf die Strafen zu sprechen. Hier zeigt sich der patriarchalische Sinn des Wortes Familie nach dem bewährten Spruch, „wen der Herr lieb hat, den züchtigt er“. Wenn ein Familienmitglied gegen die Herrschaft sich vergangen hatte, so wurde ihm der Lohn dafür mit der Peitsche ausgezahlt. „Wegen Vergehens gegen Uns wird die Familie gepeitscht.“ Wenn ein Familienmitglied ungehorsam gewesen war gegen die Befehle des Judex, dann sollte es zu Fuß in die Pfalz kommen und sich seinen Bescheid abholen,

---

[1]) Peter Suchenwirts Gedichte, XXV, 339, herausg. von Primesser. Wien 1827.

[2]) Der Zins entsprach der heutigen Staatssteuer.

„entweder auf dem Rücken, oder wie es Uns oder der Königin beliebt". Wie lieb ist das gesagt! — Jeder Freie, der sich auf den Krongütern aufhielt, konnte in Anspruch nehmen, daß die Mitglieder der Familie, die sich gegen ihn vergangen hatten, nach seinem eigenen Volksrecht bestraft wurden (Art. 52).

Der Art. 45 lautet: „Jeder Judex soll in seinem Ministerium tüchtige Künstler haben, das ist Eisen-, Gold- und Silberschmiede, Schuster, Drechsler, Zimmerleute, Schildermacher, Fischer, Habichtfänger, d. h. Vogelsteller,[1]) Seifensieder, Brauer, d. h. die Bier oder Äpfel- oder Birnmost oder eine andere zum Trinken zubereitete Flüssigkeit zu verfertigen wissen, Bäcker, die in unsere Wirtschaft Semmeln liefern, Netzmacher, die Netze zu machen verstehen, sowohl zur Jagd als auch zum Fischen und Vogelfange, ferner andere Ministerialen, die aufzuzählen langwierig ist." Hiernach wissen wir also, was sich im vorigen Kapitel noch nicht feststellen ließ, daß die Jäger auch die Netzjagd ausübten; wir sehen ferner, daß sie an Getränken keinen Mangel litten, und daß namentlich neben dem Trauben- und Obstwein auch der edle Gerstensaft (cerevisia) bereits nach der Jagd die durstigen Kehlen erfrischte. Gemästete Gänse und Hühner mußten auf den Höfen immer vorrätig sein, damit sie sofort eingesandt werden konnten, wenn die Hofküche Verlangen trug. Pfauen, Fasanen, Enten, Tauben, Rebhühner und Turteltauben mußten dem Geflügelhof zur Zierde dienen (Art. 38 u. 40).

Dem Judex wird noch einmal untersagt, die Hufner für private Zwecke in Anspruch zu nehmen, insbesondere „zu ihren Hunden und in die Forste" (Art. 11). Sie sollten also die Bauern nicht zur Wartung und Führung der Hunde gebrauchen und auch sonst nicht bei der Jagd, nicht zum Tragen und Stellen der Netze, nicht zum Tragen des erlegten Wildes, nicht zum Treiben und dergleichen Verrichtungen mehr. Die Wälder sollen gut in acht genommen werden; wo das Roden sich empfiehlt, soll gerodet werden, und der Wald soll nicht das Feld überwuchern; anderseits aber sollen die Wälder auf gegebenem Waldboden nicht zu sehr behauen und verwüstet werden. Auch die Beamten, also auch die Förster, die ihre Schweine in den Wald treiben, sollen davon den Zehnten geben (Art. 36).

---

[1]) Accipitares, id est aucellatores.

Die Tiergärten, die gewöhnlich Brühle (brogili) hießen, sollen stets in Ordnung gehalten werden, namentlich die Umzäunungen (Art. 46). Jäger und Falkner [1]) und die übrigen Ministerialen, die in der Pfalz bedienstet sind, sollen sich rechtzeitig überlegen, wie sie auf den Landgütern die Aufträge schnell erledigen können, die ihnen vom König oder von der Königin schriftlich zugehen oder durch den Seneschall oder durch den Schenken übermittelt werden (Art. 47).

Während in späterer Zeit die herrschaftlichen Jagdhunde, deren es bei den damals üblichen Hetzjagden eine große Menge gab, bei den Bauern und Handwerkern untergebracht wurden, verlangt Karl noch, daß der Judex sie aus seiner Tasche unterhalte, oder sie seinen Untergebenen überweise, d. h. den Ministerialen, den Meiern, Vögten, Kellnern, die sie „gut ernähren" sollen. Anderseits aber kam es auch vor, daß die Hunde auf Kosten des Königs verpflegt wurden. In diesem Fall sollte der Judex einen Hundewärter bestellen und das Hundefutter herausgeben, damit „der Wärter nicht täglich in den Speicher zu laufen braucht" (Art. 58) und mich bestiehlt, ist da wohl zu ergänzen. Alljährlich war Rechnung zu legen, auch über das gefangene Wild.

Zwischen der freien und unfreien Bevölkerungsklasse erhob sich neben den Ministerialen noch eine Schicht halbfreier Leute. Sie bestand aus den meisten Freigelassenen, den oben schon genannten Liten und Aldionen und einer ganzen Schar verarmter Freien, die in das Kolonat übergetreten waren, d. h. ein Zinsgut übernommen hatten. Sie blieben persönlich frei, zogen mit ihrem Herrn in den Krieg, hatten das Recht der Fehde, der Blutrache, das doppelte Wehrgeld der Unfreien, durften sich mit Eideshelfern losschwören und den Zweikampf in Anspruch nehmen, während bei den Unfreien nur der Herr schwören durfte und für sie selbst die Feuer- und Wasserprobe galt. Die freien Kolonen hießen Zensualen, wegen des Zinses (census), den sie leisten mußten; sie konnten selbst Unfreie besitzen. Sie hatten aber einen Grundherrn über sich und gehörten zum Grund und Boden, auch in ihrer Eigenschaft als Freie, als ingenui und liberi.[2]) Außer den Zensualen gab es noch sogenannte Vogtleute, Schutzhörige, die

---

[1]) Hier kommt das Wort Falke also vor, wenigstens Falkner, falconarius, der in den Volksrechten noch nicht nachweisbar war.

[2]) v. Maurer, Gesch. der Fronhöfe. Erlangen 1862. Einleitg. S. 20, 21, 23.

sich freiwillig in den Schutz eines Herrn oder der Kirche begeben hatten; sie mußten vor Gericht vertreten werden und konnten über ihr Besitztum nicht ohne weiteres verfügen, sie waren kriegsdienstpflichtig und hatten das halbe Wehrgeld der Freien.[1])

Die alte Einteilung des Volkes umfaßte vier Stände, die auch jetzt wohl noch zu Recht bestanden, wenn es auch innerhalb der einzelnen Stände Unterschiede gab. Diese Stände waren der Adel, die Freien, die Halbfreien und die Sklaven. Der durchgreifendste Unterschied war der von Herren und Knechten. Der Begriff des Knechtes war ein sehr weiter, er stieg vom Holzhauer und Hundejungen, vom Förster und Jäger bis zum angesehenen Hofdiener hinauf, zum Seneschall und Jägermeister.[2]) Alles, was auf fremdem Grund und Boden saß und Zins oder Frondienste zu leisten hatte, galt für unedel, und aus der Mischung der Zensualen, der Liten und Aldionen, der Schutzhörigen und Freigelassenen ging später der hörige Bauernstand hervor,[3]) neben welchem die eigentlich unfreie Bevölkerungsschicht immer noch die größere Masse bildete.[4])

Worauf gründete der Herrenstand nun seine Herrschaft? Ohne Frage auf der Macht. Und worauf war die Macht zurückzuführen? Auf den Erfolg im Kriege, auf einen gelungenen Raub- und Beutezug, auf Vergewaltigung, vielleicht auch hier und da auf einen Glückszufall, denn Julius Cäsar hat es ausgesprochen, daß im Kriege das Glück und der Zufall eine große Rolle spielen.[5]) Das Unglück im Kriege hatte den alten Stammesadel mattgesetzt. Die Sieger teilten unter sich alles irgendwie verfügbare Land und übten fortan ihre Herrschaft aus vermöge der wirtschaftlichen Überlegenheit des großen Grundbesitzes; sie sicherten sich den Besitz durch die politische Macht der Staatsämter und der militärischen Organisation. Diese Vorgänge hatten sich im Laufe der germanischen Geschichte mehrfach abgespielt; meistens waren die Angreifer siegreich gewesen. Jetzt nun hatte die Eroberung

---

[1]) Ebenda 39, 41.

[2]) G. Waitz, Deutsche Verfassungsgeschichte. 1893. V. 205.

[3]) v. Maurer, Gesch. d. Fronhöfe, I. 59.

[4]) J. Grimm sagt, daß wenigstens die Hälfte aller deutschen Landbewohner im Durchschnitt unter die Unfreien zu rechnen war. Deutsche Rechtsaltertümer, 1881. 321.

[5]) Jul. Cäsar, D. gall. Krieg II. 30 u. 35.

einen gewaltigen Umfang angenommen, weil sie überall auf schwankende Gebilde traf, bei denen nur ein Drohnenstand die Waffen führte. Durch die neuen Eroberungen war die Macht der Krone so ins Riesenhafte angewachsen, daß von ihr ausgehend nicht nur der große Grundbesitz geschaffen, sondern in einem langsamen aber stetigen Prozeß auch das kleine Grundeigentum noch aufgesogen werden konnte, das die alten Markgenossen aus der neuen Teilung der Erde in die Zeit der fränkischen Herrschaft glücklich hinübergerettet hatten. Jede neue Siegerklasse scheute die Arbeit in jeglicher Form wie das lebendige Feuer, sie wollte herrschen und sich ernähren lassen, und wuchs sich aus zu einem neuen Drohnenstand. Die Zahl des unfreien Volkes nahm zu mit jeder neuen Eroberung, immer sanken neue Schichten in die Unfreiheit, bis dieselbe in der Zeit des Frankenreiches ihre größte Ausdehnung erreichte. Das unfreie Volk war von den Waffen ausgeschlossen, hier galt das Wort des Alarich, daß dichtstehendes Gras am leichtesten gemäht werde. Das Volk war eine passive Masse, einer willenlosen Herde vergleichbar, die der adlige Hirte lenkte und trieb und der christliche Priester als seine Schafe für sich in Anspruch nahm. Der göttliche Adel des Menschen schwand dahin, sein Stolz, seine Kühnheit waren gelähmt, gleichgültig bot er in christlicher Demut dem Junker die andere Wange dar, wenn dieser die eine geschlagen hatte. Adel und Kirche herrschten, und der ganze Lehnstaat war in letzter Linie nichts weiter als ein konsequent durchgeführtes System zur Knechtung eines Volkes durch eine Drohnenschar vermöge des privaten Eigentums am Grund und Boden. Brunner weist darauf hin, daß die skandinavischen Gemeinwesen ein Mittelalter im eigentlichen Sinne nicht aufzuweisen hatten und fast ohne Übergang aus dem Altertum in die Neuzeit eingetreten sind.[1] Also war der Lehnstaat nicht etwa eine notwendige Durchgangsformt Er bildet sich mit Vorliebe da, wo in der Zeit der Naturalwirtschaf, eine Erobererkaste aufgekommen ist, den Boden an sich gerissen hat. ihn verschachert gegen Zins und auf Kosten des Volkes lebt.

Die fränkischen Eroberer hatten keine sittliche Grundlage für ihre Herrschaft aufzuweisen, Gewalt und Glück waren ihre Rechtstitel gewesen. Sie waren keine Herrennaturen im Sinne der Griechen, keine Kultur-

---

[1]) Brunner, Deutsche Rechtsgeschichte, II. 6.

träger, keine geistig überlegene Rasse.[1] Bei einer unglücklichen Schlacht und einer Überflutung ihres Landes durch fremde Scharen wären sie ebenso schnell in sich zusammengeknickt und hätten sie ebenso unfehlbar das Joch des Sklaven auf sich genommen, wie es die meisten Scharen aus der Völkerwanderung getan haben. Das Glück war ihnen aber hold gewesen; sie hielten sich jetzt zum Regieren für berufen; fehlte es an Einsicht, so fehlte es doch nicht an Selbstvertrauen, und ihr klares Urteil war sicherlich durch keine Sachkenntnis getrübt. Neben dem Raubadel erwuchs der Dienstadel aus dem Gesinde der neuen Machthaber, ein Zwitter zwischen Herr und Knecht. Die Verlehnung des Landes vom König auf die Großen und von diesen auf die Kleinen schuf eine Treppe der Unfreiheit, und wer auf dieser stand, bückte sich nach oben und drückte nach unten, war nach oben klein und nach unten groß.

Wir haben diese unedle Sinnesart gefunden bei den Frauen, aber auch in der Männerwelt nahm die Seele keinen höheren Flug. Glaubten die Vasallen des Königs nicht zu bedürfen, so waren sie trotzig und aufsässig. Das Karlsepos ist zum guten Teil die Dichtung des Vasallentrotzes, Huon von Bordeaux und die Haymonskinder sind Rebellen. Mußten sie die Macht des Herrn anerkennen, dann wollte die Unterwürfigkeit kein Ende nehmen; mit Vorliebe wurde dem Herrn der Fuß geküßt, Grafen und Herzöge drängten sich herbei, dem König „die erhabenen Füße zu küssen". [2]) Noch im späteren Mittelalter küssen junge Mädchen dem Grundherrn Bügel und Fuß. Hatte der Lehnsherr den Wunsch nach dem Besitz eines Gegenstandes, tat man am besten, ihm denselben zu schenken, damit er nicht mit Gefahr des Leibes und Lebens genommen ward. Wer ein Anliegen hatte, fiel vor dem König nieder und umfaßte dessen Knie, natürlich nicht ohne den obligaten Kuß auf die Füße.[3]) Der König kniet vor dem Papst, der fromme Ludwig

---

[1]) Die Griechen hielten an der Vorstellung fest, daß es Menschen gäbe, die von Natur zur Sklaverei, und andere, die von Natur zum Herrschen geboren seien. Dabei dachten sie bei den Herrschern natürlich an sich selbst und bei den Sklaven an die Barbaren. Der Unterschied zwischen einem jugendlichen Volk und einem Kulturvolk war ihnen noch nicht klar. Vgl. Plato, Staat, III. 21. Aristoteles, Politik, I. 1, 4.

[2]) Ermoldus Nigellus, deutsch von Pfund, I. 178—79, 547 u. a. O.

[3]) Ruodlieb, von Seiler, II. 283, 502 f.

sogar drei- oder viermal,[1]) der deutsche Kaiser Friedrich I. küßt dem Papst den Fuß. Aber diese Menschen, die den Schein einer christlichen Demut heuchelten, blieben reißende Wölfe in ihrem Herzen, sie scheuten sich nicht, ihre Frauen zu mißhandeln.[2]) So verdreht waren die Begriffe von Ehre und Männlichkeit, daß der König einen gefangenen Anführer dadurch zu ehren glaubte und in dessen Augen vielleicht auch wirklich ehrte, daß er sich von ihm bedienen ließ.[3])

Wie gesund war in dieser Hinsicht das Fühlen und Denken der Griechen, wie groß und erhaben stehen sie da! Zu ihnen flüchtet der verwirrte Menschengeist, wenn ihm vor dem mittelalterlichen Knechtsal graust; in ihrem Geisteswehen badet er die Seele rein von den vasallitischen Schlacken; Pallas Athene nimmt ihm selbst die Binde von den Augen und ruft ihm zu, daß höher als die Untertänigkeit die Manneswürde steht, höher als die Herrschaft die Nächstenliebe, und höher als der Grundbesitz die lebendige Arbeit, das Wirken des Geistes und der Hand.[4])

Daß man auch den neuen Dienstadel zum Grundbesitzer machte auf Kosten der alten Volksfreiheit, war sicher das geeignetste Mittel, um das Volk im Sinne des neuen Staates zu leiten und zu erziehen. Das Volk war selbstredend noch „unmündig", desto mündiger war der Dienstadel, denn er war in fleißigem, rücksichtslosem Streben durch die vortreffliche Schule des Hofes hindurchgegangen. Es konnte überhaupt kein raffinierteres Mittel ersonnen werden gegen freiheitliche Anwandlungen eines „unreifen" Volkes, als das Lehnswesen mit dem Bodenraub, das in seiner großartigen Einfachheit geradezu verblüffend wirkte: Hier Lehnsmann, adlig, fein, dort Zinsmann, bürgerlich, gemein; da gab es gar keine Unklarheit, ein jeder wußte genau, woran er war. Wann ist ein Volk überhaupt „reif" zur Selbstverwaltung? Wenn es so viel Kapital gesammelt hat, daß es den Fortbestand des gewachsenen Zustandes der Revolution vorzieht, und die Drohnen nicht fürchten müssen totgeschlagen zu werden. Und wann wird die Selbstverwaltung aktuell? Wenn die Regierung keinen Kredit mehr findet ohne die Bürgschaft der Nation.

---

[1]) Ermoldus Nigellus, II. 221—25.

[2]) Krabbes, Die Frau im altfranz. Karlsepos. 55, 56.

[3]) Ruodlieb, S. 82.

[4]) Vgl. Herodot, 7, 135. Plutarch, Lysander, 6. Dazu viele Stellen im Aristoteles, Plato u. a.

Die mittelalterliche Herrenklasse lebte abgesondert in ihrer eigenen Welt, sie bezweckte auch nichts, als gut zu leben, und leider mußte sie zu diesem Zwecke herrschen, gelegentlich zu Gericht sitzen, die Gefälle eintreiben und das ganze langweilige Tagewerk verrichten, das mit dem Herrschen nun einmal verbunden war. Das Volk der Arbeit stand tief unter dieser Herrenklasse, jede intime Berührung machte unrein, zog u. U. den Tod nach sich. Der Herr war edler geboren, stammte von einer höheren Menschenart, das Glück der Untertanen kümmerte ihn wenig, er hatte wahrlich genug zu tun, daß nur der eigene Vorteil nicht vergessen wurde. Der wahre Ritter, so schildert ihn noch Suchenwirt, beschirmt Witwen und Waisen, er steht seiner Herrschaft bei in der Not, er dient Gott in Liebe und spricht wohl von allen reinen Frauen. Sehr schön, Herr Suchenwirt, aber wo bleibt das Volk? Ich frage, wo bleibt das Volk? Nie hat das Vasallentum des Mittelalters für das Volk sich aufgeopfert, nie hat es zu einer großen oder selbstlosen Tat sich aufgerafft.[1]) Man komme mir nicht mit den Kreuzzügen! Sie haben das Blut von zwei Millionen Europäern getrunken[2]) und unendliches Gut verschlungen,[3]) sie sind ein Unglück gewesen, eine krankhafte Wallung des überhitzten Geistes, aber die Triebfeder zu diesen Völkerschlachten war der nackte himmlische Egoismus, ganz abgesehen davon, daß ein bißchen Diebsgelüst und Lust nach Rammelei mit unterliefen. Die nächste Folge der Kreuzzüge war eine allgemeine Perversität und tiefgehende Unsittlichkeit im geschlechtlichen Leben.[4]) Wie wenig volkstümlich die Kreuzzüge gewesen sind, geht daraus hervor, daß sie nicht einmal in

---

[1]) Man kann den Römern wahrlich nicht nachsagen, daß sie keine Egoisten gewesen wären; dennoch erklärten sie nach der Schlacht bei Kynoskephalae die griechischen Staaten für frei, unter dem Jubel der isthmischen Spiele: was hat einer solchen großen Handlungsweise das Mittelalter an die Seite zu stellen?

[2]) Voltaire, Sitten und Geist der Nationen, 3. Teil. Deutsche Ausgabe, Berlin 1786. S. 95.

[3]) Die Reise, welche Heinrich von Derby im Jahre 1392 nach Preußen und Jerusalem unternahm, kostete rund eine Million Reichsmark. Hiernach mag man sich die Kosten der Kreuzzüge überschlagen! Vgl. H. Prutz, Rechnungen über Heinrich von Derbys Preußenfahrten. Leipzig 1893. Einleitung 77.

[4]) Dufour, Histoire de la prostitution. Paris 1852. II. 58, 306, 353, u. a. O. Während der Belagerung von Saint Jean d'Acre im Jahre 1189 wurden dreihundert niedliche Mädchen auf den Inseln gesammelt und per Schiff ans Land verfrachtet zur Erleichterung der französischen Truppen.

Frankreich einen Sänger gefunden haben gleich dem Homer, der seine Iliade sang, während von Frankreich doch die Hetze ausgegangen war. Der Sonnenschein des Lehnstaates lag nur im Rittertum und in der Geistlichkeit, d. h. im Drohnenstande, und erst in den letzten Jahrhunderten des Mittelalters drangen seine Strahlen auch in das Haus des Bürgers ein.

Es finden sich in der Frankenzeit die ersten nachweisbaren Spuren von Frondiensten, welche die unfreie Bauernschaft im Interesse der Jagd zu leisten hatte, und zwar bei der Instandhaltung der Tiergärten. Ludwig der Fromme verordnete in dem Capitulare vom Jahre 820,[1]) daß kein freier Mann gezwungen werden sollte, an den Brühlen[2]) zu arbeiten. Die Instandhaltung muß also durch die unfreie Bevölkerung bewirkt worden sein. Hauptsächlich hat es sich dabei um die Umwehrung wohl gehandelt.[3]) Anton folgert mit Recht aus dem Capitulare, daß die freien Kolonen nur bestimmte Jagddienste zu leisten hatten, während diejenigen der Unfreien damals unbegrenzt gewesen sind. Nach Grimm umfaßten die Felddienste das Hirtenamt, den Ackerbau, die Jagd, die Waldfolge (Holz fällen, Kohlen brennen), Fronfuhren und Vorspann.[4]) Daß die Bauern schon so früh zu Jagddiensten herangezogen wurden, ist bei den großen Hofjagden ganz zweifellos, außerdem lehrt es uns die englische Geschichte.[5]) Die Könige der Angelsachsen besaßen Tiergehege für Hirsche, Büffel, Hasen und Kaninchen, und sowohl der Unterhalt der Zäune als auch die Mast der Tiere gehörten zu den lästigen Verpflichtungen, welche den Bauern und den Bürgern auferlegt waren.

Die Verwaltung der königlichen Wälder stand im Frankenreich dem Judex zu, der Förster unter sich hatte, von deren Stellung oben schon die Rede war. Diese Förster hatten die Waldwirtschaft wahrzunehmen und den Wildschutz auszuüben,[6]) während die Ausübung

---

[1]) Capitulare a. 820 n. 4.

[2]) Brolios dominicos.

[3]) Diese Umwehrung hieß bersa, und der Jäger, welcher die Aufsicht darüber hatte, hieß bersarius. Hier liegt wohl die Quelle des Wortes birsen oder birschen.

[4]) J. Grimm, Deutsche Rechtsaltertümer. 1881. S. 353.

[5]) Lappenberg, England under the Anglo-Saxon Kings.

[6]) Vgl. hierzu das Capitulare II. 813. n. 8, in welchem den Förstern aufgetragen wird, Wald und Wild zu bewachen. Vgl. auch oben die Erzählung von dem Burgundenkönig Guntram.

der Jagd in den Händen besonderer Jäger lag,[1]) die zu dem Gesinde im engeren Sinne gehörten, auf den Pfalzen bedienstet waren und den König nicht nur auf der Jagd begleiteten, sondern auch zur selbständigen Ausübung der Jagd auf die Villen [2]) und in die Bannwälder abgesandt wurden, wenn die königliche Küche Bedarf hatte.[3]) Die älteste Kunde, welche wir über deutsches Jagd- und Forstpersonal haben, zeigt uns solches mit geteilten Funktionen. In größeren Waldungen gab es sogenannte Förstermeister, denen die niedere Gerichtsbarkeit über die Förster zustand. Karl der Große hatte vier Oberjägermeister und einen Falknermeister; das den ersten untergeordnete Personal gliederte sich in bersarii, veltrarii und beverarii, Parkjäger, Feldjäger und Biberjäger.

Es war oben schon die Rede von den wallisischen Gesetzbüchern aus dem 10. Jahrhundert; in dem einen Gesetzbuch, dem Venedotianischen Kodex, ist eine Dienstanweisung enthalten für den Jägermeister, seine Vorrechte und seine Pflichten. Ich lasse die Anweisung nach Jesse[4]) folgen.

1. „Der zehnte ist der Jägermeister", d. h. er nimmt in der Halle, insbesondere bei Tisch, den zehnten Platz ein.

2. „Er hat sein Land (Lehen) frei und sein Pferd vom Hofe; er erhält seine linnene Kleidung von der Königin, seine wollene vom König.

3. „Sein Sitz in der Pfalz ist an der anderen Seite des Schirmes (screen?), neben dem Hauskaplan und neben seinen Jägern.

4. „Er wohnt in der Darre (kiln?).

5. „Seine Portion umfaßt drei Hörner Flüssigkeit und ein Gericht Essen; ein Horn erhält er vom König, eins von der Königin und das dritte vom Haushofmeister.

6. „Er empfängt ein Drittel der Geldbußen der Jäger und das Brautgeld ihrer Töchter.

7. „Er empfängt beim Antritt des Amtes von jedem Jäger vierundzwanzig Pfennige (pence).

---

[1]) Venatores et falconarii.

[2]) Villa bedeutet ursprünglich Dorf oder Landgut.

[3]) Capitulare de villis. 47.

[4]) Jesse, Researches in to the history of the british dog. I. 358 u. f.

8. „Von Weihnachten bis Februar steht er zur Verfügung des Königs, wenn der letztere ihn wünschen sollte. Und in der ersten Woche des Februar hat er seine Hunde, seine Hörner und seine Koppeln zu nehmen und die Tiere (weibliches Rotwild) zu jagen: und sein Horn muß vom Büffel stammen und sein Wert ein Pfund betragen. Und von dieser Zeit bis zum Fest des heiligen Johannes im Hochsommer hat er Tiere zu jagen. Und in dieser Zeit hat er auf keine Klage Rechenschaft zu geben, es sei denn einer von seinen Jägern: und einige sagen, daß er nur zu antworten hat mit seinem Horn und seinen Koppeln.

9. „Er erhält die Haut eines Ochsen im Winter, um Koppeln zu machen, und die Haut einer Kuh im Sommer, um Stiefel zu machen.

10. „An dem Morgen nach Johanni im Hochsommer hat er Hirsche zu jagen: Und sofern er nicht ergriffen wird, bevor er aufgestanden ist aus dem Bett und seine Stiefel angezogen hat, braucht er niemand Rechenschaft zu geben, der eine Klage gegen ihn haben sollte. Von dieser Zeit bis zum Anfang des Winters gibt es zwölf handliche Teile an den Hirschen, und aus diesem Grunde sollen sie gejagt werden bis zum Anfang des Winters. Und vom Anfang des Winters an hat er wilde Schweine zu jagen; und von dieser Zeit hat er sie zu jagen bis zum Anfang des November. Und während dieser Zeit hat er auf niemandes Klage zu antworten, es sei denn einer seiner Jäger, und das bis zum Anfang des Monats November, während die wilden Schweine gejagt werden; wenn er vorgeladen wird, zieht er seine Stiefel an.

11. „Und am Anfang des November teilt er die Häute und bezahlt all seine Jäger, die ein Recht haben an einer Haut: und dann soll er antworten. Und danach sollen die Häute in zwei Teile geteilt werden und in einen dritten, die zwei Teile für den Jäger und der dritte für den König. Von den zwei Teilen des Jägers erhält der Jäger mit den Bracken zwei Anteile und der Jäger mit den Hatzhunden einen Anteil. Und der Jägermeister empfängt zwei Teile von den Häuten von dem Jäger mit den Bracken und zwei Teile von dem Jäger mit den Hatzhunden. Und von des Königs Drittel an den Häuten empfängt er den dritten Teil: und er ist der dritte Mann, der an des Königs Drittel teil hat. Nachdem dies alles beendet ist, hat der Jägermeister die Hunde, die Häute, die Hörner und die Koppeln vorzuzeigen und nachdem er sie gezeigt hat, nimmt er seinen Abzug nach des Königs Landgütern, und von dieser Zeit an bis Weihnachten sind sie unterwegs: Weihnachten

müssen sie zurückkehren zum König, um ihr Recht zu empfangen und in der Pfalz zu sitzen.

12. „Die Hunde des Jägermeisters sind durch gleiche Buße geschützt wie die des Königs.

13. „Wer auch immer etwas mit dem König zu teilen hat, sei es der Jägermeister oder ein anderer, jene Person hat zu teilen und der König hat zu wählen.

14. „Der Schutz des Jägermeisters besteht darin, einen Übeltäter so weit zu geleiten, daß der Ton seines Horns kaum gehört werden kann.

15. „Sein Wehrgeld für Beleidigung beträgt sechs kine und sechs score Silber und kann später erhöht werden.

16. „Sein Wehrgeld sind sechs score und sechs skine und kann später erhöht werden."

Dieses wichtige Schriftstück alter wallisischer Weisheit überliefert uns folgende Tatsachen: Um das Jahr 900 gab es am Königshof eine eigene Jägerei mit einem Meister an der Spitze. Der Jägermeister war ein Ministeriale, hatte ein freies Lehn und erhielt außerdem ein Pferd und seine Kleidung von der Herrschaft. Er zählte zu der vornehmen Dienerschaft, denn er war der Zehnte im Rang und saß in der Halle des Königs, nicht nur er, sondern auch die Jägerei. Er hatte in der Pfalz seine bestimmte Wohnung und empfing sein bestimmtes Deputat an Essen und Trinken. Zu seinen Einnahmen zählte ein Teil der Geldbußen, die innerhalb der Jägerei verhängt wurden. Aus dieser Angabe kann man schließen, daß er über die Jägerei die niedere Gerichtsbarkeit ausübte. Außerdem hatte jeder Jäger, der seine Tochter vermählte, ihm eine Summe auszuzahlen, vielleicht die Ablösungssumme für das jus primae noctis. Man gab in der Karolingerzeit die unfreien Leute zusammen gegen Entgegennahme des Schürzengeldes, des Bockfelles oder Kuppelpelzes.[1]) Später wurde für die Erlaubnis zum Heiraten die Bumede gezahlt, auch Beddemund genannt. Im Stift zu Corvey mußte 1153 jedes Mädchen, welches heiratete, den Preis ihrer Jungfernschaft mit zwei Schillingen erlegen: pro pretio pudicitiae.[2]) Der Grundherr und der Ortsgeistliche hatten auch sonst wohl das Recht der ersten Nacht, das aber auch abgekauft werden konnte, so noch im Jahre

---

[1]) H. Siegel, Deutsche Rechtsgeschichte, 1889, S. 330.

[2]) Falke, Trad. Corb. S. 657.

1543![1]) Nicht einmal der Myrtenkranz der Braut war sicher vor der Begehrlichkeit des Drohnenstandes.

Nach der wallisischen Dienstanweisung bestand die Haupteinnahme des Jägermeisters nächst dem Lehn in seinem Anteil an den Häuten des im Lauf des Jahres erbeuteten Gewilds. Die Aufgabe des Jägermeisters und der ganzen Jägerei lag weniger in der Begleitung des Königs und in der Abhaltung von Hofjagden, als in der selbständigen Bejagung der ausgedehnten königlichen Reviere, der Domänen und der Bannforsten. Der Jägermeister war in erster Linie Wirtschaftsbeamter und hatte für die Küche zu sorgen, das Vergnügen spielte dabei keine Rolle. Es handelte sich darum, möglichst viel Wild zu fangen und auf eine möglichst billige Art, und das beste Mittel für diesen Zweck waren Netz und Hecke. Die Jagd erstreckte sich vorwiegend auf Rotwild und die wilde Sau. Ur und Wisent kamen wohl in England nicht mehr vor, wenigstens werden sie nicht erwähnt, nur das Horn des Jägers, mit dem er blies, und auch das, aus dem er trank, sollen vom Büffel stammen, ohne daß die Art genannt wird. Das kleine Wild, Hasen und Kaninchen, wurde in besonderen Parks gezüchtet, war aber kein Gegenstand für die eigentliche Jägerei. Das Fleisch des erlegten Wildes wurde meistens eingepökelt, und die Fässer wurden an den Hof geschafft. Noch bis ins 16. und 17. Jahrhundert hinein erhielt das Personal an den feinsten Höfen zum größten Teil das Fleisch in gesalzenem Zustande.

Der Jägermeister war während der Jagdzeit immun, d. h. er konnte vom Landgericht aus nicht belangt werden, wenn es nicht gelang, ihn im Bett abzufassen, und vor solchem Ärger wird er sich durch verriegelte Türen nachdrücklich gesichert haben. Für den Fall, daß er schweren Hauptes nach Hause kommen und den Riegel vergessen sollte, war sicherlich die halbe Meute in seinem Zimmer einlogiert. Die Person des Jägermeisters umgab sogar ein gefriedeter Ort, eine geweihte Stätte, in welcher der friedlose Mann Schutz finden konnte. Der Jägermeister verschaffte ihm einen Vorsprung, ehe die menschliche Meute sich auf Spur machen durfte. Diese schöne Sitte war auch das Recht der Frau. So schilt Antikonie im Parzival den Bruder:

„Ich hörte stets: wenn es geschieht,
Daß in den Schutz des Weibes flieht

[1]) Hierüber eine Mitteilung bei Maurer, Gesch. der Fronhöfe, III. S. 163f.

Ein Mann, so darf der mut'ge Streiter
Den Flüchtling nicht verfolgen weiter,
Wohnt ihm nur inne Manneszucht."[1])

Auch im Gedicht „Der Rosengarten" sucht der flüchtende Gernot Schutz bei den Frauen.

Was der Jägermeister in der Zeit von November bis Weihnachten auf den Krongütern getrieben hat, ist nicht ersichtlich. Vielleicht waren allerlei Instandsetzungen zu machen, auf welche die Hundeparade und der Geräteappell im Anfang des November schließen lassen; vielleicht wurden auch die Zäune und Futterstellen der Tiergärten dann ausgebessert. In dieser Zeit hatte die Immunität des Jägermeisters aufgehört, er jagte nicht und wurde als nicht im Dienst befindlich angesehen.

Daß am fränkischen Hofe die Obliegenheiten des Jägermeisters ganz ähnliche gewesen sind, läßt sich vermuten, denn auch dort galt es, große Liegenschaften zu bejagen, und zwar auf das gleiche Wild und mit den gleichen Waffen. Unmöglich konnte der König alle die Jagden persönlich abhalten, wenn man auch manchmal staunen muß, wieviel Zeit regierende Herren für ihr Vergnügen übrig hatten. Der Art. 47 des Capitulare de villis, der besagt, daß die Jäger und Falkner mit sich zu Rate gehen sollen, wie sie die schriftlichen Aufträge des Königs und der Königin auf den Domänen erledigen könnten, läßt erkennen, daß die Jäger keineswegs immer auf der Pfalz sich aufhielten, sondern wahrscheinlich ebensoviel unterwegs waren wie ihre wallisischen Kollegen, sonst hätte es keiner schriftlichen Aufträge bedurft. Der Zusatz in dem Art. 47, daß die Jäger auch diejenigen Aufträge erfüllen sollten, die ihnen durch den Seneschall und den Schenken übermittelt würden, d. h. durch die Beamten, denen die Verpflegung des Hofes oblag, zeigt noch deutlicher nach der Küche hin und läßt vermuten, daß die genannten Beamten Vollmacht hatten, sich mit dem Jagdpersonal direkt ins Benehmen zu setzen. Auch die Hundeparade findet sich in den Capitularien,[2]) und Bernhardt sagt, daß die Förster der Karolinger immun gewesen sind; [3]) man wird mit dem gleichen Recht für die Jäger die Immunität voraussetzen dürfen und annehmen, daß sie nur zu gewissen Zeiten landgerichtlich zu belangen waren, da sie auf der Pfalz bedienstet und dem

[1]) Parzival, Ausgabe von Pannier, VIII. 511—16.
[2]) Capit. III. 803.
[3]) Bernhardt, Gesch. d. Waldeigentums, I. 48.

König unterstellt gewesen sind. Eine Ausnahme machten die Wolfsjäger. Jeder Vikar sollte in seinem Ministerium zwei Wolfsjäger halten;[1]) sie brauchten sich nicht zur Heeresfolge einzufinden und auch die Gerichtstage nicht zu besuchen, aber sie mußten sich stellen, wenn sie verklagt waren. Immun waren sie also nicht, konnten es auch nicht gut sein, da sie ja zum Personal des Grafen gehörten, dem Vorsitzenden des Land- oder Gaugerichts. Jäger und Falkner zählten also zum Hofe, während die Wolfsjäger Regierungsbeamte, die Förster, Vogelsteller und Fischer Domänenbeamte waren.[2])

Die Ausübung der Jagd war im ganzen noch die gleiche wie in der Zeit der Stammesherrschaft, nur hatte der neue große Grundbesitz natürlich einen größeren Apparat, er hatte eigene Jagdbediente, eine vermehrte Anzahl Hunde und einen großen Vorrat von Netzen und Fangvorrichtungen. Das Revier des Königs und der großen Grundbesitzer war sozusagen unbeschränkt, da sie, abgesehen von der Größe ihrer eigenen Liegenschaften, sich nicht gescheut haben werden, gelegentlich auch einmal über die Grenze hinaus zu jagen. Wieviel schreiendes Unrecht die Zeit auch gesehen haben mag, an dem einen Grundsatz hat sie festgehalten, daß jeder Freie jagdberechtigt war, sofern kein Bann im Wege stand, und zwar jagdberechtigt war ohne Rücksicht auf die Größe des Grundbesitzes. Heinrich IV. übergab mehrfach mit einem Lehen von nur zwei Mansen auch die Jagd.[3]) Das Jagdrecht der Markgenossen ward durch den Wildbann und die Schirmherrschaft beeinträchtigt, aber in vielen Fällen haben sie die niedere Jagd doch noch behalten. Stellenweise nahmen die Schirmherren auch nur die Vorjagd in Anspruch, oder die Hasenjagd.[4]) Das eigentliche Volk, die unfreie Bauernschaft, war von der Jagd zwar rechtlich ausgeschlossen, tatsächlich aber wohl noch nicht so sehr beschränkt, namentlich nicht in bezug auf das Raubzeug. Wölfe und Bären, waren frei und schwerlich wird den Bauern jemand gehindert haben, diese zu fangen und zu töten. Ebenso hatte er wohl im Vogelfang die Hand noch frei, da noch im nächsten Abschnitt derartige Fälle sich nach-

---

[1]) Capit. II. 813 n. 8. Der Vikar war ein Unterbeamter des Grafen, der Schultheiß, Zentenar, vgl. Brunner, Deutsche Rechtsgeschichte, II. 181—83.

[2]) Capitulare de villis 10, 45, 47.

[3]) Anton, Gesch. d. teutschen Landwirtschaft, II. 348.

[4]) Schwappach, I. 211.

weisen lassen; und wenn der Bauer in der Hecke seines Gartens sich einen Hasen in der Schlinge fing, so krähte weder Hahn noch Huhn danach. Der Papst Zacharias hatte zur Zeit des Bonifatius Pferdefleisch, Hasen und Biber zu essen verboten.[1]) Es wurde daher auf einen Hasen kein Wert gelegt.

Die Technik der Jagd.

Von der Fangjagd wissen wir, daß Fallgruben gegen Wölfe angelegt wurden,[2]) denen man auch mit Gift zu Leibe ging. Allgemein in Gebrauch waren Fußangeln und Schlingen.[3]) Durch die ersteren wurde größeres Haarwild gefangen, durch die letzteren Haarwild und Federwild. Eine der Miniaturen des schon mehrfach erwähnten englischen Manuskriptes aus der Zeit der Angelsachsen zeigt einen Entenfang;[4]) daß auch sonst der Fang der Vögel fleißig geübt wurde, erkennen wir daraus, daß auf den fränkischen Krongütern besondere Vogelfänger gehalten[5]) und daß Lerchen und Finken gegessen wurden. Die Vogelfänger wurden den Künstlern beigezählt, doch wird uns über die Art des Fanges etwas Näheres nicht mitgeteilt. Bekannt ist ja, daß Heinrich von Sachsen, der spätere deutsche Kaiser Heinrich I., der Sage nach am Finkenherd beschäftigt war, als Eberhard von Franken die Zustimmung des verstorbenen Kaisers und des fränkischen Stammes zu seiner Wahl ihm überbrachte und die königlichen Abzeichen übergab. Der Kaiser erhielt davon in späterer Zeit den Beinamen „der Finkler". Die Beschreibung eines Finkenherdes bringt erst der zweite Band. Es unterliegt wohl keinem Zweifel, daß die meisten Fangvorrichtungen des 17. und 18. Jahrhunderts schon in der Karolingerzeit bekannt gewesen sind, nähere Angaben liegen aber nicht vor.

Die Hetze und die Beize waren wohl die Jagdarten, an welchen der Grundbesitzer in erster Linie Gefallen fand. Auch hier ist uns wenig über-

[1]) Anton, I. 127.

[2]) Capitulare de villis. 69.

[3]) Anton, III. 475.

[4]) J. Strutt, Horda Angel-Cynnan: or a compleat view of the manners, customs, arms, habits etc. of the inhabitants of England from the arrival of the Saxons till the reign of Henry the eighth. London 1775. I. Tafel XII. 2.

[5]) Capitulare de villis. 45. 47

liefert, wie denn überhaupt der vorliegende Abschnitt für die Technik der Jagd als unfruchtbar gelten muß. Man könnte aus der vorausgehenden und der folgenden Zeit ja Schlüsse ziehen auf die Art der Jagdausübung auch in diesem Zeitabschnitt, doch beschränke ich mich mit Absicht auf die Mitteilung dessen, was jeder Zeitabschnitt uns selber überliefert.

Weil die Zahl der Hunde am fränkischen Hof bereits so groß geworden war, daß ihre Ernährung in der Pfalz auf Schwierigkeiten stieß, man auch wohl ansteckender Krankheiten wegen die Meuten nicht ohne Not beisammen lassen wollte, kam schon jetzt die sogenannte Hundelege auf, die darin bestand, daß die Hunde unter die Ministerialen verteilt und in Pflege gegeben wurden.[1]) Diese Verteilung machte nötig, daß die Hunde ab und zu einer Besichtigung unterzogen werden mußten, namentlich wenn größere Jagden stattfinden sollten. Meistens zog in solchen Fällen wohl eine Kommission von Jägern von Hof zu Hof und prüfte die Hunde nach dem Verzeichnis. Es kam aber auch vor, daß der König selbst sich für die Meuten interessierte, und in diesem Fall mußten die Hunde an den Hof gebracht werden, wie ja oben schon berichtet ist.[2]) Bei der Hetzjagd kam es oftmals vor, daß einzelne Hunde nicht mit dem Block jagten, sondern eine andere Fährte aufnahmen, sich zerstreuten und wohl gar verliefen. Das Zusammensuchen der Hunde nach der Jagd nahm oft mehrere Tage in Anspruch. Es kam auch vor, daß die zerstreuten Hunde auf den nachbarlichen Höfen sich einfanden, dort anfreundeten und festgehalten wurden. Aus diesem Grunde wurden die königlichen Hunde gezeichnet, indem man ihnen an der rechten Schulter eine Tonsur beibrachte, dem Wortlaut nach eine kleine geschorene oder ausrasierte Stelle,[3]) wahrscheinlich aber war es ein Brandmal.

Als Jagdhunde werden genannt der molossus, Rudo, Rüdel, Rüde, ferner der Veltra, auch Spartus oder Wint, sowie die suses magni canes.[4]) Der Molosser ist der schwere Fanghund, der Packer, die Rüden sind die Hirtenhunde, die gleichfalls zum Packen dienten und den schweren Meuten beigegeben wurden. Der Veltra oder Spartus ist der Windhund, und Suses ist die alte keltische Bracke, der Segutius.

---

[1]) Capitulare de villis. 58.

[2]) Capitul. III. 803 n. 18.

[3]) Ebenda.

[4]) Anton, Gesch. d. teutschen Landwirtschaft. 3. Buch. 474—75.

Es finden sich die gleichen Hunde wieder, die vor 700 Jahren schon die Römer kannten und die im vorigen Kapitel erörtert worden sind. Der Mönch von St. Gallen erzählt,[1]) daß die Windhunde namentlich zur Fuchshetze gebraucht wurden, auch Wachteln und andere Vögel durch schnelles Aufspringen oft erhascht haben, was ja wohl vorgekommen sein mag, solange die Vögel nicht flügge waren. Derselbe Schriftsteller erzählt auch von besonders starken und scharfen Fanghunden, die am fränkischen Hofe gehalten worden sind. Karl sandte an den König „von Afrika" (vielleicht Harun al Raschid?) mit anderen Geschenken auch „Hunde von besonderer Schnelligkeit und Wildheit, wie jener selbst sie gewünscht hatte, um Löwen und Tiger zu fangen oder zu hetzen". Die Hunde sollen ihre Probe gut bestanden und einen persischen Löwen derartig gedeckt haben, daß die fränkischen Gesandten herangehen und ihn töten konnten. Für unmöglich halte ich ein solches Vorkommnis nicht. Es hat sich offenbar um den englischen Mastiff gehandelt, dessen Blut noch heut in unsern Doggen forterbt. Diese englischen Hunde haben nicht nur zur Römerzeit, sondern auch noch im 16. bis 18. Jahrhundert Kämpfe mit Stieren, Bären und Löwen ehrenvoll bestanden. Auch bei den Franken waren Kampfspiele nicht unbekannt. Nicht nur hatte Konstantin, der Schirmherr des Christentums, in Trier unliebsame Gegner in der Arena den wilden Tieren vorwerfen lassen, sondern auch der Merowinger Childebert hielt in der Pfalz zu Metz ein Kampfspiel ab, eine Lustbarkeit, bei welcher „ein Tier" von einer Meute Hunde umringt und gehetzt wurde. Auch er beseitigte bei dieser Gelegenheit einen Widersacher, indem er ihn mit der Axt erschlagen ließ.[2]) Die Güter des Ermordeten wurden natürlich „eingezogen". Die Tierwelt hatte sich in der verflossenen Zeit nicht nachweisbar verändert, sie war noch die gleiche geblieben wie zur Zeit der Stammesherrschaft, Ur und Wisent zogen durch die Wälder, und der Elch kämpfte gegen Bär und Wolf. Jeder Domänenbeamte mußte an Karl den Großen berichten, wieviel Wölfe er gefangen habe, die erlegten Felle einsenden, und die Wolfsjäger sollten im Mai die jungen Wölfe aufsuchen und sie mit Gift und Netzen, Gruben und Hunden zu fangen suchen.[3])

---

1) Ausgabe von Wattenbach, S. 25.

2) Gregor v. Tours, II. 95—100.

3) Capitulare de villis. 69.

Die Falkenjagd hatten die Angelsachsen nach England mit hinübergebracht. Im Beowulfliede beschwört der Schatzsammler das Geschick:

„Die Harfe schweigt; um die Halle nicht schwingt sich der gute Habicht;
Das hurtige Roß stampft den Burghof nicht mehr." [1])

Ein alter angelsächsischer Kalender aus dem 11. Jahrhundert sagt, daß die Falkenjagd vorzugsweise im Oktober geübt wurde, er veranschaulicht sie durch eine Miniaturmalerei. Wir sehen einen See, auf dem einige Enten schwimmen; am Ufer stehen zwei Vögel, die ich als Gans und Reiher ansprechen möchte. Im Vordergrunde sehen wir einen Jäger zu Fuß und einen zu Pferd, jeder hat einen Falken auf der Hand; der Falke des ersten hat die Schwingen gelüftet und ist im Begriffe zu steigen.[2]) Auch am fränkischen Hofe war die Falkenjagd beliebt; nicht nur werden Falkenjäger in den Kapitularien erwähnt, sondern auch Ermoldus Nigellus sagt vom frommen Ludwig:

„Auch wann starret vom Froste der Boden in Zeiten des Winters
Beizt mit dem kralligen Fang Vögel der Falk ihm herab."

in der Elegie an Pippin heißt es:

„Nutze des Frostes Vergnügen, genieße die Freuden des Blachfelds,
Gehend mit Falken und Hund wähle dir jenes und dies."[3])

Welche Bedeutung um das Jahr 1000 schon die Falkenjagd besaß, kann aus der nachstehenden kleinen Erzählung beurteilt werden,[4]) aus der wir erfahren, daß sogar die dänische Eroberung Englands ihren unmittelbaren Ausgang von der Falkenjagd hernahm. Schon vor der Eroberung hielten sich viele Dänen in England auf, wohl hingelenkt durch den Handel. Ein gewisser Lothbrock liebte es, sich an der Küste mit dem Federspiel zu unterhalten. Dabei ereignete es sich, daß sein Habicht infolge eines Stoßes in die See fiel. Lothbrock nahm ein kleines Boot und stach in See, um den Vogel zu retten, als ein heftiger Wind einsetzte und ihn an die Küste von Norfolk trieb, wo er von Edmund, dem damaligen König der Ostangeln, gut und freundlich aufgenommen ward. Durch die Geschicklichkeit im Abtragen der Vögel setzte der Däne sich derartig bei

---

[1]) Beowulflied, übers. von Wolzogen, Reclam, 78.
[2]) J. Strutt, Horda Angel-Cynnan. London 1775. I. 44 u. Taf. XII, 2.
[3]) Ermoldus Nigellus, deutsch von Pfund, III. 590 f. Elegie 45, 46.
[4]) Sie findet sich bei Strutt, I. 51.

ihm in Gunst, daß Berick, des Königs Falkner, neidisch und eifersüchtig wurde und den Dänen heimlich in einem Walde erschlug; der Tote wurde aber gefunden mit Hilfe seines treuen Spaniels. Berick, des Mordes überführt, wurde in das gleiche Boot gesetzt, in welchem Lothbrock angekommen war, und ohne Riemen, Steuer und Segel der Gnade der Wogen überlassen. Der Wind trieb ihn vom Ufer ab und nach demselben Hafen hin, von dem Lothbrock ausgefahren war. Er wurde erkannt und von den Dänen festgenommen. Um sich der Strafe zu entziehen, beschuldigte er seinen Herrn, den König Edmund, der Anstifter des Mordes gewesen zu sein. Infolge dieser Anklage führten Hinquar und Hubba, die Söhne des verblichenen Lothbrock, eine große Armee nach England, die den König Edmund besiegte; er wurde gefangen und mit Pfeilen erschossen.

Ein Gespräch, welches der Jäger des englischen Königs Alfred (871—901) mit einem wissensdurstigen Laien führt, schildert uns die übliche Art der Landjagd: [1])

„Ich bin ein Jäger." Wessen? „Des Königs." Wie übst du deine Kunst? „Ich breite meine Netze aus und stelle sie an einen geeigneten Platz und hetze meine Hunde an, das Wild zu verfolgen, bis es unerwartet an die Netze kommt und sich dort verwickelt. Ich töte es in den Netzen." Kannst du nicht ohne Netze jagen? „Ich kann auch ohne Netze jagen." Wie denn? „Mit schnellen Hunden verfolge ich das Wild." Was für Wild fängst du am meisten? „Ich fange Hirsche und Schweine und Damwild und Rehe und manchmal Hasen." [2]) Bist du heut auf der Jagd gewesen? „Nein, weil heut Sonntag ist, aber gestern war ich dort." Was hast du gefangen? „Zwei Hirsche und einen Keiler." Wie hast du sie gefangen? „Die Hirsche fing ich in Netzen und den Keiler ließ ich auflaufen." Wie konntest du wagen, den Keiler auflaufen zu lassen? „Die Hunde trieben ihn zu mir, und ich, mich entgegenstemmend, habe ihn plötzlich erstochen." Du warst also sehr kühn! „Ein Jäger darf nicht ängstlich sein, weil verschiedene wilde Tiere im Walde leben." Was

[1]) Das Gespräch findet sich lateinisch bei M. Heyne, Fünf Bücher deutscher Hausaltertümer, Leipzig 1901. II., und englisch bei Jesse, Researches into the history of the british dog. I. 350 f.

[2]) Capio cervos et apros et damnas et capreos et aliquando lepores. Jesse übersetzt damnas et capreos mit rein-deer and goats, Renntier und Ziegen?

machst du mit deiner Beute? „Ich gebe dem König, was ich fange, weil ich sein Jäger bin.“ Was gibt er dir? „Er kleidet und ernährt mich gut, zuweilen gibt er mir ein Pferd oder ein Schmuckstück, damit ich freudiger meine Kunst ausübe.“

Wir sehen also, daß einerseits das Überlandjagen mit Windhunden geübt worden ist, das im vorigen Kapitel erörtert wurde, und daß ferner das Jagen mit Netzen üblich war, deren Gebrauch bei den Markgenossen zwar vermutet, aber nicht nachgewiesen werden konnte. Wie und in welcher Weise die Netze gestellt wurden, ist aus den Mitteilungen des Jägers nicht zu ersehen, nur so viel ist klar, daß es Fallnetze gewesen sein müssen, deren er sich bediente. Man umstellte vermutlich einen Jagdbezirk zum Teil mit diesen Fallnetzen, die lose auf den Stellstangen lagen, der andere Teil des Jagens wurde durch Bauern abgestellt, und dann ging eine Treiberwehr mit Hunden in der Weise vor, daß sie das Wild nach den Netzen hindrängte.

Das Wild fiel in die Netze, diese fielen von den Stangen und verwickelten das Wild derartig in ihren Maschen, daß die Wächter heraneilen und es töten konnten. Die Netze mußten sofort wieder fängisch gestellt werden; zu diesem Zweck bedurfte es eines zahlreichen Personals, und sicher haben hier die Bauern Frondienste geleistet, denn die Jägerei war im Treiben und reichte für die Netzwacht auch nicht aus.[1]) Die Bauern haben vermutlich die Netze an- und abgefahren, aufgestellt, bewacht und wieder abgebrochen, auch das erlegte Wild nach Hause geschafft und als Treiber gedient. Diese Art der Jagdausübung mag ja für die Jäger ganz lustig und unterhaltend und zuweilen, namentlich wenn Schwarzwild im Treiben steckte, sogar aufregend gewesen sein, aber weidmännisch im heutigen Sinne war sie nicht. Sobald ein Netz herunterfiel und ein Stück Wild umklammerte, eilten die Bauern herbei, die auf der Netzwacht sich versteckt hielten, und schlugen mit ihren Knüppeln, Äxten und Radehauen solange auf das gefangene Wild los, bis es sich nicht mehr regte, oder es kam der Jäger einer hinzu und gab dem armen Wild, das in seiner Aufregung und Angst sich hin und her warf, vielleicht

---

[1]) Nähere Mitteilungen über Netze und sonstiges Jagdzeug werden im 2. Band gegeben.

nach manchen Fehlstichen endlich den erlösenden Fang.[1]) Ein Schlachten war's, nicht eine Schlacht zu nennen.[2])

Von Edmund, dem Enkel Alfreds, wird erzählt, daß er in folgender Weise gejagt habe: [3]) „Wenn sie den Wald erreichten, zogen sie in verschiedenen Richtungen auf den Waldwegen dahin. Von dem Gebell der Hunde und dem Getön der Hörner wurden ganze Rudel von Hirschen flüchtig. Von diesen wählte der König mit seiner Meute einen aus und verfolgte ihn lange auf verwickelten Pfaden mit großer Schnelligkeit der Hunde und Pferde." Hiernach fand eine Vorsuche nicht statt. Die Jäger suchten selbst die Grenzen und Wege ab nach frischen Fährten und hatten dabei vermutlich eine Bracke am Seil. Hatten sie einen Trupp Hirsche ausfindig gemacht, so blieb vielleicht ein Jäger zur Beobachtung zurück, während der andere die Jägerei aufsuchte oder durch Hornen zusammenrief. Gingen die Hirsche flüchtig ab, so wurde vielleicht nach der Angabe des beobachtenden Jägers die Meute versuchsweise auf die Fährte des stärksten Hirsches angelegt.

Der Angelsachse Athelstan legte im 10. Jahrhundert dem Könige von Wales einen jährlichen Tribut auf nach einem Siege, den er über ihn erfochten hatte, und schrieb die Lieferung vor von „so viel Hunden, als er wählen möchte, die vermöge ihres wunderbaren Geruchs die Zufluchtsorte und Schlupfwinkel der wilden Tiere aufspüren könnten".[4]) Entweder handelte es sich hier um Bracken oder Leithunde.

Ich möchte von der englischen Jagd nicht scheiden, ohne einer Mitteilung über Eduard den Bekenner (1042—1066) noch zu gedenken. Wir finden hier noch einmal das Überlandjagen erwähnt, dessen Quellen in diesem Abschnitt sonst so spärlich fließen. „Eduards Hauptvergnügen waren die Feldjagden und die Freude an seinen schnellen Hunden, wenn ihr Laut durch den lichten Wald erscholl. Jeden Tag nach seiner Morgenandacht widmete er sich diesem Vergnügen."[5]) Der angelsächsische Name für den jagenden Hund war ren-hund, es ist unsicher,

---

[1]) Jugulo in retibus sagt der lateinische Text. Jugulare heißt in erster Linie die Kehle abschneiden.

[2]) Genauere Angaben über das Treiben in Netzen gibt das nächste Kapitel.

[3]) Jesse, Researches, I. 350.

[4]) Jesse, Researches, I. 356.

[5]) Ebenda.

ob darunter der Windhund, oder, wie wohl wahrscheinlicher, die Bracke zu verstehen ist.

Ludwig der Deutsche hetzte im Jahre 864 einen Hirsch in einem Brühl bei Frankfurt am Main, fiel vom Pferd und beschädigte sich die Hüfte. Anton sagt, daß schon zu jener Zeit den Hunden die curée gegeben wurde.[1]) Der Mönch von St. Gallen überliefert uns eine Episode, die auf einer Jagd Karls des Großen sich ereignet hat, die dem schwarzen Wilde galt, dem Wisent und dem Ur. Karl wurde auf dieser Jagd von einem Ur angenommen und verwundet, „als er ihm das Haupt abschlagen wollte" (?). Der Ur riß dem König den Stiefel und die Hose auf. Das ganze Gefolge wollte nun die Hosen ausziehen, um dem König auszuhelfen. Dieser wehrte aber lachend ab mit den Worten: „In solchem Zustand muß ich zur Hildigard kommen!" Den Ur soll dann ein Jäger zwischen Hals und Schulter abgefangen und getötet haben. Spezielle und brauchbare Angaben über die Jagd auf den Ur erhalten wir hier nicht. Das beste über diese Jagdart gibt eine Mitteilung von Childebert II., dessen Jägerei einem starken Büffel im Walde begegnet war. Der König, hoch erfreut, beraumt die Jagd an auf den nächsten Morgen und beauftragt die Jäger, die Hunde munter zu machen und für Bögen und Pfeile ausreichend zu sorgen. Vor dem Aufgang der Sonne setzen die Jäger sich in Marsch, um sich ins Innere des Waldes zu begeben. Sobald die Dämmerung die Gegenstände unterscheiden läßt, geht es ans Abspüren. Endlich kriegt man den Büffel fest in seinem Bett. Die Hunde werden entkoppelt, der Büffel wird aufgejagt und die Jäger folgen ihm, geführt von dem Laut der Hunde. Es scheint, daß wir hier eine regelrechte Vorsuche vor uns haben nebst dem Bestätigen und Anjagen des Büffels; über den weiteren Verlauf der Jagd schweigt sich auch dieser Bericht leider aus.[2])

Eine eingehendere Schilderung von einer Hofjagd Karls des Großen, die auf Schwarzwild gerichtet war, hat der Franke Angilbert uns hinterlassen, der Freund und Vertraute Karls und Alkuins. Man hat das Zeitalter Karls das silberne genannt, und wirklich mutet die Lektüre

[1]) Anton, Gesch. d. teutschen Landwirtschaft, Buch III. 476—78. — Eckhart, Commentarii de rebus Franciae etc. Würzburg 1729.

[2]) Nach Sainte-Palaye, Mémoires sur l'ancienne chevalerie. Paris 1781. III. 170—71.

der Dichtungen aus jener Zeit uns an wie ein Nachklang der augusteischen Ära. Was Technik, Kunst und Wissenschaft zu leisten vermochten, fand sich am Hofe Karls vereint, er selbst war eine sympathische Natur, ein Liebhaber der Wissenschaft, mit Gelehrten befreundet, und der enge Kreis, der sich um den König scharte, genoß ein Dasein, wie es vor- und nachher wenigen Menschen geboten war: am Hofe das pulsierende Leben, und im Kloster die beschauliche Zurückgezogenheit und die Ruhe zur Betrachtung der Welt. Angilbert war Abt von St. Riquier und genoß mit Zustimmung des Kaisers die Liebe von dessen Tochter Berta, die ihm zwei prächtige Jungen gebar; war doch Karl selbst ein uneheliches Kind gewesen!

Das Gedicht, in welchem Angilbert die Jagd beschreibt, ist ein höfischer Gesang nach der Art des Virgil, überschwänglich in Lobpreisungen und in seinen Vergleichen nicht immer glücklich; so nennt er den Kaiser „Europens würdigen Leuchtturm"! Auch weiß er bei der Jagd nicht das technische Moment herauszuheben, da er offenbar nicht zu jenen Klerikern gehörte, die mehr Jäger waren als Geistliche. Hier ist diese strenge Tugend zu beklagen; sie liefert zugleich einen Beweis für die Bedingtheit alles Sittlichen, denn etwas mehr jagdliche Sünde wäre besser gewesen, hätte das Bild des Jagens der Nachwelt klarer übermacht.

Die Jagd fand statt im Brühl zu Aachen, es handelt sich also um eine Parkjagd. Der Brühl war mit Mauern eingegrenzt und wurde von der Wurm durchflossen. An ihren Ufern breiteten sich grüne Wiesen aus, auf denen sich Sumpf- und Wasservögel tummelten. An anderer Stelle waren die Ufer steil. Auch zwischen die Gehölze schoben sich die grünen Wiesen, und Karl liebte es, auf ihnen sich zu lagern, sich zu freuen und heiter zu sein. Im Holz stand „Wild von jeglicher Art".

Am Jagdtag wird es in der Stadt Aachen mit dem Aufgang der Sonne schon lebendig, die Jägerschar sammelt sich mit Rufen und Lärm, dazwischen erklingt das Stampfen und Wiehern der Rosse und das Bellen der Hunde. Die obersten Jäger werden zum Kaiser gerufen und empfangen hier die Weisung für das Anlegen der Jagd. Das Jagdzeug wird verladen, die Zelte, Netze und Waffen nebst dem ganzen Küchenzubehör, Kochgerät, Tischzeug, Geschirr, Tischen, Bänken und sonstigem Mobiliar für die Zelte. Die Hunde werden zur Stelle gebracht, Karl mit den Herren des Gefolges steigt zu Roß, und alles ordnet sich zum Zuge. Den Anfang machen die Trompeter, sie öffnen mit ihrem Signal die Tore der Stadt. In dem Zuge sind auch die Damen vertreten, die Königin und die Töchter Karls, alle in modernster Frisur und Gewandung, goldene Reifen im Haar, auf prächtigen Pferden, umgeben und gefolgt von großen Scharen von Herren und Damen.

Angilbert nennt als Hunde nur die Molosser, wütende Packer, jedenfalls die alten britannischen Kämpen, die Vorfahren des heutigen Mastiffs. Im Tale des Parkes wird ein Keiler hochgemacht von der Jägerei und von den Hunden gehetzt. Die Reiter folgen, bis der Keiler gedeckt wird und Karl ihn abfängt. Die Damen schauen vom Berge aus zu. In dieser Zeit hat ein Teil der Jägerei die Jagd auf zusammengetriebene Rudel von Sauen vorbereitet. Karl und seine Paladine begeben sich in die Netzstatt, um das langwierige Geschäft des Tötens zu verrichten. Sie arbeiten mit dem Wurfspeer. „Überall sinken gefällt zur Erde viel Leiber der Tiere", und Karl selbst „streckt dahin auf den Grund unzählige Rudel von Sauen". Als der König sich ausgetobt hat, wendet er sich langsam den Zelten zu, die von der Dienerschaft am frischen Quell, dicht am Gehölz, im Schatten der breiten Buchenäste aufgeschlagen sind. Hier erwarten ihn die Damen; sicher hat die Hildigard den Schweiß ihm abgetrocknet, der in großen Tropfen unter dem goldenen Reifen hervorquoll, als die Folge der geleisteten Arbeit und der warmen Septembersonne. Vor den Zelten sind die Tische aufgestellt, beschwert mit dunklem Falerner. Ein schmackhaftes Mahl lohnt und erfrischt die müden Jäger; die Sonne sinkt und die Schatten legen sich über das Tal. Die Kämpen erheben sich von den Tischen und wanken dem Zeltlager zu, um in den Armen des Schlummers sich zu stärken zu neuer Schlacht am kommenden Morgen.[1])

Eine Jagd Kaiser Ludwigs des Frommen schildert Ermoldus Nigellus. Auch hier haben wir eine Parkjagd vor uns. Der Kaiser ist zu Pferde, begleitet von seinem Speer- und Pfeilträger. Eine Schar von Männern tost im Walde. Der Kaiser erlegt gar manches Wild, und zwar mit dem Wurfspeer. Nach der Jagd erwartet den Kaiser ein Haus, das aus Flechtwerk und Moos errichtet und mit Leinwand bespannt ist. Auch hier wird das Mahl auf der Wiese eingenommen, es gibt Braten und edle Weine. Als der Kaiser am Abend in die Pfalz zurückgekehrt ist, kommt auch die Beute der Jagd an, Hirsche zu Tausenden, Haupt

[1]) Angilberts Gedicht findet der Leser in deutscher Übersetzung bei H. Althof, Angilberts Leben und Dichtungen, Münden 1888. 36 f.

und Rücken von einigen Bären, Sauen, Damwild und Rehe. Von der Beute erhalten die Diener und der Klerus ihren Teil,[1]) es gab also auch hier ein Jägerrecht.

Rückblick.

Groß waren die sozialen Veränderungen, die wir an uns vorüberziehen ließen, die Geburt eines bevorrechteten Jägerstandes aus dem neuen und großen Grundeigentum; klein war die Ausbeute in der Technik der Jagd und im weidmännischen Gefühl. Der neuen Integration der germanischen Völkerschaften durch das fränkische Reich war die Differenzierung auf dem Fuße gefolgt und hatte neue und durchgreifende Unterschiede gesetzt. Das Mittel hierzu war das Eigentum am Boden, die Folge davon eine vermehrte Untertänigkeit, die Zahl der freien Jäger war gemindert, die Zahl der Jagdbedienten war gemehrt. Neu war der große jagdliche Apparat an Hunden und Jagdzeug, neu der Ausschluß des Volkes aus den gebannten Waldungen und dem privaten Eigentum, neu die Belastung der Untertanen durch die Hundelege und die vermehrte Forderung jagdlicher Fronarbeit; doch sind keine Klagen auf uns gekommen, sei es, daß die Seele des Volks den Hofdichtern zu ferne lag, sei es, daß die Übelstände noch nicht so schlimm gewesen sind.

Am Hofe drängte sich bei der Jagd der Massenmord in Netzen und in Hecken vor;[2]) nicht nur den Jagdbedienten überließ man diese Küchenjagd, sondern sie wurde als jagdliches Fest sogar vom Kaiser in Person geübt. Allerdings ging ja bei Karl dem Massenmord eine Sauhetze voran, aber doch in einem Park. Es fehlte die Kunst des Jagens, die Freude an der Arbeit und der Findigkeit der Hunde. Von der feinen weidmännischen Gesinnung aus der Zeit der freien Markgenossen, von einer sportsmäßigen Auffassung des Jagens, wie sie Arrian uns hinterlassen hat, ist hier wenig zu finden, das Ziel ist weniger die Jagd, als der Tod des Wildes, der vielfältige Massentod.

Auch das Überlandjagen kam ja vor, wie der wallisische Jäger uns berichtet; auch die Jagden auf den Wisent und den Ur, von denen wir gelesen haben, werden wohl die Form des freien Jagens gehabt haben,

[1]) Th. Pfund, Ermoldus Nigellus, Lobgedicht auf Kaiser Ludwig, Leipzig 1899. 481 f.

[2]) Dieser Ansicht ist auch Sainte-Palaye, III. 177.

da es jedenfalls starker Netze bedurft hätte, wenn das schwarze Wild sie nicht hätte zerreißen sollen. Etwas Bestimmtes wissen wir nicht. Ebensogut wie im Brühl zu Aachen können auch hier um das bestätigte Wild Netze gestellt worden sein. Aus der englischen Jagdgeschichte weht ein frischerer Zug uns an; hier heißt es ausdrücklich, daß Eduard der Bekenner Freude hatte an seinen schnellen Hunden, d. h. an der Jagd selbst ohne Rücksicht auf die Beute.

Im allgemeinen kann man sich des Eindrucks nicht erwehren, daß die Entwicklung des großen Grundeigentums auch in der Jagd um jene Zeit bereits entsittlichend gewirkt hat, und daß dasselbe namentlich einen schlechten Einfluß übte auf den gesunden jägerischen Sinn. Durch die Macht der Großen, den gewaltigen Bedarf der Hofküche und den weiten Umfang der Reviere kam die Küchenjagd in großem Maße auf, der handwerksmäßige poesielose Fang; er zog auch die Jäger in seinen Bann, die Größe der Strecke fing an, ein Ziel der Jagd zu werden, und der Massenmord wurde zum Symbol der jägerischen Eitelkeit. Mit dem Anwachsen des Grundeigentums hielt nicht die Geistesbildung gleichen Schritt. So verirrte sich das natürliche weidmännische Gefühl, die Lust am leichten Kampf, an körperlicher Übung und der Schönheit der Natur zu einer bedauernswerten Sucht zum Töten von zusammengetriebenem Wild. Das Schwarzwild, von dem Karl der Große „unzählige Rudel" hinstreckte, konnte gefährlich werden; wir dürfen daher annehmen, daß es sich um sogenannte Schirmjagden gehandelt hat, bei welchen der Jäger in sicherer Deckung stand, hinter ihm der Pfeil- und Speerträger. Das vorher zusammengetriebene Wild wurde am Schirm vorbeigejagt und diente nun als bewegliche Scheibe. Bald färbte sich der Anger rot. Als Don Quixote im Kampf mit den Weinschläuchen den roten Wein auf den Fußboden rinnen machte, glaubte er sich verteidigen zu müssen, Feinde vor sich zu haben. Diese Voraussetzung fehlte hier; der Held kannte die Gefahrlosigkeit der Situation und wütete doch gleich dem edlen Ritter von La Mancha. Man weiß nicht, ob die Szene mehr zum Lachen oder Weinen war. Der Held handelte in diesem Drama nur aus Lust am Töten, am mehrfachen, vielfachen Töten. Vielleicht war ihm die erste Arbeit gänzlich vorbehalten, damit die stärksten Tiere ihm vorgetrieben werden konnten. Ähnlich handhabte der persische Hof die Jagd, denn ehe Kyros sich nicht „satt gejagt" hatte, durfte kein anderer etwas schießen. Das ist der Neid auf das stärkste Wild, auf die größte Strecke, die Lust am Töten aus kleinlicher Ruhmbegier, die entfesselte Mordlust aus verkehrter persönlicher Eitelkeit.

Diana ist ernst geworden, sie wendet sich ab mit Schweigen, sie läßt den Vorhang fallen vor dieser Verirrung des jägerischen Geistes.

Die nationale Entwicklung wurde im Mittelalter unterbunden durch die römische Kultur, die alle Völker Europas schlucken mußten, obschon Zunge und Magen für diesen römischen Kaviar nicht reif waren. Das sterbende Rom färbte mit seinem Geist das Mittelalter. Zunächst trat die römische Religion in die deutsche Hütte ein, in der einen Hand das Kreuz, in der anderen das Schwert; sie hat sich am festesten eingenistet, denn sie arbeitet im Reich der Metaphysik, dem eigentlichen Land der unbegrenzten Möglichkeiten. Ihr folgte in den Gassen das Recht. Beide waren Fremdlinge und redeten in welscher Zunge. Die fromme Liebe zur Natur schwand dahin zugunsten eines aus dem Geist geborenen Phantasiegebildes. Nicht mehr schüttelte Holda ihre Betten auf, wenn die Schneeflocken lustig wirbelten, nicht mehr fuhr Odin mit dem wilden Heer durch die Lüfte, wenn die Wolken am Himmel jagten und die Eichen sich bogen unter dem Sturm, sondern in fernen Morgenlanden war ein Gott hingerichtet worden, und drei waren eins und doch wieder drei, und eine Jungfrau hatte ein Kind bekommen, und wer das nicht bezeugen wollte, mußte sterben!

Gloria in excelsis Deo!

Drittes Kapitel.

Die Entwicklung der Landeshoheit.

1100—1500.

Die Jäger und ihr Recht.

Wir haben im vorigen Kapitel gesehen, wie das große Grundeigentum aus dem Schenken und Verlehnen, aus dem Roden und Gütereinziehen herauskristallisiert war und in konsequenter Anwendung der Macht auch das kleine Eigentum zum großen Teile aufgesogen hatte. Jetzt nun war das Reich verarmt, die Kaiserkrone ohne Landbesitz; der gesamte Grund und Boden hatte sich angesammelt in den Händen der Kirche und der weltlichen Grundherren, die Erde war fortgegeben, das Feld, der Herbst, die Jagd waren nicht mehr in des Kaisers Hand. Wenige der alten Markgenossenschaften hatten ihr Dasein als reichsunmittelbare und freie Gemeinden zu erhalten gewußt. Ihnen standen in zerstreuter Lage vereinzelte Reichsvogteien,[1]) Reichsabteien und Reichsstädte zur Seite. Dagegen hatte das Reich die eigene Domänenwirtschaft schon verloren, als die Staufen zur Regierung kamen.[2]) Die Benefizien, die in den ersten Jahrhunderten mit dem Ableben des Inhabers an die Krone zurückgefallen waren, hatten nun die Eigenschaft der Erblichkeit erlangt und waren ihrem Wesen nach dem echten Eigentume ziemlich gleich. Die Grafen und die Vögte hatten ihre Amtsbezirke ausgedehnt, eine große Zahl von Ämtern in ihrer Hand vereinigt und mit dem Amtsbezirk zugleich das Dienstland an sich gezogen, das als Entschädigung für jedes Amt gewährt wurde. Rudolf von Habsburg galt nicht für einen großen

---

[1]) Die Reichsvogteien waren die früheren immunitates fisci, d. h. das alte Reichskronland.

[2]) v. Inama-Sternegg, Deutsche Wirtschaftsgeschichte. Leipzig 1879—91. II. 142.

Grafen; dennoch hatte er von seiner Mutter, einer Gräfin von Kyburg, die Grafschaften Habsburg, Kyburg und Lenzburg geerbt, und außerdem besaß er viele Liegenschaften in der Schweiz, in Schwaben und im Elsaß. Uri, Schwyz und Unterwalden hatten ihn zum Schutzvogt erwählt, Zürich und Freiburg stellten ihre Mannschaften unter sein Kommando, eine ganze Anzahl von Klöstern, Stiften und Bistümern unterstanden seiner Schutzvogtei, und außerdem hatte er sich als Condottiere ein hübsches Stückchen Geld verdient, indem er Kriegs- und Geleitszüge gegen Geld ins Werk setzte. Manche Grafen vereinigten zehn bis fünfzehn Grafschaften in ihrer Hand.[1])

Konrad II. anerkannte im Jahre 1037 die allgemeine Erblichkeit der Lehen, gab das alte Reichsland aus der Hand und legte den Grund zu einem vom Reiche wirtschaftlich unabhängigen Grundbesitz, dessen Streben in der nächsten Zeit dahin gerichtet war, neben der wirtschaftlichen sich auch die politische Unabhängigkeit zu sichern. Da das Reich verarmt war, eigene Einnahmequellen in geringem Maße nur besaß, aber beständig große Aufwendungen zu machen hatte, sowohl zur Aufrechterhaltung des Landfriedens als auch zur Sicherung der Grenzen, mußte es jede Leistung von den wirtschaftlichen Mächten sich erkaufen. In diesem Schacher zwischen dem nationalen Sinn und dem beschränkten Eigennutz verloren sich die politischen Rechte des Reiches Zug um Zug.

Die Zentralverwaltung der großen Liegenschaften erfolgte von einem der Güter aus, dem sogenannten Fronhof oder Domhof, dem Sitz des Rentamtes, von welchem aus die Vergabe der einzelnen Mansen geregelt und die Lieferung der Zinsen und Gefälle überwacht wurde. Die Domänen der römischen Kaiser hatten keine Steuern und keine öffentlichen Arbeiten geleistet, sie waren dem öffentlichen Gericht nicht unterstellt gewesen, sie hatten die emunitas von den Provinzialbeamten besessen und waren in einer besonderen Regie verwaltet worden, an deren Spitze die Prokuratoren standen. Die Frankenkönige hatten diese Einrichtung auf ihre Kronländereien übertragen und mit der Verlehnung von Kronland dem neuen Senior als besondere Auszeichnung auch die Immunität wohl zugestanden.[2]) Derartige Fälle sind im 9. Jahrhundert bereits

---

[1]) v. Inama-Sternegg, II. 127.

[2]) Brunner, Deutsche Rechtsgeschichte, II. 287—92.

nachweisbar. Um das Jahr 1000 war auf die Kirchenfürsten die königliche Gerichtsbarkeit im großen und ganzen übergegangen.[1]) Bald folgten andere königliche Rechte, und zwar gelangten sie nicht nur an die kirchlichen, sondern auch die weltlichen Grundherren. So gingen neben dem Gericht das Recht auf Schatz und Bede, das Aufgebot zur Landfolge, das Recht auf Markt, Zoll und Münze, der Forst- und Wildbann, das Strand-, Fund- und Bergregal, das Heimfallrecht, der Judenschutz, das Geleits- und Befestigungsrecht und die Baufronen aller nicht gefreiten Grundbesitzer auf die Senioren über.[2]) Das Bergregal hatte die Kaisermacht aus dem römischen Recht sich herleiten lassen; früher gehörten alle Schätze der Erde zum freien Grundbesitz. Die bevorzugten Grundherren erwarben also mit einem Wort die Grafenrechte und wurden politisch unabhängige Landesherren, eine Bezeichnung, die schon im 12. Jahrhundert gefunden wird.

Ludwig der Fromme hatte in der Urkunde über die Errichtung des jungfräulichen Stiftes in Buchau im Jahre 819 ausführlich angeordnet: „Wir befehlen auch, daß kein öffentlicher Richter, noch Herzog, noch Graf sich unterfangen soll, in das Kloster und dessen Güter, Kirchen, Höfe, — die dem Kloster jetzt gehören, oder künftig in das Recht und die Herrschaft desselben gelangen, — von Gerichts wegen zu kommen, um Rechtshändel anzuhören, Brüche einzutreiben, Vorspann zu besorgen und dergleichen mehr.“ [3]) Friedrich II. hat im Jahre 1213 den geistlichen Fürsten die ausgedehntesten Rechte und Freiheiten zugestanden und 1232 auch die weltlichen Fürsten als Landesherren anerkannt;[4]) er hat damit die politische Zerrissenheit und die Ohnmacht des Reiches und den ganzen politischen Jammer während der nächsten 638 Jahre gesetzlich sanktioniert.[5])

---

[1]) Oppenheimer, Großgrundeigentum und soziale Frage. 269.

[2]) v. Inama-Sternegg, II. 117.

[3]) Anton, Gesch. d. teutschen Landwirtschaft, II. 40 f.

[4]) A. Schwappach, Handbuch der Forst- und Jagdgeschichte Deutschlands, Berlin, 1886. I. 85. 86.

[5]) Die Entwicklung in Frankreich war derjenigen im Deutschen Reich nicht unähnlich, auch hier war die Krone verarmt, Karl VII. hatte keine Domänen mehr. Aber während die deutschen Könige die grundherrlichen Ideen nicht los werden konnten, stützten die französischen sich auf den Bürgerstand und begründeten das einheitliche Reich.

Vorübergehend hatten die Eroberungen in den Ostmarken der Krone neue Ländereien zugeführt, die in der Zeit von 1000—1200 dem Reiche angegliedert und neu besiedelt worden waren. Diese neuen „Eroberungen" waren nichts als ein ganz gewöhnlicher Länderraub, bei dem Verrat und Grausamkeit ebensoviel leisten mußten wie die Gewalt der Waffen. Markgraf Gero ließ dreißig vornehme Slawen bei einem Gastgelage hinterlistig umbringen; der Bischof Dithmar äußerte sich, der Pole müsse wie der Ochse gefüttert und wie der Esel geschlagen werden. Wir finden bei dem christlichen Bischof noch ungefähr die gleiche Anschauung, die 1300 Jahre früher der römische Reaktionär Cato vertreten hatte, als er den berüchtigten Ausspruch tat, der Sklave dürfe nur abwechseln zwischen arbeiten und schlafen. In der Tat war der Osten das große Sklavenmagazin des Mittelalters; nicht Slawen, sondern Sklaven hießen ursprünglich die östlichen Völkerschaften, und ihr ehrlicher Name ging in alle Sprachen über als das Symbol der Unfreiheit.

Je mehr das Christentum Wurzel faßte, desto rücksichtsloser wurden die Eroberungen. Die halb heidnischen Franken hatten die Besitztitel des privaten Eigentums doch noch zum Teil geachtet, jetzt aber wurde das ganze Land geraubt und der Boden derartig wüst und öde gemacht, daß neue Ansiedler vom Rhein und aus den Niederlanden ins Land gezogen werden mußten, um die leeren Strecken zu bebauen. Im Land der Preußen hatten die Ordensritter sich niedergelassen, die Bevölkerung zu Leibeigenen herabgedrückt und sich selbst zum neuen Grundadel erhoben: wohin man auch blickt, immer derselbe Vorgang, Eroberung und Grundbesitz, Leibeigenschaft und Adel! Längst vor der Ankunft des Ordens war die preußische Küste, waren die Städte vom deutschen Kaufmann kolonisiert gewesen; nicht der neue Grundadel hat eine wirtschaftliche Blüte geschaffen, er hat im Gegenteil zur Vernichtung des alten Preußenvolkes selbstgefällig beigetragen und die Menschenjagden geduldet und befürwortet, die im 13. und 14. Jahrhundert den neuesten Sport des hohen Adels bildeten. Als sich die Kreuzzüge gegen das gelobte Land verblutet hatten, kamen die Kreuzzüge gegen die Preußen in Aufnahme. Kirchliche Begnadungen wurden den Preußenfahrern in ebenso reichem Maße zuteil, wie ehemals den Fahrern ins gelobte Land. Die Reihe dieser Kreuz- und Jagdzüge wurde eröffnet im Jahre 1251 durch den Markgrafen von Brandenburg. Es folgten dann neun andere Züge, deren größten einer das Unternehmen des Herzogs Albrecht von Österreich war, der im Jahre 1377 mit 30 000 Mann gegen die Preußen vorrückte. Man kehrte in Königsberg ein, der Orden gab solenne Feste, die von dem Fürsten dann erwidert wurden, Herren, Ritter und Knechte hatten viel zu hofen nach altem Recht. Zehn Tage später brach man auf zur Jagd, die Preußen wurden erschlagen und ihre Dörfer verbrannt. Ob dieser Heldentat wurden 74 junge Adlige zu Rittern gemacht. Der fahrende Hofdichter Peter Suchenwirt hat diesen Kreuzzug mitgemacht und ihn in dem Gedicht „von hertzog Albrechts ritterschaft" beschrieben. Es heißt daselbst:

„Den Christen got die selde[1]) gab,
Daz man chom ungewarnet, (!)
Daz manig haiden arnet,[2])
Dem man jagt ritterleichen nach,
Gevangen paide stich und slach.
Was in tat we, daz tat uns wol!
Daz lant was leute und gutes vol, (!)
Da mit so het wir unsere lust" usw.

An einer anderen Stelle heißt es:

„Mit lautter stymm si schrieren
Geleich den wilden tyeren."

Die Gefangenen wurden wie die Jagdhunde aufgekoppelt und in die Knechtschaft abgeführt. Der Sklavenhandel war in diesen christlichen Kreuzzügen des 14. Jahrhunderts keine Seltenheit. Der Engländer Heinrich von Derby führte nicht nur litauische Frauen als Gefangene mit sich, sondern auch etliche litauische Knaben, deren er je zwei unterwegs für eine Mark preußisch gekauft hatte. Am dritten Tage kam Albrecht mit seinen christlichen Kulturträgern nach Rußland hinein:

„Da sach man wuchsten,[3]) prennen
Slahen, schiezzen und rennen
Haid ein, pusch unvertzagt,
Recht als der fuchs und hasen jagt." [4])

---

[1]) selde = Glück.

[2]) arnen = dafür büßen, entgelten.

[3]) wuchsten = verwüsten.

[4]) Peter Suchenwirts Werke, herausgeg. von Primesser, Wien 1827. 8—15.

Wieder werden 82 neue Ritter geschaffen, viel edler Wein wird dazu getrunken, und nach dem Essen reiten viele Ritter auf separate Abenteuer aus.[1])

Nicht nur aus England, sondern auch aus Frankreich zogen abenteuersüchtige Grundherren gegen die Preußen, sogar der Graf von Foix, dessen Buch über die Jagd eine der besten Quellen des mittelalterlichen Jagdwesens bildet, konnte sich nicht enthalten, vom Fuß der Pyrenäen herzuziehen und den traurigen Sport der Menschenjagd zu üben.[2])

Das Blut der armen Preußen düngte die Saat einer neuen Kultur des Ackerbaues, der Gewerbe und des Handels, denn eine große Zahl von Kolonisten und Kaufleuten war der Schar von Mordbrennern gefolgt, hatte sich auf der verödeten Fläche angesiedelt und neue Verbindungen geknüpft. Das Volk der Preußen aber ward so gründlich ausgerottet, daß nur der Name noch von seinem einstigen Dasein kündet. Die Weltgeschichte ist und bleibt die große Tragikomödie: nach diesem vernichteten Volke benennt sich heut die Vormacht des Deutschen Reiches!

Wie der Besitz der Ostmarken gewonnen war, so zerrann er wieder in den Händen des Reichs; einen unmittelbaren Nutzen hatte es nicht davon, denn alles Land ging über in die Hände der Markgrafen, der geistlichen Stifter und der weltlichen Getreuen. Die Großen des Reichs übten die Kaiserwahl in ihrer Eigenschaft als Kurfürsten, seit dem 12. Jahrhundert hatte die Mitwirkung des Volkes sich verloren. Schon sprachen die Kurfürsten mit, wenn es sich um die Vergabe von Reichslehen handelte, um die Ächtung von Reichsständen, das Anberaumen von Reichstagen und wichtigere Privilegien. Der Reichsadel war zur Standschaft vorgedrungen und übte auf den Reichtstagen wichtige Regierungsrechte aus. Keine Reichssteuer durfte ohne ihn ausgeschrieben, kein Gesetz ohne ihn erlassen, kein Krieg ohne ihn beschlossen werden. Auch ein Teil der Städte ward hinzugezogen, aber Virilstimmen hatten nur die Kurfürsten, während der Reichsfürstenrat und die Städte mit einer festen Zahl von Kuriatstimmen sich begnügen mußten.[3]) In den Landesherrschaften wieder-

---

[1]) Vgl. hierzu Alexander Horn, Kulturbilder aus Ostpreußen. Leipzig. 1886. Ferner Hans Prutz, Rechnungen über Heinrich von Derbys Preußenfahrten 1390—91 und 1392. Leipzig 1893. Einleitg. XV u XVI.

[2]) Lavallée, Vie de Gaston, III. X—XI (am Schluß des Buches La chasse de Gaston Phoebus).

[3]) H. Siegel, Deutsche Rechtsgeschichte. Berlin 1899. 255—76.

holte sich die Gliederung des Reiches. Hier bildeten auch die Städte ein mehr wirksames Element, und vereinzelt wurden sogar die Bauern hinzugezogen.[1]) Die Standschaft umfaßte dann vier Klassen, den hohen Adel, die Ritterschaft, die Städte und die Bauern, allerdings auch hier mit dem großen Unterschied der Viril- und Kuriatstimmen. Die geistlichen Stände unterstanden der weltlichen Macht nur im Lehnrecht, während sie sonst in allen Fragen von Rom sich Recht holten nach dem jus canonicum.

Wir sehen also den Grundadel erstarken und vermöge des privaten Eigentums am Boden sich erheben zu einer neuen fürstlichen Gewalt. Auch der niedere Adel errang einen Teil der politischen Rechte auf dem Mitium, das er bebaute. Er zog für den Landesherrn die Steuer ein und gewann dadurch eine gewichtige Handhabe. Wollte der Landesherr Geld haben, mußte er den Ritter bei guter Laune erhalten und die politische Macht sich abhandeln lassen, wie er selber sie dem Kaiser abgehandelt hatte. Zunächst opferte der Landesherr das niedere Gericht, die Forsthoheit, die Jagd, die Fischerei, die Teiche, Mühlen, Kirchlehen und die öffentlichen Dienste. Mit dem 12. bis 14. Jahrhundert hatten die Rodungen aufgehört, da alles Land in festen Händen war. Der Kurs stellte sich jetzt gegen den Bauern, und nachdem die politischen Rechte vergeben waren, kam in dem Schacher zwischen Landesfürst und Ritterschaft der Bauer an die Reihe. Der Ritter wollte nicht allein mehr herrschen und gut essen und trinken wie seine Vorfahren, er wollte Geld verdienen, denn das Gewerbe war erstarkt und hatte Bedürfnisse geschaffen. Um das Jahr 1200 hatte die Geldwirtschaft die Oberhand gewonnen, um das Jahr 1400 kam die Goldwährung empor. Die Privatwirtschaft entwickelte sich auf der Basis eines ausgedehnten Handels und dem Anfang einer bankmäßigen Spekulation. Das Kreditsystem wuchs ins Ungeahnte, die Fürsten borgten, wurden Falschmünzer und machten Bankerott.[2]) Die alten Meierhöfe wurden in Rittergüter umgewandelt, wenn nur Geld dafür gegeben ward. Der Ritter wurde zum Spekulanten und suchte den alten Handel mit der Mutter Erde durch den Handel mit Getreide und mit Wolle zu ergänzen. Wollte er diese Produkte auf seinem Rittergut erzeugen, so brauchte er Acker, Weideland und Arbeitskräfte. Das Legen

---

[1]) v. Inama-Sternegg, Wirtschaftsgeschichte, III. 110, auch vorher.

[2]) v. Inama-Sternegg, Deutsche Wirtschaftsgeschichte, IV. 367. — Oppenheimer, Großgrundeigentum usw. 467—70.

der Bauern kam auf, dadurch gewann der Ritter Land; die Freizügigkeit ward beschränkt, dadurch gewann er Arbeitskraft, und vermöge dieser beiden Faktoren zog er der Herrschaft Schraube fest und fester an. Die Zuwachsrente glitt aus der Hand der Bauern in die des Ritters hinüber, der Bauer lebte fortan an der Grenze des Notdürftigen, er wurde immer untertäniger, während der Ritter zum Rittergutsbesitzer sich erhob.[1]) Am Ausgang des 15. Jahrhunderts war dieser Vorgang in manchen Marken schon ziemlich weit gediehen, insbesondere in der Mark Brandenburg,[2]) wo jedes Dorf bereits den Vorzug hatte, in seiner Mitte einen gnädigen Herrn zu sehen.

Der Ritterstand war aus dem Reiterstand hervorgegangen, er war Kriegsadel, war Vasallentum; wir haben neben diesem noch ein Auge auf den Dienstadel zu werfen, der auch in dieser Periode zu einem Herrenstand emporwuchs und zu eigenem Grundbesitz gelangte. Im frühen Mittelalter hatte die Scheidung in Herrenland und Dienstland angefangen. Das Herrenland verpflichtete zu Kriegs- und Hofdienst, das letztere zu Arbeit, Fron und Zins. Das Herrenland wurde zum Teil selbst bewirtschaftet, zum Teil in Kolonate aufgeteilt. Das selbst bewirtschaftete Herrenland hieß Saalland, und aus der Beamtenschaft, welcher diese Wirtschaft übertragen war, erhob sich mit der Zeit ein neuer Stand. Der Judex, Villikus, hatte eine Herrschaft zu verwalten, der Meier oder Amtmann nur ein Gut. Durch die persönliche Interesselosigkeit des Adels an allem, was Wirtschaft hieß, und durch seine Abneigung gegen alles, was nach Arbeit roch und schmeckte, errangen die Meier allmählich eine große Selbständigkeit, zumal auch sie die Stellen erblich hatten. Die vielfache Abwesenheit des Grundherrn auf Reisen und Kriegszügen, ich erinnere nur an Italien und das gelobte Land, trug dazu bei, die Selbstständigkeit der Meier zu erhöhen. Sie bekamen die Güter zuletzt in Pacht, nahmen die Lebensweise eines Ritters an, ahmten seine Kleidung nach und erschienen beim Aufgebot fein mit Federbusch und Harnisch als ein schwerer Reiter. Den Meiern folgten andere Ministerialen, insbesondere die Burgmannen, denn der steigende Reichtum der Städte erhöhte deren Macht und Ansehen.[3]) Seit dem Jahre 1100 etwa hießen die Dienst-

---

[1]) v. Maurer, Gesch. der Fronhöfe, III. 1. 2.

[2]) v. Inama-Sternegg, Wirtschaftsgeschichte, III. 173.

[3]) v. Inama-Sternegg, Wirtschaftsgeschichte, II. 164—182.

mannen des Königs Dienstmannen des Reichs, sie hatten ein besseres Recht als andere, und wenn sie auch zunächst von den freien Vasallen immer noch geschieden waren, so hob ihre Tracht und ihre Stellung sie doch hinaus über die Bauern und die Zensualen. Sie bildeten zunächst eine unfreie Ritterschaft, Edelknechte, Massenie genannt; sie konnten immer noch mit den Gütern verschenkt und vertauscht werden, und erst mit der vasallitischen Huldigung traten sie in die Reihe der Freien.

Das Ringen der Ministerialen um ihre Freiheit würde jeden fühlenden Menschen sympathisch berühren, wenn sich nicht gerade hier die häßlichen Eigenschaften hervorgedrängt hätten, die wir heute noch da finden, wo der Sprosse eines Sklavengeschlechts plötzlich zum Herrn wird: die kleine persönliche Eitelkeit und Empfindlichkeit, die Sucht, äußerlich zu scheinen und zu gelten, und die hochfahrende, formlose und harte Art, die Untergebenen zu behandeln. Diese Schwäche der lange Unterdrückten ist so alt wie das Menschengeschlecht. Schon Äschylos weiß davon zu sagen in seinem Agamemnon,[1]) und die gleiche Erscheinung beobachten wir zuweilen heut noch im Beamtentum mit und ohne Uniform, an Leuten, die nichts aufzuzeigen haben, als den Erfolg ihres persönlichen Strebens, hohle Nüsse, Menschen ohne tieferes Gefühl, Naturen wie Sejan und Alba, die den Typ des mächtigen Bedienten an der Stirne tragen. Es war die Zeit des Mittelalters, in welcher das Wort schalk die arge Bedeutung annahm, die es bis heut behalten hat, obschon es früher arglos und ehrlich für den treuen Diener des Hofes galt.[2])

Um das Jahr 1200 etwa haben die Grundherren angefangen, ihrem Taufnamen den Namen ihres Fronhofs beizufügen, und auch die Ministerialen nannten sich nun schlankweg nach den Höfen. Die gorlizische Glosse zu Art. 59. II. des Sachsenspiegels sagt, daß kein Rittersmann ein Zinsgut annehmen durfte, sonst wurde er Bauer.[3]) Alle, die schweren Roßdienst leisten konnten, galten schon an sich für vornehm, und so verschmolzen allmählich die freien und die unfreien Reiterscharen in den

---

[1]) Klytämnestra:

„Denn, die nur unverhofft ihr Glück geerntet,
Roh sind sie gegen alles Dienende."

Übersetzg. von Wolzogen, Ausgabe von Reclam, S. 36.

[2]) Hadamar von Laber braucht das Wort verschalken schon im Sinne von durch Hinterlist zugrunde gehen, das ist in der 1. Hälfte des 14. Jahrhunderts. Die Jagd, 510.

[3]) Anton, Gesch. d. Landwirtschaft, II. 76f.

gemeinschaftlichen Begriff des Ritterstandes.[1]) Der Ritter galt nunmehr für adlig; um das Jahr 1200 sind die Ministerialen liberi et nobiles,[2]) aber sie werden immer noch von den vollfreien Leuten unterschieden, und erst im 15. Jahrhundert haben alle ritterbürtigen Geschlechter gleichmäßig den Titel Adlige geführt.[3]) Die Reichsfürsten sollten allein ritterliche Dienstmannen und einen ritterlichen Hofstaat haben, die übrigen nur hörige und unfreie Leute.

Der Adel leitet seine Ansprüche auf sein blaues Blut, in letzter Linie also her vom Grundeigentum, das ihm die Mittel gab, nicht nur als Schöffe zu fungieren, sondern auch mit Harnisch, Schwert und Lanze den Reiterdienst zu tun. Der Adel war längst als Grundbesitzerstand vorhanden, bevor die Zauberrune „von" erfunden war. Später erst bekam das „von" ein Eigenleben und wurde nun als Auszeichnung verliehen, und zwar gleich für alle kommenden Geschlechter. Die ungewollte Satire liegt in dieser Erblichkeit, hergeleitet von dem großen Verdienste eines gefestigten Grundbesitzes.[4]) Auf die Art kam es nun dahin, daß der Adel gleich edlem Wein für um so feiner galt, je älter er geworden war, wobei der Unterschied denn freilich übersehen wurde, daß in den späteren Geschlechtern das Blut des Ahnherrn mehr und mehr verwässert war, während der Wein in sich stets arbeitet und sein edles Blut aus sich erzeugt. Die Welt wußte nichts von Konstanztheorie und Individualpotenz, sonst wäre sie vielleicht nachdenklich geworden. So aber genügte es, Grundbesitzer zu sein, denn Grundbesitz war an sich schon eine feine Sache und hob den Eigentümer über die gemeine Wirklichkeit empor.

Der Reiter- oder Ritterstand war es, der mit den großen Vasallen und der Kirche die obere Schicht des Mittelalters bildete und der Zeit ihr gesellschaftliches Gepräge gab. Adel und Ritterstand waren trotz der Kreuz-

---

[1]) Waitz, Deutsche Verfassungsgeschichte, V, 349. 458.

[2]) Oppenheimer, 270.

[3]) v. Maurer, Gesch. d. Fronhöfe, II. 50.

[4]) Der englische Grundadel ist der einzige, der sich bemüht hat, in das System der Erblichkeit etwas Logik hineinzubringen, und er ist der einzige, dem es gelungen ist, eine zugleich nationale und soziale Bedeutung zu behaupten. Nur der älteste Sohn des Lord wird wieder Lord und tritt an Stelle des Vaters ins Parlament; die jüngeren Söhne sind bloße Esquires. Die Gentry ist überhaupt kein festgeschlossener Adelsstand, und jede bürgerliche Frau, welche einen Lord heiratet, wird ohne weiteres zur Lady. J. C. Bluntschli, Allgemeine Staatslehre, 1875. 159—62.

züge in ihrem Leben und Streben durchaus der weltlichen Richtung zugewandt, während die Kirche sich immer mit einem allerdings sehr durchsichtigen Schleier zudeckte, damit der blinde Glaube dahinter einen höheren Beruf der Priester und himmlische Beziehungen vermuten sollte. Der Adel lebte dem leiblichen und seelischen Genuß, ein Bestreben, dem der beliebteste Jagdschriftsteller dieser Zeitperiode, Gaston, Graf von Foix und Béarn, einen trefflichen Ausdruck zu verleihen wußte. Er war nicht unzugänglich der Erkenntnis von seines Nichts durchbohrendem Gefühl, und nachdem er am Eingang seines Werkes über die Jagd Gott, Jesum Christum, den heiligen Geist, die Jungfrau Maria und alle Heiligen angerufen hat, die in der Gnade Gottes sind, bekennt er freimütig, daß er sein ganzes Leben lang sich mit drei Dingen nur beschäftigt habe, mit den Waffen, mit der Liebe und der Jagd. In liebenswürdiger Offenheit stellt der Graf sich damit hin als der Typus jener Menschenklasse, die vermöge des Erbrechts und des privaten Eigentums am Boden in mechanischer und passiver Weise aus dem Drohnentum des vorigen Zeitabschnitts hinübergewachsen war in das Mittelalter. Die große Masse der Menschheit bestand aus Last- und Arbeitstieren, und sie mußte daraus bestehen, wenn die Kultur vorwärts kommen sollte, nur war das Drohnentum vom Übel. Erst heut dämmert die Morgenröte einer neuen Zeit, da die Technik durch ihre Maschinen das Volk entlastet von der schweren Arbeitsform, seine Tätigkeit erleichtert, ins geistige Gebiet hinüberspielt, den Blick erweitert und aufs Ganze lenkt. Der Technik bahnt die Wissenschaft die Wege.

Das souveräne Drohnentum schaute mit unsäglicher Verachtung von oben her in die Welt der leiblichen und geistigen Arbeit hinein, in welcher die Kultur sich immer neu verjüngt und gesteigert hat. Der Phäakenjüngling Euryalos schmäht den Odysseus, den er für einen Kaufmann hält,[1]) und das junge Burgfräulein Obie schmäht im Parzival den Gawan aus gleichem Grunde.[2]) In beiden Fällen sprach der Dichter seine Überzeugung aus, und so weit Homer den guten Wolfram an künstlerischer Kraft auch überragt, in ihrem Wert als Menschen stehen beide auf der gleichen Stufe, als die Sänger des höfischen Epos, die sich identifizierten mit dem Drohnentum, weil sie hier das angenehmste Leben

[1]) Odyssee, VIII. 158 f.

[2]) Parzival, VII. 436—39, 475—80, 671—88.

fanden. Die päpstliche Macht stand in der Zeit des Minnesanges auf ihrer Höhe, das Christentum war nie so mächtig wie in jener Zeit, da es die Völker zur Schlachtbank fortgerissen hatte in den heißen Orient, aber was haben die christlichen Minnesänger an Liebe zu dem Volke vor dem heidnischen voraus? Ein solches Wort war unbekannt! Man lese nur die hoffärtige Art, in der sich Wolfram über das Volk ausspricht, wenn er es durchaus einmal in die Erzählung verflechten muß, was er eben so ungern und selten tut, wie der Vater Homer. Das Volk ist ungastlich, niedrigen Sinns, der Kaufmann, den er gern den Krämer nennt, ist ihm verächtlich.[1]) Wolfram selber schätzt das Schildesamt weit höher als die Sangeskunst,[2]) er ist das Sprachrohr des übermütigen Junkertums und des adligen Bedientenpacks, der Ministerialen, Massenie genannt, von der er selber sagt, daß sie so aufgeblasen war, daß der Bauer sich gar nicht in ihre Nähe wagte.[3]) Die anderen höfischen Sänger haben an Liebe zu dem Volke vor Wolfram nichts voraus.

Auch die Geistlichkeit, die ja zum Drohnenstand gehörte, fühlte sich über den Bauern weit erhaben und liebte es, ihn als den Tölpel hinzustellen, wenn sie einmal zur Feder griff, als geilen Fresser und als Trunkenbold. Ein derartiges Vorgehen war ebenso dumm wie unverschämt und von unglaublichem Vorurteil getragen. Der Bauernstand hat von allen Ständen sich am wenigsten verändert, und wer ihn kennen lernen will, der kann das nicht erzielen durch Lesen von „Metzen Hochzeit" und den albernen Witzeleien der satten geistlichen Herren und weiland Hofpoeten, sondern dadurch, daß er auf das Land geht und sich unter das Volk der Bauern mischt. Er wird staunen über den echten Adel, der sich im Volke findet, über die Selbstlosigkeit, den Opfermut und die ganze weite Seelengröße, die nie zur Entfaltung gekommen ist, weil unser Volk gedrückt und geknechtet war.

Das Rittertum hatte seine eigenen Sitten und speziell in der Liebe seinen eigenen Kodex. Die Minne war mit allerhand Brimborium versehen, mit äußerlichem Aufputz, ihr Genuß war in so raffinierte Schranken eingeengt, daß der Appetit dadurch nur um so reger wurde. Der Ritter

---

[1]) Parzival, III. 787 f. u. VII. 106—198.

[2]) Ebenda, II. 1689 f.

[3]) Parzival, III. 849—52. Damit stimmt, was Fritz Meyer sagt, nachdem er gegen sechzig Romane des Mittelalters daraufhin durchgesehen hat. Vgl. Fritz Meyer, Die Stände in den altfrz. Artus- und Abenteuerromanen. Marburg 1892.

hatte eine Herrin, deren Dienst er sich weihte mit Kopf und Schwert. Der Frau im allgemeinen und dieser im besonderen zu dienen „in Züchten und in Ehren" war die nominelle Aufgabe und der Reklameschild des Rittertums, während in seinem Hause die Rohheit noch am Tische saß und das geistige Beisammenleben störte. Der Ritter Brians wird vom König Artus zwar vier Wochen in den Hundezwinger eingesperrt und genötigt, mit den Bracken aus demselben Trog zu essen, weil er eine Jungfrau vergewaltigt hatte; [1]) aber an demselben Artushofe war es gar nichts Ungewöhnliches, daß die Frau von ihrem Mann geschlagen wurde.[2]) Der Seneschal prügelt sogar eine Herzogin, wobei die vielgepriesene ritterliche Gesinnung denn natürlich in die Brüche ging. Selbst Siegfried, der Wälsung, dieser „Gott des Frühlings", hat den Leib seiner Kriemhild ungeniert „zerblouwen", weil sie den losen Mund gegen die Brunhild gehabt hatte.[3]) Im Punkte der Liebe war man durchaus nicht heikel oder gar ängstlich darauf bedacht, die gute Sitte zu wahren. Nicht nur war es allgemeiner Brauch, daß der ritterliche Gast von jungen Damen gebadet und gesalbt wurde,[4]) der Ritter trug auch öffentlich das Hemd seiner Geliebten als Waffenrock, den diese dann wieder als Hemd anzog: [5]) „so blüht in Treuen beider Liebe". Allgemein ging das Beilager der Hochzeit voraus,[6]) und ebenso wie Karl der Große mit seiner Frau, seinen Töchtern und Hofdamen in der gleichen Kemenate schlief,[7]) und schwerlich hinausgegangen ist, um mit seiner Frau den Koitus zu vollziehen, so sehen wir auch König Marke noch mit seiner Frau Isolde, mit Tristan, dem Hofnarren und zwei Hofdamen in trauter Gemeinschaft das Schlafzimmer teilen.[8]) Diese adlige Gesellschaft, die so wenig Zartgefühl besaß,

[1]) Parzival, X. 648, 755 f.

[2]) Ebenda, III. 592—94, 1067 f.

[3]) Nibelunge, XIV. 870 u. 901.

[4]) Parzival, III. 1527 f., V. 590 f. Auch hier drängt sich wieder der Vergleich auf mit Homer, da Telemach im Hause des Nestor von dessen jüngsten Tochter gebadet wird. Odyssee, III. 464—67.

[5]) Parzival, II. 1273 f.

[6]) Ebenda, II. 1248 f. u. IV. 667 f.

[7]) Der Mönch von St. Gallen über die Taten Karls des Großen, II. 12. Karl, die Leuchte der Christenheit, hatte nacheinander vier legitime und fünf oder sechs illegitime Frauen, ohne die Menge der vorübergehenden Liebschaften zu zählen. Böse Zungen sagten ihm bekanntlich nach, daß er sogar in unerlaubtem Verkehr mit seinen Töchtern stand. Dufour, Histoire de la prostitution, III. Ère Chrétienne.

[8]) Tristan und Isolde von Gottfried, 15143 f.

wäre aber aus Rand und Band gekommen, wenn ein Bauernfuß den geheiligten Platz in den Turnierschranken betreten hätte.[1]) Immer wieder wird der Reichtum in der Poesie gerühmt, die Pracht und die Kostbarkeit der Gewänder, der Besatz mit edlem Pelz und Steinen, und am Menschen ist es immer wieder die körperliche Schönheit, die hervorgehoben wird, die der Frau sowohl wie die des Mannes, und das geschieht zuweilen mit einer Unverblümtheit, die den Mangel an feinem Gefühl nur um so schmerzlicher vermissen läßt.[2]) Andererseits muß der Geschichtsschreiber anerkennen, daß die mehr als fragwürdige Sittlichkeit des Rittertums einen Zustand paradiesischer Unschuld darstellt gegenüber den perversen und verkommenen Zuständen, wie die Kreuzzüge sie geschaffen hatten und wie sie am ärgsten in dem geistlichen Ritterorden der Templer zutage traten. Gegenüber dieser Sodomiterei haben die Liebeshöfe reinigend gewirkt.[3])

Das Streben des ritterlichen Geistes war nur auf Kampf und Liebe gerichtet und daneben auf allerhand Zeitvertreib. Diese Junker konnten nicht lesen und nicht schreiben,[4]) unser Wolfram so wenig, wie der Graf Gottfried von Sayn und der Burggraf Friedrich von Hohenzollern, dem von Rudolf von Habsburg das Burggrafenamt in Nürnberg erblich übertragen wurde;[5]) die letzten beiden konnten nicht einmal Latein, jene Sprache, in welcher damals noch alle wichtigen Verhandlungen geführt, alle Beschlüsse und Gesetze gefaßt wurden. So sah es damals aus mit dem hohen Beamtentum; aber die Herren waren von Adel, und Gottvater

---

1) Parzival, III. 467—69.

2) Vgl. z. B. Tristan und Isolde, XIV. 9997 f.

3) Dufour, Histoire de la prostitution, II. 274 f.

4) Als in der Gudrun der Normannenkönig an den Dänenkönig schreibt und um die Hand der Tochter wirbt, da muß in Seeland der Brief gelesen werden „von Einem der das konnte". Gudrun, Strophe 607. Ebenso können in dem Gedicht Der Rosengarten weder Dietrich noch Kriemhild lesen; ersterer war übrigens eine geschichtliche Person und konnte es auch nicht in Wirklichkeit. Der Rosengarten, 49 u. 298.

5) Der Mangel an Geistesbildung im Adel geht aus dem Gebiet des Komischen über ins Unsittliche und Traurige, wenn festgestellt wird, daß die Dienerschaft oft mehr Bildung hatte als die Herrschaft. Es war keine Seltenheit, daß der Kammerdiener für seinen Herrn, die Zofe für ihre Herrin das Amt des Briefschreibers übernehmen mußten. So herrschte die rohe Gewalt über den Geist, selbst in der unteren Dienerschaft. Vgl. dazu Fritz Meyer, Die Stände, ihr Leben und Treiben. Marburg 1892. 101, 105.

in Person half nach Möglichkeit dem Verstande aller hohen Herren nach, die für das Land die Last des Amtes trugen. Es dauerte nicht lange, so wuchs der Übermut des Junkertums sich aus zu Wegelagerei und Straßenraub. Rudolf von Habsburg ließ allein in Thüringen nicht weniger als sechsundsechzig, in Schwaben und Franken sogar siebzig adlige Raubnester ausnehmen und zerstören! Auch sonst fehlte es dem edlen Rittertume nicht an kleinen Schwächen. Der Durst wurde, wohl durch den Kampf und das Befehlen, mächtig angefacht: nobiliter bibere hieß sich betrinken. Die Verschwendung war grenzenlos und unsittlich. Man packte soviel Steine auf den faulen Leib, daß man die Gewänder kaum noch tragen konnte. Das Kleid Philipps des Guten von Burgund, das er 1454 auf einem Feste trug, wurde in seinem Wert auf mehr als drei Millionen Mark geschätzt; von seinem Sohne Karl dem Kühnen ward er in diesem Wahnsinn noch womöglich übertroffen. Wie mag es bei den Bauern ausgesehen haben, die nebst den Städten diesen Luxus doch bezahlen mußten! Auch im Spiel fehlte das sittliche Maß; zur Zeit des Tacitus setzten die Edlen ihre Freiheit ein,[1]) jetzt gab es keine Sklaven mehr, daher spielten die Herren um ihr Vermögen und die Damen um den Myrtenkranz.[2])

Neben diesem Drohnentum der Waffen erhob sich das Drohnentum der Bibel. Die Kirche war dem Staat gegenüber gefügig gewesen, solange sie seinen Arm gebraucht hatte, um andere religiöse Meinungen zu erdrosseln, so namentlich die der Arianer und die der Islamiten. In der Zeit des Frankenreiches waren die Bischöfe königliche Beamte gewesen, sie wurden vom König ernannt und mit dem Bistum belehnt. Die fränkische Kirche war verwildert und unsittlich, aber die ernsten englischen und irischen Mönche hatten zum Teil sie gereinigt und reorganisiert. In dem Zeitalter der großen Rodungen im Deutschen Reich, das man auf die Zeit von 600—1300 ungefähr begrenzen kann, hat die Kirche durch ihren Zisterzienserorden entschieden als Kulturträgerin gewirkt. Die

---

[1]) Tacitus, Germania, 24, übers. von Oberbreyer: „Verwunderung erregt ihr Würfelspielen. In nüchternem Zustande, in geschäftlichem Ernst treiben sie es mit solcher Tollkühnheit bei Gewinn und Verlust, daß sie, wenn alles hin ist, auf den allerletzten Wurf ihre Person und Freiheit setzen. Der Verlierende gibt sich freiwillig in die Knechtschaft; wenn er auch selbst vielleicht der Jüngere, Stärkere ist, läßt er sich ruhig fesseln und verkaufen: so hartnäckig sind sie in verwerflicher Sache, sie selbst nennen es Ehre."

[2]) Vgl. hierüber Ludwig Felix, Entwicklungsgesch. d. Eigentums. II. 1—128.

Zisterzienser oder Bernhardiner, die im Jahre 1098 in Burgund gegründet waren, hatten statutenmäßig von ihrer Hände Arbeit sich zu nähren, vornehmlich vom Ackerbau. Sie gingen in die Wildnis hinaus, gründeten ihre Klöster, rodeten den Wald und verwandelten ihn in fruchtbare Äcker. Das sumpfige Waldtal und die einsame Flußniederung lockten sie an, hier fanden sie, was sie suchten, das Feld der Arbeit. Sie haben in Sachsen und Thüringen, im nordwestdeutschen Tiefland und besonders im alten Sklavenlande zahlreiche Klöster gegründet, Zentralpunkte für die Besiedlung und Bodenkultur; ich nenne aus dem Osten nur Altenzelle, Dobrilugk, Lehnin, Zinna, Doberan, Dargun, Eldena, Kolbaz, Oliva, Leubus und Kamenz.[1])

Abgesehen aber von solchem persönlichen und praktischen Wirken, das im Verhältnis zum Umfang des Kirchenguts doch nur vereinzelt auftrat, hat die Kirche gleich dem Adel sich immer nur bemüht, mehr Land und Leute zu erwerben und die materielle Macht zu festigen, während sie die Herde nach dem Himmel wies. Selbst Heinrich II., der den Beinamen der Heilige führt und das Reich so sehr geschwächt hat durch die Vergabe seiner Güter, fühlte sich beschwert über die zudringliche Art, wie ihm die Kirche in den Ohren lag. Eines Tages lief ihm denn doch die Galle über und er fuhr den Paderborner Bischof Meinwerk mit den Worten an: „Du führst den Zorn des allmächtigen Gottes und seiner Heiligen mit dir, der du nicht aufhörst, mich an verlehnten Gütern zu berauben, zum Schaden des Reichs.“ [2]) Es wurden der Kirche nicht nur Bannforste geschenkt, sondern es wurde auch auf jene Forste der Bann gelegt zu ihren Gunsten, welche private Mildtätigkeit ihr gespendet hatte, und sogar auf die Gemeindewaldungen, an denen sie beteiligt war.[3]) Nach Heinrich IV. erst wurden die Schenkungen seltener, weil das große Faß allmählich leer geworden und das Krongut geschwunden war. Adel und Geistlichkeit teilten sich in die deutschen Lande.

Der Rechtstitel des Adels beruhte auf Gewalt, auf Glück und Strebertum, der Rechtstitel der Kirche auf geistiger Bevormundung. Das Altertum hatte die Naturphilosophie seit Sokrates und Plato verlassen und einer Geistesphilosophie sich zugewandt, die in den Neuplatonikern sich

---

[1]) J. Wimmer, Gesch. d. deutschen Bodens, 96 f.

[2]) Vita Meinverci, c. 79.

[3]) Stieglitz, Geschichtliche Darstellung der Eigentumsverhältnisse usw. 98.

steigerte zur Lehre von einer Stufenfolge geistiger Welten. Allmählich drang ein mystischer Zug in diese Geisteslehre ein und erzeugte in Verbindung mit einer jüdischen Sekte das Christentum. Der Gott der Juden, der Christus der Sekte und der Geist der alexandrinisch-neuplatonischen Philosophie verschmolzen zu einem Dreigestirn von Vater, Sohn und heiliger Geist, einem phantastischen System, aber getragen von der hochentwickelten Spekulation des Altertums. In dieser Fassung trat das Christentum den Franken entgegen als ein Teil der römischen Kultur, und in dieser Eigenschaft ward es von ihnen angenommen. Bald erkannte der fränkische Hof, welch brauchbaren Bundesgenossen er am Christentum hatte zur Verwirrung und Niederhaltung der Geister, und nun zwang er besiegte Völker mit dem Schwert zur Annahme dieses Glaubens. Eine Schar von Priestern drängte sich zwischen das Volk und seinen Gott. Adel und Kirche verbanden sich und teilten sich in die Herrschaft. Der erste Herr vollzog die Knechtung des Leibes, der zweite die Knechtung des Geistes. Beide griffen vielfach ineinander und rissen an sich die Mutter Erde, die Gott dem Menschen gegeben hat zum Bewohnen und zum Bearbeiten. Notwendig mußten die herrschenden Gewalten aneinander geraten, aber da war bereits die Erde aufgeteilt. Im Mittelalter blieb die Kirche Sieger und die Überwindung dieser finsteren Macht war die große Tat des neuzeitlichen Geistes.

Ist die Arbeit, einerlei, ob geistig oder körperlich, die Grundlage der Kultur,[1]) dann sind Adel und Kirche kulturfeindlich gewesen. Die Menschheit ist tatsächlich in dem Maße erst weiter gekommen, als es ihr gelungen ist, diese feindlichen Mächte zu überwinden. Wo uns in einem Lande ein geschlossener Krieger- und ein Priesterstand entgegentreten, da sehen wir in dieser Zuchtrute ein Unglück für das arme Land und versagen nicht dem schwer gedrückten Volke unsere Teilnahme; ich nenne aus der Geschichte nur Indien und Ägypten. Im lieben deutschen Vaterlande aber bewundern wir das Drohnentum des Mittelalters, weil es uns noch so gewaltig gegenübersteht, daß das Auge schwer den Standpunkt findet, um es zu überschauen und richtig zu beurteilen.[2]) Unsere Priester haben

---

[1]) Das Wort Kultur kommt her von colere bearbeiten, pflegen.

[2]) Getragen von einem ähnlichen Gedanken sagt Goethe:

„Amerika, du hast es besser
Als unser Kontinent, der alte,

in geistiger Hinsicht nicht mehr geleistet für die Welt, als ihre Vorgänger in Indien und Ägypten, denn die geistige Spekulation hat in diesen Ländern eine Höhe erreicht, welche die der mittelalterlichen Kirche übertraf, und die höchste Kulturentwicklung des Altertums, die griechische, die in vieler Hinsicht uns heute noch zum Vorbild dient, hat sich vollzogen ohne Priesterstand.

Die Klöster haben die geistige Kultur des Altertums zum Teil uns aufbewahrt, aus welcher der moderne Geist erwachsen sollte, der sich dann vielfach gegen sie gewendet hat; sie haben etwa bis zum Ausgang des Mittelalters in Gemeinschaft mit der Weltgeistlichkeit den Unterricht erteilt und Kunst und Wissenschaft vertreten, auch einen Teil der Staatsämter verwaltet. Auf diesen Feldern gebührt ihnen ohne Zweifel Anerkennung, und es ist eine unbestreitbare Tatsache, daß die Kirche für die Kultur viel mehr getan hat als der Adel. Unbedingt aber muß gesagt werden, daß die klösterliche Erziehung, Wissenschaft und Staatsverwaltung zu teuer bezahlt worden sind. Für die Überlieferung der alten Kultur genügte je ein Exemplar der alten Schriften, deswegen brauchte man nicht Hunderte von reichen Klöstern zu erhalten, und viele Schriften sind über die Araber zu uns gekommen. Die frommen Brüder hätten besser getan, die heimischen Sagen und Dichtungen uns zu erhalten, als das immer wiederholte Lied der Welterlösung abzuschreiben. Eine eigentliche Staatsverwaltung wurde erst mit der weltlichen Beamtenschaft am Ende unseres Zeitabschnittes eingeführt; der Unterricht war miserabel genug, den die Klöster gaben, und selbst die meisten Adligen konnten nicht lesen und nicht schreiben. Was aber gelehrt wurde, war natürlich voll und ganz durchtränkt von einer religiösen Auffassung der Welt im Interesse der katholischen Kirche. Was an der Verschleierung des menschlichen Geistes in der Schule zu tun noch übrig blieb, das wurde

---

Hast keine verfallene Schlösser
Und keine Basalte.
Dich stört nicht im Innern
Zu lebendiger Zeit
Unnützes Erinnern
Und vergeblicher Streit.
Benutzt die Gegenwart mit Glück!
Und wenn nun eure Kinder dichten,
Bewahre sie ein gut Geschick
Vor Ritter-, Räuber- und Gespenstergeschichten."

durch die Seelsorge vollendet, und so ergänzten sich nicht nur das weltliche und das geistliche Drohnentum, sondern innerhalb des letztern auch die Kirche und die Schule. Sogar die Universitäten sind ursprünglich rein geistliche Anstalten gewesen und erst mehr und mehr und in dem Maße segensreich geworden, als sie dem Machtbezirk der Kirche entwachsen sind und in eine weltliche Wissenschaft hinübergglitten. Man vergleiche die Ausgaben, welche der Staat heut für den Unterricht leistet, mit dem Aufwand, welchen die Unterhaltung der Klöster forderte, und vergleiche die Leistung unserer heutigen Lehrerschaft mit derjenigen der mittelalterlichen Mönche.

Man rühmt die Tat des Priesters, der am Sterbelager bei ansteckender Krankheit die letzte Beichte von den bleichen Lippen nimmt, der liebevoll sich über den Kranken beugt und ihm Trost und Hoffnung in die wunde Seele gießt: gewiß eine schöne und edle Aufgabe und würdig eines hohen Priestertums. Man versäume aber nicht, die Kehrseite des priesterlichen Treibens zu beachten. Wer war denn die Ursache gewesen, daß den Sterbenden die Angst befiel, wer hat der Menschheit ihre letzte Stunde vergiftet, den Abschied vom Leben ihr erschwert? Wer hatte den Gedanken an Sünde, an Hölle und Teufel, wer den Gedanken an einen grausamen und strafenden Gott in die menschliche Brust gelegt? Die Alten schreckte nicht der Tod, auch unsere Vorfahren nicht; er geleitete die Verstorbenen in die Unterwelt, in welcher die Todesgöttin Halja, Hel, sie aufnahm und festhielt, bis der unterweltliche Geist wieder emporstieg zu neuer Wanderung. Die Schlachtenjungfrauen trugen die gefallenen Helden sogar hinauf in Odins Halle. Und zu welchem Zweck war die grausame Zurüstung gemacht, mit welcher die christlichen Priester die Menschheit ängstigten? Um die Menschen zu bessern? Dann hätte die Menschheit den höchsten Stand der Sittlichkeit erreichen müssen, als die Kirche im 13. Jahrhundert ihre höchste Macht besaß. Das deutsche Reich war eine Gemeinschaft von Grundbesitzern mit Knechten und Sklaven unter der Oberhoheit des Papstes. Erst durch die Krönung in Rom wurde der deutsche König römischer Kaiser, und der Papst bestätigte die Königswahl bis ins 14. Jahrhundert hinein. Welche Sittlichkeit um jene Zeit im Abendland bestand, können wir ungefähr aus dem Vorhergesagten ermessen. Je mehr die kirchliche Macht geschwunden und zurückgedrängt worden ist, desto höher ist die Sittlichkeit gestiegen, denn sie war nie höher als im gegenwärtigen Zeitalter.[1]) Der wahre Grund des priesterlichen Treibens war das Verlangen nach Macht über die Seelen und dem aus ihr hergeleiteten Erwerb und Besitz von Boden und von materiellem Gut.

Wenn sonach der mittelalterlichen Kirche eine sittliche Kraft jedenfalls nur in beschränktem Maße innewohnte, so hat sie andrerseits selbst diesen schwachen Kern noch niedergehalten durch den grausamen Vernichtungskrieg gegen alle jene Unglücklichen, denen durch Folter und scholastische Künste sich nachweisen oder nicht nachweisen ließ, daß ihre Überzeugung nicht genau in das Prokrustesbett der päpstlichen Dogmen paßte.[2]) Man vergesse nicht, daß die Inquisition eingesetzt wurde ausgerechnet in jener Zeit, in welcher die päpstliche Macht am höchsten stand, Kirche und Rittertum in ihrer Blüte waren. Damals hat sich die wahre Natur dieser unfruchtbaren Mächte offenbart. Es war im Jahre 1232, als der Papst Gregor IX. den bremischen Dominikanern die inquisitorische Verfolgung der deutschen Ketzer übertrug. Der Kaiser Friedrich II., dem wir als Jagdschriftsteller in diesem Kapitel noch begegnen werden, den die Literaturgeschichte zu den größten Naturforschern seiner Zeit rechnet und den sie den ersten Schriftsteller in der vergleichenden Anatomie nennt,[3]) dieser selbe Kaiser, der als Mensch über dem engherzigen und beschränkten Standpunkt der christlichen Kirche weit erhaben war, dieser selbe Kaiser gab sich zum Sprachrohr her der päpstlichen Dunkelmänner, indem er die berüchtigte Ketzerordnung erließ, in welcher Todesstrafe auf einen abweichenden Glauben gesetzt wurde. Eine etwaige Begünstigung der Ketzer hatte die bekannte, beliebte und lukrative Beraubung der Güter zur Folge, und nur Söhne, welche den eigenen Vater verrieten, unterlagen dieser

[1]) Ein Rückfall in die Barbarei ist es allerdings, wenn der Befehlshaber in Südwestafrika einen Preis auf den Kopf seines Gegners setzt. Rom hat die Vergiftung des Pyrrhos stolz zurückgewiesen, ebenso diejenige Armins, der mit seinen Volksgenossen die römischen Gefangenen geschlachtet und ihre Schädel an die Baumstämme genagelt hatte. Tacitus, Annalen, I. 61. II. 88.

[2])
Zwei Gegner sind es, die sich boxen,
Die Arianer und Orthodoxen.
Durch viele Säcla dasselbe geschicht,
Es dauert bis an das jüngste Gericht.
Goethe.

[3]) Eichhorn, Literaturgeschichte, II. 94.

Beraubung nicht.[1]) Man höre und schaudere: Söhne, welche fürchten mochten, daß der Vater dem inquisitorischen Tribunal verdächtig sein könne, wurden angereizt, nicht den Vater zu schützen, sondern ihn zu verraten und auszuliefern. Dem gemeinen Egoismus wurde der Weg geebnet, um über die Leiche des Vaters hinweg sich das Vermögen in die Hand zu spielen. So durchschnitten diese finsteren Mächte die geheiligten Bande der Natur, wo es ihre eigensüchtigen Zwecke galt. Geld und immer wieder Geld zog die Kirche nach Rom zum Unterhalt für die luxuriösen Höfe der Päpste und der Kardinäle.[2]) Ich will mich mit Luther nicht identifizieren, mir widerstrebt sogar die Form, in welcher er dem Papst zu Leibe ging; aber wenn man wissen will, was das großartige Expressersystem Roms zu sagen hatte, dann lese man Luthers Streitschrift: „An den christlichen Adel deutscher Nation". Die Kirche war genau so grausam und so egoistisch wie der Adel, und ihre Herrschaft durch kein sittliches Moment gerechtfertigt. Der Leser denke an die Griechen, deren Sittlichkeit höher stand als die des Mittelalters, die aber keine Priesterherrschaft hatten.

Neben diesen beiden großen Mächten erhob sich neuerdings die Bürgerschaft der Städte. Ihr Emporkommen beruhte auf der Verarbeitung der Erzeugnisse der Erde, auf der Arbeit der menschlichen Hand und dem Austausch ihrer Produkte, auf Gewerbe und Handel. Hier erhob sich die freie Arbeit als selbständige Macht neben dem Grundbesitz, hier kam sie los von den Fesseln der Unfreiheit, mit denen er sie umklammert gehalten hatte. An den Kaiserpfalzen, den Fronhöfen, den Bischofssitzen und Klosterhöfen hatten hörige Handwerker gesessen; mit dem Fortschritt in der gewerblichen Entwicklung hatten sich ihre Erzeugnisse vermehrt. Der Dorfschmied schweißte mehr Schwerter zusammen, der Gerber weichte und kratzte mehr Häute zurecht, als der Fronhof verbrauchen konnte. Man fing an, die überflüssigen Erzeugnisse gegen fremde Waren auszutauschen. Es entstand der Markt, der Kaufmann kam und ging und blieb endlich an der Stätte wohnen.

---

[1]) Vgl. die Urkunde bei Henne am Rhyn, Kulturgesch. d. deutschen Volkes. I. 1886. S. 184.

[2]) Die Bischöfe reisten als vornehme Herren nur mit einem ungeheuren Aufwand an Gesellschaft, Gefolge und Dienerschaft. Die Kirchenversammlung von 1179, die im Lateran stattfand, setzte das Gefolge der Erzbischöfe auf 50, das der Bischöfe auf 30, das der Kardinäle auf 25 Personen fest.

Der Sicherheit wegen umgab man das Dorf mit einer Mauer, dadurch entstand die Stadt. In den Städten, welche auf dem Boden einer Grundherrschaft erwachsen waren, gehörte auch der städtische Boden der Herrschaft; der Grundherr setzte einen Burgvogt ein und ließ durch ihn die Stadt verwalten; er stellte ihm Schöffen zur Seite und ließ durch sie das neue Recht finden, das den veränderten Verhältnissen angemessen war, und sich im Gegensatz zum Landrecht und zum Hofrecht allmählich abklärte als ein besonderes städtisches Recht. In denjenigen Städten, welche aus den Dörfern freier Markgenossen sich entwickelt hatten, waren diese Markgenossen die Herren des Bodens, sie behielten die Verwaltung und bildeten den Rat. Auch in der Stadt entschied der Besitz des Bodens über vornehm und gering. In der herrschaftlichen Stadt bildeten die Burgmannen den Adel, da sie vom Grundherrn mit Land belehnt worden waren, in der genossenschaftlichen Stadt dagegen waren die Markgenossen das Patriziat. Vielfach kamen gemischte Städte vor, in denen dann die Burgmannen und die Markgenossen später verschmolzen sind zu den sogenannten Geschlechtern.

Die Handwerker, die am Anfang des Mittelalters noch in den meisten Fällen Knechte waren, unter Magistern standen und zu einem der Ministerien gehörten, lösten die persönliche Unfreiheit allmählich ab, teils einzeln, teils genossenschaftlich, denn überall waren sie genossenschaftlich organisiert. Das unfreie hofrechtliche Handwerkeramt der Karolinger ging über in das Magisterium. Der Magister wurde vom Grundherrn bestellt und mit dem Amte belehnt; er übte die Gewalt als Richter, als Polizei- und Finanzbeamter. Mit der Zeit aber erwarb die Genossenschaft gemeinsamen Grundbesitz, erlangte sie das Recht der eigenen Verwaltung und eigenes Gericht. Der Magister wurde jetzt auf das Richteramt beschränkt, bald wurde er auch von der Genossenschaft gewählt, die nunmehr in die Form der freieren Zunft überging und damit ihre eigene Verwaltung, eigene Gesetzgebung und ihr eigenes Gericht besaß.[1]) Man nimmt im allgemeinen an, daß um das Jahr 1200 das Handwerk die Pflicht, für den Hof zu arbeiten, abgelöst und das Recht des freien Marktes sich erworben hatte.[2]) Die hofhörigen Lasten waren in die Form von Steuern, d. h.

---

[1]) R. Eberstadt, Magisterium und Fraternitas. 1897. 25—27, 37—39, 194.
[2]) Oppenheimer, Großgrundeigentum u. soziale Frage. 303—304.

von Geldabgaben umgewandelt. Die Grundherrschaft hatte durch einen einmaligen Gewaltakt oder durch einen Akt „der Gnade" den Grund und Boden erhalten. Aus diesem Raub am alten gemeinschaftlichen Eigentum hatte sie Abgaben über Abgaben erpreßt, denn die Zünfte wie die ganzen Städte konnten ihre Freiheit nur erlangen durch Geld.

Auf das Recht des freien Marktes folgte eine stürmische Entwicklung, ein Schäumen und Brausen in dem Mauerring der Städte. Nachdem das Handwerk die wirtschaftliche Selbständigkeit errungen hatte, ging es über zum Kampf um die politischen Rechte. Die Geschlechter hatten in ihren Händen nicht nur den Grundbesitz, sondern auch das Regiment, sie übten immer noch die städtische Verwaltung aus, zunächst in Gemeinschaft mit dem Vogt, bald aber selbständig, weil der landesherrliche Einfluß durch Geld Schritt für Schritt zurückgedrängt und in eine autonome städtische Verwaltung umgewandelt wurde.

Die Kaufleute und die Handwerker, Ackerbauer, Künstler und alle Fremden waren schutzhörig, solange sie kein echtes Eigentum besaßen; nur durch Erwerb von Boden konnten sie Bürgerrechte erlangen, und die Bürgerschaft bestand aus der Gesamtheit der grundbesitzenden Bevölkerung. Neben den Bürgern wohnten zur Miete die Beisassen, Leute ohne Eigen, die unter dem Mundium eines Bürgers standen, da nur die eigentlichen Bürger volle Rechtsfähigkeit besaßen, ganz wie seinerzeit das Patriziat im alten Rom. Konnte nun auch für bares Geld ein jeder Grundbesitz erlangen, so lag doch die Verwaltung der Stadt wieder einseitig in den Händen der Geschlechter, d. h. in der beschränkten Zahl der alten Grundbesitzer. Wer zuerst den Boden hat, hat das Recht, die Regierung, die Herrschaft. „Ich habe mir den Boden genommen", sagt der erste Räuber, der Grundherr; „ich habe ihn als Lehen zu eigen", sagt der zweite Räuber, der Vasall. „Willst du arbeiten, willst du leben, so bezahle; willst du Boden haben, du nachgeborener Poet, so komme und zahle, du bist ja so dumm, mich selbst in meinem Eigentum zu schützen; aber für Geld ist alles bei mir zu haben, nur verlange nicht, daß ich aus gutem Herzen etwas gebe, denn der Idealismus wohnt nur in den Köpfen derer, die nichts haben. Ich bin wenigstens ein ehrlicher Räuber und verdrehe nicht die Augen, wie die Geistlichkeit."

Die junge Bürgerschaft der Städte verlangte ihren Anteil an dem Regiment, es kam vielfach zu ernsten Kämpfen, welche die nächsten zwei Jahrhunderte erfüllen. Wild tobte der Lärm in den Gassen, während die feurige Lohe aus den Häusern schlug, der Qualm sich um die Kämpfer legte und das Blut in breiten Lachen auf dem Pflaster rann. Aber das Handwerk hatte das göttliche Recht auf seiner Seite, es trug den persönlichen Adel an der Stirne, den Adel, welchen Gott verleiht und jedem gibt, der mutig und ohne Menschenfurcht sein Leben setzt an seine Freiheit. Der Staat soll die Volksanlage zur Entwicklung bringen, verkünden die modernen Lehrer des Staatsrechts, und wie konnte das geschehen zu einer Zeit, da das Volk beherrscht war von einer Macht, die ihm feindlich gegenüberstand? So hat in England der Grundadel die Magna charta sich errungen, darum übt er noch heute die überlegene Gewalt. Das gleiche Recht, welches hier der Adel gegen die Krone sich eroberte, erkämpfte in den deutschen Städten sich der Bürgerstand. All die künstlichen Unterschiede brachen zusammen wie ein Kartenhaus, welche im Laufe der Zeiten sich gebildet hatten aus Zufall, Glück und Unglück, Recht und Unrecht, Lässigkeit und Gerissenheit heraus, zu deren Entwicklung das private Eigentum am Grund und Boden von jeher das meiste beigetragen hatte. Immer wieder fuhr unser Herrgott dazwischen mit einem Funken seines göttlichen Lichts und warf die verfilzten Zustände der menschlichen Gesellschaft auseinander. So kam es in den Städten zum Kampf des Handwerks gegen die Geschlechter, der geistigen Macht der Arbeit gegen die tote Fessel des Grundbesitzes. Um das Jahr 1400 hatte das Handwerk den Grundbesitz fast auf der ganzen Linie geschlagen. Je nachdem die Geschlechter oder das Handwerk den Sieg behalten hatten, wurde die Stadtverwaltung fortan mehr aristokratisch oder mehr demokratisch eingerichtet. Der Entwicklung des natürlichen Rechts hing der Grundadel von jeher das System der erworbenen Rechte an die Beine. Auf die Art kam es, daß die Menschheit durch eine Last beständig sich gehindert sah, daß nie die Rede war von jenem Rechte, das mit ihr geboren wurde, daß Vernunft zum Unsinn, Wohltat zur Plage ward. Nicht die Stärke ist der Feind des menschlichen Geschlechts: das ganz Gemeine ist's, das ewig Gestrige, das heute gilt, weil's gestern galt und morgen gilt, weil's heute hat gegolten. Sei im Besitze und du wohnst im Recht, und heilig wird die Menge dir's bewahren!

Die städtischen Geschlechter hatten den Grundherren Ritterdienste zu leisten, sie galten für adlig, turnier- und lehnsfähig. Je mehr das städtische Element in die Hände der Handwerker geriet, desto unsympathischer und anrüchiger wurden dem ländlichen Junkertum natürlich die Geschlechter. Die Folgen werden wir im nächsten Bande sehen. Mit dem politischen Siege waren die Zünfte politische Genossenschaften geworden, und die bürgerlichen Rechte wurden nunmehr in vielen Orten abhängig gemacht von der Aufnahme in eine Zunft. Die verschiedensten Stände fanden in den Zünften sich zusammen; andrerseits hatten auch die Geschlechter, die Advokaten, die Künstler, sogar die feilen Dirnen ihre Zunft. Ehemals war das Hofmarschallamt die zuständige Behörde für den Venuskult gewesen, dem die Mädchen unterstellt waren als freies Gewerbe. In den Reichsstädten standen sie unter dem Reichserbmarschall von Pappenheim, er bezog von ihnen sogar ein Schutzgeld, auf das erst 1614 verzichtet wurde.[1]) Die neuen Bürger hatten jetzt Rechte errungen als persönlich freie Leute, und zwar als Menschen ohne Grundbesitz; viele von ihnen hatten nicht nur kein Eigen, sondern auch kein Lehen, sie waren also persönlich unabhängig, eine neue Bevölkerungsklasse, deren Eigenart das alte Sprichwort treffend wiedergibt:

„Niemandes Herr und niemandes Knecht,
Das ist des Bürgerstandes Recht.“

In den Städten entwickelten sich die neuen Begriffe der bürgerlichen Freiheit und des bürgerlichen Rechts, die Rechte der Plebejer fingen an, mit denen der Patrizier zu verschmelzen.

Die Städte gingen jetzt in ihrer Form als juristische Kongregationen im Sinne des römischen Rechts [2]) selbst über zum Erwerb von Grundeigentum. Diejenigen Städte, die aus der freien Markgenossenschaft erwachsen waren, besaßen natürlich die gemeine Mark; die grundherrlichen oder landesherrlichen Städte aber wurden vielfach mit Grundeigentum belehnt, da der Landesherr die städtische Entwicklung nur begrüßen konnte als die zahlkräftigste Steuerquelle seines Landes und als eine willkommene Stütze gegen den räuberischen und unbotmäßigen Grundadel. Produktion und Tausch beruhten vorwiegend auf der

---

[1]) v. Maurer, Gesch. d. Fronhöfe, II 343.

[2]) v. Maurer, Gesch. d. Städteverfassung, II. 728.

Hof- und Stadtwirtschaft; jede Stadt suchte in erster Linie alle Waren selber zu erzeugen und das Tauschgebiet auf das Weichbild einzugrenzen. Durch das Meilenrecht untersagte sie fremden Handwerkern, sich im Umkreis von einer oder mehreren Meilen niederzulassen, durch das Bannrecht zwang sie die umliegenden Ortschaften, ihre Einkäufe in der Stadt zu machen.[1]) Kein Vieh, das auf der Gemeinweide graste, durfte aus der Stadt verkauft werden, ebenso kein Wein, der in der Stadt gekeltert, kein Bier, das daselbst gebraut war, und vor allem durfte kein Boden in der Stadtmark an Fremde veräußert werden. Vielfach durften nur Gäste mit Bürgern Handel treiben, nicht Gäste mit Gästen.[2]) Die Folge dieser Eigenwirtschaft war, daß die Städte auch der Waldungen bedurften. Im Osten Deutschlands wurden in der großen Besiedlungsperiode den neu begründeten Städten mit dem Feld auch Wald und Weide überwiesen als gemeine Mark, so an Frankfurt a. O. 1253, an Öls 1225, an Gartz und Prenzlau 1240, an Trachenberg 1253, an Brieg 1250 usw. Auch slawische Städte erhielten nachträglich eine besondere Waldmark, so Glogau 1253, ferner noch im 13. Jahrhundert Köslin, Kolberg, Stralsund und Pyritz in Pommern.[3]) Wieder andere Städte wurden mit der Nutzung von Reichswaldungen belehnt, an denen dann die Städte wohl das Eigentum erwarben. Seit dem Jahre 1300 etwa tritt der Kauf als neue Rechtsform für den Erwerb von Waldeigentum hinzu; durch Kauf gelangte Rostock schon im Jahre 1252 in den Besitz eines Stadtwaldes, dessen Fläche sich auf mehr als eine Quadratmeile belief.[4])

Den flotten Landesherren und Rittern fehlte es oft an Geld. Je mehr die städtischen Gewerbe erblühten, je mehr Gebrauchs- und Luxusgegenstände sie erzeugten, desto größer wurde der Bedarf des Grundherrn, desto abhängiger wurde er in seinen Bedürfnissen von der Werkstatt des Handwerkers und dem Laden des Kaufmanns. Waren seine Jäger früher mit einem Jagdrock ausgekommen, so brauchten sie jetzt zwei, einen grünen für den Sommer und einen grauen für den Winter; bestand das Jagdhorn früher aus Büffelhorn mit Silberfassung, so mußte es jetzt aus Elfenbein geschnitzt sein und mit Gold

[1]) v. Maurer, Gesch. d. Städteverfassung, II. 400, 793—814.

[2]) K. Hegel, Städte und Gilden im Mittelalter, II. 513.

[3]) Bernhardt, Gesch. d. Waldeigentums. I. 106.

[4]) Ebenda 107.

gefaßt. Früher hatte man die Lichtöffnungen in der Mauer durch hölzerne Läden geschlossen, jetzt wurde Verglasung gefordert; statt der gemauerten Kamine brauchte man feine Öfen, statt der rohgeputzten Wände Malerei, und die Frau Gemahlin, die sich früher in Lein und Wolle gekleidet hatte, verlangte jetzt Seide und Sammet. Aus der städtischen Entwicklung hatte der Grundherr von jeher einen guten Teil seiner persönlichen Bedürfnisse gedeckt. Wollte die Stadt ein Kaufhaus bauen, mußte sie zahlen, wollte sie eine Münze errichten, ohne die es bei dem buntscheckigen Gelde nun einmal nicht ging, mußte sie zahlen. Wollte sie einen Zoll erheben, mußte sie zahlen, und wollte sie ihre Waren über Land senden, so nahm der Landesherr das Geleitsrecht in Anspruch, drängte ihr eine Handvoll unverschämter Knechte auf und ließ sich erst recht bezahlen. Dafür leistete er zunächst wenig oder nichts. Trotzdem reichten oft die Einnahmen nicht hin, um den grundherrlichen Haushalt zu decken. Vielfach gab der Grundherr seine Rechte auf, Landesherren und Bischöfe verzichteten gegenüber den Städten auf die Landeshoheit, und die Städte machten sich reichsunmittelbar. Die Herren veräußerten das Recht der Zölle, der Münze und der Steuer, und die Städte machten sich selbständig. Waren die Rechte vergeben, dann kamen oft die Höfe an die Reihe, Feld und Wald flogen hin als Pfandobjekte, um die verdammten Schulden zu decken, so in Brandenburg Peitz, Oderberg, Kottbus. Die Wiedereinlösung blieb gar oft ein frommer Wunsch, und aus dem Pfandobjekt erwuchs dann wohl ein städtisches Eigentum.[1]) Selbstverständlich schalten die adligen Herren weidlich auf den elenden Krämergeist, der jetzt die ganze Welt vergifte und keinem ehrlichen Adligen mehr Ruhe ließ auf seiner Burg. Daß sie selbst die ärgsten Wucherer waren, die mit Gottes Erde handelten, das bedachten sie natürlich nicht, und hintenherum ließen sie den bürgerlichen Stand ihre Verachtung um so kräftiger fühlen.

Das Grundeigentum verteilte sich also auf die Krone, den mehr oder weniger selbständigen Adel, die Geistlichkeit, die Städte und diejenigen Markgenossen, die ihre alte Freiheit noch erhalten hatten. Die

[1]) Treffend singt Uhland:

„Ich, Pfalzgraf Götz von Tübingen
Verkaufe Land und Stadt
Mit Gülten, Rechten, Bed' und Zins,
Der Schulden bin ich satt!"

Masse des Grundbesitzes hatten Adel und Geistlichkeit in Händen, sie hatten auch den größten Teil der Jagd, denn diese war grundsätzlich immer noch ein Ausfluß des freien Grundeigentums und unabhängig von dessen Größe. Im Schwabenspiegel heißt es: „Ein jeglich wilt ist mit rehte je des mannes, in des wilt ban ez danne ist; und swenne ez dar uz kumet, so ist ez niht mer sin.“ [1]) Wo dagegen die gemeine Mark in den Schutz eines Grundherrn getreten war, da war in den meisten Fällen auch das Recht der Jagd an diesen übergegangen, und wo der Wildbann auf einen Wald gelegt war, blieb die Jagd ein Reservatrecht dessen, zu dessen Gunsten der Bann bestand. Auch die Klostervögte pflegten ein Jagdrecht auf fremdem Boden zu beanspruchen als die Folge davon, daß ihnen das Kloster die Ausübung der Jagd gutmütig seit langer Zeit gestattet hatte. Auch hier ging aus der Gewohnheit ein Recht hervor.[2]) Nicht nur der Kaiser belegte mit dem Bann, sondern auch seine Grafen, und wie ursprünglich der Kaiser sein Bannrecht im eigenen Interesse angewendet hatte, so taten es ihm nach die Grafen; im Sachsenspiegel haben Pfalz- und Landgrafen, Grafen und Vögte schon den Königsbann. Seitdem die Landesherren die Grafenrechte erworben hatten, verhängten auch sie den Bann,[3]) nicht nur in den Ländereien, die unter Hofrecht standen, sondern auch im Geltungsbereich des Landrechts, nicht nur auf Waldungen, sondern auch auf Mühlen-, Wirts- und Brauhäuser. Zuweilen betraf der Bann nur die Jagd, zuweilen nur die hohe Jagd, aber am Ausgang des Mittelalters sanken die Jagdbefugnisse der freien Markgenossen ganz erheblich, frei und unangetastet blieb ihr Jagdrecht eigentlich nur in denjenigen Bezirken, die reichsunmittelbar geblieben waren, so an der Donau, am Neckar, im Schwarzwald und in Schwaben. Hier erhielt sich die freie Birsch. Auch an die Städte war mit dem Grunderwerb das Jagdrecht gekommen und wurde von den stadtmarkberechtigten Bürgern ausgeübt, so in Speier, Worms, Zürich, Weißenburg, Münster, Kösfeld, Bremen, Stralsund, Lübeck, Neustadt-Eberswalde und vielen anderen.[4]) Zuweilen

---

[1]) Schwabenspiegel, Ausgabe von Gengler. Erlangen 1875. Kap. 197. § 7.

[2]) Beispiele gibt Maurer, Fronhöfe, III. 47.

[3]) Stieglitz, Geschichtliche Darstellung d. Eigentumsverhältnisse usw. 103 bis 108.

[4]) Bernhardt, Gesch. d. Waldeigentums, I. 124—25.

behielt der Grundherr sich die Jagd des Wildes vor, das einen gespaltenen Fuß hatte, zuweilen nur das Rotwild und Rotfederspiel. Der Unterschied zwischen dem „geschlitten foeß, geslizenen vuoz" und dem „ronden foeß" bereitet die Teilung vor in hohe und niedere Jagd, eine Bezeichnung, die m. W. zuerst in der Belehnung des Herrn von Alvensleben durch den Kurfürsten Albrecht von Brandenburg auftaucht im Jahre 1473. Die niedere Jagd wurde später als Reisgejaid bezeichnet; dieses Wort kam nach Schwappachs Annahme in Österreich auf um die Mitte des 15. Jahrhunderts. Der Ausdruck gejaid weist in der Tat nach Österreich hin, denn er wird gebraucht von Maximilian I.; in der Urkunde, die Schwappach beibringt, heißt es „reisz gejadt". In dem Gedicht „Der Minne Falkner" ist ein Hinweis gegeben auf den Zusammenhang des Reisgejaids mit dem Reisen und der Schießjagd. Es heißt daselbst:

„Ich will dester furbas baissen
und auch zu in schiessen,
waidgesellen darauff raissen
und sich der tagalt nit lon verdriessen." [1])

Es fragt sich nur, wann das Gedicht entstanden ist, das eine Nachahmung der Jagd des Hadamar von Laber bildet; dieser schrieb zwischen 1335—40. Der Umstand, daß in den vorstehenden Versen das doppelte s bereits an die Stelle des doppelten z getreten ist, deutet wohl auf das 15. Jahrhundert hin.

In Frankreich bewilligte Ludwig IX. (1226—70) in einigen Provinzen die Jagd an bürgerliche Leute, sie mußten aber dem Seigneur, auf dessen Grundeigentum die Jagd vor sich ging, eine Keule des gefangenen Wildes abliefern. Im 14. Jahrhundert scheint in Frankreich der Mittelstand (moyen-état) ziemlich allgemein berechtigt gewesen zu sein zur Ausübung der Beize und der Niederjagd, wie sich aus Gace de la Bigne folgern läßt; Karl VI. schränkte 1396 die Berechtigung des Bürgerstandes ein, untersagte sie den Gewerbetreibenden und ließ das Jagdrecht nur bestehen für diejenigen Bürger, die von ihren Renten lebten.[2]) Auch in Deutschland findet sich in einzelnen Landschaften

[1]) Strophe 129. Das Gedicht ist abgedruckt in J. A. Schmeller, Labers Jagd, Stuttgart 1850.

[2]) Saint-Palaye, Mémoires sur l'ancienne chevalerie. Paris, 1781. III. 211, 261, 262.

ein grundherrliches Verbot der Jagd; an anderen Stellen blieb die Ausübung der niederen Jagd den Bauern überlassen.

Die Weistümer des 15. Jahrhunderts verkünden mehrfach, daß den Bauern nur die hohe Jagd entzogen war. Im Schwarzwald war ihnen die Jagd geblieben auf „Alles das den hert bricht und den boum stigt", d. h. auf alles, was sich in die Erde gräbt oder zu Baum steigt. Insbesondere werden genannt Bär, Wolf, Luchs, Fuchs, Schwein, Dachs, Marder, Iltis, Eichhorn, Haselhuhn, Birk- und Auerhuhn.[1]) In einem anderen Weistum des Schwarzwaldes werden Hirsch und Tier und Reh als zur herrschaftlichen Jagd gehörig angegeben.[2]) Am meisten Freiheit hatten die Bauern wohl im Vogelfang, obschon auch hier Verbote aufgetreten sind.[3]) Falken, Habichte und Sperber aus dem Nest zu stehlen war verboten; dagegen sagt das Schwabenrecht: „umb ander geflügele verwürket niemant lip noch gesunt noch gut". Die Jagd auf Raubtiere war frei; außer Bären, Wölfen und Füchsen wurde häufig auch das Schwein hinzugerechnet, wenn auch dem Grundherrn eine Art Besthaupt abgegeben werden mußte, der Harst, bestehend aus Kopf, Schulterblatt, Rippen und Läufen, je nach der Festsetzung.[4])

An anderen Stellen wurde das Jagdrecht der Bauern auf den eigenen Bedarf beschränkt, der Verkauf des Wildes untersagt, und endlich wurde die Jagd ihnen ganz verboten. Diejenigen Markgenossenschaften, welche auf Herrenland erwachsen waren, hatten natürlich nie mehr Jagdrecht besessen, als der Grundherr ihnen zugestand.[5]) In Frankreich jagten die Bauern im 14. Jahrhundert nach der Weinernte ungeniert ihre Hasen mit Hunden, indem sie fünfzig bis sechzig Mann hoch in gerader Linie über die Felder streiften. Sie hatten oft gegen vierzig Hunde zur Hand und fingen zuweilen zwanzig bis dreißig Hasen, die sie in die Städte zu verkaufen pflegten.[6]) Auch übten sie in den Pyrenäen frei die Gemsenjagd.

---

[1]) Weistum aus dem Jahre 1484, s. bei M. Heyne, Hausaltertümer, II. 239.

[2]) Ebenda.

[3]) Ebenda, II. 235 f.

[4]) Maurer, Gesch. d. Fronhöfe, II. 42, 43.

[5]) A. Schwappach, I. 212, 209. — Maurer, III. 42, 44—45.

[6]) Nach Gace de la Bigne, „Des Déduits de la Chasse", geschrieben um 1360, erzählt bei Sainte-Palaye, Mémoires, III. 406.

Das kanonische Recht verwarf die Jagd der Kleriker nach dem Vorgang des heiligen Augustin, der sie die nichtigste Kunst nannte und an einer Stelle sogar von Laster spricht. Das kanonische Recht drohte mit Exkommunikation und Amtsenthebung, die Synoden und Konzilien bekräftigten das Verbot, aber alles war umsonst. Nicht nur der Ritterstand betrat die Kirche mit den Falken auf der Faust, sondern auch die Geistlichkeit, und für den Bischof von Halberstadt, der einem Geistlichen ein solches Tun verweisen wollte, hätte dieser Versuch beinahe üble Folgen gehabt, denen er nur durch die Flucht sich entziehen konnte.[1]) Weil das gute Klosterleben den Kräfteüberschuß der Mönche nicht verbrauchte und das Psalmieren allein nicht ausreichen wollte, um den Appetit zu beleben, ergaben sich auch die frommen Brüder allgemein den Freuden der Jagd. Gace de la Vigne zählt unter dem Mittelstand, der in Frankreich die Jagd ausübte, mit den Vasallen, Ministerialen, Richtern und Bürgern auch die Geistlichen und Mönche auf. Sie betrieben die Jagd zum Teil mit solcher Leidenschaft, daß Rabelais bald darauf die Geschichte erfinden konnte von dem Windhund, der zur Jagd nicht tauglich war und den sein Herr dadurch kurierte, daß er ihm eine Kutte überhing. Von dieser Stunde an konnte sich weder Hase noch Fuchs mehr vor dem Hunde retten. Ja, was noch viel erstaunlicher war, er belegte alle Hündinnen ringsum im ganzen Lande, obgleich er vorher lendenlahm und de frigidis et maleficiatis gewesen war.[2])

Im ganzen glitt das Recht zu jagen mehr und mehr aus der Hand der Markgenossen und der Klöster in die grund- und landesherrliche Gewalt. Das große Grundeigentum sog wie ein Schwamm die jagdlichen Rechte auf. Die Verschiebung des Jagdrechts veranschaulicht wie kaum eineandere Institution die Verschiebung der realen Machtverhältnisse, denn die Lust war immer derjenige Faktor, nach welchem die Mächtigen der Erde zuerst gegriffen haben, und Lust gewährte die Jagd als körperliche Übung, als Schutz gegen die Langeweile und als Mittel zu einem schmackhaften Gericht. Im ersten Abschnitt unserer Schilderung lag die Macht bei den freien Markgenossen, sie hatten auch die Jagd. Im zweiten Abschnitt lag die Macht bei der Krone, verschob sich aber zu-

---

[1]) Dithmari Chron. I. c. I. 398.

[2]) Rabelais, Gargantua u. Pantagruel, deutsch von F. Gelbcke, I. 138.

gunsten des neu entstandenen großen Grundbesitzes, folgerichtig lag auch hier das Recht der Jagdausübung. Im dritten Abschnitt waren die Stände als die eigentliche Macht im Staate anzusehen, die Kaiserkrone war geschwächt, die Landesherren waren noch nicht absolut geworden, und wieder lag die Jagdausübung bei der stärkeren Gewalt. Wildbann und Schirmvogtei zogen ihre Kreise. Im Laufe dieses Abschnitts erstarkte das Landesfürstentum und schon begann es, das Jagdrecht der Vasallen zu seinen Gunsten einzuschränken. In Frankreich kam die zentralisierte Fürstenmacht mit Ludwig XI. zum Durchbruch; er ließ alle Netze, Schlingen und Fallen im Lande verbrennen und untersagte bei Strafe des Stranges selbst dem Grundadel jede Ausübung von Jagd und Beize. Es war die Zeit, da man in Frankreich gefahrloser einen Menschen töten konnte als einen Hirsch oder einen Keiler. Des Königs Jägerei machte sich zum Herrn der Jagd im ganzen Lande, jagte, wo sie wollte und schikanierte den großen und den kleinen Grundadel. Selbst das Kriegsvolk vergnügte sich mit Jagen und unterhielt den Falken und den Hund auf Landeskosten. Als Ludwig alt geworden war und nicht mehr zu Pferde steigen konnte, blieb das Verlangen nach Jagd und Sport in ihm doch ungezähmt. Er wurde zuletzt damit unterhalten, daß man Ratten in seinem Zimmer durch Katzen jagen ließ.[1] Karl VIII. gab 1483 die alten Freiheiten dem Grundeigentum zurück. Die volle Entwicklung der Regalität der Jagd und ihre Ablösung vom Boden fand in Deutschland erst im 16. Jahrhundert statt und wird im nächsten Kapitel uns beschäftigen.

Das Recht der Jagdfolge bestand wohl ziemlich ohne Einschränkung, der Sachsenspiegel dehnt es sogar aus auf die Bannforste. Wenn die Hunde das Wild über die Grenze und in den Bannforst jagten, dann durfte der Jäger folgen, doch sollte er die Jagd nicht fortsetzen, sondern abzubrechen suchen, er sollte die Hunde nicht anhetzen und sollte auch nicht blasen. Fingen die Hunde das Wild aber trotzdem, so konnte er es an sich nehmen.[2] Das Sachsenrecht wurde aufgezeichnet in der Mitte des 13. Jahrhunderts, also in der Blütezeit des Rittertums. Bald folgte ihm das kaiserliche Land- und Lehnrecht, und auch dieses spricht sich dahin aus, daß jeder Jäger in den fremden Jagdbezirk

---

[1] Sainte-Palaye, Mémoires, III. 275—76. 316.

[2] Sachsenspiegel, II. 61.

ein verwundetes Wild verfolgen kann, macht jedoch bezüglich der Besitzergreifung einen Unterschied, je nachdem der Jäger das Wild tot oder lebend in seine Gewalt bekam: im ersten Falle gehörte es ihm, im zweiten Fall dem Besitzer des Nachbarreviers. Hatte ein Jäger ein Wild so müde gehetzt, daß es niederfiel und nicht weiter konnte, das Wild aber aus den Augen verloren, so hatte er dennoch ein Anrecht an dasselbe, so lange er nach ihm suchte. Nachher konnte es der Finder an sich nehmen. Allgemein heißt es: „Als ein wilt uz dinen augen an sine friheit kumet, so ist ez din niht". War ein Beizvogel entflohen, so hatte der Suchende drei Tage lang das Anrecht an ihm; am vierten Tage konnte jeder den Vogel sich zueignen.[1]) Vielfach hing im Mittelalter das Recht der Folge schon ab von der Vereinbarung und der Denkweise des Landesherrn. Anton gibt ein Beispiel aus dem Jahre 1262, nach welchem einige Grafen sich vereinbart hatten, das Recht der Folge aufzuheben [2]) und Roth sagt, daß die Grenze des Trierschen Bannforstes kein fremder Jäger überschreiten durfte, nicht einmal, um die Hunde einzufangen.[3]) Auch der Würzburger Bischof erkannte ein Wildfolgerecht nicht an, da innerhalb der Bannmeile an der Brame des Salzforstes nicht gejagt werden durfte. Die Bannmeile ging so weit, wie eines Hornes Schall reichte.[4]) In Frankreich scheint eine so scharfe Absperrung der Grenzen nicht üblich gewesen zu sein. In dem Epos Le roman des Loherains jagt Begues einen Keiler auf und verfolgt ihn über Land, allein mit seinen Hunden, fünfzehn Meilen weit! Er selbst ist gut beritten und nimmt hin und wieder einen Hund unter den Arm, um der Ermüdung vorzubeugen. Endlich erlegt er den Keiler, bedenkt aber nicht, daß er längst die Grenzen überschritten hat und stößt ins Horn. Die Förster eilen herbei und halten ihn für einen Wilddieb, da sie nicht glauben wollen, daß ein Keiler fünfzehn Meilen weit geflüchtet sein könne, sie wollen ihn verhaften, er wehrt sich und wird erschlagen. Hiernach hat es den Anschein, als wenn gegen die Folge an sich nichts einzuwenden war. Ganz ähnlich wird ein solcher Fall in dem Roman von Aubery behandelt.[5])

---

[1]) Schwabenspiegel, Kap. 197. 198.

[2]) Anton, Gesch. d. teutschen Landwirtschaft, III. 504.

[3]) Roth, Gesch. d. Forst- und Jagdwesens in Deutschland. Berlin, 1879. 298.

[4]) Kmiotek, Siedlung und Waldwirtschaft im Salzforst. 35—36. 56.

[5]) F. Bangert, Die Tiere im altfrz. Epos. Marburg, 1885. 149—52.

Eine Schonzeit wurde nicht unmittelbar, sondern mittelbar dadurch geschaffen, daß es üblich war, das Wild vorzugsweise in derjenigen Jahreszeit zu jagen, in welcher der Nutzen aus der Beute am höchsten war, oder in welcher die Jagd sich am besten ausüben ließ. Es gab darüber keine Gesetze, aber die Sitte hatte bereits lange an diesem Herkommen festgehalten, das zwar oft genug übertreten wurde, aber doch schon einen gewissen Einfluß übte. Streng waren also die Grenzen nicht gezogen, sie ließen der Willkür immer noch einen für unsere heutigen Begriffe sehr freien Spielraum. Man jagte z. B. den Damhirsch in der Zeit vom Mai bis September, nach Roy Modus von Mitte Juni bis September. Im Anfang des Oktober pflegte die Brunst einzutreten und das Wildpret durch den Geruch ungenießbar zu werden. Auch die Jagd des Edelhirsches dauerte in Frankreich von Sainte Croix de Mai bis Sainte Croix de Septembre (vom 3. Mai bis 14. September), nach dem alten Spruch:

Mi Mai, mi teste,
Mi Juin, mi graisse
A la Magdaleine (22. Juli)
Venaison plaine.[1])

In Deutschland war man weniger empfindlich, hier war die Brunstzeit gerade die hohe Zeit der Jagd. Herzog Wilhelm von Sachsen schreibt am 29. August 1473 an den Kurfürsten Albrecht und den Herzog Ernst von Sachsen, er hoffe sich in der Zeit, „da die Brunst am stärksten angeht, durch Pürschen und Jagen in Fröhlichkeit wohl zu ergötzen".[2]) Die Jagdeinladungen ergingen meistens „zur Brunst"[3]) Es wurde aber auch in Frankreich der Hirsch das ganze Jahr hindurch gejagt und die beschränkte Jagdzeit galt mehr für die Küchenjagd, als für das Vergnügen der Herren. Wenn im Frühling die Bäume blühten, dann fing die Parforcejagd wieder an; die Meute wurde frisch geübt und auf mehrere Hirsche eingejagt, ehe sie zur Hofjagd wieder fähig war.[4]) Eduard I. von England (1272—1307) bewilligte das Recht,

---

[1]) Baillie-Grohmann, The master of game, London. 1904. Kap. Seasons of Hunting.

[2]) G. Steinhausen, Deutsche Privatbriefe des Mittelalters. Berlin, 182 66. 13.

[3]) Ebenda, S. 93. 231. 232. 248.

[4]) E. Bormann, Die Jagd in den altfranzösischen Artus- und Abenteuerromanen. 100. Siehe auch La chace du cerf, Gedicht aus dem 13. Jh., im

Fuchs, Hase, Katze und Dachs zu hetzen, oft an seine Bürger, Freibauern und Ritter (yeomen and knights); an solche Erlaubnis war aber hier ständig das Gebot geknüpft, während der Schonzeit nicht zu jagen,[1]) auch das Rotwild nicht zu beunruhigen, also muß doch eine Schonzeit bestanden haben. Der Graf von Foix bemißt die beste Jagdzeit für den Fuchs auf die Zeit vom Januar bis zum März; er gibt an, daß man die Baue leichter findet, wenn der Wald kahl ist, die Hunde den Fuchs besser sehen und dichter an ihm bleiben können.[2]) Dagegen hatte der Rehbock nach der Mitteilung von Foix keine eigentliche Jagdzeit, also auch keine Schonzeit; als Grund wird angegeben, daß er kein Feist auflege, doch soll man die Ricke um der Kitze willen schonen.[3]) Aus dieser Stelle geht hervor, daß nur die Erzielung eines möglichst hohen Gewichtes an Wildpret den Zweck der Jagdbegrenzung bildete. Nach Roy Modus wurde das Reh vorwiegend gejagt von Mitte Mai bis Mitte Juni. Auch der Hase hatte keine Schonzeit, ausdrücklich betonen die alten Jäger, daß er das ganze Jahr hindurch gejagt werde.[4]) Der Verfasser des Jagdbuches „Le livre du Roy Modus et de la Royne Racio“ aus dem Anfang des 14. Jahrhunderts, ohne Frage ein tüchtiger Jäger, gibt an, daß man die Hasen im März und April hetzte, weil sie dann am schwächsten waren und auf den Feldern lagen![5]) Die Jagd des Schwarzwildes begann im September und dauerte bis in den Winter hinein.[6]) Roy Modus will die großen Treiben mit Netz und Hecke im November ausgeübt wissen, weil dann die Sauen noch gut an Wildpret waren.[7]) Steinbock und Gemse wurden um die gleiche Zeit gejagt wie der Hirsch. Der Bär war natürlich vogelfrei, ihm wurde aber doch in der Zeit vom Mai bis zum Winter mit Vorliebe nachgestellt. Landau gibt folgende Übersicht: man jagte

---

Auszug mitgeteilt von A. Schultz, das höfische Leben der Minnesänger. I. 463 u. f. Die Ausgabe von Jubinal stand mir nicht zur Verfügung.

[1]) Baillie-Grohmann, The master of game, Kap. Forest laws. 139.

[2]) Gaston Phoebus, comte de Foix, La chasse, cap. 56. Herausgegeben von J. Lavallé, Paris, 1854.

[3]) Ebenda, cap. 5.

[4]) Ebenda, cap. 50.

[5]) Le Livre du Roy Modus et de la Royne Racio, herausgegeben von E. Blaze, Paris. 1839.

[6]) Foix, 149. 169.

[7]) Roy Modus ILVI.

im Januar den Wolf,
im Februar den Fuchs,
im Juni bis Oktober den Hirsch,
im Oktober bis Januar die Sauen,

dazwischen durch gingen die Hasenhetze, das Beizen und der Vogelfang. In den Verordnungen für den Salzforst ist, wenigstens bis zum Ausgang des 13. Jahrhunderts über eine Schonzeit nichts zu finden.[1]) Dagegen sind in den Weistümern der Obermosel im 13. Jahrhundert die Anfänge einer Schonzeit ausdrücklich vermerkt und zwar für die Zeit von Mitte April bis Mitte Juni, d. h. also während der Satzzeit.[2]) Über solche vereinzelte Anhänge ist das Mittelalter aber nicht hinausgekommen.

Das Volk und die Jägerknechte.

Bei den Markgenossenschaften ist zu unterscheiden, ob der Boden, auf dem sie erwachsen waren, ihr freies Eigen war oder einem Grundherrn angehörte, nur im ersten Falle hatten sie ihr eigenes Recht und übten sie die Jagd im eigenen Walde. Wenige dieser alten Marken sind über das Mittelalter hinaus reichsunmittelbar geblieben, die meisten gerieten, wie das zweite Kapitel gezeigt hat, schon frühzeitig unter die Schirmherrschaft des großen Grundbesitzes. Zunächst galt aber in vielen Gemeindewäldern noch das alte Recht, wie es im Lauf der Zeiten sich herausgebildet hatte unter dem Walten und Wirken der Markgenossen, und zwar auch in jenen Marken, die einem Grundherrn die Schirmherrschaft übertragen hatten. Unter der Linde des Dorfes traten die Märker an den Dingtagen zusammen, um des Recht sich weisen zu lassen. Es war ein großes Ereignis im Dorfe und in der Umgegend, wenn die feierliche Handlung stattfinden sollte. Der Schirmherr der Mark, war er nun männlicher oder weiblicher Natur, Kurfürst oder Graf, Bischof, Abt oder Äbtissin, kam oft mit großem Gefolge angeritten und stieg ab in dem Hofe, der zur Herberge verpflichtet war. Weit war die Jugend des Dorfes dem bunten Reiterzug entgegengelaufen, beim Einzug hatte sie ihm das Geleit gegeben.

---

[1]) Kmiotek, Siedlung usw. 35—36.

[2]) M. Heyne, Fünf Bücher, II., 239. Das Weistum des Büdinger Waldes stellt das Jagen frei „one in dem megge vierzehn Tage vor und nach.“ (1380).

Der Schirmherr mit seiner Schar lebte natürlich auf Kosten der Mark; es kommt vor, daß die Weistümer die Güte des Weines und die Art des Essens vorschreiben, mit dem der Schirmherr in zufriedenstellender Weise den Appetit glaubte stillen zu können. Nach einem kräftigen Frühstück ging man zum Gericht. Der ganze Gau war versammelt, in ihrem Sonntagsstaat standen die Leute umher und blickten auf die seltenen Gäste mit dem gleichen Interesse, wie auf die Künste einer nahen Gauklertruppe.[1]) Der Richter saß auf einem Stuhl, eine weiße, geschälte Rute in der Hand; die gekürten Schöffen saßen auf einer Bank. Das Urteil sollte in Ruhe gefunden werden; daher mußten die Schöffen sitzen, und es kam vor, daß sogar die Haltung vorgeschrieben war, und die Schöffen beim Beraten das eine Bein über das andere zu legen hatten. Für das Dorf war Friede gewirkt, „Maulfeigen" und Scheltworte waren verboten.[2]) Rings um die Malstatt verteilt war der Umstand. Der Richter stellte gemäß der Tagesordnung Fragen an die Schöffen. Diese besprachen sich untereinander, berieten sich auch wohl mit dem Umstande und wiesen dann durch den Mund eines Schöffen, was in der Frage Herkommen war und Brauch. Es kam vor, daß sie die Weisung weigerten, wenn der Gegenstand der Frage der Mark noch ferngeblieben war. Die erste Frage pflegte zu sein, ob sie recht vergadert wären, die zweite, ob sie an der gewohnten Malstatt seien.[3]) Nach diesen Vorfragen trat man in die Tagesordnung ein. Das Jagd- und Jägerrecht bildet oft den Gegenstand der Weisung, insbesondere die Atzung und die Herberge, das Futter für die Pferde, Hunde und Falken. Auch der Inhalt des Wildbanns mußte oft gewiesen werden, der dem Schirm- oder Bannherrn zustand. Es geschah das öfter in der Weise, daß der Bannherr erkannt wurde, „vor einen gewaltherrn, zu gebieten und zu verbieten, zu richten über holz und haupt, von

[1]) Der alte Martial hatte das richtige Urteil über die sogenannte Berühmtheit und die Schaulust des Volkes:

„Doch wer mir solchen Ruhm beneidet,
Der ist nicht recht mehr bei Verstand;
Es ward der Zirkushengst Andremon
Viel schneller noch, wie ich, bekannt."

Gedichte Martials, übers. von Schuppli, 89.

[2]) Freiherr v. Berg, Geschichte der deutschen Wälder, 129.

[3]) Vgl. das Weistum von Irsch aus dem Jahre 1464 bei Grimm, 80. Vergadert heißt wohl versammelt.

der erde bis zum himmel, vom himmel bis zur erde, zock und flock, fond und prund; der vogel in der luft, der fisch uf dem sand, das wild uf dem feld, die eichel uf dem land, der bienfang an der hecken".[1]) Das heißt in modernem Deutsch, daß der Bannherr die Polizei hatte und das Gericht, das Recht auf alles, was zwischen Himmel und Erde herumzog, alle Funde und Nutzungen unter der Erde, den Vogelfang, die Fischerei, die Jagd, die Eichelmast und die Zeidlerei. Dieses aus den tatsächlichen Machtverhältnissen und aus dem Geist und Herzen des Volkes erwachsene Recht ward aufgeschrieben in der Form der Weistümer. Aus den Weistümern haben in späterer Zeit die ersten Forstordnungen sich herausgebildet.

Jede Mark wurde verwaltet durch genossenschaftliche Beamte, an deren Spitze der Obermärker stand, dem als Vollzugsbeamte die Förster dienten. Alle Markbeamten wurden ursprünglich gewählt, und das Amt des Obermärkers war ein vielumworbenes, da es nicht nur klingende Einnahme abwarf, sondern auch einen großen Einfluß in der Mark bedingte. Ein Gehalt bezog der Obermärker zwar nicht, doch fielen ihm die Strafgelder zu. Mit der Schirmherrschaft wurde das Amt des Obermärkers eingeschränkt. Der Grundherr konnte bei der Übernahme einer Schirmherrschaft immer nur gewinnen, stets erwuchsen aus dem Schirmen neue Rechte, denn jeder Schutz hat Vormundschaft zur Folge. Zunächst ließ er in vielen Fällen das Recht der Jagd sich überweisen, um deren willen er schon allein das Amt des Schutzes auf sich nahm.[2]) Dann strebte er den Wildbann zu erlangen, mit dem Gericht und Polizei in seine Hände kamen. Mit dem Wildbann war er nicht mehr der einfache Jäger im Walde, sondern schon der Herr der Mark. Unter seinem Vorsitz tagte das Waldgericht. Die Dorfschöffen wurden durch Försterschöffen ersetzt, die bald nicht

---

[1]) Die Stelle entnehme ich dem Frhr. von Berg, 280. Was zock und flock, fond und prund bedeuten, erklärt er nicht zu wissen. v. Maurer setzt zock und flock identisch mit Zug und Flug, und bezieht den Ausdruck auf Vögel und Bienen; fond ist Fund, prund ist eine Pfründe in weitestem Sinne, eine Nutzung. Die gesamten vier Worte faßt Maurer auf als das Recht auf alles, was zwischen Himmel und Erde herumzog und flog, und auf alles, was unter der Erde war, insbesondere auch die Schätze und die Mineralien; auch das Recht auf die grundhörigen Menschen und die Jagd konnte darin begriffen sein. v. Maurer, Gesch. d. Fronhöfe, III. 36—41.

[2]) A. Bernhardt, Geschichte des Waldeigentums, I. 98.

mehr gewählt, sondern vom Grundherrn ernannt wurden, es waren seine Beamten, die jetzt natürlich das Recht ihres Herrn wiesen. Das Amt des Obermärkers war kein angenehmer Posten mehr, wenn der Schirmherr in der Mark die Oberhand bekommen hatte; dieser übernahm wohl selbst das Amt des Obermärkers und verstärkte auf diese Art von neuem seine Macht. Jagd und Gericht hatten von jeher für das Zeichen echten Eigentums gegolten, auch die Vereinnahmung der Strafgelder wies auf echtes Eigen hin; was Wunder, wenn die Mark mehr und mehr ins Eigentum der Grundherren überging! Erwarben diese gar die landesherrlichen Rechte, dann war es um die Freiheit der Markgenossen meist geschehen, dann sanken sie herab zu Landeshörigen.[1]) Die Weistümer und Waldordnungen mögen in der ersten Zeit dem Landesherrn zur Bestätigung noch vorgelegen haben. Aus der Bestätigung ist das Recht der Korrektur gefolgt, und von diesem Zustand bis zum selbstherrlichen Erlaß von neuen Ordnungen war kein so großer Schritt mehr, den die Landesherren im 16. Jahrhundert dann vollzogen haben. Damit waren sie Herren des Waldes und das Märkerrecht war abgesetzt.[2]) Aus dem Bestreben des habsburgischen Hauses, die Reichsvogtei über die Schweiz in eine Landesherrschaft zu verwandeln, erwuchs der Widerstand der Schweizer, färbten sich im Jahre 1386 Sempachs Felder blau vom Adelsblut. Hier wehrten sich die Markgenossen mit Erfolg, in den meisten Fällen aber unterlagen sie, und die Landesherren blieben Sieger. Schon im Mittelalter schieden die Landesherren aus den Allmendewäldern vielfach Teile aus für ihren Zweck und wandelten sie um in landesherrliche Domänen.[3])

Als treibendes Moment drängt sich bei diesen Wandlungen die Jagd hervor. Die Wälder hatten wenig Wert,[4]) das Holz, welches der Grundherr für seine Zwecke brauchte, konnte er aus seinen eigenen Waldungen entnehmen; aber die Jagd begehrte er, so weit sie rings

[1]) v. Maurer, Gesch. d. Fronhöfe, II. 477.

[2]) A. Bernhardt, Gesch. d. Waldeigentums, I. 165. — G. Landau, Beiträge zur Gesch. d. Jagd u. Falknerei. Kassel, 1849. 55—63.

[3]) Schwappach, I. 125. 131.

[4]) Bei der Verwaltung des Salzforstes, der heutigen bairischen Rhön, hatte der Lehnsherr, der Würzburger Bischof, wenig Nutzungen. Zwei Drittel aller Gefälle im Salzforst erhielt der Forstmeister, auch die für die Holznutzung mit einbegriffen; das andere Drittel erhielt der Vogt, der Graf von Henneberg. Was blieb also für den

im Umkreis zu erhalten war, denn bei der Hetzjagd konnte das Revier nicht leicht zu groß sein, und der Genuß von frischem Fleisch erschien dem Grundherrn neben dem Vergnügen des Jagens sehr begehrenswert.[1]) Aus diesem Grunde drangen schon die Familie und die Vetternschaft auf eine Erweiterung des Jagdbezirkes. Konnte der Grundherr gar den Wildbann noch erlangen, dann war die Freude groß, dann standen ihm auch Herrenrechte zu, und die Macht pflegt an sich schon eine Quelle der Lust zu sein. Das treibende Moment aber war die Jagd, die den Grundherrn Schirmherrschaft und Wildbann suchen ließ, und beides war der Anfang vom Zusammenbruch der Märkerrechte. Das Jagdrecht der Grundherren, der lokalen Machthaber konnte nur vermehrt werden dadurch, daß es an anderer Stelle fortgenommen und ihnen übertragen wurde. Auf diese Art verloren die Markgenossen ein Grundrecht von hoher Wichtigkeit, dessen Schwinden bald den Verlust von anderen Rechten nach sich zog und sie in Abhängigkeit brachte vom großen Grundbesitz. Die Gemeinfreiheit ging verloren, und ein Hauptgrund war die Jagd.

Über die Wildhege sind wir in diesem Abschnitt noch wenig unterrichtet. Nach den französischen Artus- und Abenteuerromanen waren in der Nähe der Burgen einige Gehölze meistens eingehegt; in ihnen wurde Haarwild und Federwild gehalten, um beim Bedarf in der Küche stets zur Hand zu sein. Aus einem solchen Gehege entnimmt Tristan Fasanen und Rebhühner zur Bewirtung Gawans in dem Roman L'Atre Perilleux.[2])

Auch im altfranzösischen Epos finden sich Stellen, in denen von einem Wildgehege die Rede ist; so wird in Aiol et Mirabel ein Gehege erwähnt, in welchem sich Sauen, Dam- und Edelwild befinden.[3]) Im Dreieicher Weistum von 1338 wird das Eintreiben von Herden untersagt. Sie dürfen den Wald nur so weit betreten, wie der Hirte seinen

---

Bischof übrig? Eigentlich nur die Jagd. Vgl. B. Kmiotek, Siedelung und Waldwirtschaft im Salzforst, Leipzig, 1900. 44—47. Vgl. auch Schwappach I, 286, der sogar aus dem 18. Jahrh. noch ein Beispiel anführt, nach welchem der Wald der Fürsten Schwarzenberg in Böhmen keinen Ertrag abwarf.

[1]) Vgl. unten über die Fleischnahrung der Höfe.

[2]) E. Bormann, Die Jagd in den altfranzösischen Artus- und Abenteuerromanen. Marburg. 1887. 9, 13, 104.

[3]) F. Bangert, Die Tiere im altfranzösischen Epos. Marburg, 1885. 142.

Stab werfen kann; dagegen darf der Hund in den Wald hinein dem Wolfe folgen, muß aber an die Leine genommen werden, sobald er wiederkehrt. Philipp August ließ 1183 den Wald von Vincennes mit einer Mauer umgeben und mit Rotwild besetzen.[1]) Wilhelm der Eroberer entvölkerte ganze Dörfer und ließ Kirchen niederreißen in einem Umkreis von dreißig englischen Meilen in der Grafschaft Hampshire, um einen Forst und Wildstand zu schaffen. Heinrich I. von England legte den ersten Park zu Woodstock an mit einem Umfang von sieben Meilen, er umgrenzte ihn mit einer Mauer und bevölkerte ihn mit Rotwild und vielen Tieren aus der Fremde, sogar mit Löwen und Leoparden, selbstverständlich wohl in Käfigen. Um diesen Park anzulegen, zerstörte er sieben Dörfer, Kirchen und Kapellen. Ihm folgte in der Anlage eines Parks der Graf von Warwick.[2])

Die Hege in freier Wildbahn wird gegen Ende unseres Zeitabschnittes an vielen Stellen schon im Übermaß geübt worden sein, da die Klagen über ihren Mißbrauch im folgenden Jahrhundert in mächtiger Fülle hervorbrechen. Wie unser liebes Heidentum die ganze Natur sinnig zu beleben wußte, so hat es auch die schädliche Wildhege symbolisch dargestellt in den Totenhirschen, welche die Krone der Weltesche benagen, jenes große Symbol der Fruchtbarkeit und göttlichen Lebenskraft.[3]) Anton sagt, daß das Wild in manchen Landschaften so häufig gewesen sei, daß man sich genötigt gesehen habe, die Felder unbebaut liegen zu lassen;[4]) schon im Jahre 1225 verkaufte das Kloster Wirberg dem Kloster Haina Güter in Huckele, weil dieselben durch die Menge des Wildes wüst geworden seien und keinen Nutzen mehr brächten.[5]) Die Forderungen der empörten Bauern, die im Jahre 1525 formuliert wurden, liefen neben dem Verlangen nach der Freiheit der Jagd auch hinaus auf die Abstellung des Wildschadens. Kurfürst Albrecht von Brandenburg rühmt in einem Briefe an seinen Sohn im Jahre 1480 seinen guten Wildbestand an Sauen. Er sagt sodann in landesväterlicher Milde: „Wiewohl sie den Leuten Schaden tun und

---

[1]) Sainte-Palaye, III. 180.

[2]) J. Strutt, Horda-Angel-Cynnan. London 1775. I.

[3]) Die Edda, Reclam, 82.

[4]) Anton, Geschichte usw. III. 507.

[5]) G. Landau, Beiträge z. Gesch. d. Jagd in Deutschland. 1849. 143.

dem wildpret unheimlich sind, wollen wir sie doch sparen, daß wir zu jar auch zu jagen haben."[1])

Welche Not den arbeitenden Klassen aus der übermäßigen Hege erwachsen konnte, zumal wenn der amtierende Jägermeister ein übermütiger Geselle war, kann man daraus ableiten, daß in England zur allgemeinen Freude der Jägermeister Geoffroy Langley im Jahre 1252 entlassen wurde, von dem es heißt, daß er über alle Maßen alle Menschen bedrückt hätte, die er in seine Gewalt bekommen konnte.[2]) Die Stadt Wien beklagte sich während der Minderjährigkeit Albrechts II. über den Vorsteher des Oberforstamts, weil er die Bürger zu sehr molestiere,[3]) und beantragte seine Entlassung. Dem Kaiser Maximilian I. wird im Weißkunig von dem Geheimschreiber und Hofhistoriographen Treitzsauerwein nachgerühmt, daß er die „Hirsche, Steinböcke, Gemsen, Schweine, Murmeltiere, Hasen und anderes Wildpret" in seinen Forsten habe hegen lassen und daß dort niemand schießen oder fangen durfte; er rühmt insbesondere dem Kaiser nach, daß er durch seine Hege das Steinwild vor dem Aussterben bewahrt habe, da dasselbe bis auf vier Stück zusammengeschmolzen gewesen sei. Auch Reiher und Enten ließ Maximilian hegen für das Federspiel, und zwar unter Aufwendung erheblicher Kosten. Als die Folge dieser allgemeinen Wildhege brach nach seinem Tode ein Aufstand unter den Tyroler Bauern aus, der auf die rücksichtslose Vernichtung des gehegten Wildes gerichtet war.

Der Bann, den die Kaiser und die Landesherren auf die Wälder legten, erschuf das vordem ungewöhnliche Verbrechen des Wildfrevels und wir können hier verfolgen, wie die Quelle zu einer langen Reihe schwer bestrafter Taten hervorwächst aus dem fortgesetzten schärferen Abgrenzen des privaten Eigentums am Boden und an seinem Zubehör, der Jagd. Das beanspruchte Eigentum am Wilde hat hier eine Reihe von Konflikten erzeugt, die das Altertum nicht kannte, Konflikte, an denen wir noch heute schwer zu tragen haben. Im Altertum galt das Recht des freien Tierfangs, wenn auch der Grundbesitzer das Betreten seines Eigentums verbieten konnte. Das Altertum war

---

[1]) G. Steinhausen, Deutsche Privatbriefe des Mittelalters, Berlin. 1899 I. 213.

[2]) Jesse, Researches, I. 373.

[3]) F. X. Smoler, Historische Blicke auf das Forst- und Jagdwesen. Prag. 1847. 102.

logisch und klar, denn die wilden Tiere sind nicht im Besitz und müssen erst gefangen werden. Die germanische Auffassung beschränkte das Recht des Tierfangs auf den Grundeigentümer; der Schwabenspiegel (197) spricht es aus, daß das Wild so lange des Grundbesitzers Eigen sei, als es sein Besitztum nicht verlasse. Eigen kann nur sein, was in meiner Gewalt ist, und es ist eine in hohem Maße lehrreiche Tatsache, daß das römische Recht, das zur Stärkung des fürstlichen Machtbereiches in so vielen Dingen eine ausgiebige Anwendung gefunden hat, gerade hier nicht eingeschaltet wurde, wo es für den Bauern sprach.

Die Strafe für den Frevel am Wilde war im frühen Mittelalter noch nicht so strenge, wie sie es später ward, als die Eigentumsrechte am Boden immer schärfer sich entwickelt hatten. Vor dem 14. Jahrhundert galten im allgemeinen nur Geldbußen, kamen selten Leibesstrafen vor. Auch das Sachsenrecht stellt noch den allgemeinen Grundsatz auf, daß am Wilde, den Vögeln und Fischen niemand Leib und Gesundheit verwirken solle, nur das unbefugte Jagen in den Bannforsten stand natürlich unter der Strafe dieses Bannes. Der kaiserliche Bann betrug 60 Schillinge, der Grafenbann ursprünglich weniger, doch erlangten die Grafen später auch den Königsbann.[1]) In dem Weistum des Dreieicher Forstes aus dem 14. Jahrhundert soll der unterschlagene Hirsch von dem Wildhufner, d. h. wohl Förster, mit 60 Schillingen und einem Ochsen, das Reh mit 60 Schillingen und einer Ziege gebüßt werden. Leugnete er die Schuld, so sollte man ihn binden, ihm einen buchenen Knebel zwischen Beinen und Armen durchstoßen und ihn in einen Maischbottich werfen, der mit drei Fudern Wasser gefüllt war; fiel er dann zu Grunde, so galt er für schuldig, schwebte er oben, war er frei. Diese Probe mußte der arme Schelm dreimal über sich ergehen lassen.[2]) In Hadamars von Laber Jagd, einem Gedicht aus dem 14. Jahrhundert, heißt es, daß niemand den Wildbann breche, der einen Fuchs mit Hunden hetze oder in Netzen fange; es scheint, daß nur die hohe Jagd gebannt war.[3]) Die Würzburger Bischöfe zeichneten sich im 14. und 15. Jahrhundert durch schwere Strafen aus, mit denen sie den Wildfrevel ahndeten; dem Hasen-Luser ließen sie die Netze auf dem Rücken verbrennen, einem Schlingensteller ward der

---

[1]) Stieglitz, Geschichtliche Darstellung, 104—107.

[2]) Smoler, Historische Blicke, 73. 74.

[3]) Hadamars von Laber Jagd, herausgeg. von Steiskal, Wien, 1880. Str. 431.

rechte Daumen, einem Fallensteller der rechte Fuß abgehauen.[1]) In dem Rechte des Büdinger Waldes vom Jahre 1425 wird unterschieden zwischen Jagen und Hasen-Lusen; das Jagen wird nur mit einem bunten Ochsen und zehn Pfund Pfennigen bestraft, außerdem hatte der Förster fünf Schillinge zu erhalten; das Hasen-Lusen dagegen wurde mit dem Verlust des Daumens bestraft, und außerdem waren drei Pfund Pfennige an den Förster zu zahlen. Wahrscheinlich wurde der Hasenfang härter bestraft, weil er still und heimlich vor sich ging, während das Jagen durch den Laut der Hunde offenkundig werden mußte. Der Sachsenspiegel bestraft z. B. den nächtlichen Diebstahl an geschlagenem Holze mit der Weide, den am Tage mit der Strafe an Haut und Haar, den offenkundigen Raub an stehendem Holze aber, bei dem die Axt im Walde erklang, nur mit drei Schillingen.[2]) Noch im späten Mittelalter vertreten die Weistümer die Auffassung, daß der für keinen Dieb zu halten sei, der Holz haut und ladet, während der heimliche Frevel arg bestraft wurde. Wer den Wald anbrannte, dem brannte man die Sohlen ab, so im Elsaß im Jahre 1320; der Baumschäler wurde in der Eichelberger Mark mit Herausnehmen des Darmes bestraft.[3]) Man nagelte den Darm mit einem Ende an einen Baum und trieb den Frevler dann so lange um den Baum herum, bis der Darm aufgewickelt war. So verband und heilte der Übeltäter den kranken Baum symbolisch mit seinem Darm und Leben.

Der unsittliche Geist jeder gewalttätigen Eroberung, die ausgeführt wird unter einem Führer, der das eroberte Land verteilt und dadurch den Despotismus gründet, zeigt sich an den englischen Gesetzen, die schon im 11. Jahrhundert nach der Eroberung durch die Dänen und die Normannen schwere Leibes- und selbst Todesstrafen auf den Wildfrevel setzten, zu einer Zeit, als in Deutschland noch niemand an Leibesstrafen dachte. Die Forstgesetze Knuds (1016—1042) erlaubten jedem Freien die Jagd auf seinem Grund und Boden, und Eduard der Bekenner (1042—1066) bestätigte dieses Recht, setzte aber

---

[1]) Kmiotek, Siedlung und Waldwirtschaft im Salzforst. 53—54.

[2]) Sachsenspiegel, II. 28. Die Weide bedeutet Aufhängen; die Strafe an Haut und Haar wurde in der Weise vollzogen, daß man den Übeltäter zunächst durchpeitschte (Haut) und ihm dann mit einem runden Holz die langen Haare aus dem Kopfe drehte (Haare).

[3]) Bernhardt, I. 115—118.

den Tod auf unbefugte Jagd in den Kronwaldungen, und selbst wer unbeabsichtigt ein Wild außer Atem brachte, wurde gepeitscht oder seiner Rechte verlustig und friedlos erklärt. Der Sklave büßte den Tod eines Hirsches mit seinem Leben. Wilhelm der Eroberer (1066—1087) ergänzte diese Bestimmungen dahin, daß, wer auch immer einen Edel- oder Damhirsch ergriff, seiner Augen beraubt werden solle. Die nachfolgenden Könige bestätigten diese Gesetze, bis die drückende Last endlich durch die Magna charta aufgehoben wurde.[1]) Auch in Frankreich finden sich Beispiele einer überaus strengen und summarischen Justiz. Wie Guillaume de Nangis und der Beichtvater der Königin Margarete in seinem Leben des heiligen Ludwig erzählen, hielten sich im 13. Jahrhundert in der Diözese Laon drei junge flandrische Edelleute auf, um Französisch zu lernen. Bei einer Jagd auf Kaninchen, nur mit Bogen und Pfeilen bewaffnet, aber nicht von Jagdhunden begleitet, kamen sie zufällig in das Gebiet des Herrn von Coucy, wurden von dessen Förstern abgefaßt und auf Befehl des Jagdherrn mit ihrem Gefolge, im ganzen zehn Mann, ohne weiteres aufgehängt. König Ludwig wollte dem Grundherrn an das Leben, er hatte das richtige Gefühl, daß hier ein zehnfacher Mord vorlag, aber der hohe Adel hing wie die Kletten zusammen, er fühlte sich in gleicher Verdammnis und trat einstimmig für den Halunken ein: der König von Navarra, alle Prälaten und Seigneurs, die Richter selbst baten um Nachsicht und Milde, so daß der König sich erweichen ließ und den argen Fall nur mit einer Geldstrafe sühnte.[2])

Die Waldwirtschaft wurde zwar beaufsichtigt durch bestallte Förster, wurde aber als ein Teil der Landwirtschaft angesehen und unterstand, wie zur Zeit der Karolinger dem Judex oder Villikus, so jetzt dem Vogt, Schultheiß oder Amtmann. Es gab Oberaufseher der Gehölze, ebenso wurde der Jägermeister zur Aufsicht mit herangezogen, und stellenweise kommen auch schon Forstmeister vor. Das Forst- und Jagdpersonal waren gänzlich geschieden [3]) und weder die Förster noch die

[1]) Jesse, Researches Kap. 32.

[2]) Sainte-Palaye, Mémoires, III. 368—69.

[3]) Es scheint aber doch, als wenn bei kleineren Grundbesitzern auch der Förster mit zur Jagd verwendet wurde. Ein solcher berühmt sich, daß er alles jagen dürfe, ausgenommen Hirsch und Sau. Tobler, Mitteilungen aus der Chanson de geste von Auberi. Leipzig, 1870. 173, 5 f.

Forstmeister hatten eine technische Vorbildung. Ihre Einnahmen bestanden aus einem Durcheinander von allen möglichen Gebühren,[1]) von denen das bare Geld den kleinsten Teil ausmachte, da die Geldwirtschaft auf dem Lande noch wenig zur Geltung gelangt war. Die Forstmeister und die Förster besaßen ihr Amt vielfach als Erblehen in der Weise, daß es auf den ältesten Sohn forterbte; im Speßhart (Mainz) erbte in Ermangelung eines Sohnes sogar die jüngste Tochter.[2]) Die Förster waren Schöffen des Waldgerichts, das z. B. für den Büdinger Wald in Gelnhausen, für den Dreieicher in Langen in jedem Jahre einmal zusammentrat und unter dem Vorsitz des Forstmeisters tagte.[3])

Der sogenannte Salzforst, im wesentlichen die heutige bayerische Rhön, war ursprünglich ein kaiserlicher Bannwald gewesen und im Jahre 1000 von Otto III. an die Würzburger Kirche geschenkt worden. Hier unterstanden die Förster noch dem Hofrichter, dem judex villae, bis im Jahre 1291 ein eigenes Forstamt eingerichtet wurde mit einem Forstmeister an der Spitze. Die Förster hatten bisher die Stellen erblich besessen, wurden aber nunmehr durch adlige Junker verdrängt, die gleich dem Forstmeister sich zur Unterstützung Knechte hielten. Diese Knechte waren auf den Forstschutz vereidigt.[4]) Auch im Salzforst wurde das Recht durch die Förster gewiesen unter der Leitung des Forstmeisters. Der letztere hatte das Recht der Pfändung. Im übrigen erschöpfte sich die Aufgabe des Forstpersonals in der Handhabung der Forstpolizei, daneben hatte es zwar den Wildschutz auszuüben, mit der Jagd aber nichts zu tun.

Das Forstamt des Salzforstes war an Konrad von Wittelshausen, genannt von Rothenkolben, vergeben worden und erbte in der Familie fort. Der Forstmeister hatte ein ausgedehntes Benefizium und bezog außerdem zwei Drittel aller Gefälle des Salzforstes. Eine geregelte Forstwirtschaft war noch nicht vorhanden, der Vieheintrieb abhängig von seinem Plazet. Das Forstpersonal begünstigte die Rodungen der

---

[1]) Bernhardt, Gesch. d. Waldeigentums, I. 174—75. — Kmiotek, Siedlung, 49.

[2]) Roth, Gesch. d. Forst- u. Jagdwesens, Berlin, 1879. 328. —

[3]) Ebenda 336. — Kmiotek, Siedlung, 53. — Landau, Beiträge zur Gesch. d. Jagd und Falknerei in Deutschland. Kassel, 1849. 31—38.

[4]) Vgl. Das Recht des Büdinger Bannforstes von 1425 bei Smoler, Historische Blicke usw. 74.

Ansiedler, weil es dafür Abgaben empfing, und der Mißbrauch dieses Rechtes scheint zum Konflikt mit der bischöflichen Verwaltung geführt zu haben, dem im Jahre 1581 die Abfindung der Familie Rothenkolben und die Aufhebung des Forstamtes folgte.

Die Könige hatten den Salzforst durch ihre Jäger bejagen lassen. Bald nach der Belehnung des Bischofs trat die Scheidung ein in hohe und niedere Jagd; die erste blieb dem Bischof vorbehalten, während die andere dem niederen Adel zugestanden wurde, insonderheit dem bischöflichen Gesinde, den Vögten und Ministerialen. Bald wurde ein Teil des Waldes abgetrennt und eingezäunt als eigentliches Jagdrevier der Bischöfe, während andererseits, und zumal in der ersten Hälfte des 15. Jahrhunderts, neue Jagdgerechtsamen gegen „gewöhnliche Lehenspflicht" verliehen worden sind. Die Lehnsträger haben dann die Ausübung der Jagd weiter verlehnt, wie ja eine Weitergabe des Lehns bis ins dritte und vierte Glied nicht zu den Seltenheiten gehörte.[1])

Die deutschen Kaiser zählten unter den Reichshofbeamten auch oberste Jägermeister. Zur Zeit Heinrichs IV. war ein Graf von Spiegelberg oberster Jäger, zur Zeit Karls IV. der Markgraf von Meißen. Bei hohen Herren gab es schon ein zahlreiches Jagdpersonal. Der Herzog von Bayern-Ingolstadt hatte im Jahre 1418 zwei berittene Hirschjäger mit zehn Knechten zu Fuß, einen Birscher zu Roß, einen Windhetzer zu Roß und fünfzehn Hinterhetzer, die das Wild von der Grenze in die Wildfuhr hineinhetzen mußten.[2]) Herzog Ulrich von Württemberg machte seinem Sohne am 6. Oktober 1477 schriftlich Vorwürfe, daß er zuviel Aufwand treibe. Er habe ihm zugesagt, daß er keine Jäger und keine Jagdhunde halten wolle, und nun habe er einen Jägerknecht und einen Jägerknaben, einen reitenden Windhetzer, einen Knaben und einen Windknecht, und außerdem zu den Bluthunden einen Knaben und einen Knecht.[3])

Kaiser Maximliian I. hatte als Herzog von Österreich, d. h. als Landesherr in den österreichischen Erblanden einen Oberjägermeister, zwei Jägermeister und dreißig Jägerknechte, daneben fünfzehnhundert Jagd-

---

[1]) Waitz, Deutsche Verfassungsgeschichte, II. 20. — Bezüglich der Geschichte des Salzforstes verweise ich auf die schöne Arbeit von Bruno Kmiotek, Siedlung und Waldwirtschaft im Salzforst, Leipzig, 1900.

[2]) Karl Roth, Gesch. d. Forst- und Jagdwesens, 319 f.

[3]) Steinhausen, Deutsche Privatbriefe, I. 183.

hunde.[1]) Im besonderen werden genannt der Gebirgsmeister mit den Gemsenjägern, die Rüdenknechte, der Otterjäger, der Landweidmann, zwei Vogler, der Kaninchenwärter und der Hundeschlager. Zur Beaufsichtigung der Hunde waren dem Oberjägermeister sieben Knechte als Hundewärter beigegeben, dazu noch eine Anzahl Bedienstete und Jägerbuben.[2]) Der Herzog von Burgund, der Schwiegervater Maximilians, hatte sechs Jägermeister und zweiundvierzig Jägerknechte (valets de chiens).[3]) Neben dem Jagdpersonal hatte Maximilian noch eine ausgedehnte Falknerei, dieselbe umfaßte nach dem Weiß-Kunig fünfzehn Falkenmeister und sechzig Falkenknechte, die nichts taten, als Falken abtragen. Ob die Jägerei und das Falkenpersonal zunftmäßig organisiert waren, kann ich nicht sagen, ich möchte es aber glauben, weil z. B. die Birschjäger, die speziell mit der kleinen Jagd sich befaßten, vielfach auf Reisen waren und den Dienst wechselten. Für die hirschgerechte Jägerei gab es wenig Stellen, sie war auf den großen Grundbesitz angewiesen, Birschjäger konnte aber jeder kleine Vasall gebrauchen. Die Birschjäger hießen wegen ihres Wanderlebens später geradezu Reis- oder Reisejäger. Die älteste Angabe darüber finde ich in dem Gedicht „Der Minne Falkner", Strophe 129.[4])

Eine besondere Bezeichnung der Jäger für die Parforcejagd hat sich in Deutschland nicht herausgebildet, weil diese Jagdart bei uns nicht zur eigentlichen Ausbildung gelangte. Im 12. und 13. Jahrhundert finden wir in Frankreich die Jägerei gegliedert in den veneor, archier, chaceor, fauconnier, riveour und forestier. Hier scheint veneor und chaceor ziemlich identisch zu sein, beides bezeichnet den Parforcejäger, während archier der Birschjäger, fauconnier der Falkner war. Den riveour hält Bormann für gleichbedeutend mit dem Falkner,[5]) weil die Falkenjagd meistens in den ebenen Flußtälern stattfand: aller en bois hieß auf die Jagd, aller en rivière hieß auf die Beize gehen. Es kann aber der riveour auch unserm Otter- und Biberjäger ent-

---

[1]) Der Weiß-Kunig, Wien, 1775.

[2]) M. Mayr in d. Vorrede zu „Das Jagdbuch Kaiser Maximilians I." Innsbruck, 1901, 17—18.

[3]) Sainte-Palaye, Mémoires III. 248.

[4]) H. v. Labers Jagd, Ausg. von J. A. Schmeller, Stuttgart, 1850. Anhang.

[5]) E. Bormann, Die Jagd in den altfranz. Abenteuerromanen, Marburg, 1887. 23.

sprochen haben; der forestier war unser Förster. Außer dieser oberen Jägerei kommt noch ein Unterpersonal vor, das als escuier, serjant, valet, garçon, bernier und braconnier bezeichnet wird. Diese Leute hatten bei der Jagd als Gehilfen zu dienen, Pferde und Hunde zu führen, Waffen und Wild zu befördern, teils gehörten sie zum Troß, teils waren sie beritten, teils zu Fuß.

In England standen die masters of hounds den chief-huntsmen gleich, die Rüdenmeister den Jägermeistern oder Meisterjägern; dann folgten erst die huntsmen, die Otter-, Fuchs- und Birschjäger, die yeoman-berners zu Roß und zu Fuß.[1])

Die genaue Abgrenzung der Ämter und ihrer Pflichten ist uns heute nicht mehr möglich, nur bei den Parforcejägern sind wir leidlich unterrichtet, den veneurs oder huntsmen. Die Einrichtungen in England entwickelten sich aus der französischen Sitte, weil die letztere im 11. Jahrhundert durch die Normannen hinübergetragen wurde. Auch in England gab es ein zahlreiches Unterpersonal, die fewteres, veutres, limeres, barcellettars, chacechiens, grooms, pages, foresters und parkers. Die beiden ersten Gruppen hatten mit den Windhunden zu tun, der limerer mit dem Leithund, der barcellettar mit der Armbrust und dem Bogen, der chacechiens mit den Hunden, vielleicht speziell den Spür- oder Fanghunden; grooms und pages waren Anfänger, Lehrlinge, der groom bürgerlicher, der page adliger Herkunft, der forester war Förster, der parker Parkwächter.

Der spätere veneur trat mit sieben Jahren als Jagdpage seinen Dienst an und wurde zunächst dem Hundezwinger überwiesen. Er lernte die Hunde warten, pflegen und führen, lernte reiten, schreien und blasen, das Einjagen der Meute, wurde hirschgerecht gemacht und lernte die schwere Kunst der Vorsuche mit dem Leithund. Etwas Schulunterricht wird ja wohl nebenher gegangen sein; Foix will den Lehrling die Namen und die Abstammung sämtlicher Hunde aufschreiben lassen, bis er sie auswendig weiß. Wahrscheinlich wurde die jägerische Ausbildung durch Kammer- und Tafeldienste im Schloß zeitweilig unterbrochen. Die Erziehung war streng. Der Lehrling wurde einem Meister zugewiesen, der für seine Ausbildung zu sorgen und ihn zu

---

[1]) Baillie-Grohmann, The master of game, London 1904. Chapt. Hunt-officials.

schlagen hatte, wenn er ungehorsam war, so daß das Kind aus Furcht das Unrecht meiden lernte.[1]) Mit zwanzig Jahren rückte der Page auf zum valet de chiens, d. h. zum Jägerburschen, dabei wurde er beritten. Seine Aufgabe war die Vorsuche, das Lanzieren und die Entwicklung der Jagd; bei der Hetzjagd hatte er die Relais zu befehligen, und wenn er der Meute folgte, hatte er auf die Fährte zu achten, die Hunde wieder anzulegen, wenn sie verloren hatten, und in allen Teilen den veneur zu unterstützen. Kam der valet von der Jagd nach Hause, dann hatte er zuerst für sein Pferd zu sorgen; er mußte es abreiben, füttern und mit lauem Wasser tränken. Dann mußte er in den Zwinger gehen und nach den Hunden sehen. „Und dann soll er essen gehen und gut trinken und dann schlafen, und der Grundherr soll ihm von seinem Fleisch abgeben, weil er getreulich seine Pflicht getan." [2])

Erst wenn der Jäger als valet de chiens sich bewährt hatte, wurde er veneur, Hof- oder Meisterjäger, und nun galt er für befähigt zur selbständigen Leitung einer Jagd. Bei der Hofjagd hatte er die Vorbereitungen zu treffen, die Relais abzuteilen und abzusenden; er überwachte das Lanzieren und die Anjagd, und wenn die Meute vorüber war, folgte er dicht hinter ihr. Change und restourse, Wechsel und Widergang hatte er zu besiegen, er bestimmte, wann die Jagd wegen Erschöpfung der Hunde abgebrochen und wann sie wieder aufgenommen werden sollte, und war überhaupt für den Erfolg verantwortlich.[3])

Die Jagdämter wurden zum Teil mit bürgerlichen, zum Teil mit adligen Söhnen besetzt. Die Anwartschaft auf die höheren Ämter eines Meisterjägers, Forstmeisters und Oberjägermeisters hatte natürlich nur der Adel, während die bürgerlichen Hundejungen es meistens nur bis zum Jägerburschen brachten, zum valet. Wie der Adel bevorzugt wurde, zeigt schon der Unterschied im Botenlohn. Dieser war im ganzen Mittelalter gebräuchlich und wurde dem Überbringer einer freudigen Botschaft ausgezahlt. Der Jäger, der im 14. oder 15. Jahrhundert in Frankreich dem König die erste Nachricht von dem Fegen der Hirsche

---

[1]) La chasse de Gaston Phoebus, comte de Foix, Ausgabe von Lavallée, Paris, 1854, 116.

[2]) Foix, Kap. 44.

[3]) Ebenda, Kap. 45.

brachte, erhielt ein Pferd, wenn er von Adel war, er erhielt aber nur einen Anzug, wenn er dem bürgerlichen Pack entstammte. Obwohl im allgemeinen in der Jägerei das Spezialistentum Platz gegriffen hatte, scheint es doch auch Jäger gegeben zu haben, welche die gesamte Jagd umfaßten, wenn auch wohl in keinem Fach so gründlich wie die anderen. In dem altfranzösischen Epos Aiol et Mirabel zählt ein Jäger dem König seine Künste auf: er kann Fische fangen, kennt die Beize mit dem Habicht und dem Sperber, weiß eine Meute Hunde wohl zu führen und einem Keiler mit der Saufeder zu begegnen.[1])

Außer der Naturalverpflegung, dem Lohn und sonstigen Kompetenzen stand der Jägerei das sogenannte Jägerrecht zu, d. h. ein Anteil an der erlegten Beute. Dieser Anteil hat geschwankt nach Zeit und Ort, nach den Ämtern, in welche die Jägerei zerfiel, und nach der Art der Jagdausübung. Im allgemeinen stand der Jägerei die Haut des erlegten Wildes zu, die Verteilung gehörte zu den Pflichten des Oberjägermeisters. Im deutschen Jägerrecht wird der Anteil der Jägerei als furslach bezeichnet. Das Weistum des Spurkenburger Waldes spricht im Anfang des 13. Jahrhunderts die furslach dem Förster zu, der mit zwei Hunden auf der Warte stand. Die furslach umfaßte nach Schwappach Kopf, Hals und Brust, was „vorn abgeschlagen" wurde.[2]) Über das deutsche Jägerrecht ist aus dem Mittelalter sonst nicht viel bekannt, ich lasse daher das englische Jägerrecht hier folgen.

In England erhielt der Rüdenmeister der Hirschhunde die Häute von allem Wild, das durch seine Hunde erfolgreich gehetzt worden war. Der Rüdenmeister der kleinen Hunde (harriers) erhielt das Wild unter Edel- und Damwild, das seine Hunde erjagt hatten. Die Hof- oder Meisterjäger erhielten von allem Wild den Hals; wer das gestellte Wild abfing, bekam ein Blatt und den Rücken. Der Jägerknecht vom Dienst (yeoman of the office) erhielt diejenige Haut, welche bei der curée gebraucht worden war. Die Rüdenknechte der Fanghunde (fewterers) konnten die Haut des Wildes beanspruchen, welches ihre Hunde niedergezogen hatten. Die Förster und Parkwächter erhielten eine Schulter.[3]) In Frankreich erhielt im 13. Jahrhundert nach einer Parforcejagd der

[1]) Aiol et Mirabel, Ausg. von W. Förster. Heilbronn, 1876. 9332 f.
[2]) A. Schwappach, I. 225.
[3]) Baillie-Grohmann, the master of game. Cap. Hunt officials.

Meisterjäger die Haut, den Lendenbraten und die Blätter, die Jägerburschen, wenn sie sich gut geführt hatten, den Hals.[1])

Die Aufgabe der Jägerei bestand darin, die Hofjagden einzurichten und zu leiten, vornehmlich aber war es noch immer ihre Aufgabe, die ausgedehnten fürstlichen Reviere zu bejagen und den Wildkeller zu füllen. Für diesen Zweck wurden sie regelmäßig abkommandiert. Wir besitzen eine Anzahl von dahin gerichteten Verordnungen des Königs Johann von England († 1216) an die Provinzialbeamten, durch welche diese angewiesen wurden, für die Verpflegung der abkommandierten Jägerei Sorge zu tragen. Ich lasse hier ein Beispiel folgen: „Der König an Roger von Neuville usw. Wir senden Euch Wilhelm von Ireby mit seinen Gehilfen, mit fünfzehn Jägerburschen, achtundzwanzig Windhunden und vierundvierzig Meutehunden, um Wildschweine in dem Park von Bricstock zu jagen. Ihr habt dafür zu sorgen, daß das Wild eingesalzen und richtig behandelt wird, welches sie fangen; die Häute, welche sie Euch geben, sollt Ihr gerben lassen. Und wir befehlen, den Bedarf der Jäger zu decken" usw.[2]) In dieser und ähnlicher Art wurden alljährlich Jägertrupps in die verschiedenen Kron- und Bannforste gesendet, und ähnlich wie die Krone in England verfuhren auch die Kronen in Frankreich und in Deutschland. Maximilian I. regelte solche Aufträge persönlich und bis ins einzelne hinein, er schrieb den Jägern vor, in welcher Weise sie das Wild jagen sollten.

Daß der Wildbann vorzugsweise auf das Rotwild und allenfalls noch auf das Schwarzwild gelegt wurde, hat seine Ursache also nicht allein in dem jägerischen Sinn der Fürsten, sondern vor allem in der Schwierigkeit, bei den schwachen Leistungen der Landwirtschaft und der Tierzucht für das zahlreiche Personal der Höfe das nötige Fleisch zu beschaffen. La Flamma klagt über den Luxus des 14. Jahrhunderts und wünscht die Zeiten Friedrichs II. wieder zurück, in denen selbst in Mailand, der reichen Hauptstadt der Lombardei, nur dreimal in der Woche Fleisch gegessen wurde.[3]) Schwierig war die Durchfütterung der Herdentiere im Winter. Der ganze verfügbare Tierbestand, der

---

[1]) La chace du cerf, Gedicht aus dem 13. Jahrh., Auszug bei A. Schultz, Das höfische Leben der Minnesänger. Leipzig, 1889. I. 465.

[2]) Jesse, Researches into the history of the british dog. II. 26 f.

[3]) Voltaire, sämtl. Werke, Berlin, 1786. VI. 408—9.

nicht zur Zucht reserviert werden mußte, pflegte daher im Herbst geschlachtet und gleich dem Wild eingesalzen zu werden.[1]) Die Hofherren bekamen Salzfleisch zu essen, und wenn ihnen das nicht zusagte, dann konnten sie selber zusehen, wo sie besseres Essen herbekamen. Der König Dolopathos läßt in dem gleichnamigen Roman sogar beim Krönungsfeste seines Sohnes neben dem frischen auch gesalzenes Fleisch auftragen. Die Herrschaften selbst aßen natürlich frisches Fleisch, Wildpret, Geflügel und Fisch, am liebsten Rückenstücke und Pasteten, Hechte und Lachse. Auch Eberköpfe kommen vor, ebenfalls das Haupt des Bären. Zur Zeit der Heidenbekehrung hatte der Papst das Essen von Pferdefleisch untersagt, auch das Essen des Hasen und des Bibers. Später sind Otter und Biber klösterliche Fastenspeise, da sie nicht zu den Säugetieren gerechnet werden.[2]) Von zahmem Geflügel finden sich meistens nur Kapaun und Pfau, dagegen werden auch Taucher und Rohrdommeln gegessen. Der Wildschwan, die Wildgans, die Enten und die Hühnerarten werden gejagt, darunter der Fasan, ferner Storch, Trappe, Schnepfe, Kiebitz und Taube; der Schwan wird nicht gegessen, sondern der Federn wegen verfolgt. Das Fleisch wurde meist am Spieße geröstet, nachdem es vorher gespickt worden war, wenn es zu mager schien; andrerseits aber wurde es auch gekocht. Die Gerichte waren stark gewürzt, namentlich mit Pfeffer. Zu den Pasteten wurden Rebhühner, Fasanen und Rehfleisch bevorzugt.[3]) Zuweilen ereignete es sich, daß die Jagd zu ergiebig gewesen war, als daß die ganze Strecke vom Hofe selbst hätte verzehrt werden können, auch die Fässer reichten manchmal zum Einsalzen nicht aus. In solchem Falle war die liebe Vetternschaft allzeit eine freundwillige Abnehmerin und fühlte sich beglückt durch eine Sendung von frischem oder eingemachtem Fleisch. Die Briefe des 15. Jahrhunderts sind voll von solchen Angelegenheiten. Die Markgräfin Margarete von Brandenburg bittet 1485 ihren Schwager um ein Hirschstück, die Herzogin Elisabeth von Mecklenburg 1484 ihre Schwester um Mett- und Leberwürste, Rippespeer und Speckseiten, die Herzogin Dorothea von Mecklenburg bittet 1485 ihren Sohn

---

[1]) Schultz, Das höfische Leben der Minnesänger, I. 448.

[2]) M. Heyne, Fünf Bücher deutscher Hausaltertümer. II. 238.

[3]) Vgl. hierüber E. Bormann, Die Jagd in den altfranz. Artus- u. Abenteuerromanen. Marburg 1887. S. 73—81.

um Aale.[1]) Erst wenn auch die Verwandtschaft versorgt war, erinnerte man sich wohl des bürgerlichen Packs, das nun für sein gutes Geld in den herrschaftlichen Läden Geflügel und Wildpret erstehen konnte. So wurde das Wildpret zu einem „Nationalgericht".

Bei dem Umherziehen der abkommandierten Jägertrupps war es im frühen Mittelalter wohl vorgekommen, daß die Klöster und der Bürgerstand ihnen gastliche Aufnahme gewährt und sie eine Zeitlang verpflegt und beherbergt hatten. Im nächsten Jahre hatte sich der Vorgang wiederholt, man wollte nicht unfreundlich sein und nahm die Leute wieder auf. So entstand allmählich die Sitte der Atzung, und aus der Gewohnheit wurde endlich ein Recht. Daß Karl der Große seinen Ministerialen das Ansinnen stellte, ihm seine Hunde zu füttern, haben wir im vorigen Kapitel gesehen. Mit der Zeit schoben die Ministerialen die angenehme Pflicht ab auf die Hufenbesitzer. Als die Landeshoheit aufkam, nahmen auch Grafen und Bischöfe von ihren „Untertanen" diese Pflicht in Anspruch, und so entstand die sogenannte Hundelege als eine schon im 12. Jahrhundert weit verbreitete Sitte.[2]) Wollten die Untertanen die Hunde nicht selbst in Kost nehmen, wurde ihnen gnädigst gestattet, die Pflicht in Getreide oder Geld zu erfüllen.[3]) In Bayern wurden die Pflichten im 16. Jahrhundert in Geldleistungen umgewandelt. Im Erzstifte Trier mußten die Jäger selbst die Jagdhunde halten, die Spürhunde (canes ad investigendas feras) und die Treibhunde (canes moventes feras). Auch mußten sie für die Nachzucht guter Jagdhunde sorgen.[5]) Ulrich von Würtemberg macht 1477 seinem Sohne den Vorwurf, in Münster im Jagstkreise eine Hundelege „eingerichtet" zu haben, die nie gewesen sei zu Würtembergs Zeiten.[6]) [7]) In Tirol mußten die Klöster Wilten und Stams ein volles

---

[1]) G. Steinhausen, Privatbriefe. I. 270. 252. 276.

[2]) Roth, Gesch. d. Forst- u. Jagdwesens, 309.

[3]) Anton, Gesch. d. Landwirtschaft. II. 355.

[4]) Ebenda, 503—504.

[5]) Maurer, Gesch. d. Fronhöfe, III. 450. Jura archiepiscopi XI, 6 bei Lacomblet, Archiv. I. 324 u. 325.

[6]) Steinhausen, Privatbriefe, I. 182.

[7]) Im Weistum zu Protiche an der Untermosel bei Kochem heißt es vom Jahre 1468: Item haint sie gewijst vom gnädigen Herrn von Trier das gejegs und den wiltpanne, und wanne siner gnaden jeger und hünde by sie qwemen, die sollen in eins heymbürgen huiß gaen, da soll man geben den jegeren zů essen und zů drincken und

halbes Jahr lang den landesfürstlichen Meisterjäger mit seinem Personal und seinen Hunden ernähren, und im anderen Halbjahr fiel die fromme Pflicht den anderen Klöstern[1]) zu. Auch in Frankreich hatte diese Unsitte sich eingeschlichen; ungeniert legte die ganze Jägerei sich und ihre Equipage in die Klöster und lebte famos auf Kosten der Mönche. Karl VI. stellte 1395 diesen Unfug ab und untersagte ihn glattweg. Die Jäger sollten nur in öffentlichen Gasthäusern sich einlogieren und bar bezahlen, was sie für sich und die Jägerburschen, für Pferde und Hunde brauchten.[2]) In Deutschland dagegen werden wir die Atzung wie die Hundelege im kommenden Kapitel in schönster Blüte sehen. Das Stellen der Warten beim Überlandjagen und der Treiber bei den großen Netz- und Heckenjagden ist jedenfalls Frondienst gewesen, ebenso wie das Abstellen des Waldes bei der Jagd auf den Wolf und den Fuchs.[3])

Ein Teil dessen, was über die Bauern zu sagen gewesen wäre, ist bei den Markgenossen schon vorweggenommen, die mehr und mehr aus der alten Herrenstellung hinuntersanken in die unfreie Bauernschaft. Wie sehr die Bauern vor dem Jahre 1500 mit Frondiensten zur Jagd belastet und durch Wildhege bedrückt worden sind, kann ich im einzelnen schwer nachweisen, da ich darüber keine Angaben gefunden habe, doch darf man annehmen, daß alle jene Übelstände, denen wir im 16. Jahrhundert in so reichem Maße begegnen, im Keime schon vorhanden waren und zum Teil sogar schon üppig wucherten. Übrigens ist die Hundelege keine Erfindung des Mittelalters, sie war schon im assyrisch-persischen Reich bekannt, das so viele Ähnlichkeiten mit dem mittelalterlichen Lehnstaat zeigt. Herodot erzählt, daß der Statthalter von Assyrien seine assyrischen Hunde in vier Dörfern untergebracht habe; diese Dörfer hatten die Hunde zu ernähren, waren dafür aber von allen anderen Abgaben befreit.[4]) Ob die Herren im Mittelalter

---

den honden broit, und darzů sint verpflicht alle die daselbst bürgere sint und wasser und weide gebrůichen, sie horen an wene sie wollen; und obe die jeger gesůnnen seile und garn uffwaerts zů foeren, das sollen sie thůn und dieselben seile und garne biß zů Edegre lieberen. J. Grimm, Weistümer, II. 439—40.

[1]) M. Mayr, D. Jagdbuch Kaiser Maximilians I. Innsbruck, 1901. XXVIII.

[2]) Sainte-Palaye, Mémoires III. 257.

[3]) Roy Modus, XLI. — Foix, 226, 230.

[4]) Herodot I. 192.

sich in gleicher Weise anständig gezeigt haben, kann ich leider nicht mitteilen. Noch lebte im Bauern das Gedächtnis an bessere Zeiten, denn der Abschnitt in der Entwicklung des deutschen Volkes, der sich vom 11. bis gegen das Ende des 14. Jahrhunderts erstreckt, gehört zu der am wenigsten unglücklichen Zeit des Bauern und zur wirtschaftlichen Blüte des Mittelalters. Nicht nur im Osten war die bäuerliche Arbeitskraft gesucht, wo durch die berüchtigte Kulturarbeit der Eroberer große Landstrecken öde und wüst geworden waren und nun ohne Anbau lagen, sondern auch im alten Reiche westlich von der Elbe und der Saale hatten bis zum 13. Jahrhundert die Rodungen noch angedauert, die beständig nach neuen Arbeitskräften riefen, sowohl für das Roden selbst, als auch für den Ackerbau. In der gemeinen Mark und in der Beunde [1]) wurden Töchterdörfer gegründet und neue Höfe angelegt; die Hufen wurden erblich, die Zinse festgelegt und der Bauer gegen willkürlich auferlegte Fronarbeit gesichert. Manche unfreien Mansen wurden im 11. und 12. Jahrhundert in Frei- und Zinsgüter gewandelt, sogar die freie Form der Pacht trat auf ohne jede Bindung persönlicher Natur.[2]) Der Tagelohn stieg bis zur Höhe des 14. Jahrhunderts, Bürger und Bauer wurden wohlhabend, hatten gut zu essen und lebten im allgemeinen ohne materielle Not. Im Kolonisationsgebiet richteten die Grundherren die Allmende wieder ein, die im alten Reichsland vielfach schon geschwunden war. Die Gemeinden erhielten die genossenschaftliche Verwaltung, eigenes Gericht, sogar die Jagd ward ihnen zugestanden.[3]) Vom Rheine, aus Holland und Flamland strömten Bauern zu, die deutsche Sitte in die Ostmark trugen. Ungehindert konnten sie ihre Hufe veräußern und verlassen. Die Hufe umfaßte 60 Morgen, das Doppelte der sonst herkömmlichen Fläche. Neben dem neuen Dorfe lag entweder ein geistlicher Großgrundbesitz, oder das 240—360 Morgen umfassende Rittergut eines Vasallen.[4])

---

[1]) Die Beunde ist unangebautes herrschaftliches Land; der Bauer geriet also hier auf herrschaftliches Grundeigentum und wurde um so leichter eine Beute des herrschaftlichen Willens. Darin liegt ganz allgemein eine Ursache der bäuerlichen Unfreiheit, daß der Bauer sich nur noch auf herrschaftlichem Boden ansiedeln konnte, nachdem aller Boden an den Adel oder die Kirche verteilt worden war.

[2]) v. Inama-Sternegg, Deutsche Wirtschaftsgeschichte. II. 163. 199. 202.

[3]) Waitz, Deutsche Verfassungsgeschichte. V. 316.

[4]) Wimmer, Gesch. d. deutsch. Bodens. Halle a. S. 1905. 115.

Allmählich aber hörte die Neusiedlung auf, da alles verfügbare Land vergeben war. Im 11. und 12. Jahrhundert traten Rodungsverbote auf, im 14. Jahrhundert waren sie allgemein.[1]) Im 13. Jahrhundert stockte die Besiedlung westlich, im 14. Jahrhundert östlich von der Elbe, die Ansiedler mußten mit dem gegebenen Lande sich einrichten. Das städtische Leben verlangte Zufuhr von ländlichen Produkten; die Textilindustrie an der Nordseeküste zwischen Rhein und Seine entwickelte einen außergewöhnlichen Bedarf an Wolle und Getreide. Auch nach England wurde das preußische Getreide in Massen ausgeführt, dasselbe wurde vielfach mit englischen Tuchen bezahlt. In Brügge lebten über 50000 Menschen von der Bearbeitung der Wolle, in Löwen, Ypern und Mecheln wurden im Jahre 1350 über 11000 Webstühle gezählt.[2]) Pommern, Preußen, Polen, Brandenburg führten über Danzig, Stettin und Hamburg Getreide und Wolle aus[3]) und die aufkommende Geldwirtschaft machte das Geschäft für den Grundbesitz erstrebenswert. Je mehr Kulturfläche der Ritter besaß, desto mehr Wolle und Getreide konnte er verkaufen; infolgedessen war sein Streben fortan auf die Vergrößerung seines Lehngutes gerichtet. Vom Jahre 1250 ab sind in der Mark Brandenburg adlige Güter von 1200 Morgen keine Seltenheit mehr.[4]) Dieser Zuwachs konnte erfolgt sein durch Roden in der gemeinen Mark, oder auch durch Aufsaugen der Bauernstellen. Der Markgraf hatte die Hoheitsrechte an den Ritter übertragen; dieser erhob für ihn die Steuer und erwarb frühzeitig die Gerichtsbarkeit, damit waren die Bauern schon so gut wie seine Untertanen. Da sie von jeher Fuhren und Baudienste an den Gutsherrn zu leisten gehabt hatten, war auch eine Handhabe für die Ausdehnung der Fronarbeit gegeben, indem man zunächst die Fuhrdienste in Pflugdienste verwandelte. Bald nahm der Umfang der Pflugdienste zu, und der Bauer wurde in seinem Erwerbsleben schwer beeinträchtigt; da er die Bede an den Landesherrn, den Zehnten an die Kirche und den Erbzins an den Grundherrn aber nach wie vor zu leisten hatte,[5]) kam es vor, daß er in Not geriet, und wenn es dann mit den Abgaben

[1]) v. Inama-Sternegg, Deutsche Wirtschaftsgeschichte. III. 13.

[2]) Oppenheimer, Großgrundeigentum u. soziale Frage.

[3]) v. Inama-Sternegg, III. 315 f.

[4]) Wimmer, 115.

[5]) v. Inama-Sternegg, III. 55—60.

nicht klappte, hielt es nicht so schwer, den Bauern von Haus und Hof zu jagen. Schon nach Hofrecht konnte dem Bauern das Gut genommen werden, wenn er es ohne Anbau ließ.[1]) Ein anderes Mittel bot das römische Recht in dem Begriff der Emphyteuse dar, und durch das Landrecht des 16. Jahrhunderts wurde dem Grundherrn zum Vertreiben des Bauern ausdrücklich das Recht verliehen.[2]) Die frei gewordene Zinsstelle wurde eingezogen und zum Rittergut geschlagen. Starb der Bauer ohne Erben, geschah ein gleiches. Die Freizügigkeit der Bauern wurde mählich eingeschränkt. Bis zum Ausgang des 14. Jahrhunderts hatten die Städte einen ständigen Strom der ländlichen Bevölkerung aufgenommen, das hörte jetzt auf, auch sperrten sich die Zünfte ab, und die Kinder des Bauern blieben auf die Scholle angewiesen und wurden zu Untertanen des Gutsherrn. Selbst die Soldheere vermochten nicht die überschüssige Bevölkerung zu fassen, dieselbe zog als Räuber und Gesindel durch das Land. Rücksichtslos wurden die Allmenden aufgeteilt und in landesherrliche Domänen umgewandelt.[3]) Durch den Köder der Freiheit hatte man den Bauern gerufen zum Besiedeln der wüsten Strecken, als er da war, machte man ihn zum Knecht. Die Kirche stand wie immer dem Adel treu zur Seite in der Begünstigung der Unfreiheit, und der weltliche Arm mußte ihren despotischen Zwecken dienen. Heinrich VII. verbot 1311, daß ein eigner Mann aus der Abtei Weißenburg Pfahlbürger werden konnte. Ebenso untersagte er 1312, daß ein Ministeriale, Knecht oder sonst ein höriger Mann zum Nachteil des Stiftes Fulda in Städten, Flecken und Burgen unter Bürger und Burgmänner aufgenommen werde.[4]) Durch diese Verordnungen schnitt er dem Volke zugunsten der Kirche den Weg zur Freiheit ab. Der flüchtige Hörige durfte zurückgeholt, an Leib und Gut gestraft und leibeigen

---

[1]) v. Maurer, ebenda, III. 25, 26.

[2]) Isaacsohn, Gesch. d. preuß. Beamtentums. II. 5—9. Nach dem Landrecht, welches Johann Georg von Brandenburg durch seinen Kanzler Diestelmayer ausarbeiten ließ und welches, wenn auch nicht formell, so doch faktisch auf Jahrhunderte hinaus die Grundlage der Rechtsprechung bildete, kann der Bauer, der sein Gut durch lüderliche Wirtschaft „einsitzt“ und es nicht verkaufen, noch von ihm weichen will, vom Gutsherrn dazu gezwungen werden.

[3]) Oppenheimer, 435. Derselbe verweist auf Lamprecht, W. L. I. 108. 288. 1015.

[4]) Anton, Gesch. d. Landwirtschaft, III. 170—73.

gemacht werden.[1]) Wie wenig die Frage der Freiheit durch religiöse Eingriffe beeinflußt werden kann, zeigt der Beschluß einer Kirchenversammlung aus dem Jahre 1167, der zufolge Papst Alexander III. erklärte, daß alle Christen von der Knechtschaft befreit sein müßten. Die Freiheitsfrage ist technisch-wirtschaftlicher Natur.

Die Landes- und die Grundherren mißbrauchten das Amt der Schutzvogtei dazu, die Verwaltung der Mark sich in die Hand zu spielen,[2]) genossenschaftliche Beamte in grundherrliche Beamte [3]) umzuwandeln und im Waldgericht die Bauernschöffen durch Beamtenschöffen zu verdrängen. Sie verdrängten die Märkerordnungen durch landesherrliche Verordnungen [4]) und wandelten die Landgerichte in Adelsgerichte um,[5]) die nur noch mit Rittern und Prälaten besetzt wurden. Bede und Abgabe an den Vogt, Zins und Fronarbeit wurden mehr und mehr gesteigert, je mehr die Geldwirtschaft den Umsatz und die Habsucht vorwärts trieb, und je mehr das Drohnentum sich selbst von aller Steuer freizuhalten wußte, denn Ritterschaft und Geistlichkeit zahlten keine Abgaben.

Um dieselbe Zeit, in welcher der große Grundbesitz sich zur Landesherrlichkeit verdichtete, entstand aus den leibeigenen und halbfreien Bauern, den alten Kolonen und den gesunkenen Markgenossen der große hörige Bauernstand, der abgelöst war von aller Verbindung mit den besseren Ständen, politisch rechtlos, wenn man ihm in der Selbstverwaltung auch ein Scheinleben noch beließ.[6]) Um 1200 war der große Grundbesitz so ziemlich ausgebildet [7]) und um die gleiche Zeit der hörige Bauernstand; einer ward durch den andern bedingt, wie der Amboß durch den Hammer. Zu allem Überfluß drang das römische Recht noch ein, von den Kaisern sehr begünstigt (nur nicht bei der Jagd!), weil die fürstliche Macht dadurch gestärkt wurde, wenn auch die bäuerliche um so schwerer litt, denn es war das Recht eines Sklavenstaates,

---

[1]) v. Maurer, Gesch. d. Fronhöfe, III. 128.

[2]) A. Schwappach, Handbuch der Forst- und Jagdgeschichte. Berlin, 1886. I. 94, 96, 98.

[3]) Bernhardt, Gesch. d. Waldeigentums, I. 99.

[4]) Ebenda, 165.

[5]) v. Inama-Sternegg, III. 104.

[6]) Schwappach, I. 97.

[7]) v. Janama-Sternegg, II. 108.

das hier übernommen wurde, ungeordnet und durcheinander, so daß die adligen Schöffen sich nicht mehr durchzufinden wußten und ihre Ergänzung durch studierte Richter nötig ward. Die adligen Herren, die meist nicht lesen und nicht schreiben konnten, waren über die bürgerlichen Eindringlinge ungehalten; sie behaupteten, daß Leute, die im Knechtesstande geboren seien, nur die Prozesse instruieren dürften, daß es dem Adel aber allein zustehe, die Nation zu richten. Die nächste Folge des römischen Rechts war eine große Unklarheit und Unsicherheit in allen rechtlichen Fragen [1]) und wer am meisten darunter zu leiden hatte, war der deutsche Michel, der nun überhaupt so ziemlich darauf verzichten mußte, den kostspieligen gerichtlichen Apparat noch in Anspruch zu nehmen und somit zum rechtlosen Mann herabgesunken war.

Aus dem Recht der Jagd folgerte der Adel das Recht der Hege, und der Bauer mußte ihm die Rudel Rotwild und die Rotten Sauen füttern, die allnächtlich auf den Feldern standen.[2]) Von dem natürlichen Recht des Menschen durfte er nicht Gebrauch machen, er durfte seinen Acker, durfte seine Saat nicht schützen durch das Töten des Wildes, das ihm die Früchte seiner Arbeit raubte; die bleichen Frauen Not und Sorge wurden heimisch in des Bauern Hütte. Auch jetzt noch setzte die große Mehrheit des Volkes aus Bauern sich zusammen; hier lag die nationale Kraft, lag die Zukunft Deutschlands, aber gefesselt durch die schlaue List der Drohnen vermöge des privaten Bodeneigentums. Das deutsche Volk hat im Mittelalter nie die Jagd besessen. Schon mußte der Bauer das Wild grüßen,[3]) und der Übermut der Jagdbedienten reizte ihn aufs Blut. Bernhardt sagt: „Aller Glanz des mittelalterlichen Berufsjägertums vermag die dunkeln Seiten der Wirtschafts- und Kulturgeschichte Deutschlands nicht zu verdecken, welche uns von der schmählichen Ausbeutung des herrschaftlichen Jagdrechtes erzählen

---

[1]) H. Siegel, Deutsche Rechtsgeschichte. Berlin, 1889. 126.

[2]) Steinhausen, Deutsche Privatbriefe, Schreiben des Kurfürsten Albrecht von Brandenburg vom 1. 2. 1480. I. 132. — Frhr. v. Berg, Gesch. d. deutschen Wälder, Dresden, 1871. 122. — M. Mayr, Das Jagdbuch Kaiser Maximilians I. Einleitung, XXII f.

[3]) Das Weistum zu Prüm aus dem 15. Jahrh. sagt: „Das wild mit dem geslizenen fuoz; so dem hoffman daz wild mit dem geschlitten fuesz begegnet uff dem Feld, solt er das nit mehr schrecken, dan allein sein kagel davor abtun unserm gnadigen Herrn zu ehren." Heyne, 238—39.

und es ist dem, der mit offenem Auge den Gang der Geschichte verfolgt, wohl verständlich, wie das empörte Rechtsgefühl der Niederen aus dem Volke sich überall mit schrankenloser Wut gerade gegen das Jagdrecht auf fremdem Grund und Boden, ja gegen Wild und Jagd überhaupt wendete, sobald ihm auch nur vorübergehend (wie in den Bauernkriegen) die Macht gegeben war, die verhaßte Institution zu beseitigen."[1])

Im Jahre 1499 beschwerte sich die Ritterschaft unter Georg dem Reichen von Landshut, daß den Bauern nicht einmal gestattet war, sich gegen das Wild zu schützen, sowie darüber, daß die Forstbeamten den Adel gegen alles Recht und alle Gewohnheit von der hohen Jagd auszuschließen sich anmaßten. Im Anfang des 16. Jahrhunderts finden wir derartige Klagen auch an anderen Orten, so in Brandenburg.[2]) Die Unredlichkeit des Forstpersonals erregte vielen Ärger; wir haben hier vor uns den echten Typ des emporgekommenen Ministerialen. Die Forstbeamten vereinigten die Polizei in den Wäldern mit dem Recht zu richten und zu strafen,[3]) und ein Teil der Strafgelder floß ihnen als Einnahme zu. Als der Übermut des Amtes unerträglich wurde, fand der Bauer in der Erinnerung an die frühere, glücklichere Zeit, von welcher ihm die Eltern an den langen Winterabenden erzählten wie von einem sagenhaften Märchenland, wirklich noch die Kraft, sich zu erheben, während es ihm gänzlich an der Kunst gebrach, sich zu organisieren und zu einigen. Die Bauern forderten in erster Linie die Jagd zurück,[4]) der Wildschaden sollte abgestellt, die alte Holzgerechtigkeit zurückgegeben werden, sie forderten das eingezogene Gemeindeland von der Herrschaft wieder, sie wollten die neuen Abgaben nicht leisten und das adlige Gericht beseitigt sehen: lauter berechtigte Forderungen.

Auch hier finden wir wieder die Jagd als die treibende Kraft der staatsrechtlichen Vorgänge. Sie war die Ursache gewesen, daß der

[1]) A. Bernhardt, Gesch. d. Waldeigentums. I. Berlin, 1872. 125.

[2]) Stieglitz, 252—53 f.

[3]) Das Weistum des Dreieichenforstes besagt im Jahre 1338: „.... wer darüber jaget zu der Hecken und begriffen wird, der hat ein Hand verloren und darüber soll ein Forstmeister zu Langen rigten." Ebenda, 67.

[4]) In den zwölf Artikeln der Bauern heißt es: ...aigen nutzig und dem wort gotes nit gemes sein auch in etlichen ortern die oberkeit uns das gewild zu truz und mechtigen schaden haben will uns das unser so got den menschen zu gutem hat waxen lassen die unvernynftigen thier in unnutz verfrezen.

Bann auf Wäldern und auf Feldern lag, sie hatte das Gericht und die Polizei in die Hände der Grundherren gespielt, sie war die Ursache gewesen, daß der große Grundbesitz die begehrlichen Hände ausgestreckt hatte nach den Gemeindewäldern, sie war auch die Ursache der Hege und des Wildschadens. Fast alle Forderungen der Bauern lassen sich auf die Jagd als ihre Ursache zurückführen: der Übergang der Jagd aus den Händen der Markgenossen in die der großen Grundbesitzer war die eigentliche Ursache der Bauernkriege. Leider unterlag das Landvolk mit seinen Heugabeln und Sensen [1]) gegen die Spieße und Kartaunen der geübten Söldnerschar und gegen das Schwert und den Schild der gepanzerten Reiter, zumal es obendrein noch seine Kraft dadurch verzettelte, daß der Aufstand nicht gleichzeitig an allen Orten sich erhob; das Volk ward niedergezwungen und über seinen Heldentod hinweg ergossen sich die trüben Fluten der Adelsherrschaft, die Deutschland an den Rand des Abgrunds brachte und Preußen auf den Feldern bei Jena schmachvoll zusammensinken ließ.

Die Geschichte nimmt so vielfach Partei gegen die Erhebung der Bauern und stellt recht offensichtlich die Grausamkeiten und Roheiten ins Feld, die der empörte Haufe leider ja begangen hat. Was wollen diese vereinzelten Fälle aber besagen gegen die zahllosen Grausamkeiten, welche der Bauer in jedem Kriege durch die adlige Soldateska leiden mußte? Was bedeutet diese rasch verpuffte Grausamkeit gegen all die stille Qual, welche die Bauern zum Teil schon Generationen hindurch von dem adligen Grundherrn ertragen hatten? Wieviel stilles Heldentum war da geboren worden, wie manches Gebet um Erlösung war in der langen Nacht emporgestiegen, die schlaflos und ruhelos durchwacht worden war, wie oft hatte der Bauer seinen Rücken dem adligen Gerichtsherrn bieten müssen, ehe er in seiner letzten und höchsten Not zur Waffe griff? Der Sklave, der seine Kette zerbricht, ist meistens wild und grausam, denn der lange verhaltene Zorn macht sich in raschen Schlägen Luft. Die Schuld aber trug im Mittelalter nicht der Sklave, sondern der Drohnenstand, der durch die fortgesetzte Aneignung der vom Bauern produzierten Güter ihn zum Verzweiflungskampfe drängte.

---

[1]) Schlauerweise hatte der Drohnenstand den Bauern längst das Waffenrechts beraubt. Friedrich I. hatte das Waffenverbot gegen die italienischen Bauern erlassen, aber liebsame Verordnungen wußte man gleichwohl in Deutschland trefflich auszunutzen. Vgl. Schwappach I. 98. — Stieglitz, 177—79.

Wir besitzen in der Edda eine Sammlung von Liedern aus der Zeit des germanischen Heidentums, wundervolle Naturmythen, Skaldensänge, vielleicht im 10. oder 11. Jahrhundert aufgeschrieben, aber dem Inhalt nach aus viel früherer Zeit. Unter diesen Gesängen behandelt der eine die Entstehung der Stände. Heimdold, der Sohn Wodans, der Gott des Regens und der Fruchtbarkeit, wandelt über die Erde auf grünen Wegen und trifft auf ein Haus. Drinnen am Herdfeuer hocken Ahn und Ahne, ein alter Mann und ein altes Mütterchen. Sie bieten dem Fremdling, was sie haben, Brot mit Hülsen gebacken, und alle drei legen sich dann in das gemeinschaftliche Bett. Nach neun Monaten gebiert die Ahne einen schwarzen Knaben,[1]) er wächst und gedeiht, bleibt aber krumm im Rücken, häßlich an Gesicht und grob an den Händen; er muß Bast binden und Holz tragen, und seine Arbeit hört nicht auf. Eines Tages kommt mit platter Nase, brauner Haut und wunden Sohlen ein Mädchen auf den Hof gegangen, bleibt dort wohnen und zeugt mit dem Sohne Heimdolds den Stand der Knechte.

Der Gott geht weiter seines Wegs und trifft ein Haus, in welchem ein rüstiges Paar an der Arbeit sitzt; sie spinnt den Faden und er wirft das Weberschiff. Sie trägt ein Tuch auf dem Haupt, er hat das Haar kurzgeschnitten über der Stirn, den Bart gestutzt und trägt am Leib ein kurzes Wams. Auch hier legt sich der Gott in die Mitte des Bettes, auch hier entsprießt dem gemeinschaftlichen Lager ein Knabe, er hat fröhliche Augen, liebt die Arbeit mit dem Pflug und der Sichel, auf dem Felde und im Hof. Im Kleid aus Ziegenfellen, die Schlüssel am Gürtel, kommt ein Mädchen auf den Hof gefahren, sie bleibt und zeugt mit dem Sohne Heimdolds den Stand der Bauern.

Der Gott geht weiter seines Wegs und kommt in einen Saal; dort sitzen zwei Menschen, die sich mit Tand die Zeit vertreiben. Sie trägt ein blaues Gewand mit blauer Schleppe, Geschmeide liegt auf Busen und Hals. Er nestelt an einem Bogen und prüft den Pfeil. Auf weißem Tafeltuch, in silbernem Geschirr wird der Fremdling bewirtet mit Vogelbraten; auch hier aber ist das Nachtlager gemeinschaftlich,[2]) und nach

---

[1]) Vgl. hierzu 1. Mose, 17 und 18, woselbst durch die Vermittlung des Engels an der alten Sara das gleiche Wunder sich vollzieht.

[2]) Das gemeinschaftliche Nachtlager war eine Sitte, die stellenweise bis ins 18. Jahrhundert sich erhalten hat. Im 16. Jahrhundert war sie bei den Grundherren keine Seltenheit. Die Betten dieser Zeit haben zuweilen eine Breite von

neun Monden gebiert die Schöne einen wonnigen Knaben mit lichtem Haar und einem Auge voll Schlangenblick.[1]) Dieser Knabe lernt „den Schild zu schwingen, zu schärfen den Pfeil, die Sehnen zu binden, den Bogen zu biegen, Spieße zu werfen, Speere zu lenken, Hunde zu hetzen und Hengste zu reiten, im Schwertkampf sich und im Schwimmen zu üben".[2]) Der Junge lernte also Tiere und Menschen zu töten. Er beraubt den Nachbarn seines Landes, schickt seine Leute über die See und läßt sich von dort in wallendem Schleier eine schlanke Schöne kommen, und zeugt mit ihr den Stand der Edlen.

Es dürfte kaum möglich sein, die Stände kürzer, packender und poetischer zu kennzeichnen, als dieser Sang es tut. Unten die breite Schicht der unfreien Knechte, daneben die Markgenossen, der Bürger- und der Bauernstand, der sich noch nicht geschieden hat, weil Gewerbe und Ackerbau gemeinschaftlich getrieben werden. Über diesen Schichten schwebt auf Generalunkosten der Stand der Räuber, der sogenannten Edlen: sie denkt an ihren Putz und er an Jagd, an Raub und Beute. Das war die Art des Adels! Während die große Menschheit in stetiger Arbeit die Kultur erschuf und im Gegensatze zur Natur ihr eigenes Reich erbaute, ließ sie das Raubtier leben in der Mitte, ließ sie von ihm sich peinigen und gab sie ihm die besten Bissen hin. Schwindeltiefe Rätselfragen! So wirft der Falke seine Beute fort, wenn der gemeine Gabelweih ihn darum bedrängt.[3]) Hier steht die Welt am Ende ihres Witzes, und unser Mönch, den wir im Klostergarten ließen, sinnt noch gedrückten Mutes nach über den zweifelhaften Wert der Schöpfungstage. Er fragt sich immer wieder, ob nicht Plato Recht gehabt mit der Lehre von der Nichtigkeit der Welt, von dem unseligen Entschlusse der

---

sieben und acht Fuß. Das gemeinschaftliche Nachtlager war im allgemeinen nichts als eine harmlose Höflichkeit. Die Edda sagt uns aber, daß die Höflichkeit auch weiter gehen konnte.

[1]) Ein merkwürdiger Geschmack, aber es steht so da. Die Verehrung der Schlangen war im Heidentum weit verbreitet und hing zusammen mit dem Ahnenkult. Man glaubte an eine Wiederkehr des Geistes, und da die Schlange die Gewohnheit hat, in die Hütten einzudringen, galt sie für des Ahnen Geist. Vgl. Spencer, Prinzipien d. Soziologie, Stuttgart, I. 401 u. f. Der Schlangenblick war also das Zeichen göttlicher Abkunft. Man achte darauf, daß der Knecht schwarz geboren wird, der Herr aber blond: Germanen.

[2]) Die Edda, übers. von H. von Wolzogen, Reclam. 165.

[3]) Brehm, Tierleben, kl. Ausgabe, Hildburghausen, 1870, II, 213.

Ideen, in das irdische Dasein einzutauchen, in die unruhevolle Existenz von Zeit und Raum, in ein leeres Leben der Gegenwart, die immer wird und immer sich verliert, in den rastlosen Wandel von Werden und Vergehen, von Leben und Tod.

Nicht fern vom Kloster, zum gleichen Bistum gehörig, lebten die Eltern des Mönchs auf einem kleinen Bauerngut. Von dort kam nach dem Kloster hin die Kunde, daß der Bischof dem ältesten Bruder unseres Mönches, der einen Hasen gefangen hatte im Netz, auf dem Rücken dieses Netz habe verbrennen lassen,[1] daß nach Wochen noch der ganze Rücken eiterte, von dort ward unserem Mönch gesagt, daß sein anderer Bruder, getroffen von dem Strahl der ewigen Liebe, welche die Wesen zueinander führt, ein edles, aber unfreies Mädchen sich erwählt habe, und nun in sich und seinen Kindern zum Knecht geworden sei;[2] und als der Mönch nach längerer Zeit den alten Vater heimsuchte, fand er ihn als leibeigenen Menschen wieder: er hatte die Zinsen nicht bezahlen können [3]) und stand jetzt unter der Peitsche des gehaßten Vogts!

Da fluchte der Mönch seinem Leben und der Menschheit mit ihrem Flitterstaat von Parforce- und Falkenjagd und Minnesang, und ahnte nicht einmal, daß er und die Seinen nur ein Symbol geworden waren für die Leiden der Völker in den tausend Jahren des Mittelalters. Je älter das Volk wurde, desto mehr nahm auf dem Lande der Jammer zu. Tausende von Bauern lebten von Geschlecht zu Geschlecht in Furcht und Sorge vor einem Menschen dahin, der wie sie auf tierische Art erzeugt war im Dunkel, der keinen anderen Vorzug besaß, als daß er dem Volke die Nutzung des Bodens vorenthielt. Von Jahrhundert zu Jahrhundert senkte das Volk Leiche bei Leiche in diesen Boden, und immer geiler wuchs die giftige Blume der Unfreiheit. War das menschliche Bewußtsein da ein Segen, das hier zum Drohnentum geführt hatte, dort zum Wissen von dem Elend der eigenen Existenz? Wenn der Bauer noch lachen konnte, so kam das her von der Stumpfheit seines

---

1) So machten es die Bischöfe von Würzburg zwischen 1291 und 1520; vgl. Kmiotek, Siedlung und Waldwirtschaft im Salzforst, 53—54.

2) Vgl. Maurer, Gesch. d. Fronhöfe, I, 44. III, 153. 161. Der Bischof von Münster verhängte die Leibeigenschaft sogar, wenn ein höriger Mann sich ein Weib aus einer anderen Grundherrschaft genommen hatte.

3) So in Mauersmünster, Anton, Gesch. d. teutschen Landwirtschaft, II. 222 bis 223. Andere Fälle gibt Maurer an, Gesch. d. Fronhöfe, II. 84.

inneren Empfindens, von der Verknechtung seines Geistes und dem Traumzustand der eigenen Seele. Sollte sich Gottes Gnade offenbaren an dem deutschen Volke, dann mußte dieses Volk einmal zur Freiheit sich erheben, dann mußte das Bewußtsein Früchte tragen, das so lange nur zu seinem Elend ihm verliehen war. Einmal mußte der Geist die Sklavenfessel sprengen, wenn er ein Ausfluß war des göttlichen Odems und keine Schöpfung einer bösen Macht, die ihr Behagen darin fand, die Milliarden Lebewesen sich bekämpfen und morden zu lassen, mit denen sie die Erde füllte. Dann wäre der Menschheit am wohlsten gewesen, wenn die Götterdämmerung hereingebrochen wäre über diese fürchterliche Schöpfung. Dann mochten die Wasser quellen und rauschen über alles hinweg, was Leben hieß, dann mochten die Welten stürzen zum gähnenden Grunde der Nacht, dann mochte die Flamme fressen die Erde, bis rings nur giftgeschwängerte Dünste zogen, der Urnebel wallte und stand, die Atome schwanden, der Raum zerfloß in ein endloses Nichts und die Zeit in ein ewiges Nein!

Die Jagd als gesellschaftlicher Faktor.

Die Jagd war die beliebte Zerstreuung des Grundherrn, sein altbewährtes Mittel gegen die Langeweile und gegen den wachsenden Umfang des Bauches. In den alten französischen Romanen gilt ein weites und reiches Jagdrevier für das Zeichen eines großen Grundbesitzes. Die Lage der Burg war bedingt durch die natürliche Festigkeit des Ortes, zweckmäßige Verbindungswege und die Nähe wildreicher Waldungen und fischreicher Gewässer. In den Flußtälern und dem ebenen Gelände zwischen den Seen und Teichen lag das Revier der Falkenjagd. Oft wurden Gehege angelegt und mit mannigfachen Wildgattungen besetzt. Dem Grundherrn war es eine Freude, wenn er vom Söller der Burg aus seinem Gast die schöne Landschaft zeigen konnte, sein weitgedehntes Jagdrevier. Wenn er dort am späten Abend mit seinem Gast beim Becher saß und sein Auge über das leicht bewegte Meer der Wipfel gleiten ließ, während der Mond sein volles Licht darauf ergoß, dann stiegen der verlebten Tage silberne Gestalten vor seinem Geiste wieder auf: hier hatte er den starken Achtzehnender erlegt, dort war er mit Mühe dem Angriff eines hauenden Schweines ausgewichen, da der eine Rüde losgelassen hatte, den Gott verdamme! Auch der Gast blieb nicht stumm, ein Abenteuer reihte sich dem andern an und endlich fing man an, Latein zu reden. Beide unterhielten sich aufs trefflichste, und wollte der Gast, nachdem die Geisterstunde längst vorüber war, leise an den Aufbruch mahnen, dann hielt der Burgherr ihn zurück, indem er vorahnend die Worte Klopstocks sprach:

„— — — — Atme auf und trink'!
Wir reden viel noch, eh' des Aufgangs
Kühlungen wehen, von großen Männern!"

Der Gast wurde geehrt und erfreut durch Veranstaltung von Jagden, in erster Linie an den Fürstenhöfen. Auf das heute so beliebte Unterhaltungsmittel, sich in Freiheit dressierte Menschenmassen anzusehen und sie in langen Reihen an sich vorübergehen zu lassen, war man damals noch nicht verfallen. Es gab keine größere Festlichkeit ohne Jagd. Der Inhalt des Lebens war geistig arm; die Religion half aus, so gut sie konnte, mit allerhand Gebeten und frommen Übungen, aber mit der Aussicht auf das Himmelreich kam man nicht hinweg über die irdische Langeweile! Lesen und Schreiben galten nicht für anständig und waren ungesund, ein Werk des Teufels und der Schreiberseelen! Der Tabak wuchs noch unentdeckt bei den Inkas auf der anderen Seite der Erdkugel, die Würfel und das Schachspiel waren Lückenbüßer und vertrieben manche öde Stunde, wenn der Kaplan als brauchbarer Partner sich erwies. Aber Körper und Geist verlangten hinaus ins Freie, man wollte Bewegung haben! Sollte man etwa arbeiten? Um Gottes willen, welche Unverschämtheit! Oft muß es auf den alten Eulennestern zum Sterben langweilig gewesen sein, und es ist leicht einzusehen, wie sehnsuchtsvoll der Burgherr an den Hof verlangte, wie bereitwillig er der Fahne folgte, die ihn in fremde Länder zog, und nun gar ins sagenhafte und geheiligte Land, in welchem Christus gelebt und gelitten! War aber Friede im Reich, nicht einmal die kleinste Fehde auszufechten, und saß der Burgherr wirklich fest an seinem alten Fensterplatz, dann mußte immer wieder das ritterliche Dreigestirn aushelfen, die Liebe, der Becher und die Jagd. Auch jetzt noch wie in früheren Zeiten hörte der Jäger die Messe, während draußen schon das Rüdengebell erklang. Ungeduldig harrte er des Amens. Landgraf Philipp der Großmütige von Hessen pflegte die Messe lesen zu lassen, während er sich anzog. Natürlich hörte er mit keinem Ohre hin, was der Priester sang und sagte. Zuweilen kam es vor, daß der Landgraf fertig war, während der Priester noch andächtig weiter psalmodierte; dann unterbrach er den heiligen Text wohl mit den Worten: „Botz Marter schon, eil dich fort mit dem Grempelwerk", ist auch oft davongeritten und hat den Pfaffen allein die Messe lesen lassen.[1])

Junge Hunde waren die Spielgenossen des Kindes, mit ihnen balgte es sich auf dem Estrich herum, mit ihnen wuchs es auf. Dem jungen Brun de Montagne wurden junge Hunde und Falken schon verehrt, als er noch in den Windeln lag und die Milch der frommen Denkungsart aus seiner Amme sog. Mit vierzehn und fünfzehn Jahren waren die jungen Herren schon große Jäger, wenigstens in den Augen der Basen und Muhmen und der begeisterungsfähigen Hofdichter, denn einen Leithund richtig arbeiten und den Hirsch richtig nach den Zeichen ansprechen haben sie sicher nicht gekonnt.

Die Burgdamen konnten natürlich ihr Interesse der Jagd nicht vorenthalten und reihten sich gern in den fröhlichen Zug, wenn es hinausging in den Wald und auf die Heide. Sie nahmen willig den Falken auf die kleine Faust und kokettierten damit, ihn weidgerecht zu tragen. Es scheint aber, als wenn die Damen um jene Zeit noch soviel gesundes weibliches Gefühl besessen haben, daß sie es vorzogen, von dem eigentlichen Getümmel der Jagd sich fern zu halten, lieber bei den Zelten zu verweilen und an Gottes schöner Welt sich zu erfreuen.

Das Weib wird im ausgehenden Mittelalter doch weicher geschildert als in der Zeit der Kampfspiele. Wie bestrickend klingt der übliche Liebesgruß: „Soviel Laub es jetzt gibt, so viel Liebes, so viel Vögelwonne, so viel Minne, so viel Gräser und Blumen, so viel Ehren sag ihm von mir aus treuem Herzen." Die Schönheit des Weibes zergliedert Suchenwirt wie folgt: „Ein kleiner Fuß mit hohlgebogenem Rist, so daß sich unter ihm ein Zeisig wohl verbergen möchte; blankweiße Füße, mäßige Länge des schlanken und zarten Körpers, weiße Hände mit langen Fingern, ein runder, blendender Hals und Nacken, im Kinne ein Grübchen; glühende Lippen, elfenbeinweiße Zähne, in den Wangen ein zarter Kampf von Weiß und Rot, doch hat das Rot die Übermacht. Die Nase wenig gebogen, braune Falkenaugen, darin das Weiße erglänzt unter dunklen Brauen, die wie mit einem Pinsel gestrichen sind.

---

[1]) G. Landau, Beiträge zur Geschichte der Jagd u. Falknerei. Kassel, 1849. Einleitung.

Das aus Gold gesponnene Haar lockt sich wie Träublein und krauses Laub, darein ein Band von Gold mit Edelstein und Perlen gewunden ist."[1]) Die Poesie schildert die Betätigung der Damen an der Jagd nur in dezenter Weise. So sagt Gace de la Vigne, daß die Damen auf der Hetzjagd nur honnêtement und in Begleitung auf den breiten Straßen und in den Schneisen auf ihrem palefroi[2]) reiten könnten, um die Meute vorbeijagen zu sehen und sich bei den Relais einzufinden, um dem Anhetzen der Windhunde zuzuschauen. Von der Falkenjagd dagegen verloren sie nichts, hier waren sie beständig zugegen und genossen ganz die Freuden des Federspiels.[3])

Die Jagd als wirtschaftlicher Faktor.

Oben ist schon angedeutet worden, daß die Jagd als Nahrungserwerb von ausschlaggebender Bedeutung war, selbstverständlich vorwiegend für den Drohnenstand. In den Romanen ist wiederholt von adligen Familien die Rede, die nur von der Jagd leben, vom Falken und vom Hund. Auch in der deutschen Poesie finden sich derartige Stellen, z. B. in dem Gedicht „von Harm, dem Hunde".[4]) Man kann daher der Jagd in der Zeit des Mittelalters eine wirtschaftliche Bedeutung nicht ganz versagen. Nicht nur als Nahrungsquelle kam sie in Betracht, sondern auch in gewerblicher Hinsicht war sie nicht ohne Einfluß durch die Lieferung von Häuten für die Gerberei, sie erzeugte einen lebhaften Bedarf an Jägerkleidung, Waffen, Netzen und sonstigem Gerät.

Mit den Jagdzelten wurde im Mittelalter ein großer Aufwand getrieben. Da man sich zuweilen ganze Wochen, sogar Monate dem Jagdvergnügen hingab, war das Gefolge meistens ein sehr zahlreiches, und da das Land noch wenig angebaut und oftmals meilenweit keine

---

[1]) A. Primesser in der Einleitung zu Suchenwirts Werken. Wien 1827, 32—33.

[2]) Palefroi war das leichte Reisepferd des Ritters, das er neben dem Schlachtroß führte, dem destrier.

[3]) Ich bin bei den vorstehenden Schilderungen hauptsächlich ausgegangen von der trefflichen Zusammenstellung bei E. Bormann, Die Jagd in den altfranzösischen Artus- und Abenteuer-Romanen. Marburg 1887.

[4]) Veröffentlicht im Liedersaal des Freiherrn v. Laßberg. CXXXVII.

andere menschliche Behausung zu finden war, als vielleicht eine einsame Försterwohnung, mußte man das Obdach mit sich führen. Als im Nibelungenliede die Burgunden zur Jagd aufbrechen, werden zahlreiche Pferde vorausgesandt, welche mit Brot und Wein und Fleisch und Fisch und anderen notwendigen Dingen beladen sind. Die Burgundenfürsten

„hieẑen herbergen für den grünen walt
dâ sie dâ jagen solden, die werden ritter bald",

d. h. sie ließen die Zeltstatt aufschlagen; die Zelte sind zwar hier nicht ausdrücklich erwähnt, aber zweifellos vorauszusetzen. Vor den Zelten war die Küche eingerichtet; hier loderten die mächtigen Feuer, hier hingen die Kessel, hier walteten die Küchenknechte ihres Amtes. Auch die Jägerschar setzt sich auf dem Anger nieder zur Tafel nach vollbrachter Jagd, und von hier aus eilt Siegfried mit Hagen zu dem verhängnisvollen Brunnen, um den Durst zu löschen, der ihm das Leben kosten sollte, weil der tückische Ministeriale in schlau angelegtem Plan zur Tafel keinen Wein besorgt hatte.

Auch im Meleranz finden wir die Zeltstatt auf grünem Plan errichtet. Hier lagert Artus mit seiner Massenie vor dem grünen Wald an einer schönen Aue.[1]) Auch hier ist auf dem Plan die Küche aufgeschlagen, hier wallt der Rauch und knattern die Gluten. Das Lagerleben war lustig und ungezwungen, auch in Gegenwart von Damen. In dem Roman Guillaume de Dole haben die Herren keine Handtücher, als sie nach der Rückkehr von der Jagd sich die Hände waschen wollen. Liebenswürdig und entgegenkommend bieten die Damen ihre Hemden an zum Abtrocknen. Der Dichter sagt: „Bei dieser Gelegenheit legten sie ihre Hände an manches weiße Bein." [2])

Jeder Vasall, der sich im Gefolge des Fürsten befand, pflegte sein eigenes Zelt mit sich zu führen, und je nach seinem Reichtum war auch das Zelt mehr oder weniger reich ausgestattet. Wolfram läßt die Herzogin von Salander in einem Zelte ruhen, das aus dreifarbigem Sammet gebildet und mit reichen Borten eingefaßt war; gegen Regen wurde das Zelt mit einem Lederüberzug geschützt.[3]) Suchenwirt sah ein Zelt-

[1]) Meleranz, 2043—59. Herausgeg. von H. Bartsch. Stuttgart 1861.

[2]) A. Schultz, Das höfische Leben zur Zeit der Minnesänger. Leipzig 1889. I. 470.

[3]) Parzival, III. 405—12.

dach von saphirblauem Samt, darein mit Goldfäden Baumäste und Vögel gestickt waren. Auf anderen Zelten waren Inschriften zu sehen aus Perlen, deutscher, lateinischer und französischer Text. Kaiser Friedrich II. bekam vom Sultan von Babylon ein Zelt geschenkt, welches einen Wert von 800 000 Reichsmark gehabt haben soll.[1])

Andrerseits war man nicht immer und nur auf die Zelte angewiesen, da die Landesherren auch Jagdschlösser besaßen, es wurde also auch die Baulust angeregt durch das Vergnügen der Jagd. Karl der Kahle besuchte oft das Jagdschloß Bacium, das vermutlich an der Isar lag und Karlmann starb daselbst, nachdem er auf der Jagd verunglückt war. Heristallum war ein Jagdschloß an der Mosel, schon berühmt zu Karls des Großen Zeiten; es ging noch über auf Heinrich den Vogler, wurde dann aber von den Normannen zerstört.[2]) Ein solches Jagdschloß wird im Biterolf jeithove, gejeithof genannt, im Erec heißt es jagehûs, im Parzival weidehûs. Das Jagdhaus im Erec liegt in einem See. Zwei Meilen rundherum ist der Wald von einer Mauer umgeben, und innerhalb der Mauer sind drei Gehege angelegt, von denen das eine Rotwild, das andere Schwarzwild und das dritte „kleinen Klunder", Füchse, Hasen und dergleichen enthält. Es sind Hunde da zur Hirschhatz und Windhunde für die Hasen, gegen Schweine und Bären „breite starke Spieße"; auch sonst enthält das Jagdhaus Netze und „gutes Geschütz".[3]) Maximilian I. hatte ein Jagdschloß bei Augsburg, Wellenburg genannt; westlich davon lag das Jagdschloß Seyffersberg, weiter ab das Jagdschloß Dillingen, ferner nennt er selber Jagdhäuser in Günzburg, Weißenhorn, Pfaffenhofen, Angelberg und Oberndorf.[4]) Wo die Jagdhäuser fehlen, wird wohl die Gastfreundschaft der Untertanen in Anspruch genommen, namentlich die der Klöster. In Verbindung damit entwickelten sich dann Atzung und Hundelege.

Die Häute des getöteten Wildes wurden unter anderem auch zu Anzügen und Handschuhen verarbeitet, Tote wurden in Hirschhäute eingenäht, um sie befördern zu können, und es scheint sogar eine allgemeine Sitte gewesen zu sein, die Könige von Frankreich nach ihrem Tode in

[1]) Vgl. die Anmerkung von Pannier zu der eben angeführten Stelle im Parzival. Ausgabe von Reclam.

[2]) F. X. Smoler, Historische Blicke usw. 90.

[3]) Erec, 7123—85, Ausgabe von Haupt. Leipzig 1839.

[4]) Maximilian I. geh. Jagdbuch. Ausg. von Karajan, 26—40.

eine Hirschhaut einzuwickeln.[1]) In der Edda ist die Braut des Bauern in Felle gekleidet;[2]) das ganze Landvolk in den Pyrenäen trug nach Foix im Winter Kleider aus Gemshaut [3]) und noch im 16. Jahrhundert war die Jägertracht aus Tierfell keine Seltenheit. Jakob von Fouilloux, dem wir im nächsten Kapitel als Jagdschriftsteller begegnen, erlebte aus Anlaß dieser Kleidung ein hübsches Abenteuer. Als junger Jäger hatte er an den Ufern der Viette sich heimlich an eine Schar tanzender Hirtinnen herangebirscht, als ein Wolf in die Herde fuhr und ein Schaf riß. In der allgemeinen Aufregung wollte Fouilloux entfliehen, allein die Hunde bekamen ihn zu sehen, und da er ganz und gar in Wolfsfelle gekleidet war, stellten sie ihn nicht nur, sondern griffen ihn auch ernstlich an. Er schrie um Hilfe. Die Schönste der Hirtinnen kam herbei und bannte die Hunde. Ihre Augen trafen sich, sie fanden sich wieder und notwendig entstand daraus

Une tout douce et tout loyale amour,
Qui a duré maint année et maint jour.[4])

Die Jagd als Gegenstand der Kunst.

Die ganze Poesie des Mittelalters ist durchsetzt von Gedanken, die zur Jagd in Beziehung stehen, die Romane wie das Epos, der Karls- und Roland-Kreis gleich wie die Artussage und die antikisierenden Gesänge, das Lied der Nibelungen wie der Minnesang. Der Sinn des Volkes äußert sich im Sprichwort und in der Sage, die vielfach dichterisch verwertet worden ist. In die Erzählung werden jagdliche Episoden eingeflochten, wie in den Nibelungen, im Tristan und der Eneit, die dann zum Fortspinnen der Handlung dienen. In den Nibelungen führt die Jagd zum Tode Siegfrieds, im Tristan zum Eintritt Tristans in den Hof des König Marke, und in der Eneit zum Keuschheitsopfer Didos, das sie dem mit ihr in die Höhle geflüchteten Aeneas bringt, während draußen der Gewitterregen niederrauscht. Die Jäger verirren sich zuweilen auf der Jagd und werden in Abenteuer verwickelt, sie finden eine Fee.

---

[1]) v. Sainte-Palaye, Mémoires III. 205

[2]) Die Edda, Reclam, 164.

[3]) Foix, Ausgabe von Lavallée, 1854, 35.

[4]) E. Jullien, in der Vorrede zu La chasse du loup par Clamorgan.

Von je her war die Jagd ein beliebtes Mittel, um gehaßte Personen aus der Welt zu schaffen; nicht nur der Sänger der Nibelunge hat von diesem bewährten Mittel Gebrauch gemacht; auch Isolde beauftragt zwei Jäger, ihre Gespielin Brangäne meuchlings zu ermorden. Der poetische Vergleich bedient sich gern des Wildes und der Jagd. Das Rotwild ist das Bild der Schnelligkeit, der Hirsch auch das des Stolzes, der Keiler wird zum Symbol für Tapferkeit, für Zorn und Stärke. Der Wolf im Schafstall ist ein beliebter Vergleich, um den Mißbrauch der Stärke dem Schwachen gegenüber zu kennzeichnen, und der Fuchs wird zum Ausbund der Hinterlist. Habicht, Falke und Sperber dienen als Bild der Schnelligkeit und des Angriffs. Der fromme Konrad Megenberg bringt in seiner Naturgeschichte aus dem 14. Jahrhundert viel Vergleiche zwischen Tieren und Menschen, die aber mehr in das Gebiet der Moral als in das der Kunst fallen. So heißt es beispielsweise: „Der Eber ist uns das Sinnbild der grimmigen Leute, die keine Lehre zu guten Werken annehmen wollen und allezeit grimmig und mit ihren Sünden schwarz bleiben."[1])

Oft wird ein Tier der Jagd dazu verwendet, um im Traum dem Schläfer zu erscheinen und ihm die Zukunft anzukünden, ich erinnere an den Traum der Kriemhild. Adler kommen in Verbindung mit Falken öfter vor. Wir gelangen damit in das Kapitel der Traumallegorie.[2]) Häufig läßt der erwachte Schläfer zur Auslegung des Traumes einen Priester kommen, den Magier des Mittelalters. Neben der Traumallegorie gibt es Dichtungen im Mittelalter, in welchen die Allegorie dazu verwendet wird, um einen bestimmten Gedankenkreis auszusprechen, in welchem die Jagd als Träger dieses Gedankenkreises dient. Zuweilen ist die Geliebte entflohen in der Gestalt eines Wildes, und der Jäger sucht sie zu erjagen mit seinen Hunden, welche Tugenden darstellen. Die älteste Jagdallegorie in deutscher Zunge ist die sogenannte Königsberger aus der Mitte des 13. Jahrhunderts, die bekannteste ist Hadamar von Labers Jagd. Laber führt sein Herz als Leithund an der Leine, in der Meute jagen Trost, Treue, Harren, Stete, Zweifel, Glück, Freude usw. Ähnlich ist der Vorgang in „Die Jagd der Minne".

---

[1]) Konrad Megenberg, Das Buch der Natur, übers. von H. Schultz. Greifswald 1897, 99.

[2]) Vgl. hierzu, wie zu den Vergleichen Fr. Bangert, Die Tiere im altfranz. Epos. Marburg 1885. Traumallegorie S. 157.

In „Pipeè, ou la chasse du Dieu d'Amour" hat die Liebe ihr Herz verloren, ein verliebter Hirsch hat es entwendet, der nun gesucht wird. In „Der Minne Falkner" ist die Geliebte als Falke entflohen und zum Luder nicht zurückgekehrt. Gace de la Vigne behandelt den alten Streit zwischen der Jägerei und der Falknerei, welchen von beiden der Vorrang gebühre; die Tugenden treten handelnd auf, die Vernunft leitet die Debatte. Wir finden diese allegorische Dichtungsweise hauptsächlich im 14. Jahrhundert; sie war nüchtern wie die ganze Zeit, deren Schwergewicht in dem Sieg des Handwerks und in einem materiellen Aufschwung lag. Der Geist, der aus der Werkstatt kommt, kann nie so farbenprächtig sein, wie der andere, der sich in der Natur bewegt.

Das Rittertum hatte sich überlebt. Die ersten Generationen des neuen Grundbesitzes waren körperlich frisch und kampfeslustig, die Nachkommen waren es nicht mehr. Für den erwachenden Luxus in den Städten hatten die Rittersöhne des 14. Jahrhunderts mehr Interesse als für die Schranken des Turniers. Suchenwirt tadelt Feigheit und Weichlichkeit, Eigennutz, Wucher, Vorkauf und schnöde Habsucht. Er klagt, daß die Junker sich schnüren, sich Baumwolle in die Seiten legen, sich schminken und falsches Haar anbinden. Sie verkrüppeln die Füße durch enges und spitzes Schuhwerk. In diesen geschnürten Kleidern steckte der Junker steif wie ein Scheitholz. Scherzte einer mit dem andern, gleich hieß es: „Hör auf, mir ist ein Nestel zerbrochen!"[1]) Die Steifheit der Kleidung zeigt sich auch im Briefstil. Ein besonderer Hofstil kam auf mit dem erstarkenden Landesfürstentum, es zeigte sich der hohle Sinn in der gespreizten Anrede. Fürstliche Menschen konnten nicht mehr mit ich und du auskommen und setzten „eure lieb" und „eure gnad" an die Stelle der Pronomina. Diese Ziererei wurde fast Methode, als sie sich zu „eure liebden" und „eure gnaden" noch erweiterte. Kinder redeten ihre Eltern, diese ihre Kinder in solcher Weise an. Es war die Zeit, in welcher als Hauptgericht auf der Festtafel der Pfau zu glänzen pflegte, natürlich dekoriert mit seinem Schweif. Die Hofkanzlei, die ja alles aus der Zeit des absoluten Fürstentums mit rührender Liebe zu bewahren pflegt, und deren Geist auf diese schöne Zeit zurückblickt mit einer Träne nur im wehmutsvollen Auge, kann sich bis heut nicht ganz davon entwöhnen, mit „Eure Liebden"

---

[1]) Peter Suchenwirts Werke, herausgeg. von Primesser. Wien 1827. Einl. 29.

gelegentlich zu prunken. Das Alte stürzt! Selbst im Ballet fallen Tüll und Trikot einer rücksichtslosen Neuerungssucht zum Opfer, und da will die Hofkanzlei noch spröde tun?

Für die Kunst war am Ausgang des Mittelalters nichts zu hoffen. Die gotische Bauweise verlor ihr frisches Leben und die Dichtung konnte nicht mehr in lebenswahren Bildern und Episoden das Gejaid verherrlichen, sondern nur noch in der gesuchten Form einer kalten Allegorie. Die Malerei hat im Mittelalter das Weidwerk weniger zum Gegenstand gemacht als die Dichtkunst, vielleicht, weil sie noch nicht dazu befähigt war, denn ihre Hauptaufgabe lag in der Darstellung religiöser Motive. Als Wappenbild wurde der Eber öfter angewandt, es sind aber auch im 12. und 13. Jahrhundert schon Jagdszenen in den Schlössern an die Wand gemalt gewesen, Bangert gibt mehrere Beispiele davon. Die besten Erfolge auf künstlerischem Gebiet hat die Buchmalerei zu verzeichnen. Eine der Pariser Handschriften des Grafen von Foix ist wegen ihrer reichen Ausstattung mit Miniaturen eine unserer besten Quellen für die Kenntnis des mittelalterlichen Jagdwesens,[1]) und diesen Miniaturen schließen sich andere würdig an; ich erinnere nur an die vortrefflichen Buchmalereien, die dem Jagdbuch und Fischereibuch Maximilians I. beigegeben sind. In der Architektur und im aufblühenden Kunstgewerbe wurden Wild und Hund oftmals verarbeitet.

Die Technik der Jagd.

Die Kleidung des Jägers bestand aus einem Hemd und halblangem Wams, das im Winter grau, im Sommer grün sein sollte; das Winterwams war zuweilen auch mit Pelz gefüttert, bei Maximilian ist es in zierliche Falten gelegt. Regelmäßig ist das Wams gegürtet mit einem Ledergurt, der das Jagdschwert und das Weidmesser trägt. Partenopeus umgibt sich gegen die Kälte mit einem grünen, mit Grauwerk gefütterten Mantel. Bei längerer Abwesenheit wurde der Vorsicht halber ein Regenmantel mitgenommen und hinten auf den Sattel geschnallt. Die Beine steckten meistens in strumpfartigen Hosen, die zuweilen durch besondere Kniehosen von oben her überdeckt wurden.[2])

[1]) M. S. 616 in der Bibliothèque nationale.

[2]) E. Bormann, Die Jagd in den altfranz. Artus- u. Abenteuer-Romanen, 29.

Beim Jagdpersonal zeigen die Bilder meistens die langen Strümpfe unter dem Knie umgeschlagen und die oberen Beine nackt, ob noch eine Hose darüber sitzt, läßt sich nicht erkennen. Es kommen auch schon Röhrenhosen vor, so in den Miniaturen der Ausgabe des König Modus, welche Blaze seiner Publikation zugrunde legte. An den Füßen trug man Schuhe, öfter kommen Gamaschen und hohe Stiefel vor. Das Schuhwerk sollte die Schönheit des Beines zeigen und einen eleganten Fuß.[1]) Auf dem Haupt saß meistens eine Kappe. Reiche Jäger hatten zwei Kappen; die eine wurde vorwiegend im Sommer getragen bei starkem Wind, sie bestand aus halbseidenem Taffet. Die andere war aus Wolle gefertigt und diente gegen Regen und Schnee.[2]) Bei gutem Wetter trug man einen kleinen Filzhut oder die Hubertusmütze, die zuweilen auch auf die Kappe gesetzt und durch ein Band gehalten wurden. Maximilian I. trug im Gebirge noch eine besondere Hirnhaube, die ihn gegen herabfallende Steine schützen sollte, vermutlich ein Ding wie unsere Fechtmasken. Der Reiter hatte Sporen an den Füßen, die über den Knöcheln um das Bein geschnallt wurden, der Bergsteiger trug Fußeisen. Gegen Schnee trug man wollene Socken über Schuhen und Hosen.[3])

Wenig zweckmäßig ist die Jägerkleidung Siegfrieds in den Nibelungen; das „Birschgewand" besteht aus schwarzem Pfellel, d. h. aus einem seidenartigen Stoff, der noch obendrein mit Gold durchstickt war. Dazu trug er einen Hut von Zobel, trotz des Sommers! Der Köcher war mit Pantherfell bezogen und mit Pelzwerk besetzt. Nicht besser kommt Dido fort in der Eneit des Heinrich von Veldecke. Sie erscheint in einem goldgestickten Hemd; darüber hat sie einen grünen, mit Hermelin gefütterten Sammetpelz gelegt, und dabei wird sie auf der Jagd von einem Gewitter überrascht! Auf dem Haupt trägt sie einen Sammethut, das Haar ist mit goldenen Borten aufgebunden. An den Füßen trägt sie Sporen.

Die Waffen waren im allgemeinen noch die gleichen wie im vorigen Abschnitt und zerfielen in Stoß-, Wurf- und Schußwaffen. Siegfried

---

[1]) v. Sainte-Palaye, Mémoires III. 191.

[2]) Geheimes Jagdbuch von Maximilan I., Wien 1858, herausgeg. von Karajan.

[3]) Ebenda. Sehr lehrreich ist für die Jägertracht die Ausgabe des master of game von Baillie-Grohmann, mit Lichtdruckbildern nach dem Pariser M. S. 616 der Jagd des Grafen von Foix.

führt das Schwert, den Ger und den Bogen. Bei dem Ger muß man unterscheiden, ob die Waffe ein Querholz hat oder nicht, im ersten Fall diente sie vorwiegend als Stoß-, in anderen als Wurfwaffe. Besondere Unterscheidungen sind mir im deutschen Wortschatz des Mittelalters nicht vorgekommen. Im Altfranzösischen erklärt Bormann die lance für die eigentliche Stoßwaffe und den espius für den Wurfspieß,[1]) während Foix gerade die umgekehrte Bezeichnung hat: der espieu ist ihm der Ger mit Querriegel und die lance die eigentliche Wurfwaffe.[2]) Im Deutschen wurde der Ger mit Querriegel später Saufeder genannt. Die eigentliche Stoßwaffe ist immer diejenige, auf welche der Jäger das Schwein auflaufen läßt und mit welcher er dem Bären zu Leibe geht, und für diese Zwecke hat Foix den espieu. Die Spitze der Saufeder bestand aus einer zweischneidigen Klinge; der Riegel war entweder fest oder beweglich und in letzterem Fall mit ledernen Riemen angebunden, die auch um den Schaft gewickelt und daselbst vernagelt waren. Man benutzte den espieu, die Saufeder aber auch zum Werfen. Foix wirft die Waffe, wenn er zu Pferd ist, nach dem gehetzten Schwein und versucht ein anderes Mal, sie ihm in den Leib zu stoßen. Als eigentliche Wurfwaffe war der Wurfspeer in Gebrauch, der javelot oder gabelot, im Parzival gabilot genannt. Der Langbogen wurde ergänzt durch den Kreuzbogen, die Armbrust. Der Langbogen sollte nach dem Lorscher Weistum aus Eibenholz gefertigt sein und eine seidene Sehne haben. Auch Foix gibt der Sehne aus Seide den Vorzug vor der üblichen aus Hanf, sie war dauerhafter, elastischer und schoß weiter. Der Bogen sollte, in der Sehne gemessen, zwanzig Handbreiten lang und so biegsam sein, daß der Jäger ihn längere Zeit gespannt halten konnte, wenn etwa das Wild langsam und sichernd näher kam. Der Pfeil sollte acht Handbreiten lang, die eiserne Spitze vier Finger breit und fünfe lang sein. Schon im Jahre 1048 wird die Armbrust in einer Urkunde Tirols erwähnt,[3]) es dauerte aber Jahrhunderte, bis sie den Langbogen verdrängte.[4]) In den französischen

---

[1]) E. Bormann, Die Jagd in den altfranz. Romanen, 32. 33.

[2]) Foix, 54. 219.

[3]) J. R. v. Frank, Der großmächtig Waidmann, Berlin 1898, S. 28.

[4]) Nach Sainte-Palaye, Mémoires, III. 371, kam die Armbrust nach einer Verbesserung durch Andelot um 1554 erst als Jagdwaffe auf. Das mag für Frankreich stimmen. In Deutschland war sie früher üblich.

Artus- und Abenteuer-Romanen kommt die Armbrust als Waffe noch nicht vor,[1]) dagegen wird sie im Tristan Gottfrieds zweimal erwähnt, mit ihr ging Tristan birschen.[2]) Als Kriegswaffe ward die Armbrust früher heimisch; in Paris wurde im Jahre 1359 die Gesellschaft der Armbrustschützen gegründet. Maximilian I. führte mit Vorliebe die Armbrust mit einem Bogen aus Stahl, bei Frostwetter mußte er diesen jedoch ersetzen durch einen Bogen aus Horn.[3]) Neben dem spitzen Pfeil kennt man auch jetzt runde und viereckige Bolzen, boujons und quarels. Auf der Birschjagd trägt der Jäger hinten den mit Pfeilen wohlgefüllten Köcher. An der Seite hängen das Schwert und das Weidmesser, für welches im 12. und 13. Jahrhundert das Wort quenivet üblich war, ein Ausdruck, der mit dem in Norddeutschland heute noch üblichen „Knif" unzweifelhaft zusammenhängt. Zuweilen steht das Jagdmesser in fester Verbindung mit einer kleinen Jagdtasche, welche auf der rechten Seite hängt. Auch escorcheor kommt vor als Ausdruck für das Weidmesser; diese Waffe diente zum Zerlegen. Maximilian will das „Tillmesser" auf dem Degen befestigt wissen. Der Degen, das Jagdschwert lief gleichmäßig spitz nach vorn zu und wurde meistens zum Stechen gebraucht, wenn der Jäger beritten war; er sollte vier Fuß lang und oben an beiden Seiten stumpf sein, damit man sich nicht selbst damit verwunden konnte. Die Schwerter für den Krieg hatten früher eine runde Endigung gehabt, aber seit dem 12. Jahrhundert war hier die spitze Form eingeführt worden. Es ist anzunehmen, daß die spitzen Jagdschwerter ebenfalls im 12. Jahrhundert erst entstanden sind. Das Jagdpersonal war vielfach nur mit einem Weidmesser ausgerüstet, dem escorcheor und späteren Weidener, es trug kein Schwert. Im Gebirge führte Maximilian den Bergschaft, der drei und eine halbe Klafter lang, und den Jagdschaft, der vier Klafter lang sein mußte; letzterer diente zum Ausfällen der Gemsen, eine Jagdart, die weiter unten beschrieben wird. In dem bekannten Triumphzug Maximilians sind auch Gemsenjäger abgebildet. Nach dem zugehörigen Text sollen sie außer den hohen Gemschuhen Fußeisen, Ruckſäcke, Weidemesser, Schneereifen und Gemsschäfte führen.[4]) Gegen den Bären schreibt Maximilian den

---

[1]) Bormann, 31—34.

[2]) Tristan von Gottfried, 16649 u. 17271.

[3]) Geheimes Jagdbuch.

[4]) Henne am Rhyn, Kulturgesch. I. 324.

Bärenspieß vor, der „die rechte Länge" hat und einen kleinen Schaft von zwei Klaftern. Die Schäfte sollten aus ganzem Holz gefertigt sein, nicht aus stärkerem Holz herausgeschnitten. Damit sie nicht krumm werden, legte Maximilian sie in einen langen Kasten, und die ganzen Schäfte ließ er mit grober Leinwand überziehen. Bei der Otterjagd führen die Jäger einen Dreizack nach der Art des Neptun. Die Feuerbüchse scheint in der Jagd nicht viel später in Aufnahme gekommen zu sein als die Armbrust, denn zur Zeit Maximilians kannte man sie schon, aber der Kaiser wollte von ihr nichts wissen.[1]) Desto besser wußten die Tiroler Bauern davon Gebrauch zu machen, die mit den Handbüchsen die Steinböcke wegschossen.[2])

Zur Ausrüstung des Jägers gehörte ein Feuerzeug aus Stahl, Zündschwamm und Feuerstein. Die Waldreviere waren ausgedehnt, die Wege weit und es kam vor, daß auch der einzelne Jäger im Walde übernachten mußte. Wenn er dann kein Feuer anmachen und über demselben das frische Fleisch sich rösten konnte, war er oftmals übel dran, denn Konserven gab es nicht. Der Jäger führte in solchen Fällen ein Felleisen mit, das er hinten am Sattelknopf befestigte und mit Näpfen und Schalen, sowie mit etwas Proviant vorsichtig versah.[3]) Auch der Fürst biwouakiert gelegentlich, und zwar mehrere Nächte hintereinander. Hat er keine Zelte bei sich, wird ihm eine Hütte gebaut aus Zweigen und Laub.[4])

Jeder Jäger des Mittelalters trug an einem Band das Horn, ursprünglich aus Büffelhorn gefertigt, das dem Instrument den Namen gab. Die späteren Hörner entstammten wohl zum guten Teil dem Haupt der zahmen Wiederkäuer. Die Hörner wurden auch aus Elfenbein gefertigt und hießen dann oliphants, aber auch das gehämmerte Metall wurde schon zum Horn verarbeitet. Der Herzog von York spricht im Anfang des 15. Jahrhunderts von getriebenen Hörnern. Die besseren Hörner sollten gewachst sein, ihre Länge zwei Spannen betragen. Man trug das Horn an einem Bande über der Schulter; das Band war oftmals breit und von zarter Hand gestickt. Die Jagdhörner des Mittel-

[1]) Michael Mayr in der Einleit. zu „Das Jagdbuch Kaiser Maximilian I." XII.

[2]) Der Weiß Kunig, Wien 1775.

[3]) Vgl. hierüber E. Bormann, Die Jagd in den altfranz. Artus- u. Abenteuer-Romanen. Marburg 1887, 1—39.

[4]) A. Schultz, Das höfische Leben, I. 469.

alters hatten nur einen Ton. Durch längeres oder kürzeres Anhalten, durch eine Aufeinanderfolge von Tönen mit kurzen oder langen Zwischenpausen wurden die Signale gegeben, durch welche nicht nur die Jäger benachrichtigt, sondern auch die Hunde gelenkt und die ganze Jagd geleitet wurde. Wer eine gute Stimme hatte, konnte auch schreien. Huer et corner, Schreien und Hornen waren das unerläßliche Hilfsmittel der Hetzjagd.[1])

Die Tierwelt war nicht mehr so reich an Arten wie in der Zeit der Markgenossen und der Karolinger. Wisent und Ur waren stark zurückgedrängt, und auch der Elch war seltener geworden. Es scheint indessen, als wenn es im bayerischen Flachland im 15. Jahrhundert die beiden Wildstiere noch gegeben hat.[2]) Im Nordwesten Deutschlands waren sie im 13. Jahrhundert schon verschwunden, während sie im Nordosten sich noch längere Zeit gehalten haben. Herzog Wratislaw erlegte 1364 in Hinterpommern einen Wisent, der stärker war als ein Ur. Der Wisent fristet ja heute noch im Walde von Bialowitsch ein kümmerliches Dasein, während der Ur in Ostpreußen schon im 16. Jahrhundert zu schwinden begann und dann wohl bald ausgestorben ist.. Der Elch zog noch im 16. Jahrhundert durch die pommerschen Wälder und soll sogar aus Sachsen erst im Jahre 1746 geschwunden sein. Das Wildpferd durcheilte noch weite Landstriche im Mittelalter; eine Urkunde aus dem Jahre 1316 zählt mit den verlehnten Wildarten auch die vagi equi auf; in Pommern, in Ostpreußen und Schlesien wurden im 15. Jahrhundert Wildpferde gejagt, und für die Vogesen sind sie bis ins 17. Jahrhundert hinein bezeugt. Der Luchs sprang im Jahre 1500 noch in vielen deutschen Waldungen dem Wilde auf den Rücken, biß sich fest im Genick und durcheilte als ein furchtbarer Reiter oft weite Strecken, bis das Wild zusammenbrach. Die Bärenfährte war dem Jäger auf seinen Reviergängen eine vertraute Erscheinung; in den Jahren 1467 bis 1502 wurden allein in der städtischen Jagd zu Allendorf in Hessen 22 alte und junge Bären teils mit der Saufeder vom

---

[1]) Vgl. über das Horn den Artikel „Horns" von Baillie-Grohmann im master of game, Appendix.

[2]) Albertus Magnus spricht im 13. Jahrhundert vom Buballus, dem Büffel, als einer ganz bekannten Erscheinung und beschreibt den Ur. Er spricht auch von dessen Zähmung als einer alltäglichen Sache; diese Angabe ist wohl geeignet, die Meinung Nehrings zu unterstützen, daß unser Hausrind vom Ur abstammt.

Leben zum Tode gebracht, teils in schlau erdachten Fallen übertölpelt und gefangen.[1])

Die Fangjagd war weit verbreitet und allgemein im Gebrauch. Mit Fallgruben fing man nicht nur den Wolf und den Bären, sondern auch das Wildschwein, das vorher mit Fallobst und Hafer angeködert war; gegen den Bären legte man auch Selbstschüsse. Wolf, Fuchs und Dachs wurden in Schlingen gefangen, die an einem herabgebogenen schwachen Baum befestigt und auf dem Wechsel fängisch gestellt waren. Durch die Berührung mit der Schlinge wurde die Stellvorrichtung des Baumes ausgelöst, derselbe schnellte auf und riß das gefangene Wild mit sich in die Höhe, allwo dann bald der Tod eintrat. Wir haben diese Fangart schon im ersten Kapitel kennen gelernt; sie hatte den Vorteil, daß die Schlinge rasch und energisch zugezogen wurde. Die Jäger stellten auch wohl zwei tischplattenartige Tafeln dachförmig aneinander und legten den Köder in den hohlen Raum. Der hungrige Wolf, der dem Anreiz nicht widerstehen konnte, rührte an dem Köder, die schweren Platten schlugen zusammen und hielten ihn mit eisernen Nägeln fest. Kam es weniger darauf an, des Wolfes habhaft zu werden, als darauf, ihn nur zu töten, so legte man Köder aus, die mit Nadeln gespickt waren, in der Hoffnung, daß der gierige Wolf sie mit verschlingen werde. Sowohl Roy Modus als Foix beschreiben diesen argen Fang; der erstere will ihn im Februar anwenden, wenn der Wolf am hungrigsten ist. Der Jäger macht eine Schleppe und lockt die Wölfe zum Luderplatz. Oben auf das Luder legt er kleine Fleischstücke, die mit Nadeln gefüllt sind. Die Nadeln sollen zwei Zoll lang, an beiden Enden spitz und paarweise aneinandergebunden sein. Wenn das Fleisch verdaut war, blieben die Nadeln im Magen zurück. Unsere Zeit, die mit Gift arbeitet gegen den Fuchs, hat nicht das Recht, gesittet pfui zu sagen. Hätten die Alten das Gift so leicht zur Hand gehabt wie wir, würden sie es wohl den Nadeln vorgezogen haben. Man wußte den Wolf auch im Netz zu fangen.

Daß der arme Lampe eine Beute der Schlinge wurde, ist selbstverständlich, denn das ist sein Schicksal stets gewesen. Man stellte die Schlingen auf an Wegkreuzungen und auf Hasenstegen. Man fing die

---

[1]) Vgl. über diese Angaben Wimmer, Gesch. d. deutschen Bodens. Halle a. S. 1905, 318—25.

Hasen auch in Netzen; an der Brame [1]) entlang wurden in der Nacht leichte Fallennetze aufgestellt, während die Hasen auf dem Felde waren. Zwei Mann umgingen dann das Feld im Bogen, nahmen einen Strick in die Hand, der in gewissen Abständen mit kleinen Schellen behängt war und drängten nun, langsam vorrückend und leise klingelnd, die Hasen auf die Brame zu. Dort fingen sie sich in den Netzen.[2])

Wir haben im ersten Kapitel gesehen, wie vorsichtig die Volksrechte die Einwohner der Mark zu schützen suchten gegen eine Verletzung durch aufgestellte Fallen oder Gruben. Wie notwendig solche Vorsicht war, zeigt ein Erlebnis aus dem Jahre 1480, in welchem ein Herr von Blumeneck auf dem Schwarzwald mit seinem Pferd in eine Wolfsgrube fiel, die drei Bauern so hübsch verdeckt hatten, daß äußerlich nicht das Geringste zu merken war. Er schreibt, er sei mit dem Pferd „drei Stockwerk" tief hineingefallen; das Pferd lag auf seinem Schenkel, so daß er glaubte, sterben zu müssen. Das Pferd starb auch wirklich, er aber bekam den Schenkel frei, grub eine Treppe in die Seitenwand, fiel dreimal wieder hinunter und kam dann endlich an die Oberwelt.[3])

Eine im ganzen Mittelalter übliche Fangart war der Fang in den Hecken, deren Anlage wohl hier am besten ihren Platz findet, obschon ich noch wiederholt auf dieselbe zurückkommen muß. Die Heckenjagd hat sich vielleicht aus der alten Landesverteidigung entwickelt. Es war in frühen Zeiten üblich, weite Grenzstrecken in der Art zu befestigen, daß man künstliche Hecken anlegte, die dem angreifenden Feind ein Hindernis bereiteten und jedenfalls Schutz gewährten vor einem plötzlichen Überfall. Hinter den Hecken und an den Eingängen waren die Grenzwachen verteilt, vielleicht hatten sie zum ersten Schutz schon feste Türme. Cäsar sagt im gallischen Krieg von den Nerviern: „Schon von alten Zeiten her hatten die Nervier, weil sie zu Pferde nicht viel vermögen (und selbst jetzt verbessern sie ihre Reiterei noch nicht, sondern ihre ganze Stärke besteht im Fußvolk), um die feindlichen Reiter aus den Grenzstaaten, bei deren Streifzügen nach Beute, von ihrem Lande abzuhalten, junge Bäume angehauen und niedergebogen; aus deren

[1]) Ich brauche mit Absicht das alte gutdeutsche Wort Brame, das vom französischen lisière verdrängt worden ist.

[2]) Ich bin bis hierher bezüglich der Angaben über die Fangjagd vorzüglich den Angaben des Grafen von Foix gefolgt, der um das Jahr 1387 geschrieben hat.

[3]) G. Steinhausen, Deutsche Privatbriefe des Mittelalters, 386.

häufig zur Seite ausgewachsenen Ästen hatten sie mit dazwischen gepflanzten Dornen und Hecken Gehege, die an Festigkeit den Wällen gleichen, angelegt, durch welche man nicht hindurchdringen, ja nicht einmal hindurchblicken konnte."[1]) Diese Befestigung der Nervier war ein sogenannter natürlicher Verhau. Man legte aber auch künstliche Anpflanzungen an, Hecken, Hagen, Haine, und hat zu diesem Zweck wohl meistens Hainbuchen verwendet, die daher ihren Namen tragen. Diese Dickungen hat man dann wohl noch mit Dornen durchflochten und undurchdringlich gemacht. Eine solche Hecke hatte zuweilen eine Tiefe von fünfzig Schritten. Derartige Anlagen haben sich in Rheinfranken noch über den Dreißigjährigen Krieg hinaus erhalten, sie waren durch dahinter liegende breite Gräben verstärkt. Auf der äußeren Seite zog sich der Verbindungsweg entlang, der Rennweg, und es ist wohl möglich, daß der Rennsteig auf dem Thüringer Walde, die alte Grenzscheide zwischen Thüringen und Franken, früher ein solcher Verbindungsweg gewesen ist.[2])

Schon in früher Zeit mag die Jägerei die Hecken auch schon für die Jagd verwendet haben, etwa in der Weise, daß an den Toren Netze, Schlingen und andere Fangvorrichtungen aufgestellt worden sind, daß dann das Wild gegen die Hecken getrieben wurde, durch die Tore brach und dort gefangen wurde. Später ging man dazu über, für die Jagd besondere Hecken zu errichten, und zwar unabhängig von der Landesverteidigung, an jenen Stellen, die für den Fang des Wildes am besten geeignet waren. Man errichtete die Hecken mitten im Walde, auf einer Blöße zwischen zwei Hölzungen, an der Brame des Waldes, oder auch im freien Feld. Diese Hecken waren teils gepflanzte Hecken, also grünes Holz, teils aus trocknem Holz errichtet, sie waren dem Wilde wohlbekannt und hatten an sich nichts Schreckhaftes. Ihre Höhe betrug acht bis neun Fuß; sie wurden errichtet in einer Zickzacklinie, und zwar in der Art, daß die Winkelspitzen offen blieben. Sollte nun von der einen Seite aus getrieben werden, so wurden an den ausspringenden Winkeln Netze aufgestellt in Beutelform, Hamen, in denen das flüchtende Wild sich fangen mußte, während die einspringenden Winkel durch Reisig

[1]) Cäsar, Der gallische Krieg, deutsch von Oberbreyer, II. 17.

[2]) Vgl. über diese Frage sowie über die Befestigung der Grenzen durch Hecken H. Heß, Der Thüringer Wald in alten Zeiten. Gotha 1898, 56—60.

geschlossen wurden. Sollte das Treiben von der anderen Seite aus stattfinden, kehrte man die Sache um. Im 13. Jahrhundert wurden die Hecken als hag, hage bezeichnet und die Fangvorrichtung hieß der ric oder rick.[1]) Bei den Hecken versteckt wurden Wachen aufgestellt, meistens hinter besonderen Schirmen, die herbeieilten wie die Spinne im Netz, wenn sich ein Wild gefangen hatte, es totschlugen, auslösten und die Hamen wieder fängisch stellten.[2]) Gelang es, ein Rudel Wild gegen die Hecken zu drücken, konnten die Jäger mit einem einzigen Trieb einen reichen Fang tun, und es ist klar, daß diese Fangweise ebenso bequem war als ergebnisreich und mörderisch. Sie widerstrebt daher dem gesunden weidmännischen Gefühl und ist auch schon im Mittelalter von der guten Jägerei verurteilt worden, man ließ sie nur gelten als Küchenjagd. Übrigens waren diese Heckjagden im Mittelalter noch lange nicht so mörderisch wie die eingestellten Jagen der späteren Zeit. Der Verfasser des Roy Modus rühmt als ein besonderes Ergebnis die Strecke, die König Karl IV. von Frankreich (1322 bis 1328) an einem Tage durch Heckenfang erzielte und die sich nur auf sechsundzwanzig Stück Schwarzwild belief. Gleichwohl äußern sich nicht nur französische, sondern auch deutsche Stimmen in verächtlichem Sinne, eine erfreuliche Tatsache, deren Würdigung ich mir für den Rückblick am Schlusse des Kapitels vorbehalte.

---

[1]) Königsberger Jagdallegorie, Zeitschr. für deutsches Altertum, Berlin 1880, 254 f., 33, 35, 95, 176, 177.

[2]) Vgl. hierüber: Le Verrier de la Conterie, l'école de la chasse aux chiens courans, Chasse du loup, chap. 4. — Jullien, E., Anmerkungen in la chasse du loup, par Clamorgan, Paris 1881, 117. — Lacroix, P., Erläuterungen in le bon varlet de chiens, Paris 1881, 86. — Bouchart-Huzard, la chasse à la haie, Paris 1858. — Die deutsche Literatur des Mittelalters spricht von „in die Hecke sliefen", „jagen nach seilen und zu den netzen", „an hecken vahen" und „an hecken slahen": Hadamar von Laber, 41, 126, 216, 321. — Die Jagd der Minne hat auch „hecken slachen", „ein heckjäger, der führte netz und sail", Ausgabe des Frhr. v. Laßberg, Liedersaal. Suchenwirt spricht von „rauher Heck", wo die „wartt ze wilde ist", in dem Gedicht XVIII, Hans von Traun. Bezüglich der Konstruktion der Hecken verweise ich auf Foix, la chasse, chap. 60. Er will sie im Frühjahr anlegen als Verhau, der sich neu begrünt: je mehr „Öffnungen", desto besser. Jost Amman hat in seinen Bildern eine Schweinsjagd dargestellt, die im Hintergrunde eine Hecke erkennen läßt, die aber gerade verläuft, also nicht zickzackförmig, und in den Öffnungen fängisch gestellte Schlingen zeigt.

Nach und nach wurden die feststehenden Hecken durch die beweglichen Netze und hohen Tücher verdrängt, denen schon Roy Modus und Foix im 14. Jahrhundert den Vorzug geben. Ein Hauptgrund für die Beseitigung der festen Hecken war wohl weniger ein weidgerechter Sinn, als die Wilderei, der die Hecken Vorschub leisten mußten. Roth bringt eine Urkunde, in welcher angeordnet wird, daß der Förster ein oder zwei Stück Wild für den Erzbischof von Trier vor Weihnacht oder Fastnacht fangen soll; die Einzäunung soll er aber sogleich wieder abbrechen und die Seile (Schlingen) soll er verbrennen, damit nicht später dort Wild gefangen werde.[1]) Hier handelte es sich um eine ad hoc hergestellte tote Hecke.

Neben dem Fang des Haarwildes bestand ein ausgedehnter Vogelfang, über den wir durch Petrus de Crescentiis wohl am besten unterrichtet sind, einen Italiener, der um das Jahr 1300 ein Buch über die Feldarbeit geschrieben hat, das bald ins Deutsche übersetzt wurde. In diesem Buche hat er über den Vogelfang sich ziemlich eingehend verbreitet. Man fing Vögel und Tiere in der Kastenfalle, einem langen Kasten, der an den Kopfenden offen war. Inwendig köderte man mit Getreide und Lockvögeln. Wurde der Köder berührt, fielen vor die Eingangsöffnungen zwei Klappen und schlossen damit den Kasten. Auch der Fuchs ward auf diese Art gefangen und natürlich mit Fleisch geködert. Nachher wurde er ertränkt. Man fing die Vögel ferner mit Leim, mit Netzen und mit Schlingen. Leimruten steckte man in abgeästete Bäume, die an einer übersichtlichen und freien Stelle standen; die Vogelwelt lockte der Fänger dadurch herbei, daß er einen Uhu oder eine andere Eule, oft sogar den kleinen Kauz, in den Baum oder neben ihn auf einen Pfahl setzte.[2]) Bei dem allgemeinen Haß der Vögel gegen alle Eulen kamen sie herangeflogen, stießen auf die Eule und waren wohl so unvorsichtig, sich auf die geleimten Zweige zu setzen, um den Gegenstand ihrer Abneigung in nächster Nähe und mit Muße zu betrachten. Habichte und Falken köderte man mit einem Huhn oder einem Stück Fleisch und fing sie in Schlingen, Sperber lockte man durch einen anderen Sperber, der in einem Bauer saß. Ein allgemein

[1]) Roth, Gesch. des Jagd- u. Forstwesens, 1879. 304.

[2]) Diese Anwendung der Eulenarten bestätigt im 13. Jahrh. auch der Scholastiker Albertus Magnus. Kap. Bubo.

verbreitetes Fanginstrument war der Kloben, ein gespaltenes Klobenholz, das aber nur klaffte, nicht auseinanderfiel und durch eine Stellvorrichtung gesperrt wurde. Die Vögel setzten sich auf die Kanten, um das ausgestreute Futter aufzunehmen, der Vogelsteller zog die Stellvorrichtung auf, der Kloben schlug zusammen und fing die Vögel an den Zehen.[1]) Rebhühner suchte man mit Hilfe eines kleinen Hundes auf, der unter Wind die Felder abrevierte und feststand, sobald er die Witterung von Hühnern in der Nase hatte. Zwei Jäger gingen alsdann von hinten vor, indem sie zwischen sich ein großes horizontales Netz trugen, das an den beiden schmalen Enden, wo die Jäger anfaßten, durch eine Stange begrenzt war. Mit diesem Netz überdeckten sie zugleich den Hund und die Hühner. Wir werden im nächsten Abschnitt das Netz unter dem Namen Tyras wiederfinden. Wußte man, wo Hühner lagen, so stellte man hinter ihnen wohl ein Netz auf, das aus einem langen Sack (Hamen) mit zwei Flügeln bestand und suchte nun von der anderen Seite her die Hühner langsam in das Netz zu treiben. Um die Person des Treibers zu verbergen, trug der letztere ein rotes Tuch in der Form eines Schildes vor sich her. Man hat dies Verfahren später die Jagd mit dem Treibzeug genannt und das rote Schild ersetzt durch eine gemalte Kuh. Wahrscheinlich war aber auch im Mittelalter schon das Schild in der Form einer Kuh gehalten. Auch Fasanen wurden auf diese Art ins Netz getrieben. Die Wachtelhähne lockten die Vogelfänger ins Garn, indem sie die Stimme der Weibchen nachahmten. Rebhühner und Wachteln fing der Jäger mit Pferdehaarschlingen auf den Stoppeln, auch Wasservögel, Tauben und andere Vögel fing er in dieser Art, und zwar mit Vorliebe an den Nestern, in denen sie brüteten! Es bestand also nicht die leiseste Art von Schonung oder Sorge für den Nachwuchs. Roy Modus bringt doppelte Schlagnetze in Anwendung und lockt mit gefesselten und in Käfigen befindlichen Vögeln, ganz wie später unsere Vogelfänger.[2]) Ich glaube, daß die Kunst des Vogelfangs schon im Mittelalter ziemlich abgeschlossen war und sich in Italien speziell als

---

[1]) Eine Beschreibng gibt Keiserberg im Brösamlin, allerdings erst aus dem Jahr 1517. 91 a.

[2]) M. Heyne, fünf Bücher deutscher Hausaltertümer, II. 246 u. f., unterscheidet:
Klebenetze mit weiten Maschen, woran die Vögel hängen bleiben,
slagenetze, slagegarn, das auf die Vögel niederschlägt, glutinabium,
zugegarn, das von der Schutzhütte aus gezogen wird.

ein Vermächtnis der Römer erhalten hat. Einer originellen Art, Raubvogelhorste auszunehmen, möchte ich noch Erwähnung tun, die uns Crescentius überliefert und die darin bestand, daß man ein Wiesel an eine lange Stange band und es hinaufhob ins Vogelnest. Das Wiesel biß den jungen Raubvögeln die Köpfe ab und warf sie einen nach dem andern hinunter.

Die Hetzjagd im freien Revier war die beliebteste Jagdart des Mittelalters; man nannte sie in Deutschland das Überlandjagen, in Frankreich die chasse à courre, au cours oder à l'accourre.[1]) Die Entwicklung dieser Jagdart zu einer eigenen Kunst hat sich in Frankreich vollzogen mit dem Aufkommen des großen Vasallentums. Die Elemente dieser Jagdart wurden den fränkischen Eroberern von den unterworfenen Kelten dargebracht, denn wir haben gesehen, daß nach der Überlieferung Arrians im Altertum die Hetzjagd auf den Hirsch und den Hasen in erster Linie von den Kelten geübt worden ist. Die germanischen Eroberer haben diese Jagdart zweifellos gekannt und mitgebracht, haben sie in den keltischen Landen aber in einer höheren Entwicklung vorgefunden, haben sich dieselbe angeeignet und die Jagd in Verbindung mit der keltischen Bevölkerung bis zu der Höhe fortgeführt, welche sie in Frankreich im 14. Jahrhundert erreichte. Wollte man der keltischen Bevölkerung nicht einen erheblichen Einfluß auf die Entwicklung der Hetzjagd zuschreiben, dann würde es unverständlich sein, warum die Hetzjagd in Frankreich und in England zur hohen Blüte sich entwickeln konnte, während sie in Deutschland über die Höhe eigentlich

[1]) v. Wagner will zwischen jagen und hetzen unterschieden wissen, wenigstens im 16. Jahrhundert, je nachdem Jagdhunde oder Hetzhunde dabei verwendet wurden. (v. Wagner, Über die Jagd des großen Wildes im Mittelalter, Germania, Vierteljahrsschrift für deutsche Altertumskunde, Wien, 1884. 110 u. f.) Ich glaube den Unterschied im Mittelalter nicht durchführen zu müssen. Erstens fehlt es an einem Sammelwort für die verschiedenen Arten des Jagens, wenn nicht Hetzjagd als solches verendet werden soll, dann finde ich im Mittelalter diese scharfe Scheidung nicht, die Wagner hier auch nur vermutet. Das Wort Hetzjagd als besondere Jagdart kommt im Mittelalter nicht vor, hetzen wird nur gebraucht im Sinn von anhetzen, und zwar beim Überlandjagen; so hetzt schon die Königsberger Allegorie die Hunde an (8), Laber hetzt in die ruore (10. 18. 20.), Suchenwirt hetzt aus der rur (144), und Maximilian hetzt die bluthundt an (Geh. Jagdbuch) und die Wind (Jagdbuch), dann ist allerdings von einer windthetz die Rede, aber doch nur als Teil des Überlandjagens. Auch die französische Jägerei hält z. B. bei der Saujagd den Ausdruck chasser fest, obgleich sie dabei Jagd- und Hetzhunde verwendet. (Foix, Kap. 42. 53).

nicht hinausgekommen ist, die sie schon bei den Römern erreicht hatte. In Frankreich, in England, in Deutschland war das germanische Blut das herrschende, warum war die Ausbildung der Hetzjagd also in Frankreich eine andere als im Deutschen Reich? Man sagt, nach England hätten die Normannen die Parforcejagd hinübergebracht bei der Eroberung des Landes. Diese Ansicht ist wohl zutreffend, wenn sie auch einer kleinen Einschränkung bedarf. Zunächst haben wir im zweiten Kapitel gesehen, daß von den wallisischen Fürsten sowohl als auch von den sächsischen Eroberern das Überlandjagen in England geübt worden ist, ehe die Normannen daselbst Fuß faßten. Eduard der Bekenner war ein leidenschaftlicher Hetzer. Sodann ist es sehr fraglich, ob die Parforcejagd in Frankreich selbst schon fertig ausgebildet war, im Gegensatz zum Überlandjagen, als Wilhelm der Eroberer nach England fuhr. Mit Sicherheit anzunehmen ist dagegen, daß die französische Jagdart später in England eingewandert ist unter dem Schutz der vielen persönlichen Beziehungen, die zwischen dem normännischen Herrenstand in England und dem französischen Mutterlande fortbestehen mußten, ganz abgesehen davon, daß zeitweilig das halbe Frankreich englisch war. Wie kam es aber, daß die Parforcejagd in Frankreich und in England zur Entwicklung kam und nicht in Deutschland?

Zunächst ist, wie schon gesagt, wohl zweifellos die keltische Grundbevölkerung von Einfluß gewesen. Sowohl in Frankreich als in England hat sie dem Eroberer die Hetzjagd als eine nationale Eigentümlichkeit auf einer relativ hohen Stufe überliefert, und in Frankreich haben die Römer, in England die Sachsen diesen angenehmen Zeitvertreib mit Freuden aufgegriffen und gepflegt. Diese Voraussetzung war in Deutschland nicht vorhanden; hier fehlte das keltische Blut, hier haben die siegreichen Stämme eine feinere Jagdart nicht vorgefunden, es fehlte ihnen das feste Fundament, auf dem sie hätten weiterbauen können. In Frankreich ist die Entwicklung ferner begünstigt gewesen durch die frühzeitige Ausbildung des großen Grundeigentums, denn die Hetzjagd verlangt ein weites Jagdrevier. Schon vor der Eroberung durch die Römer war Gallien zerfallen in eine Anzahl großer Grundherrschaften, und die Zustände der Abhängigkeit und der „freiwilligen Ergebung" in die Schutzherrschaft der Großen, die dem deutschen Mittelalter ein so charakteristisches Gepräge gaben, hat der staatsmännische

Blick Cäsars schon als gallische Eigentümlichkeit erkannt.[1]) Die Eroberung durch die Römer brachte einen Teil der großen Grundherrschaften in römischen Besitz, trug aber auch römische Kultur ins Land. Ein halbes Jahrtausend hat diese Kultur dort segensreich gewirkt, ehe die fränkischen Barbaren einbrachen. Die Franken hatten nichts Eiligeres zu tun, als den großen Grundbesitz sich soweit zu eigen zu machen, als er irgend zu haben war; er wurde, wie wir im zweiten Kapitel gesehen haben, durch die Krone neu verteilt. Dieser Grundbesitz hat in Frankreich schnell, und zwar schneller als in England und in Deutschland, zu einem mächtigen und selbständigen Vasallentum geführt, das Ludwig II. und Suger, Philipp der Schöne, Ludwig XI. und Richelieu erst brechen mußten, ehe eine staatliche Einheit möglich war. Dieses Vasallentum hat die Parforcejagd geschaffen, begünstigt durch die vorgefundene keltische kunstvolle Art des Hetzens und die relativ hohe Kultur, die an den Galliern schon Cäsar rühmt, die Frankreich jenen großen Vorsprung verschafft hat, der ihm zum Teil bis heut geblieben ist, in materieller Hinsicht wie in geistiger. Die Vasallen besaßen das ausgedehnte Jagdrevier, sie zogen aus dem Grundbesitz vermöge der hohen Kultur eine ergiebige Einnahme, sie hatten die Mittel, ein großes Jagdpersonal und zahlreiche Meuten zu unterhalten. Das Jagdpersonal führte altes keltisches Blut und liebte die Hetzjagd als uralte Landessitte; die Meuten führten keltisches und römisches Blut und waren von Alters her rein gezüchtet und geschult. Gace de la Vigne schätzt die Zahl der Meuten in Frankreich in der Mitte des 14. Jahrhunderts auf 20 000 Stück![2]) Da konnte die Hetzjagd gedeihen, da entwickelte sie sich zu der kunstreichsten und feinsten Jagdart aller Zeiten. Auch in England fand die Parforcejagd fruchtbaren Boden, denn auch hier schuf die normännische Eroberung einen neuen und reichen Drohnenstand, der jetzt im Oberhause sitzt; England wurde von Wilhelm dem Eroberer in 60 000 neue Baronien aufgeteilt. Auch hier führte das Jagdpersonal keltisches Blut, und dieses Jagdpersonal hat hier wie in Frankreich an der Ausbildung der Parforcejagd die Hauptarbeit getan. Die Drohnenklasse konnte nur leiten und die Mittel zur Verfügung stellen, ein Ansinnen, dem sie natürlich mehr als gern entsprochen hat. Die eigent-

[1]) Jul. Cäsar, D. gall. Krieg, VI. 13. 15.

[2]) Clamorgan, la chasse du loup, Ausgabe von Ernst Jullien, Paris. 1881. 43.

liche jagdtechnische Arbeit aber blieb dem Personal vorbehalten, und eine Arbeit verlangte die Parforcejagd, eine angestrengte, mühselige Arbeit, die nur in einer harten Schule zu erlernen war. Daß diese Arbeit nur dem Vergnügen des Drohnenstandes diente und für die Kultur nicht eigentlich produktiv war, ist eine beklagenswerte Tatsache, die hier aber nicht in Frage kommt.

In Deutschland fehlte das keltische Blut im Jäger wie im Hund, fehlte die Vorschule, fehlte zunächst der materielle Reichtum, der den Grundbesitz befähigt hätte, ein zahlreiches Jagdpersonal, Pferde und Meuten zu unterhalten. Deutschland war gegen Frankreich in der Kultur um Jahrhunderte zurück und es trat noch mehr zurück durch die Einverleibung der östlichen Provinzen. In Frankreich setzt die jagdliche Literatur im Anfang des 14. Jahrhunderts ein, in Deutschland erst im 17. Jahrhundert;[1]) in Frankreich ist die Sprache schon im 14. Jahrhundert festgefügt, während sie um diese Zeit in Deutschland noch über Stock und Stein stolpert. Als der Drohnenstand in Deutschland reich genug geworden war, um die Parforcejagd sich zu leisten, fehlte es ihm doch am Personal. Maximilian I. hatte über 30 Jägerknechte und 1500 Jagdhunde, und dennoch konnte er keine Parforcejagd abhalten. Im Weiß Kunig wird ihm ja auch die Parforcejagd angedichtet; tatsächlich aber ist von ihr nichts nachweisbar, und die Behauptung nichts als die

[1]) In Frankreich beginnt die kunstgerechte Jagdliteratur mit Roy Modus im Anfang des 14. Jahrhunderts, ihm folgt am Ausgang des 14. Jahrhunderts das Buch vom Grafen Foix, dabei sehe ich ab von Dichtungen, die vor Roy Modus schon und nachher noch die Jagd behandelt haben. In Deutschland sind am Ausgang des 16. Jahrhunderts Übersetzungen französischer Jagdbücher erschienen, so von Stephano und Libalto, Clamorgan, Fouilloux, es sind auch diese Bücher geplündert worden und mit ihrer Hilfe und ohne dieselbe sind am Ausgange des 16. Jahrhunderts die Anfänge einer deutschen Jagdlitteratur entstanden, so im Feierabend und im Roß Meurer. Werke, welche dem Roy Modus und der Jagd des Grafen Foix sich an die Seite stellen lassen, haben erst Tänzer und Hohberg geschrieben am Ausgang des 17. Jahrhuundert, etwa 360 Jahre nach Roy Modus und 300 Jahre nach Foix. Die sogenannte Jagdliteratur des Kaisers Maximilian I. ist nicht das Ergebnis einer ernsten Arbeit, sondern eine höfische Spielerei, die keinen anderen Zweck hatte, als den Kaiser zu verherrlichen, die ihm Taten andichtet, die er nie begangen, Eigenschaften, die er nie besessen hat. Es ist ein Glück, daß wir diese Literatur haben, wir lernen manches aus ihr, aber ein Werk von jagdtechnischem Werte findet sich unter den ganzen Schriften nicht, zu einer solchen Arbeit war die deutsche Kultur noch lange nicht reif.

höfedienerische Phrase einer begeisterten Schreiberseele. Später traten dann Kulturverhältnisse ein, welche der Entwicklung der Parforcejagd nicht günstig waren. Die gewerbliche Blüte in den Städten lenkte den Sinn der Grundbesitzer hin auf materielles Wohlleben; Kleidung, Essen und Trinken, Schloßbauten, Maitressen und Soldaten verzehrten die Einnahmen, die immer noch weit zurückblieben hinter denen der französischen Seigneurs. Der Dreißigjährige Krieg plünderte Deutschland aus, der materielle Erwerb mußte von neuem anfangen. Als er sich erholt hatte, stellte die französische Revolution die alten Verhältnisse so völlig auf den Kopf, daß nun an eine Parforcejagd erst recht nicht mehr zu denken war. So ist diese Jagdart trotz mehrfacher Versuche in Deutschland nie recht heimisch geworden. Wir wollen nun zuerst das Überlandjagen besprechen und dann zur Parforcejagd übergehen. Dabei beschränke ich mich in beiden Fällen auf das Edelwild.

Wir haben das Überlandjagen schon im ersten Kapitel getroffen und von Arrian gehört, daß es namentlich von den Kelten und von den Völkerschaften an der Donau fleißig geübt wurde. Daß der Leithund zur Zeit der Römer in den Jagdkreisen eine altbekannte Erscheinung war und zum Aufsuchen des Wildes diente, kann nicht bezweifelt werden, wenn man die römischen Schriftsteller liest. Gratius Faliscus schildert uns, wie der Hund am Riemen des Morgens in der Frühe die Brame absucht und diejenige Fährte festhält, auf welcher der Jäger ihn fortarbeiten läßt. Der Hund darf nicht zu sehr gelobt werden, damit er nicht laut wird. Kommt der Jäger an eine Dickung, in welcher er das Wild vermutet, so greift er vor, indem er die Dickung umzieht. Steht die Fährte heraus, wird sie weiter gearbeitet. Wir sehen also hier eine Arbeit mit dem Leithunde, welche der späteren Auffassung völlig zu entsprechen scheint. Ganz ähnlich schildert Arrian die Vorsuche (VIII. 2). Auch er läßt den Jäger mit dem Hund am Riemen die Fährte ausarbeiten bis zum Lager des Wildes, speziell des Schweines, er betont das Schweigen des Hundes, läßt nach der Vorsuche die Dickung mit Netzen umstellen und das Schwein aufjagen. Daß auch den Markgenossen der Spür- oder Leithund nicht unbekannt war, haben wir im ersten Kapitel gesehen. Der Leithund kommt in der französischen Literatur des Mittelalters vielfach vor, sowohl im Karls-Epos als auch in den französischen Romanen; er heißt liëmier, loïmier, liemmer, liamier usw.[1]) In der deutschen Literatur wird er als laithund, spürhunt bezeichnet. Im Tristan Gottfrieds wird er nicht besonders genannt, doch kann man aus der Verwendungsart des einen Hundes entnehmen, daß es ein Leithund war.[2]) Auf der Jagd des König Marke haben die Hunde am Abend den Hirsch verloren. Am nächsten Morgen „begann des Jägermeisters Mühe". „Ans Leitseil nahm er einen Hund, der ganz nach seinem Sinne stund"; er bringt ihn auf die kalte Fährte des gejagten Hirsches und arbeitet diese aus „durch Felsgewirr und Schilf und Rohr", bis der Hirsch hoch wird und die Jagd weiter gehen kann. Das Gedicht ist im Anfang des 13. Jahrhunderts geschrieben worden. Im Meleranz kommt der leithunt vor und wird geführt an einem seidenen Seil. Hier scheint auch eine regelrechte Vorsuche stattgehabt zu haben, denn hier fragt der Jägermeister die Knechte, als er sie im Walde trifft, ob kein Hirsch bestätigt (ervarn) sei.[3]) Einer der Knechte antwortet ihm, daß er den stärksten Hirsch bestätigt habe, der ihm je vor Augen gekommen sei. Der Jägermeister sprengt den Hirsch mit dem Leithund selbst aus dem Bett, dann werden die jagenden Hunde auf die Fährte gesetzt. Im Nibelungenlied bittet Siegfried den König Gunther um einen „suochman", und Gunther verspricht ihm deren vier, „dân ist wol bekant der walt und auch die stêge".[4]) Später bittet Siegfried um „einen brakken, der so genozzen hat, daz er die verte erkenne der tiere durch den tan!" Dieser Hund wird gleich darauf als „spürhunt" bezeichnet, ist aber natürlich in unserem Sinne als Leithund aufzufassen, während der suochman dem späteren Besuchknecht entspricht. Es heißt im Nibelungenlied dann weiter, daß der Hund aus dem Bett oder Lager viel Tiere hochgemacht habe, die von den Jägern dann erjagt worden seien.[5]) Die Niederschrift des Nibelungenliedes wird in die zweite Hälfte des 12. Jahrhunderts gesetzt. Wir sehen hier eine regelrechte Leithundarbeit angedeutet und das Lancieren des Wildes.

Aus den angeführten Quellen geht hervor, daß der Gebrauch des

---

[1]) E. Bormann, Die Jagd in den altfranzösischen Artus- und Abenteuer-Romanen. Marburg, 1887. 42. — F. Bangert, Die Tiere im altfranzösischen Epos. Marburg 1885. 173.

[2]) Tristan und Isolde, übers. von Pannier. Leipzig. 17313—350.

[3]) Meleranz, herausgeg. von Karl Bartsch. Stuttgart 1861. S. 59.

[4]) Niebelungenlied, Aventiure XV am Schluß.

[5]) Ebenda, Aventiure XVI.

Leithundes im Mittelalter zum Aufsuchen des Wildes allgemein üblich war, und zwar nicht nur in Frankreich, aus dessen Literatur manche deutschen Dichtungen entnommen sind, wie Tristan und Isolde, sondern auch in Deutschland, eine Tatsache, die allein schon aus dem Nibelungenlied gefolgert werden kann, in zweiter Linie aus dem Meleranz.[1]) Das Weistum des Spurkenburger Waldes entstammt dem 13. Jahrhundert und rechnet auf die Meute einen Leithund.[2]) Im 14. Jahrhundert fließen die Quellen reichlicher, wie sich sogleich ergeben wird.

Die Art des Überlandjagens kann der Leser sich am besten klar machen, wenn er mich auf einige derartige Jagden begleiten will, die uns als Dichtungen in der Form der Allegorie überliefert sind. Diese Dichtungen behandeln das Überlandjagen; die erste und älteste aus der Mitte des 13. Jahrhunderts, die in allemannischer Mundart geschriebene sogenannte Königsberger Jagdallegorie, verwendet zwar auch die Hecke bei der Jagd, endet nachher aber doch als Überlandjagen. Die jagdliche Ausbeute dieser Dichtung ist aber so gering, daß ich sie hier übergehe.[3]) Die anderen Dichtungen sind „Die Jagd der Minne", wohl aus dem 14. Jahrhundert und mitgeteilt im Liedersaal des Freiherrn von Laßberg,[4]) sowie „Die Jagd" von Hadamar von Laber, einem pfälzischen Grundherrn, geschrieben um die Mitte des 14. Jahrhunderts.[5]) Ich lasse alles Beiwerk fort und schäle nur den jagdlichen Kern heraus und lasse die hauptsächlichsten Ausdrücke der damaligen Weidmannssprache im Wortlaut des Originals einfließen.

In „Die Jagd der Minne" will ein Jäger jagen und holt seinen Leithund.[6]) Er zieht mit ihm hin über Heide und Gefilde und stößt

[1]) Meleranz ist im 13. Jahrhundert geschrieben und entstammt wahrscheinlich einem wallisischen Text, der mündlich überliefert wurde. Vgl. Bartsch in der vorgenannten Ausgabe.

[2]) Roth, Gesch. des Forst- u. Jagdwesens, Berlin 1879. 34.

[3]) Der Leser findet sie in der Zeitschr. für deutsches Altertum, Berlin 1880.

[4]) Liedersaal, Sammlung altdeutscher Gedichte nach ungedruckten Quellen, herausgegeben von Joseph v. Laßberg II. 1822. Gedicht CXXVI.

[5]) Hadamar von Labers Jagd, herausgeg. von Steiskal, Wien 1880; eine ältere Ausgabe hat J. A. Schmeller geliefert, Stuttgart 1850.

[6]) Daß im 14. Jahrhundert der Gebrauch des Leithundes eine allgemeine Sitte war und das Bestätigen zu den notwendigen Pflichten grundherrlicher Jäger gehörte, geht daraus hervor, daß im Trierer Forstamt ein Jäger seines Lehns verlustig erklärt wurde, wenn er in dieser Richtung nicht genüge tat. A. Schwappach, I. 224. — Die

auf eine Fährte, nach welcher der Hund lebhaft „griffen wart": der Jäger folgt nun des „wildes vart" über Stock und Stein. Der Hund beginnt „die vart beschrieen und ward lüt"; der Jäger droht dem Hunde und bringt ihn dazu, daß er still fortarbeitet. Der Jäger „hangt nach", bis er des Wildes ansichtig wird. Er zieht nun den Leithund zurück und wendet sich dem Orte zu, wo ihn der Knecht mit der Meute erwartet. Von einem Abtragen des Leithundes ist hier so wenig die Rede, als sonstwo im Mittelalter. Als der Jäger den Knecht im Hörbereich seines Hornes glaubt, stößt er ins Horn. Der Knecht hört am Signal, daß der Jäger „wild bestellet hatt"; antwortet und zieht ihm entgegen. Der Jäger wird von dem Knecht mit Meister angeredet. Er nimmt die zwei besten Hunde an die Leine und läßt sie auf der Fährte des Wildes fortarbeiten. Der Jäger sieht das Wild, er zuckt ins Seil, die Hunde stutzen, heben den Kopf und sehen das Wild nun auch. Jetzt werden sie beide gelöst und die Jagd nimmt ihren Anfang. Es ist eine allgemeine Regel der Hetzjagd, die das ganze Mittelalter festgehalten hat, daß nur einer oder zwei der besten Hunde anjagen dürfen. Läßt man gleich die ganze Meute los, dann überstürzen sich die jungen Hunde und nehmen leicht eine falsche Fährte an; hören sie aber nachher die alten Hunde jagen, dann eilen sie diesen nach.[1])

Der Jäger stößt nun ins Horn und „schreit" den Hunden zu, um sie anzufeuern. Er ist zu Fuß gleich seinem Knecht und sucht durch beständiges Kupieren der Jagd zu folgen. Er hört den einen Hund „klingen, das es durch den wald erdoß", groß waren seine Freude und seine Wonne. Es jagen einstweilen nur die beiden sicheren Hunde. Nach einiger Zeit hört der Jäger an der Stimme, die „lut und da bi heiß" war, daß sie Standlaut geben. Er schreit seinen Hunden zu, läuft hin, springt über einen Bach und sieht nun das Wild „uff einem stain zu bill". Plötzlich tauchen fremde Hunde auf, die Hunde eines Heckenjägers,

---

kleine Schrift „von der hirß wandlung", abgedruckt im Anhang zu „Kaiser Maximilians I. geheimes Jagdbuch", bespricht die Zeichen des Hirsches so eingehend, daß man in ihr das Ergebnis einer langjährigen Arbeit mit dem Leithund nicht verkennen kann, und um allen Zweifel zu benehmen, rät sie am Schluß dem Jäger noch ausdrücklich an, mit dem Leithund fleißig zu arbeiten. Der Herausgeber Karajan setzt die Schrift ins 14. Jahrhundert.

[1]) Le livre du Roy Modus et de la Royne Racio, herausgeg. von Elzéar Blaze, Paris 1839, feuillet XVI.

mit dem wir uns weiter unten noch beschäftigen werden, und mischen sich unter die Hunde unseres Jägers. Bestürzt sagt er zum Knecht: „Lieber gesell, nu rat!“ Der Heckenjäger hat ihnen „uff den loff gehetzt“ und seine Netze ausgespannt. Der Knecht rät, die Hunde „von dem bill“ zu nehmen und sie einzufangen, da des Heckenjägers Hunde nicht viel Wild „über lant“ gehetzt haben und bald ermatten werden. Es geschieht. Die Jäger ziehen mit ihren Hunden quer durch den Wald und kupieren die Jagd, denn bald treffen sie das Wild wieder und hetzen nun auch wieder an. Nach der Meinung des Knechtes steht „ein lustreiches jagen“ bevor, wenn das Wild aus dem Walde noch „über lant“ will.[1]) Aber die Hunde des Heckenjägers jagen noch immer mit; wieder steht das Wild „zu bill“, überfällt die Hunde und flüchtet weiter. Darob freut sich unser Jäger, und jetzt läßt er all seine Hunde schießen. Nach einiger Zeit teilt sich die Jagd; ein Tier flüchtet an unsern Jägern vorbei, gefolgt von den Hunden des Heckenjägers, diese haben also gewechselt. Die Meute unserer Jäger aber hat inzwischen das Wild „den walt hin uz über lant“ gejagt, die Jäger hoffen auf eine gute Jagd, und damit schließt das Gedicht.

In „Die Jagd der Minne“ wird die Vorsuche von dem Jäger selbst ausgeübt, hohe Jäger hatten dazu ihr eigenes Personal, die späteren Besuchknechte. Wir werden sie bei der Parforcejagd in voller Tätigkeit sehen, doch sind sie auch beim Überlandjagen in Anspruch genommen worden, speziell auch in der deutschen Jagd. Wir haben sie schon gefunden im Meleranz und in den Nibelungen; eine andere Spur gibt die literarische Hinterlassenschaft Maximilians I. Der Kaiser kümmerte sich sehr speziell um die Jagd, beauftragte gern seine Jäger persönlich mit irgendeiner Jagdausübung und schrieb dann wohl eine regelrechte Vorsuche ausdrücklich vor. So befahl er einmal seinem Unterjägermeister Welflin, im Mai und um Petronell am Leithaberg im Wiener Wald je einen Hirsch „über Land“ zu hetzen, nicht mit Rüden, sondern allein mit Jagdhunden, doch zuvor die Hirsche mit dem Leithund zu „bestetten“ (bestätigen). Ebenso läßt der Kaiser öfter Schwarzwild „über Land“ jagen, ebenfalls mit geschulten Hunden und nicht mit Rüden, auch hier aber soll das Bestätigen voraufgehen.[2])

[1]) Das steht im Gegensatz zu dem, was sonst die allgemeine Meinung war. Der echte Hetzjäger sah das Wild lieber im Walde, als auf dem freien Felde. Ich berühre diesen Punkt beim Forcieren des Wildes in der Parforcejagd wieder.

[2]) J. R. v. Franck, Der großmächtig Waidmann, Berlin 1898. 42.

Wir wenden uns nun dem Herrn von Laber zu, der sich die Ehre gibt, den Leser zu einem Überlandjagen auf Rotwild ganz ergebenst einzuladen. Ehe wir dieser freundlichen Einladung Folge leisten, bedarf es aber noch einer kurzen Abschweifung; ich nehme dieselbe hier vorweg, um den Gang der Jagd nachher nicht unterbrechen zu müssen. In Labers Jagd teilt nämlich der Jäger seine Hunde in zwei Teile, der eine Teil soll auf die „warte" ziehen, der andere zur „ruore" dienen.

Was ist unter diesen Ausdrücken zu verstehen?[1])

Die Jagdart, von der wir handeln, hieß zwar das Überlandjagen, war aber eigentlich ein redendes Beispiel zu dem Sprichwort lux a non lucendo, denn in den meisten Fällen suchte man gerade das Jagen „über Land" zu vermeiden und im Walde zu bleiben. Es war doch zu schwer, einen Hirsch über Land, d. h. in freier Wildbahn über Feld und Heide, durch Moor und Wald mit Bracken so lange und so erfolgreich zu behetzen, daß er erlegt werden konnte. Man suchte daher dem Hirsch die Flucht über Land zu verwehren und ihn in dem Walde festzuhalten, in welchem die Anjagd stattgefunden hatte, und diesem Zweck diente die Warte. Sie wurde in der Weise ausgeübt, daß der zu bejagende Waldbezirk durch Bauern und Knechte umstellt wurde, die den Auftrag hatten, das Ausbrechen des Wildes aus dem Walde zu verhindern. Dabei wurde bald der einzelne Posten als Warte bezeichnet, bald die Gesamtheit. Eine Warte wurde besonders aktuell, wenn das Revier nur klein war, der Wald womöglich an der Grenze lag und das Überjagen vermieden werden mußte. In dem Weistum von Cröve an der Mosel heißt es, daß die Waldhüter auch die Warten hüten sollen und „das Wild beschreien, wenn es überläuft";[2]) sie sollen durch Schreien und Lärmen das ausbrechende Wild zurückjagen. Es kam auch vor, daß die Bauern das Beziehen solcher Warten als Frondienst leisten mußten und strafbar waren, wenn der Hirsch die Warten durchbrach, ohne daß sie ihn angeschrien hatten. Nach dem Weistum von Rode ward der Bauer, der nicht geschrien hatte, mit dem Verlust des besten Ochsen bestraft.[3]) Die Warten zogen, wenn möglich, um den Wald einen Kreis und stellten

[1]) Hadamar von Labers Jagd, herausgeg. von Steiskal, Wien 1880, Strophe 10, 11, 12, 18, 20, 22.

[2]) Roth, Gesch. des Forst- u. Jagdwesens, Berlin 1879. 303.

[3]) Grimm, Weistümer, II. 305.

sich hinaus aufs Feld, von wo aus sie die Brame beobachten und wo sie selbst vom Wilde gesehen werden konnten.

Zum Anstellen der Warten führte aber noch eine andere Erwägung. Die Meute, mit welcher der Hirsch angejagt war, konnte selten lange genug ausdauern, um ihn matt zu machen, und bedurfte nach einiger Zeit der Ablösung. Es wurde daher am Anfang nie die ganze Meute auf den Hirsch losgelassen, sondern immer nur ein Teil; der andere Teil wurde auf die Warte gegeben und später angehetzt, wenn der Hirsch gerade vorüberflüchtete. Für den Fall, daß die Jagd eine andere Richtung nahm, als vermutet wurde, hatte man sogenannte fliegende Relais zur Hand.[1]) Auf diese Art konnte man die jagenden Hunde durch frische Kräfte nach Belieben unterstützen. Es waren von der Warte also zwei Aufgaben zu erfüllen, die Verteidigung der Grenzen und die Unterstützung der Hunde. Die französische Sprache, logisch und klar, unterschied daher zwischen défenses und relais,[2]) während die deutsche in dem allgemeineren Begriff der Warte die verschiedenen Funktionen zusammenfaßte.

Daß das Aufstellen von Warten eine allgemeine Sitte war, geht aus der deutschen Poesie zweifellos hervor. Im Tristan des Eilhard von Oberge heißt es: „sage ir, bi der straße, dar si hene riten sol, dar steit eine hirzwarte" (6328—31). Im Meleranz sind drei Warten aufgestellt mit Hunden:

„Dem hirze was zu fliehen gâch
Für die drî wart an der stund,
Dâ man mangen guoten hund
Nâch ihm hazte ûf sîn spor." (2038 u. f.)

In Tristan und Isolde von Meister Gottfried soll der junge Tristan die Warte anstellen, er weigert sich dessen aber, weil er das Revier nicht kennt. Marke sagt:

„Nimm nun die Hund' und zieh voran
Und stelle deine Mannschaft an
Zur Warte, daß sie richtig stehn".

---

[1]) Vgl. die Anmerkung von Jullien zu S. 57 in la chasse du loup, par Clamorgan, Paris 1881.

[2]) Die Beläge sind zahlreich. Roy Modus z. B. hat relès und spricht bei Hunden von relaisher S. 18; andrerseits spricht er bei Menschen von deffences, so S. 54. Foix will immer die Warten so dicht wie möglich stellen.

Der Knabe antwortet:

„Da schickt nur Eure Jäger ab,
Daß sie die Warte selbst besetzen
Und dort vom Seil die Hunde hetzen.
Die kennen sich im Land hier aus
Und wissen baß als ich voraus,
Wohin der Hirsch sich ziehen mag
Und vor den Hunden fliehen mag."[1])

Auch bei der Jagd in den Nibelungen fehlt die Warte nicht. Als der Hof über den Rhein gezogen ist mit großem Troß, damit man „herbergen" konnte im Revier, da wird zunächst die Warte ausgestellt:

„Von den jagtgesellen wurden gar bestân,
Die warte an allen enden............[2])

Wenn ein hoher Herr wirklich „über Land" jagen wollte, dann legte die vorsichtige Jägerei Windhundwarten weit hinaus ins Land, die auf den halb mattgehetzten Hirsch losgelassen wurden und ihn in der Regel dann bald stellten, auch wohl niederzogen. In dem sogenannten Jagdbuch Kaiser Maximilians I. machen der Tiroler Jägermeister Karl von Spaur und sein Jagdschreiber Wolfgang Hohenleiter Vorschläge, wie die einzelnen Reviere zu bejagen und wie die Jagden anzulegen sind. Der Kaiser liebte es, dem zu Tal gejagten Wild zu folgen, „mitzureiten" und es vom Pferd aus zu erlegen. Damit aber die Jagd nicht zu anstrengend wurde für den bequemen Herrn, wurde der Laufplatz immer abgestellt, entweder geradezu mit Netzen und Hecken, oder mit einer Schützenkette und mit Windhunden, den sogenannten Windwarten: „da legt man auch schützen und windwart" ist die typische Redewendung des Jagdschreibers. War das Revier von einem Fluß begrenzt, wie z. B. von dem Inn oder der Donau, dann wurden auch Schiffswarten aufgestellt. Auch bei dem eigentlichen Überlandjagen wurde der Hirsch zwangläufig geführt. Das Jagdbuch für Nieder- und Innerösterreich aus dem Anfang des 16. Jahrhunderts äußert sich wie folgt: „Bei der Jagd über Land findet man zunächst, wie die Warten zu legen oder an welchen Punkten der Zeug zu richten ist. Sind die Wind- und Jagdhundwarten angelegt, oder der Hirschzeug gerichtet, sollen bei den großen Wäldern, Hölzern und Auen, besonders aber im Wiener Wald vier gute kundige Jägerknechte mit Leit- und Jagdhunden in das Holz ziehen und

[1]) Tristan und Isolde von Gottfried, übers. von Pannier, VI. 3421—32.
[2]) Aventiure XVI. 872.

sie nach Hirschen lassen. Zwei kundige Knechte sollen mit Leithunden und „reschen" Jagdhunden in die Jagdhundwart gehen. Bei der Jagd im hohen Gebirge sollen die zu höchst ausgesandten Knechte zuerst nach Hirschen lassen."[1])

Ich könnte über die Warte noch Material aus der französischen Jagd beibringen, glaube aber, den Begriff hinreichend klargestellt zu haben. Was ist nun ruore? Das Wort hängt zusammen mit ruoren, rueren rühren, und bedeutet die Arbeit der Hunde, das eigentliche Jagen, das Bewegen, das Rühren des Wildes. In dieser Auffassung identifizierte man die Tätigkeit auch mit dem Hunde selbst und sprach von ruoren, ruorhunden, Rührhunden, Treibhunden, Jagdhunden, Bracken. Das Nibelungenlied braucht das Wort ruore für Bracken.

„Dô hôrtens allenthalben ludem unde dôz;
Von liuten und von hunden dër schal was sô grôz,
Daz in dâ von antwurte dër berc un auch dër tan;
Vier und zweinzec ruore die jägere hêten verlân."[2])

Roy Modus klärt auf Seite 6 uns auf über den Begriff einer Meute. Er sagt: „Zwei oder drei Hunde, wenn sie gut sind, reichen aus, um einen Hirsch à force zu jagen, aber das Vergnügen ist nicht so groß wie bei einer Meute. Diese besteht aus zwölf Laufhunden, und wenn es weniger Hunde sind, so ist es keine Meute; wenn es mehr Hunde sind, dann um so besser, desto besser ist die Jagd und der Laut, desto eher wird der Hirsch erlegt, wenn die Hunde gut sind." Wir haben in den Nibelungen eigentlich zwei Jagden vor uns, die Jagd Siegfrieds und die Gunthers. Als die Jäger scheiden wollen, um die Jagden einzuleiten, schlägt Hagen dem Siegfried vor, das Jagdpersonal und die Hunde zu teilen. Siegfried nimmt wohl das Personal, verzichtet aber auf die Meute und bittet sich nur den Leithund aus.[3]) Gunther hatte also zwei Meuten zur Verfügung, zweimal zwölf Hunde nach Roy Modus, gleich vierundzwanzig ruore, wie das Gedicht besagt. Hiernach bedeutet ruor einen Bracken.[4]) Im Meleranz (2018 u. 2029) besteht die

---

[1]) M. Mayr, in der Einleitung zu „Das Jagdbuch Kaiser Maximilians I.", Innsbruck 1901.

[2]) Aventiure XVII. 883.

[3]) Aventiure XVI. 873—75.

[4]) Im Mittelalter heißt es allgemein der Bracke, warum man das Wort nachher weiblich gemacht hat, weiß ich nicht.

Meute aus 13 ruorhunden und diese ziehen „in die ruore", d. h. auf die Jagd. Das Weistum des Spurkenburger Waldes (Trier) aus dem Anfang des 13. Jahrhunderts besagt, daß der Förster den Vogt und einen Ritter nebst Knechten und einen Jäger mit zwölf Hunden und einem Leithund zweimal im Jahre aufnehmen soll.[1]) Es war also im Mittelalter die Zahl von zwölf Bracken und einem Leithund wohl die übliche, aus welcher man die Meuten zusammensetzte, und das Exempel im Nibelungenlied stimmt hiermit ganz genau. Es liegt also keine Veranlassung vor, unter ruore nicht einzelne Bracken, sondern Koppeln zu verstehen, oder gar Meuten, wie Matthias will.[2])

Bei diesen Vorverhandlungen ist es nunmehr Zeit geworden, zum Sammelplatz zu gehen, da Herr von Laber bereits wartet. Eine Vorsuche hat auch hier nicht stattgefunden; Laber weiß aber, daß nach dem Walde, in dem er jagen will, des Morgens regelmäßig Rotwild zu Holze zieht, er hofft bald eine Fährte zu finden. Zunächst teilt er seine Hunde. Den einen Teil sendet er auf die Warte (10), den anderen behält er für die ruore zurück (17, 18).[3]) Junge Hunde werden mit alten gemischt (20), damit sie von diesen angelernt werden. Herr von Laber sucht nun selbst mit einem Leithunde die Brame ab. Der Hund fällt mancherlei Fährten an, die nicht hirschgerecht sind, und Laber entschuldigt sich damit, daß der Hund noch unerfahren sei (48). Mit der Zeit wird der Hund durch die vielen Fährten unruhig und legt sich in die Leine; um ihn zu beruhigen, redet ihm Laber mit Jägersprüchen freundlich zu (56, 57):

„Waz witert dich nû an, geselle?
Du surrest fast,[4]) lâ sehen,
Waz mag ez sîn und war es kêren welle."

Da findet der Jäger eine Fährte, vor der er fast erschrickt (59). Donnerwetter!

---

[1]) Roth, Gesch. des Forst- u. Jagdwesens in Deutschland, Berlin 1879. 34.

[2]) E. Matthias, „Die Jagd im Niebelungenliede". Zeitschr. für deutsche Philologie. Halle 1883. 15. Band, Heft IV.

[3]) Ich füge die Nummern der Strophen bei, damit der Leser ev. vergleichen kann. Die Nummern entnehme ich der Ausgabe von Schmeller.

[4]) „Du surrest fast", du spürest fest; snurren heißt der hörbare Spüren des Hundes, wobei er die Luft nach und nach einzieht, um sie dann stoßweise wieder auszugeben.

„Schônâ, geselle lieber, bîte!
Swer diser fahrt wil rechte
Kûmen nach, der mûz fürgrîfen wîte!“

Der Hund wird aufgeregt und keucht an der Leine.

„Schônâ, geselle,
Wiltu hie nâch, du must dîn eben hüeten.“ (62)

Da der Jäger die Zeichen für „rechte“ erkennt, fährt er fort:

„Hin hin mit gotem heile
Daz wünsch ich dir geselle.“ (67)

Die Fährte geht vom Feld zum Walde (68), Laber verbricht sie jetzt und warnt den Hund „vor claffen“ (70), denn mit stillen Hunden, sagt er, kommt man nahe an das Wild. Inzwischen sind auch die nachfolgenden Meutehunde unruhig geworden; Laber heißt die Hunde schweigen und die Knechte zurückbleiben (63). Der Hirsch hat einen Widergang gemacht, der Jäger sieht denselben und zieht den Hund herum, dabei spricht er ohne Unterlaß zum Hunde:

„Hin wieder zo der ferte
Du dich hat hergewiset.“ (82)

Inzwischen ist nun Laber über die doch recht fragwürdige Arbeit seines Hundes in einen solchen Freudenrausch geraten, daß er die Fehler desselben am Anfang schon vergessen hat und uns versichert, daß bei tausend Fährten der Hund gerecht suche (93). Nachdem er noch eine Strecke der Fährte nachgehangen hat, winkt er einem der Knechte, die alte sichere Hündin Treue herbeizubringen, sie auf die Fährte zu setzen und zu lösen. Wieder heißt es, die Hündin sei zuverlässig, und sollte das Wild tausend Widergänge machen (101). Die Zahl tausend hat Laber sich so angewöhnt. Als nun Treue auf der Fährte dahineilt, bleibt alles stehen und horcht der Dinge, die da kommen sollen (102). Jetzt wird die Hündin laut! Laber läßt einen zweiten Hund nachschießen und beide Hunde jagen nun. Wir folgen der Jagd und Laber steigt zu Roß; er läßt noch drei andere Hunde anhetzen (106), dann einen vierten und endlich den Rest (107). Nur zwei Hunde soll jeder Knecht behalten und mit diesen nach dem Wasser ziehen (107), um dort eine Warte zu bilden, denn wenn der Hirsch zwischendurch nicht trinken kann, ermattet er schneller. Das Läuten der Hunde entzückt Herrn Laber. „Herr Gott,“ ruft er aus, „blicke herab vom Himmel und höre diese wonniglichen Töne!“ Selten hört man auch von ungenossenen

Hunden eine so stetige Jagd (112). „Hört nur, wie all der Wald erklingt!" (115) Bald aber teilen sich die Hunde, man hört zwei Jagden. Laber macht ein langes Gesicht, steigt ab und lauscht. Dabei hält er die Leine des Leithundes lose in der Hand, der Hund ruckt an, die Leine fällt zu Boden und fort ist der Hund, natürlich hin zur Jagd! (120) Auch noch den Ärger! Für alle Fälle stößt Laber mal ins Horn, um die Hunde zu ermuntern, aber die Jagd läßt sich nicht glücklich an. Auf einer Brandstelle verschweigen alle Hunde, Laber und die Knechte blicken sich verständnisvoll an: es sind Wölfe in der Nähe (130), und wenn die Hunde diese wittern, ist es mit der Jagd vorbei![1]) Nach einiger Zeit treffen wir die Meute auf einer Widerfährte (314), Laber hält sie an, nimmt einen Hund ans Seil, greift ein Stück vor, wohl der Wolfsfährten wegen, und hetzt die Meute wieder an (319). Die Jagd geht weiter (323). Endlich steht der Hirsch zum Bile, wir sehen ihn, aber er bricht den Bil wieder und entkommt in einen benachbarten Wildbann (489). Die Warte hat also nichts genutzt, wir haben eine Fehljagd zu verzeichnen. Ein Rabe fliegt über die Hunde hin, er wollte auch sein Genießen und wartete auf den Erfolg der Jagd. Mißtönig hallt sein Ruf durch den still gewordenen Wald: „grâ, grâ!" (529)[2])

Dieses jagdliche Gerippe ist mit soviel Weitschweifigkeiten, Längen, Betrachtungen und Wiederholungen bekleidet, daß es einen ganz stattlichen Band anfüllt; dabei fehlt es nicht an Unstimmigkeiten. Ich darf aber doch hoffen, daß dieses Gedicht in Verbindung mit der Jagd der Minne dem Leser eine Vorstellung davon gegeben hat, wie ein simpler Lehnsmann im Mittelalter über Land zu jagen pflegte.

Hier wäre nun wohl der Ort, um etwas über die Jagd in den Nibelungen zu sagen, unserm größten nationalen Epos des Mittelalters, aber die eigentliche Jagdausübung ist daselbst doch gar zu ungeheuerlich gehalten. Ich habe mich vergebens bemüht, einen vernünftigen Zusammenhang hineinzubringen. Zweifellos verstand der Dichter etwas von der Jagd; es sind Einzelheiten in seiner Schilderung enthalten, welche diese Tatsache außer alle Frage stellen. Es fragt sich

[1]) Clamorgan sagt in seiner „chasse du loup": „Sind die Hunde auf den Wolf nicht abgeführt, dann ziehen sie sich sofort aus dem Holz zurück, sobald sie den Wolf merken, dabei haben sie das Haar gesträubt." Ausgabe von Jullien, Paris 1881. 43.

[2]) Über den Raben auf der Hetzjagd vgl. unten das Zerwirken und Zerlegen des Parforcejägers.

daher, ob er bei der Schilderung der Jagd sich in den Grenzen des damals Möglichen gehalten hat, oder ob er seiner Phantasie die Zügel schießen ließ. Nimmt man das erste an, dann ist die Jagd nur als Parkjagd zu erklären, eine Auffassung, die durch die wiederholte Bezeichnung als „Birsen" unterstützt wird, denn birsen hieß ursprünglich im Parke jagen. Die aufgestellte Warte kann dann nur erklärt werden als eine Absperrung innerhalb des Parkes. Dann haben wir eine Jagd vor uns in der Art, wie sie die Karolinger liebten. Weil aber darüber keine Klarheit zu erzielen ist, ziehe ich es vor, die Nibelungenjagd hier auszuschalten. Auf alle Fälle gibt sie nichts als Massenmord.

Das Überlandjagen blieb eine unvollkommene Jagdart trotz aller Vorsichtsmaßregeln, trotz der gewissenhaften Vorsuche. Auf welcher Stufe diese Vorsuche in Deutschland eigentlich stand, darüber sind wir nicht einmal genau unterrichtet. Das kleine Schriftchen „Von der hirß wandlung", das dem 14. oder 15. Jahrhundert entstammt und uns darüber aufklärt, wie die deutsche Jägerei des Mittelalters den Hirsch aus den Zeichen anzusprechen pflegte, läßt auf ein eingehendes Studium der Fährtenkunde schließen, und von dieser Grundlage ist der weitere Schluß wohl statthaft, daß auch die Vorsuche im deutschen Mittelalter eine weidgerechte war. Indessen sind uns Einzelheiten nicht bekannt. Das Beste, was wir haben, geben die Allegorien, die ich dem Leser vorgeführt habe, und doch gehen auch diese über einige Andeutungen nicht hinaus. Das Nibelungenlied läßt uns wohl erkennen, daß eine Vorsuche nicht ungewöhnlich war, sagt über ihre Ausübung aber nichts; wir erfahren, daß es Suchmänner gab, die mit Wald und Wechsel vertraut waren, und Leithunde, welche die Fährte hielten, aber vorgeführt wird nur flüchtig das Lancieren. Im Meleranz ist zwar von einer Vorsuche die Rede, aber von der Ausübung wird auch hier nichts gesagt. Auch hier wird nur das Lancieren angedeutet. Gottfrieds Tristan, der sonst die Jagd in allen Stadien behandelt, schweigt ebenfalls über die Vorsuche. Das Aufspüren des Hirsches am Morgen nach der Jagd, die wegen der Dunkelheit am letzten Abend abgebrochen werden mußte, ist auch wieder Lancieren und keine Vorsuche. Die Angaben aus der Hinterlassenschaft Maximilians I. sprechen vom Bestätigen des Rot- und Schwarzwildes mit dem Leithund; aber wie wurde das Bestätigen ausgeführt? Wir bleiben auf Vermutungen angewiesen. Die vielen Weidesprüche, die in Labers Jagd uns ent-

14*

gegentreten, die also in der ersten Hälfte des 14. Jahrhunderts schon üblich waren, stellen eine zünftige Jägerei außer Zweifel. Auch die vielfache Erwähnung des Leithundes stimmt damit überein. Ich will also zugeben, daß die deutsche Jägerei des Mittelalters jedenfalls befähigt war, eine weidgerechte Vorsuche auszuführen und bin nur zweifelhaft, ob diese Kunst von den Grundherren immer in Anspruch genommen wurde. In Frankreich verlangte jeder Seigneur vor der Jagd einen bündigen Bericht, welcher Hirsch zu jagen war, er fragte nach Alter, Stärke, Geweih und sonstigen Besonderheiten, und wenn der verheißene Hirsch nachher nicht vor die Hunde kam, war der Jägerknecht blamiert, der die Vorsuche bewirkt hatte. Die deutschen Fürsten waren in ihren Ansprüchen bescheidener, und sie mußten es sein, weil sie selbst nicht die Voraussetzungen einer guten Vorsuche erfüllten und nicht immer im Besitz eines guten Leithundes waren. Noch im 15. Jahrhundert ist der Leithund in den fürstlichen Jägereien keine conditio sine qua non.

Im Jahre 1472 bittet die Kurfürstin Anna von Brandenburg ihren Schwiegersohn, den Grafen von Württemberg, um einen guten Leithund. Ernst Herzog von Sachsen bittet 1479 seinen Vater, den Kurfürst Ernst von Sachsen, um einen Leithund. Kurfürst Albrecht von Brandenburg schreibt 1481 an seinen Sohn, den Markgrafen Johann von Brandenburg, und bittet um einen guten Leithund, da der seinige tot sei. Derselbe Albrecht schreibt einunddreiviertel Jahre später an den Grafen Eberhard von Württemberg und klagt ihm, er habe gar keinen guten Leithund, also noch immer nicht! Jeder Jäger habe zwar einen Leithund an der Hand, es sei aber alles gerecht, „was uff die pein kombt“, so seien die Jäger auch noch jung. Sein Sohn habe ihm geschrieben, er wolle ihm nach der Brunst einen Leithund schicken, der sei aber sechs Jahre alt und nicht wohl auf einem Fuß; er habe ihm geantwortet, wenn er ihn nicht „auf die brunst“ haben könne, „das er dann seinen alten betler selber behalt“. Es erweckt gerade keine hohe Meinung von den jagdlichen Einsichten des Kurfürsten und seines Sohnes, daß sie einen Leithund von sechs Jahren für zu alt erachten. Schwerlich kann ein guter Hund viel früher fertig sein.[1]) Albrecht schickt

[1]) Vgl. Graf Bernstorff, „Die Zucht und Behandlung des Schweißhundes“. Neudamm 1899.

dann seinen Diener Hintz Drach nach Schlesien auf die Suche nach einem Leithund, weil die Leithunde Schlesiens gut sein sollten. Graf Eberhard von Württemberg bittet im Oktober 1466 seinen Schwager, den Markgrafen Albrecht von Brandenburg (Ansbach)), ihm den falben Leithund wieder zu leihen, den er ihm am letzten gegeben habe; im Frühling wolle er ihn zurückerstatten; er bittet 1493 seinen Schwager, den Markgrafen Friedrich von Brandenburg um Leithunde, Jagdhunde, Winde und Rüden. Ulrichs Schwager Ludwig hat weder Leithunde noch Jagdhunde.[1]) Die Beispiele lassen sich wohl noch vermehren, aus denen hervorgeht, daß es an den deutschen Fürstenhöfen des 15. Jahrhunderts an guten Leithunden oftmals gebrach. Wenn selbst Höfe wie der Ansbacher und der Stuttgarter keine guten Hunde hatten, wie mag es da beim niedern Adel erst ausgesehen haben?

Angenommen aber, daß die Vorsuche in Deutschland derjenigen in Frankreich entsprochen habe, so entstanden bei dem Überlandjagen doch schon bei der Anjagd Unzuträglichkeiten. Der Besuchknecht mochte die Bracken auf die richtige Fährte setzen, er hatte dennoch keine Gewißheit, daß nicht ein anderer Hirsch gejagt wurde; denn bei der Schlauheit, mit welcher alte Hirsche der Jagd sich zu entziehen wissen, und bei dem Übereifer der Hunde, der bei der Anjagd stets vorhanden zu sein pflegt, nahmen sie leicht einen Hirsch für den anderen und jagten los, wenn sie nur Fährte hatten.[2]) War nun gar die Jagd entfernt, dann hörte die Kontrolle eigentlich ganz auf, weil niemand bei den Hunden war. Fast regelmäßig teilten sich die Hunde, und wenn man auch in solchen Fällen den alten Hunden den Vorzug gab, so war man doch nicht sicher, daß nicht schließlich statt des Achtzehnenders ein Schneider „zu dem Bile stand". Und wie oft ging der Hirsch verloren! Er durchbrach die Warte [3]) und flüchtete den Hunden weit voraus, machte seine Widergänge und sonstigen Finten, flüchtete auf den Landstraßen dahin, durcheilte das Wasser, mischte sich unter ein Rudel Rotwild, brachte schwache Hirsche auf den Lauf: wo blieben da die Bracken! Fehljagd und immer wieder Fehljagd, oder ein anderer Hirsch als der verheißene, das war der ewige Gesang, der jedem in die Ohren klang. Da ging

---

[1]) Die Beispiele sind entnommen aus G. Steinhausen, Deutsche Privatbriefe, Berlin 1899, I. 94. 76. 103. 200. 227. 248. 249. 300.

[2]) Foix, 156, 171.

[3]) Ebenda, 178.

man denn zu den faulen Mitteln über, die wir oben schon am österreichischen Kaiserhof gesehen haben, zur Aufstellung von Hecken und Netzen, die den Hirsch zwangläufig führen mußten auf einer Straße, die mit Schützen und Windwarten besetzt war; da konnte dann der hohe Herr so recht gemächlich „mitreiten über Land", und wenn der Hirsch mit Netzen und Windhunden und Hecken und Schützen endlich erlegt war, dann steckte der „große Weidmann", sich vergnügt den Bruch an seinen Hut und freute sich unbändig über seine jagdliche Tüchtigkeit, und die Geheimschreiber mußten gleich ein neues Kapitel schreiben für den Weiß-Kunig und den Teuerdank und der erstaunten Welt berichten, was doch Maximilian für ein Kerl war.

Sollte die Jagd eine erhöhte Sicherheit bieten für den Erfolg, ohne daß zu den Netzen gegriffen werden mußte, dann war die Vorsuche genau und erschöpfend, die Anjagd vorsichtig und gewissenhaft zu handhaben, dann mußte die Meute während des Jagens immer unter Aufsicht bleiben, geschlossen jagen und folgsam sein. Die Seigneurs verlangten, daß gerade der eine Hirsch gehetzt wurde, den sie gewählt hatten, sie verlangten, daß dieser Hirsch erlegt wurde und daß eine Fehljagd nur als Ausnahme vorkam, dabei verlangten sie ein freies Revier, d. h. frei von Netz und Hecke.

Die Lösung dieser Aufgabe hat Frankreich durch die Parforcejagd geschaffen, von welcher die erste einwandfreie Kunde aus dem 13. Jahrhundert stammt. Man hat auch vorher schon gejagt à force de chiens und die Parforcejagd hat sich aus dem Überlandjagen erst entwickeln müssen, ist also nach und nach entstanden, aber fertig tritt sie uns zum erstenmal entgegen, in dem Gedicht la chasse du cerf, in welchem ein wissensdurstiger Laie von einem Jäger unterrichtet wird.[1]) La chasse du cerf entstammt vermutlich der zweiten Hälfte des 13. Jahrhunderts. Die französische Literatur des Mittelalters beschäftigt sich vielfach mit der Parforcejagd, namentlich tun es die Artus- und Abenteuerromane. Leider sind sie nicht immer scharf datierbar. Es ist wahrscheinlich, daß es möglich sein würde, die Ausbildung der Parforcejagd an der Hand dieser Literatur noch weiter vorzurücken. Bormann

[1]) Das Gedicht ist veröffentlicht von A. Jubinal, nouveau recueil de contes usw. Mir stand diese Ausgabe nicht zur Verfügung. Ich kenne das Gedicht nur aus dem Auszuge, den A. Schultz davon gibt in „Das höfische Leben in der Zeit der Minnesinger", I. 463.

gibt vortreffliche Zusammenstellungen,[1]) sagt aber nichts über die Zeit. In Tristan und Isolde hat Gottfried das Zerwirken, das Zerlegen und die Curée in der Art geschildert, wie sie mit geringen Schwankungen bei der Parforcejagd üblich waren und blieben.[2]) Den französischen Brauch hat Gottfried wohl dem Thomas von Britannien entlehnt, dem er nach eigener Aussage in der äußeren Behandlung des Stoffes gefolgt ist; vielleicht ist die Quelle noch älter und auf den Jongleur Breri zurückzuführen, der die bretonischen Chroniken durchforscht und den Stoff der Dichtung sozusagen entdeckt und dem Thomas als Vorbild gegeben hat.[3]) Da Gottfried seinen Sang zwischen 1210 und 1220 geschrieben hat, wird man schließen können, daß die Parforcejagd mit dem Jahre 1200 in Frankreich fertig ausgebildet war. Im 14. Jahrhundert tritt die jagdliche Literatur in Prosa auf und zeigt die Parforcejagd auf ihrer Höhe, auf welcher sie bis zum Ausgang des Mittelalters, auch noch ins 16. Jahrhundert hinein sich gehalten hat. Man jagte à force nach der Angabe des Roy Modus zehn Arten Wild, von denen fünf rot und fünf schwarz waren. Die roten waren Edelhirsch, Hinde, Damwild, Reh, Hase; die schwarzen waren Schwein, Bache, Wolf, Fuchs und Otter.[4]) Es galt aber für ebenso weidgerecht, das schwarze Wild im Netz zu fangen.[5]) Twici will den Ausdruck Jagen (enchase) nur gelten lassen für den Hasen, den Hirsch, das Schwein und den Wolf.[6])

Die Parforcejagd kann man in neun Teilfunktionen zerlegen, d. h, in neun Gruppen, für die in jedem Falle ein besonderer jagdlicher Brauch maßgebend war, in die Vorsuche, den Bericht, das Lancieren, die Anjagd, das Forcieren, das Töten, die Bast, die Curée und die Heimkehr. Das große Gesetz aller fortschreitenden Organisation, daß sich beständig neue Teilungen und Unterschiede herausbilden, zeigt sich auch beim Übergang des Überlandjagens in die Parforcejagd. Ich will versuchen, den Leser mit den Teilfunktionen in anschaulicher Weise

---

[1]) E. Bormann, Die Jagd in den altfranz. Artus- und Abenteuerromanen. Marburg 1887.

[2]) Tristan und Isolde von Gottfried, 2870—3040.

[3]) Vgl. die Einleitung von Pannier zu dessen Übersetzung des Tristan, S. 14.

[4]) Roy Modus IV, r. Der Fuchs war freilich rot, wurde aber doch zum schwarzen Wild gerechnet.

[5]) Roy Modus IV, l.

[6]) Twici, le art de venerie, Middle Hill Preß, 1840.

bekannt zu machen und annehmen, daß der Grundherr am Abend vorher die Absicht ausgesprochen habe, heute einen Hirsch zu hetzen à force de chiens. Ich behandle diese Jagdart eingehender als die anderen, weil sie den Gipfelpunkt der jägerischen Kunst darstellt und es mir darauf ankommt, den Leser mit den Schwierigkeiten und dem ganzen Aufwande an Können und an Geist vertraut zu machen, die zu ihrer Bewältigung erforderlich waren und die am Schluß dann ihre Bewertung finden mögen in dem bunten Bilde der Kulturvorgänge.

Des Morgens in aller Frühe, wenn die Nacht noch ihre Schwingen über die Erde hielt und die Sterne am Himmel funkelten, ging geräuschlos im Jägerhof die Pforte auf, und heraus traten, den Hund an der Leine, einige Jägerknechte. Sie schritten das Dorf entlang, geleitet von dem ersten Hahnenschrei, und wandten sich seitwärts hinter dem Dorfe über das Feld hinweg dem nahen Walde zu. Ein Jäger nach dem andern bog ab mit leichtem Gruß und verschwand im Dunkel der Nacht. Dem letzten Jäger wollen wir das Geleite geben und beobachten, was er vollbringt.

Wir haben valets vor uns, Jägerknechte, die auf die Vorsuche gehen. Roy Modus und Foix lassen die Vorsuche bewirken auf sechsfach verschiedene Art, durch den Anblick der zu Holze ziehenden Hirsche, durch Abspüren der Felder, Weinberge und Äcker, durch Abspüren der Vorhölzer, durch Umkreisen der Dickungen, und je nach Umständen noch durch Absuchen des Hochwaldes und Verhören der schreienden Hirsche bei der Brunst.

Unser Jägerknecht schreitet noch eine Strecke auf dem Feldweg weiter, bleibt stehen, schaut nach Osten hin, ob schon ein Dämmer den kommenden Morgen zeigen will, macht den Finger naß, hält ihn in die Luft und prüft den Wind, geht dann querfeldein und verschwindet in der Nacht des Waldes. Nach einigen hundert Schritten legt er an einer alten Buche den Hund ab, verwarnt ihn und schreitet vorsichtig weiter einen Fußweg entlang, der ihn bis an die Brame führt. Dort erklettert er eine Eiche, legt sich den Regenmantel unter, macht es sich nach Möglichkeit bequem und harrt der Dinge, richtiger der Hirsche, die da kommen sollen. Es ist Juni, die Hirsche haben gefegt und schreiten mit dem neuen Geweih wieder stolzer einher. Noch nimmt das Edelwild die Felder an; vor dem Walde breitet sich ein Schlag mit Hafer, weiterhin wächst Buchweizen, und dahinter zieht sich, einspringend in den Wald, die Wiese lang, die von einem munteren Bach durchflossen wird. Hier steht das Rotwild jede Nacht, und unser Jäger hat sich seinen Hochsitz so gewählt, daß er links die Felder und rechts die Wiese überschauen kann. Allmählich dämmert im Osten ein heller Streif, still und kalt zieht der Morgen herauf. Jetzt erkennt das Auge auf dem Felde dunkle Formen, die in der Dämmerung hin- und herschwanken wie schwarze Gespenster aus der Unterwelt. Der Jäger weiß, daß es Hirsche sind. Eine der dunklen Gestalten faßt er scharf ins Auge, weil sie ihm stärker und mächtiger zu sein scheint als die anderen. Die Gestalt zieht hin und her, steht still und nähert sich dem Walde, kehrt wieder um, macht einen Absprung[1]) und verschwindet in den Vorhölzern. Auch die anderen Hirsche sind zu Holz gezogen, in ödem Grau dehnen sich die Felder; aber im Walde erwacht die Vogelwelt und stimmt die Kehlen zum Morgengesang. Unser Jäger darf den Baum noch nicht verlassen, denn die Hirsche ziehen oft im Vorholz lange hin und her und naschen von dem wilden Jasmin, ehe sie an ihren gewohnten Standort sich begeben. Roy Modus und Foix warnen beide vor dem vorzeitigen Verlassen des Baumes. Der Jäger hat also Zeit und zieht sein Frühstück aus der Tasche. Zu Hause kam er nicht zum Essen, denn der Türmer hatte um zwei Uhr erst geweckt. Nachdem der Jäger das Vertrauen in seine Kunst durch einen Schluck guten Weins bekräftigt hat, gleitet er vom Baume leise runter. Der Wind ist günstig, er steht vom Walde nach dem Felde zu. Der Jäger schleicht die Brame entlang nach der Stelle hin, wo der starke Hirsch verschwunden war; er glaubt eine Fährte zu sehen, kann aber noch nichts Genaues wahrnehmen und begnügt sich, auf die Stelle einen Bruch zu legen. Dann wendet er sich dem Felde zu. In ziemlich weitem Bogen umzieht er langsam die nächsten Schläge bis zur Wiese hin, immer spürend und suchend. Der junge Tag hat hier schon die Oberhand gewonnen, klar liegen vor dem Jäger Halm und Blume und in vollen Tönen jubiliert im Wald der Vögel Chor. Endlich hat der Jäger die Brame wieder erreicht. Er verbricht zwei Fährten, setzt aber keine Hoffnung darauf, denn die Kennzeichen eines starken Hirsches hat er an ihnen nicht wahrgenommen.

---

[1]) Winckell, Handbuch für Jäger, Leipzig 1865, I. 64, Anmerkung. Von der hirß wandlung, Abs. I.

Vorsichtig und leise schleichend dringt er nunmehr in das Vorholz ein, in dem der eine starke Hirsch verschwunden war. Lange steht er unbeweglich still und lauscht, Auge und Ohr sind aufs äußerste gespannt. Leise tropft der Wald. Sonst ist nichts zu hören als die Amsel und der Fink, der Pirol und der Kuckuck, und vom Dorfe her das Krähen der Hähne. Quer durch das Vorholz geht ein Waldweg hin, lehmig und ausgefahren; bei Regenwetter bildet er breite gelbe Lachen und lange nachher ist er noch schmierig und weich, wenn die Felder und die anderen Wege längst getrocknet sind; er ist zum Spüren ausgezeichnet, und auf ihn richtet der Jäger jetzt sein Augenmerk. Er hat den Weg erreicht und schreitet ihn vorsichtig weiter, das Auge fest am Boden, das Ohr gespannt auf das leiseste Geräusch; wiederholt bleibt er stehen und sichert, wie erstarrt zu einer Bildsäule, dann schleicht er leise weiter. Richtig, da ist der Hirsch hinüber, deutlich hebt sich seine Fährte in dem weichen Boden ab. Befriedigt nickt der Jäger, verbricht, geht den Weg zu Ende aus dem Vorholze hinaus und schreitet nun am Wald entlang der Buche zu, an welcher er den Hund gelassen hat.

Was wir hier den Jäger haben verrichten sehen, war die Vorsuche auf Sicht, das Abspüren der Felder und des Vorholzes. Roy Modus sagt, daß der Jäger bei diesen drei Etappen der Vorsuche den Hund nicht brauchen kann, denn es ist Gefahr vorhanden, daß der Hund laut wird auf den warmen Fährten, oder wenn er gar das Wild erblicken sollte. Auch bei der Vorsuche im hohen Holze ist der Hund vom Übel, er tritt überhaupt erst in Aktion, wenn alles Wild seinen gewohnten Standort eingenommen und sich niedergetan hat.[1])

Unser Jäger tritt nun mit dem Hunde auf den Weg zurück am Waldesrand. Vor ihm lacht die Natur in der ersten Frische des Morgens. Wald und Feld sind lebendig geworden, vom Hochwald herüber klingt die Axt, und auf dem Felde steht der alte Bossuet und hackt an seinem Rübenstück. Links vom Jäger schimmert zwischen den Büschen hindurch eine farbiges Gewand und nähert sich mit schnellem Schritt: Herr Gott, wenn das die alte Odette wäre, die Hexe, die des Morgens im Tau ihre heilenden Kräuter sucht! Der Jägerknecht ist blaß geworden; im vorigen Herbst ist er der alten Hexe schon begegnet und hat das Unglück dadurch gut gemacht, daß er sich auf den Bauch gelegt hat, quer

[1]) Roy Modus, X—XII. Foix, chap. 31—33.

über den Weg, und die Alte bat, über ihn wegzuschreiten. Noch hört er ihr niederträchtiges Gelächter. Aber nein, es ist Louison, des Schneiders Tochter, die bekannte Dorfschöne, die allen Burschen zu Willen ist und Reisig sammeln geht. Das Glück! Mit ausgebreiteten Armen eilt der Jäger ihr entgegen und vor Freuden tanzt er mit ihr im Kreise herum. Nach einer angelegentlichen Unterhaltung wendet der ob des glücklichen Angangs[1]) hocherfreute Jäger sich nun wieder seinem Vorholz zu, vor welchem er die Fährte des starken Hirsches heute früh verbrach.

Der Hund fällt die Fährte lebhaft an, also ist sie warm, und nun heißt es für den Jäger aufpassen und auf jedes kleine Zeichen achten, damit er den Hirsch richtig anspricht und mit Ehren besteht, wenn sein Hirsch zur Jagd gewählt werden sollte. Kein Hirsch durfte gejagt werden, der nicht wenigstens zehn Enden trug, alles was darunter war, fiel unter die Bezeichnung eines Hirsches vom ersten Kopf.[2]) Die französische Jägerei des 14. Jahrhunderts teilt die Zeichen des Hirsches übersichtlich in fünf Gruppen ein und spricht den Hirsch an nach der Fährte, nach der Losung, nach dem Fegen, nach dem Bett und nach dem Himmelszeichen. Sie untersucht den Tritt des Hirsches und der gerechte Jäger liest aus diesem Stempelabdruck eine ganze Reihe geheimnisvoller Runen. Jeder Hirsch von zehn Enden hat einen längeren Tritt und breitere Ballen als das Tier. Der jagdbare Hirsch hat auch die Hohle groß und breit, starkes Geäfter und eine abgerundete Spitze. Wichtig ist die Stellung der Tritte, namentlich der Beitritt und das Hinterlassen.[3]) Findet der Jäger Losung, tut er dieselbe in das Horn, um sie als Wahrzeichen mitzunehmen zur Versammlung. In der Hand darf er nicht

---

[1]) Kein Aberglaube, sagt J. Grimm, hat im Mittelalter so tiefe Wurzeln geschlagen als die Vorbedeutungen, die man unter aneganc, widerganc oder widerlouf verstand. Wer frühmorgens einem alten Weib begegnet, dessen Tag ist unglücklich; der Jäger legt sich zu Boden und das Weib muß über ihn hinwegschreiten, um Schaden zu verhindern. Vielfach war das Begegnen aller Frauen schlimm, nur nicht das einer Hure. Jungfrau und Priester sind ein übles Zeichen, eine Hure ist ein gutes. Johannes Sanisberiensis († 1182) sagt: Jede Frau mit aufgelöstem Haar bringt Unglück, sofern sie keine Hure ist. Vgl. J. Grimm, Deutsche Mythologie. 1876. II. 937—41.

[2]) Le art de venerie par Guillaume Twici, printed at Middle Hill Press, January, 1840. p. 3, eine kleine Schrift aus dem ersten Teil des 14. Jahrhunderts.

[3]) Roy Modus XII l.

die Losung tragen, dann würde sie die Form verlieren. Die Art der Losung schwankt mit der Jahreszeit und dem Alter des Hirsches. Im Frühjahr, wenn der reiche Saft durch Halm und Kräuter kreist und die Zellwände noch weich sind, ist die Losung wässerig und weich und fällt nach der Art, wie unsere Kühe sie zu liefern pflegen. Je mehr der Saft schwindet und die Zellwand sich verdickt, desto mehr nimmt die Losung feste Formen an. Im Juni gewinnt sie schon Zusammenhang und Mitte Juli sondern sich die Knollen, werden rund und hart und haben eine Spitze. Die Losung des guten Hirsches zeichnet sich durch ihr Kaliber aus und grobe Formen, auch findet sich die Spitze nicht bei ihm.[1]) Das Fegen vollzieht der gute Hirsch an einem starken Baum, der sich nicht biegt unter dem Druck des Geweihes, und die gefegte Stelle sitzt hoch, und starke Äste können dabei zerbrochen sein. Das Bett ist breit und stark zusammengedrückt, und beim Aufstehen drücken die Schalen sich im Boden ab. Das Wenden oder Himmelszeichen zeigt die Zweige und die Blätter in breiter Auslage und großer Höhe durcheinandergewirrt, gewendet und zerknickt.[2])[3])

Aus diesen Zeichen hat unser Jäger den Hirsch nun anzusprechen, während er dem Hunde langsam folgt, der ihn durch das Vorholz und den anschließenden Hochwald nach einer großen Fichtendickung leitet. Hier macht der Jäger Halt, die Fährte wird verbrochen. Offenbar hat der Hirsch wieder seinen gewohnten Stand genommen, da der Förster unserm Jäger gestern Abend schon gesagt hat, daß in dieser Dickung immer Rotwild steht.[4]) Es könnte aber doch möglich sein, daß der Hirsch auf der anderen Seite wieder ausgewechselt wäre, darum muß die Dickung umzogen und der Ein- und Auswechsel geprüft werden. Sehr

---

[1]) Roy Modus XI 1.

[2]) Roy Modus X, Foix, chap. 28—30.

[3]) Die Schrift „von der hirß wandlung" hat als Zeichen des Hirsches den Kirchgang mit Widergang und Absprung, und nennt diesen das eigentliche Zeichen von der Wandlung. Dann werden genannt das Schlagen (Fegen) und Mürben, der Abtritt, der Beitritt, das Blenden und Übereilen, das Zwingen, das Fädlein, Fäßlein, das Schränken, das Grummen oder der Burgstall, das Insiegel, die Schrittweite, und die Losung. Man vermißt hier das Zeichen des Wendens, des Hinterlassens und des Bettes; die Angaben über die Losung sind nicht erschöpfend. Anhang zu Kaiser Maximilians geheimes Jagdbuch, 54 u. f.

[4]) Dem Jäger selbst waren die Reviere nicht so genau bekannt, da er sie vielleicht nur alle Jahre einmal zu Gesicht bekam.

wichtig für die Anjagd war ferner die Frage, in welcher Gesellschaft sich der Hirsch befand. Roy Modus bezeichnet die Gesellschaft als die mute und spricht von einer schlechten mute, wenn der Kapitale schwache Hirsche bei sich hat, und zwar ist die mute um so schlechter, je größer diese Gesellschaft ist.[1]) Gut ist die mute dagegen, wenn mehrere starke Hirsche beieinander stehen.[2]) Der Jäger zieht nun mit dem Hunde auf und an den Waldwegen in weitem Bogen um die Fichtendickung rund herum; auf jede Wegkreuzung wirft er einen Bruch, damit seine Kollegen sehen, daß er hier vorsucht, und ihm nicht ins Gehege kommen. Jede warme Fährte, die über die Wege führt, zeichnet der Hund, der Jäger prüft sie, untersucht die Richtung, ob sie in die Dickung hinein- oder aus ihr herausgerichtet ist, verbricht sie und achtet namentlich darauf, ob er die Fährte des Kapitalen wiederfindet. Der Jäger zählt sieben warme Hirschfährten hinein, darunter auch die Fährte des Kapitalen, und zwar an der bereits verbrochenen Stelle. Die anderen Fährten verraten keinen starken Hirsch, hinausgerichtet sind warme Fährten überhaupt nicht. Der Jäger schließt daraus, daß der Kapitale mit sechs schwachen Hirschen in der Dickung steht, sich also in einer schlechten mute befindet. Da der Jäger noch etwas Zeit übrig hat, umzieht er die Dickung noch einmal in umgekehrter Richtung; der Hund zeichnet nur auf den schon verbrochenen Fährten, also steckt der Hirsch in der Dickung drin und ist bestätigt. Sollte es sich getroffen haben, daß der Hirsch wieder ausgewechselt wäre, dann hätte der Jäger die Fährte bis zur nächsten Dickung fortarbeiten müssen und das Vorgreifen erneuern, bis der Hirsch in einer Dickung eingekreist und bestätigt war, und hätte das Verfahren sich auch stundenlang wiederholen sollen.[3])

So einfach, wie ich hier geschildert habe, war die Vorsuche in den meisten Fällen nicht, und wie schwer sie werden konnte, weiß nur der zu würdigen, der an solchen Aufgaben selber sich versucht hat. Unserm Jäger hatte aber die Louison Glück gebracht, und jetzt war auch die Vorsuche zwischen den Dickungen erledigt, wie Foix und Roy Modus

---

[1]) Die Worte mute und meute haben wohl den gleichen Stamm in movere.

[2]) Roy Modus XII r., XIII l. Verwechselten die Hunde bei der Anjagd einen starken Hirsch mit dem anderen, war die Sache noch nicht so schlimm; übel stand es dagegen um den Jäger, wenn ein schwacher Hirsch zu Stand gejagt wurde an Stelle des verheißenen Kapitalen.

[3]) Roy Modus XIV.

sie vorschreiben. Im Hochwald brauchte er nicht erst zu suchen, da stand kein Rotwild mehr, weil es schon gefegt hatte und das Wetter trocken war, und andere Dickungen waren in dem Bezirke nicht vorhanden, der dem Jäger zur Vorsuche überwiesen war.

Mit der Vorsuche und dem Bestätigen ist eine geraume Zeit vergangen, ein warmer Tag ist heraufgezogen, hoch steht die Sonne am blauen Himmel, es ist Zeit, sich zur Versammlung zu begeben. Der Grundherr hat mit der Jagdgesellschaft sich am Sengelsbach gelagert und erwartet dort den Bericht der Besuchknechte. Am Bache herrscht ein reges Leben. Die Pferde sind in eine Hürde eingestellt; da der Platz alljährlich zur Versammlung dient, ist diese dauernde Einrichtung geschaffen. Eine kleine Strecke abseits halten die Jägerknechte und die Hundejungen mit den Hunden. Für die berufsmäßige Jägerei sind weiße Tafeltücher auf dem Rasen ausgebreitet, während der Seigneur mit seinen Gästen an einem gedeckten Tische sitzt. Der Standesunterschied muß doch gewahrt werden, hier wie im alten Rom![1]) Es gibt kalte Küche und Wein. Diese Vorversammlung gehörte zur Parforcejagd wie das Amen zur Predigt, sie wird von den Schriftstellern des 14. Jahrhunderts in der Erinnerung an die froh verlebten Stunden mit Behagen und mit Liebe ausgemalt. Roy Modus sagt: „In dieser schönen Jahreszeit, da die ganze Natur sich freut und die Vögel melodisch singen im grünen Wald, und der Tau seine sanften Tränen weint, die auf den Blättern leuchten im Sonnenstrahl, soll die Versammlung an einem schönen, ergötzlichen und heimlichen Ort stattfinden." Während die Herrschaften beim Frühstück saßen, kamen die Besuchknechte nach und nach von der Vorsuche zurück, erstatteten ausführlich Meldung über den Befund und schütteten zur Bekräftigung ihrer Aussage die mitgebrachte Losung aus dem Jagdhorn vor die Herrschaften auf den weißen Frühstückstisch.[2]) Dort wurde dieselbe mit großem Ernst und

[1]) Die Abbildungen in master of game, welche dem berühmten Pariser Manuskript entnommen sind, zeigen die Tischwäsche, die sonst im 14. Jahrh. noch sehr selten war. Wein ward in England nur als eine Herzstärkung bei den Apothekern verkauft, und Mussus, ein Schriftsteller der Lombardei im 14. Jahrh., hält silberne Gabeln Löffel und Trinkgeschirre für einen großen Luxus. Voltaire, Werke, Berlin 1786. VI. 409—11.

[2]) Die meisten Abbildungen einer solchen Versammlung zeigen die Losung auf dem Frühstückstisch und die Umsitzenden in lebhafter Unterhaltung über diesen interessanten Gegenstand.

großer Sachkenntnis begutachtet und ihr Erzeuger danach eingeschätzt. Diejenige Losung, die am meisten vertrauenerweckend aussah, wurde oft entscheidend für die Jagd, und wenn die sonstigen Zeichen günstig waren und auch die mute nicht allzu schwierig schien, dann wurde der zu jagende Hirsch hiernach bestimmt. Dieses Mal fiel die Wahl auf den Kapitalen, den unser Jäger heute früh bestätigt hatte. Die Besuchknechte waren eifersüchtig aufeinander und spielten sich gern einen Streich. Es kam vor, daß einer der Besuchknechte bei der Versammlung nicht erschien, und daß statt seiner das Hornsignal herüberkam vom Waldesrand, daß er einen starken Hirsch bestätigt habe. Er traute sich nicht fort, weil er fürchtete, daß in seiner Abwesenheit der Hirsch vergrämt werden möchte.[1]) Waren die Berichte eingegangen, der Hirsch gewählt, dann wurden für die Relais die nötigen Anordnungen getroffen und das Frühstück noch so lange ausgedehnt, bis auch die Besuchknechte sich satt gegessen und getrunken hatten. Man führte den Wein in kleinen handgroßen Tönnchen mit sich, ähnlich unseren Lichtenhainer Schoppen, und trank, indem man das Spundloch an den Mund setzte.[2])

Die Parforcejagd war gleich dem Überlandjagen keine eigentlich freie Jagd, d. h. es stand dem Hirsch das ganze Revier nicht offen, wenn auch Netz und Hecke ausgeschlossen waren. Die Warten behielt der veneur bei, außerdem sicherte er gefährliche Punkte durch Windhunde und stellte Relais auf, an denen chiens courants zum frischen Anhetzen bereit gehalten wurden. Die Bahn des Hirsches war also dreifach bewehrt, durch Warten, Hatzen und Relais, défenses, lévriers und releis. Die Warten wurden dort aufgestellt, wohin der Hirsch nicht flüchten sollte. Foix will sie so dicht stellen wie nur möglich, je nachdem Menschen verfügbar waren, denn trotz aller Warten kam es immer wieder vor, daß der Hirsch die Linie durchbrach.[3]) Oft war er den Hunden weit

---

[1]) Foix, chap. 26.

[2]) Vgl. die Abbildung im master of game herausg. von Ballie-Grohmann, pl. XXXIV; s. auch Foix, chap. 77. Böse Zungen sagten den Jägern nach, daß sie auf der Versammlung schon am frühen Morgen sich zu betrinken pflegten.

[3]) Wir sehen hieraus, daß Frondienste bei der Jagd im Mittelalter allgemein üblich gewesen sind. Wenn eine Parforcejagd abgehalten werden sollte, wurden die umliegenden Ortschaften aufgeboten, alles was nur frei zu machen war, und bei den Treibjagden war es nicht anders.

voraus und kam an den Warten leise geschlichen; oft war er schon da, wenn das Lancieren eben erst begonnen hatte; während die sorglosen Warten miteinander schwatzten und an nichts Böses dachten, weil sie keine Hunde hörten, flog ein brauner Körper plötzlich durch die Linie, ohne daß die bestürzten Leute recht wußten, was sich eigentlich zugetragen hatte. Sahen sie den Hirsch kommen, dann durften sie nicht zusammenlaufen, denn in solchen Fällen benutzte der Hirsch die große Lücke; sie mußten auf der Stelle bleiben und durch Schreien und Fuchteln den Hirsch zu scheuchen suchen. Nur durch die Warten konnte man hoffen, die Jagd in der gewollten Richtung aufzurollen.

Besonders gefährdete Stellen, z. B. die Ufer breiter Ströme, pflegte man durch Windhunde zu sichern, die in mehrere Hatzen, leishes, verteilt wurden. Es war auch sonst eine Spezialität der Jagd, wenn mit Windhunden gehetzt wurde. Der Hirsch wurde angejagt wie immer und von den chiens courants getrieben, und zwar in einer Richtung, in welcher er die Hatzen nacheinander berühren mußte. Der Stand der ersten Hatzen wurde durch grüne Zweige dem Anblick des Hirsches entzogen. Sobald der Hirsch an der ersten Hatze so weit vorbeigeflüchtet war, daß er sich spitz von hinten zeigte, wurden die Hunde losgelassen. Foix will die leichtesten Hunde auf der ersten Hatze haben, die schwersten auf der letzten, und diese letzte will er nicht hinter dem Hirsche her, sondern ihm entgegenhetzen. Gewöhnlich waren der Hatzen drei oder vier, jede Hatze bestand aus einer oder mehreren Koppeln, deren jede wieder drei Hunde umfaßte. Die Zahl der Koppeln verdoppelte man gern von Hatze zu Hatze. Die leichten Hunde der ersten Hatzen sollten den Hirsch ermüden, damit er von den schweren Hunden der letzten Hatze dann gepackt werden konnte. Fettleibige Großgrundbesitzer, die nicht reiten mochten, machten sich und ihren Damen wohl das Vergnügen, einer solchen Hatze zuzuschauen, die mit Vorliebe im offenen Gelände vor sich ging. Auch Gästen machte man damit ein Vergnügen, denn die Jagd dauerte in einem solchen Fall nicht lange, der Hirsch war bald gedeckt und niedergezogen.[1])

Im allgemeinen pflegte man den jagenden Hunden wohl eine oder einige Koppeln Windhunde beizugeben, die auf lichtem Gelände den Hirsch bedrängten und ihn verhinderten, seine Schliche und Listen

[1]) Foix, 175—77.

auszuführen, durch welche die Jagd so sehr erschwert wurde. Nahm der Wald den Hirsch auf, dann ließen die Windhunde bald ab, und wurden von der nachfolgenden Meute aufgenommen, bis sie im geeigneten Moment wieder in Aktion traten, d. h. wenn der Hirsch dicht vor der Meute war und das Gelände so übersichtig, daß die Hunde nach dem Auge jagen konnten. Von der Schrift des Grafen Foix ist in der Pariser Nationalbibliothek ein reich illustriertes Manuskript vorhanden, dessen Miniaturen Baillie-Grohmann im master of game zum Teil reproduziert hat; diese zeigen gemischte Meuten aus Windhunden und chiens courants. Nötig war die Beigabe von Windhunden sonst nicht, zur eigentlichen Parforcejagd gehörten sie keineswegs; la chasse du cerf und Roy Modus hetzen nur mit chiens courants, und Gace de la Bigne, der Hofpoet, rühmt den König, weil er auf die einzige Koppel Windhunde verzichten will, die ihm angeboten wird.

Neben den Warten und Hatzen waren die Relais noch anzustellen vor der Jagd, von denen jedes mehrere Koppeln chiens courants enthielt; die Hunde sollten die zerstreute und ermüdete Meute ergänzen und auffrischen, wenn der Hirsch gerade in ihrer Nähe vorüberkam. Bei dem Anhetzen der Relaishunde war große Vorsicht nötig, deshalb wurden die Relais immer von gelernten Jägern kommandiert. Zunächst mußte der Jäger sich gewissenhaft überzeugen, ob der vorüberflüchtende Hirsch auch der richtige war, denn die jagenden Hunde konnten gewechselt haben. War der Jäger bei der Anjagd gewesen und hatte er den Hirsch vielleicht gesehen oder wenigstens dessen Fährte, dann kannte er sich leichter aus; im anderen Falle mußte er Obacht geben, welche Hunde dem flüchtenden Hirsch folgten, ob es junge oder alte Hunde waren, nur die letzteren waren zuverlässig. Es kam häufig vor, daß die Jäger und die ganze Meute auf falscher Fährte jagten, während nur einige alte Hunde die richtige noch hielten. Darum mußte der Jäger immer vorsichtig sein im Anhetzen, auch wenn die ganze Jagd hinter dem Hirsch vorüberflog. War er aber seiner Sache sicher, dann führte er die Hunde auf die Fährte des Hirsches und stellte sie dabei so, daß ihr Gesicht dem flüchtigen Hirsche zugewendet war; nur auf diese Art konnte er verhüten, daß die Hunde etwa die Widerfährte annahmen und kostbare Zeit verloren ging. Hatte der Jäger seine Hunde angehetzt, dann gab er der Jagd ein Zeichen mit dem Horn.[1])

[1]) Foix, 178. 179. Roy Modus XVIII—XIV.

Beim Überlandjagen war natürlich die gleiche Vorsicht nötig mit dem Anhetzen der Hunde, die hier von den Warten gehalten zu werden pflegten, da selten eine so zahlreiche Jägerei vorhanden war, daß besondere Relais mit gelernten Jägern aufgestellt werden konnten. Laber droht seinen Knechten, als er sie auf die Warte schickt: „Auf meine Hunde sollt ihr achten, und hetzt ihr jemand zu seinen Hunden, so wird meine Hand in euren Augen gefunden!“ Die Jagd Labers ist in der Weise beschrieben, daß auch andere Leute das Recht haben, in dem Revier zu jagen, es scheint ein Revier mit freier Pürsch zu sein; da konnte es vorkommen, daß zwei Jagden nebeneinander hergingen und sich kreuzten, und da war die Gefahr des falschen Anhetzens natürlich doppelt groß. Sehr freundlich klingt es gerade nicht, was Laber zu seinen Leuten sagt: aber es war wohl nicht so schlimm gemeint, er war keine rohe Natur. An den Fürstenhöfen in Deutschland fanden sich besondere Windhetzer und Windknechte, denen das Anhetzen der Windhunde, und Jägerknechte, denen das Anhetzen der Jagdhunde oblag. Das österreichische Jagdbuch aus dem Anfang der 16. Jahrhunderts sagt wörtlich: „Bei der Jagd über Land findet man zunächst, wie die Warten zu legen, oder an welchen Punkten der Zeug zu richten ist. Sind die Wind- und Jagdhundwarten angelegt oder der Hirschzeug gerichtet“ ...... usw. Dann heißt es weiter unten: „Zwei kundige Knechte sollen mit Leithunden und raschen Jagdhunden in die Jagdhundwart gehen.“[1])

Wir kehren nun zurück zur Versammlung am Sengelsbach. Das Frühstück ist beendet und der Seigneur erhebt sich zum Zeichen des Aufbruchs. Die Jäger steigen zu Pferd und die Jagdgesellschaft folgt unserm Besuchknecht, der den Hirsch bestätigt hat und dessen Aufgabe es nun ist, die Jagd anzulegen. Die Gesellschaft bleibt im Hochwald vor der Dickung halten, während der Besuchknecht seinem Leithund auf der Fährte des Hirsches folgt, ausgehend von jener Stelle, die heute früh vor dem Dickicht verbrochen war. Der Jäger muß nach wie vor mit größter Vorsicht darauf achten, daß der Hund die Fährte des gewählten Hirsches festhält und nicht wechselt, oder gegen Wind arbeitet, die Nase hochnimmt und von den Nachbarfährten sich abziehen läßt. Der Jäger muß unausgesetzt die Fährte selber prüfen, bald auf dem

[1]) Das Jagdbuch Maximilians I., herausgegeben von M. Mayr, Innsbruck 1901. Einleitung.

Boden, bald in den Zweigen, und unausgesetzt auf alle Zeichen achten, nach denen er den Hirsch heut angesprochen hat. Verliert der Hund die Fährte, läßt der Jäger die Leine lang, denn der Hirsch macht oftmals Widergänge, ehe er den alten Stand bezieht. Nimmt der Hund die Nase hoch und zieht er gegen Wind, greift der Jäger gegen Wind ein wenig vor und bringt den Hund zurück im Bogen auf die Fährte. Immer wieder wird die Fährte verbrochen. Ist der Jäger seiner Sache sicher, ruft er zuweilen nach den Meutehunden. Es folgen einige Knechte mit den besten Hunden nach, lernen selbst die Fährte kennen und machen die alten Hunde auch mit ihr vertraut. Der Leithund muß den Jäger zum Bett des Hirsches führen. Ist das Bett noch warm, wird der Leithund laut, arbeitet er wie toll und besessen an der Leine, dann ist der Hirsch eben hoch geworden, und wenn sonst alle Zeichen stimmen, kann der Jäger nach der Meute rufen oder hornen. Der Jäger zieht der Fährte auch über das Bett hinaus noch eine Strecke nach, denn der Hirsch flüchtet nicht immer geradeaus, es kommt vor, daß er gleich im Anfang seitwärts ausbiegt oder rückwärts zieht. Dabei treibt er gern einen der schwächeren Hirsche vor die Front. Wir wissen, daß unser Kapitaler in einer schlechten mute steht, es ist also doppelte Vorsicht nötig. Immer muß der Jäger darauf achten, daß er streng der Fährte des einen Hirsches folgt, der nun zunächst gesprengt werden muß. Zu diesem Zweck werden die beiden sichersten Hunde gelöst. Auch wenn sie jagen, geht der Besuchknecht immer noch vorsichtig auf der Fährte weiter. Merkt er, daß die Hunde falsch jagen, verbricht er und stößt ins Horn, die Hunde müssen zurückgeholt und von neuem angelegt werden. Ist der Hirsch gesprengt, dann werden die beiden Hunde angehalten und die Meutehunde nachgeführt. Haben sie die richtige Fährte gefaßt, dann beginnt die eigentliche Jagd. Der Besuchknecht folgt unter Wind mit seinem Leithund in der Richtung nach, in welcher sich die Jagd entwickelt; merkt er, daß die Hunde falsch jagen, bleibt er auf der gerechten Fährte stehen, verbricht sie und stößt ins Horn.[1])

Wir kommen zum Forcieren des Hirsches. Die Hunde, die nach langer Winterruhe im Frühjahr frisch trainiert worden sind und zur

[1]) Vgl. hierzu Roy Modus XVI. — Foix, chap. 39. Le bon varlet de chiens, herausgegeben von Jullien, Paris 1881, chap. 9.

Übung schon vier Hirsche gehetzt haben,[1]) jagen nun fröhlich und mit hellem Laut, mit Juchzen, Schrei und Horn folgen die Jäger. Der Hirsch pflegt den Hunden weit voraus zu flüchten, und wenn er die Hunde fern weiß, seine Kniffe und Finten anzuwenden, durch welche er die Jagd so schwierig, aber auch so interessant gestaltet. Der Hirsch flüchtet nicht lange geradeaus, sondern macht Widergänge, d. h. er flüchtet zurück auf seiner eigenen Fährte und schlägt dann einen Bogen. Die Meute schießt natürlich über die Hinfährte hinaus, verliert dieselbe und verschweigt; immer ist das Verschweigen der Hunde ein Zeichen, daß sie verloren haben, und auf der Suche begriffen sind. Der Jäger wartet eine Weile, ob sich die Hunde selbst zurechtfinden, denn wollte er beständig korrigieren, würde er den Hunden alle Selbständigkeit benehmen. Finden sie nicht, dann werden sie zurückgebracht und auf die Fährte geführt an einer Stelle, an der ihr Laut noch froh und hell erklungen war. Jagen die alten Hunde wieder an, und zwar in entgegengesetzter Richtung, kann die Jagd weitergehen. Da der Hirsch die gleichen Finten im Laufe der Jagd mehrfach wiederholt, kann es zur Erleichterung des Wiederfindens dienen, wenn der Jäger weiß, daß der Hirsch bei seinen Wendungen und Widergängen immer die gleiche Richtung einzuhalten pflegt, die er das erstemal genommen hat;[2]) dreht er sich das erstemal linksum, tut er es nachher auch.

Während die Hunde den Widergang ausmachen, ist der Hirsch nun weit voraus geflüchtet. Er nimmt die große Fahrstraße an, auf denen die Hunde schlechte Witterung haben, flüchtet eine lange Strecke darauf hin, dann rückwärts auf derselben Straße, macht einen weiten Absprung wie ein Hase und flüchtet weiter. Er mischt sich unter einen Trupp von Tieren und schwachen Hirschen, reibt sich an den Tieren und tut, als wenn er sie beschlagen will, um deren Witterung sich anzueignen und die Hunde zu verwirren.[3]) Hört er, daß die Jagd näher kommt, forkelt er einen der schwachen Hirsche und treibt ihn vor die Hunde, während er selbst mit einem mächtigen Satz in das nächste Gebüsch fällt, dort verhofft und ganz still die Jagd vorübergehen läßt. Die Meute nimmt nun leicht den Wechsel an und jagt auf der Fährte des schwachen Hirsches

---

[1]) La chasse du cerf bei A. Schultz, Das höfische Leben, I. 463.

[2]) Roy Modus XVIII.—Foix 186. Die gleiche Wahrnehmung bestätigt Winckell, Handbuch für Jäger. Leipzig 1865. I. 131, Anm.

[3]) Roy Modus, XIX r.

weiter. Der Jäger erkennt den Wechsel daran, daß die alten Hunde schweigen. Immer muß er sich dicht bei den Hunden halten, um zu wissen, wo Widergang und Wechsel eingetreten sind, immer muß er auf die alten Hunde achten, auf die chiens sages. Schweigen alle Hunde, hat der Hirsch einen Widergang gemacht, schweigen nur die alten Hunde, liegt ein Wechsel vor. Im letzten Falle ist zu unterscheiden, ob die alten Hunde umkehren oder weiter jagen, wenn auch stumm. Kehren sie um, ist der Jagdhirsch zurückgeblieben, die alten Hunde sind dann eifrig mit Suchen beschäftigt; jagen sie schweigend mit, dann ist der Jagdhirsch in Gesellschaft des Wechselhirsches geblieben und gemeinschaftlich mit ihm fortgeflüchtet, um sich bei passender Gelegenheit abzusondern. Der Jäger muß die Stimme der alten Hunde genau kennen und heraushören; nur wenn diese jagen, ist die Fährte richtig, und wenn diese schweigen, ist irgend etwas faul. Erkennt der Jäger, daß die Hunde gewechselt haben, dann muß er die Meute stoppen und zurückbringen. Arrière! tönt sein Kommando durch den Wald, dazu bläst er das Signal Suchen. Das Hilfspersonal, die valets, greift vor, die Hunde werden zurückgebracht, und ist die Meute zusammen, dann heißt es: im Bogen zurück auf die Fährte und von neuem angelegt. Finden die Hunde nicht, wird nach dem Leithund geblasen, alles steigt ab und hilft suchen. Der Hirsch wird von neuem lanciert, die alten Hunde werden zur Fährte gelegt, gestoppt, die Meute kommt, die Jagd geht weiter. Hell schmettern die Hörner den Klang „Gute Jagd" in den Wald, und mit Juchzen werden die Hunde angefeuert. Sieht ein Jäger den Hirsch, ruft er: Taho! Taho! bläst „die Sicht", und mit erneutem Eifer folgt die Jagd. Der Hirsch flüchtet ins Wasser und eilt oder schwimmt eine Strecke in ihm fort.[1]) Foix erzählt, daß er einstmals einen Hirsch gesehen habe, der eine ganze Meile in einem Bache fortgezogen war, ohne ans Ufer zu gehen, bis ein großer Windbruch ihm den Fortgang hemmte. Zuweilen will der Hirsch sich im Wasser nur erfrischen und macht nachher eine weite Flucht; zuweilen aber stellt er sich daselbst zum Todeskampf. Hatte der Hirsch das Wasser angenommen, wurde die Stelle verbrochen, Jäger und Hunde verteilten sich und suchten die

---

[1]) Im Beowulfliede heißt es vom Hirschen, dem Heidestapfer, daß er von den Hunden sich nicht in den schauerlichen Sumpf hetzen läßt, den Grindel bewohnt. Ausgabe von Reclam, übers. von Wolzogen, 51.

Ufer ab, bis man an den Ausstieg kam. Neue Rufe, Signale, die Meute ward herangeholt, weiter ging die Jagd. Höchst ungern sah der veneur, wenn der Hirsch das offene Feld annahm, die Jagd also „über Land" ging. Hier war der Hirsch den Hunden weit voraus, er hinterließ keine Witterung an Halm und Strauch, und die Witterung der Bodenfährte verflüchtigte sich bei warmer Sonne außerordentlich schnell. Das Allerschlimmste waren die großen Brandflächen der Brennkultur, auf denen die Hunde jede Witterung verloren. Da mußte der Jäger vorgreifen. Auch Laber läßt seine Hunde verschweigen auf einem Brand.[1]) Waren die Hunde müde, unlustig, litten sie unter der Hitze, ward abgebrochen, den Hunden Erholung gegönnt und nach einigen Stunden weiter gejagt. Dunkelte der Abend oder brach die Nacht herein, ehe der Hirsch erlegt war, ward die Fährte verbrochen und am nächsten Morgen wieder aufgenommen, eine hohe weidmännische Leistung, von der die Jagd des König Marke im Tristan uns ein hübsches Beispiel liefert;[2]) auch Foix betont, daß er viele Hirsche am nächsten Morgen habe erjagen sehen, die am Abend vergebens gehetzt worden waren.[3])

Wenn nun alle Schnelligkeit und Ausdauer, alle Schliche und Finten, alle Wechsel und Widergänge dem Hirsche nicht fruchteten und er seine Kräfte schwinden fühlte, dann stellte er sich zuletzt den Hunden, ließ sich verbellen und stand zum Bile.[4]) So oft als möglich suchten die Jäger den Bil zu brechen, weil der stehende Hirsch leicht die Hunde zuschanden schlug, jener Moment, von dem uns Arrian berichtet, daß um seinetwillen die Jäger des Altertums es vorzogen, das Tier zu hetzen an Stelle des wehrhaften Hirsches. Im Mittelalter war man weniger rücksichtsvoll. Der große Grundbesitz hatte soviel Reichtum in der Hand des Seigneurs zusammengetragen, daß es auf ein paar Hunde nicht ankam. Ein zweiter Grund aber, um das Ende des Trauerspiels hinauszuschieben, lag darin, daß man die versprengten Hunde sammeln wollte, die von allen Seiten herbeizueilen pflegten, wenn sie den Stand-

---

[1]) Labers Jagd, 130.

[2]) Tristan und Isolde von Gottfried, 17291—350.

[3]) Foix, chap. 45. S. 185 (Ausgabe von Lavallée).

[4]) Der Ausdruck „zum Bile stehen" hängt mit billen, beilen, bellen zusammen, zum Bellen stehen, sich den bellenden Hunden stellen. Altfranzösisch abai soufrir und abai ronpre (E. Bormann, S. 89); englisch to stand at bay. Der Bil hat sich in Österreich mit der Zeit in „die Ball" gewandelt: die Ball halten, wird noch heut gesagt.

laut hörten. Wenn anfänglich beim Bile der dritte Teil der Meute zur Stelle war, mußte man schon zufrieden sein.[1]) Während die Hunde verbellten, klang das Signal „Die Sicht" durch den Wald, gemeinschaftlich geblasen von allen, die zur Stelle waren. Kam nun der Seigneur heran mit seinen Gästen und hatten auch sie an dem traurigen Bilde des mattgehetzten Hirsches sich satt gesehen, dann schlichen von hinten zwei Jägerknechte an den Hirsch heran und schlugen ihm mit ihren Weidmessern die Sehnen durch über den Sprunggelenken. Der Hirsch brach hinten zusammen und empfing den Todesstoß seitwärts nach dem Herzen zu, oftmals mit einem Klageton. War der Hirsch sehr matt, griffen nach dem Durchschlagen der Sehnen ein paar Jäger ins Geweih und ein anderer nickte ab zwischen Kopf und Wirbelknochen.[2]) War ein Bogen zur Stelle, ward der müde Hirsch erschossen. Es kam auch vor, daß ein Jäger vom Pferde stieg, sich einen grünen Zweig brach, sich hinter demselben leise anschlich und dem Hirsch das Jagdschwert in das Herz stieß. Lag der Hirsch tot auf der Seite, dann zog, geblasen von der ganzen Jägerei, das Signal „Hirsch tot" ernst und feierlich über den besiegten Kämpen hin.[3])

Dem Tod des Hirsches folgte das Zerwirken und Zerlegen, zwei getrennte Verrichtungen, die der Franzose mit escorcer und depecier oder deffaire bezeichnet, der Deutsche Gottfried von Straßburg aber in dem einen Namen Bast zusammenfaßt. Der Hirsch wurde auf den Rücken gelegt, von zwei Jägerknechten an den Läufen gehalten und von einem dritten gestreift, genau nach Handwerks Brauch und Gerechtigkeit. Der gestreifte Hirsch blieb liegen auf der Haut, damit kein Tropfen Schweiß verloren ging, der für die Hunde gesammelt werden mußte. War der Hirsch zerwirkt, folgte das Zerlegen. Ursprünglich war

---

[1]) J. du Bec, Discours de l'antagonie du chien et du lièvre, 1593. Herausgeg. von Jullien u. Lacroix, Paris 1880, 49.

[2]) So in la chasse du cerf, Schultz, Das höfische Leben, I. 468.

[3]) Vgl. zum Forcieren: Roy Modus, XVI—XX l. — Foix, chap. 44, 45. — Gace de la Bigne, Auszug bei Sainte-Palaye, mémoires III. 389 u. f. — La chace du cerf I. 463 u. f. — The Master of game, Ausgabe von Baillie-Grohmann, London 1904. Dieses vortreffliche Werk ist jedem zu empfehlen, der sich über die Parforcejagd des Mittelalters näher unterrichten will. Wertvoll ist namentlich der von Baillie gegebene Appendix. — G. Twici, Le art de venerie, Middle Hill press, 1840. — E. Bormann, Die Jagd in den altfranzösischen Artus- und Abenteuer-Romanen, Marburg 1887.

eine einfache Vierteilung üblich gewesen, die sich in Deutschland noch im 14. Jahrhundert zeigt. In dem Weistum des Dreieicher Forstes heißt es aus dem 14. Jahrhundert: „Und wer einen hirtz finde, der soll In antworthen uff die nächsten Wildthube, der Hubener soll die Vier stück, das Haupt und die Hauth anthworten zu hoff."[1]) Gottfried läßt im Tristan den englischen Jägermeister ebenfalls die Vierteilung üben[2]) und stellt diesem einfachen Brauch die spezialisierte Sitte gegenüber, die Tristan mit aus Frankreich bringt. Tristan zeigt den Engländern die Bast, und weil dieses Beispiel wohl die älteste Kunde ist, die wir über das Zerlegen des Hirsches haben, lasse ich sie hier in Kürze folgen.

Tristan schlägt zunächst die Ärmel um, eine Vorsicht, welche die spätere Jägersitte nicht mehr gelten ließ. Er zerwirkt in der Weise, daß er die Haut zu beiden Seiten des Hirsches auf den Rasen legt. Beim Zerlegen löst er die Blätter ab und läßt an jedem Blatt drei Rippen stehen; auch die Keulen werden abgetrennt, mit ihnen zugleich ein Teil der Kruppe, der sodann die Rippen folgen; das Ausweiden ist nicht ritterlich und wird einem Jägerknechte überlassen.[3]) Damit war die eigentliche Bast zu Ende (2918), und es folgt als zweiter Akt die Furkie, die Gabelung. Tristan schneidet sich einen Gabelast, löst Leber, Nieren und Kurzwildpret ab, wickelt sie in das Netz, umschnürt dasselbe mit grünem Bast und bindet das Ganze an die Astgabel, die er einem Knecht zu halten gibt.

An die Bast und Furkie schließt sich jetzt die Curie, die spätere Cuire. Der Hals wird abgetrennt von der Brust und von diesem der Kopf. Den Rick bekommen die armen Leute,[4]) Herz, Lunge, Milz, Magen und Gescheide werden zerschnitten und mit dem Schweiß auf der Haut den Hunden überlassen. Die zerlegten Teile des Hirsches werden mit Weiden an die Sättel gebunden und in feierlichem Aufzug in die Burg gebracht. Der Kopf mit dem Geweih nimmt die Spitze des Zuges ein, ihm folgt die Brust, dieser folgen die Blätter, die Rippen usw., genau in der Reihenfolge wie am lebenden Hirsch. Haut und Furkie machen den Schluß.[5])

---

[1]) Smoler, Historische Blicke auf das Forst- und Jagdwesen, Prag 1847—73.

[2]) Tristan und Isolde, von Gottfried von Straßburg, 2796—804.

[3]) Man achte auf den Unterschied, selbst auf der Jagd!

[4]) Nach Panniers Meinung wohl ein schlechter Teil des Rückens.

[5]) Tristan und Isolde, 3170—83.

In dem Dialog la chasse du cerf, der vielleicht ein Menschenalter nach Gottfrieds Sang geschrieben wurde, ist das Zerwirken und Zerlegen ebenfalls behandelt, aber doch schon mehrfach abweichend. Hier ward das Herz den Aussätzigen überlassen. Es scheint eine alte Sitte zu sein, beim Zerlegen auch der Raben zu gedenken. In La chasse du cerf wird das escorbin (os corbin) auf einen Baum gelegt.[1]) Bailli-Grohmann spricht über das os corbin im Appendix zum master of game unter curée. Das Boke of St. Albans erwähnt das Bein des Raben, auch Foix und Turbervile sprechen davon.[2]) Offenbar steht auch der Rabe damit im Zusammenhang, den Laber am Ende seiner Jagd vorführt, der auf den Ausgang gewartet hat und nun mißstimmig entfliegt, weil er bei der Fehljagd leer ausgeht.[3])

Die zerlegten Teile des Hirsches wurden meist unter das Jagdpersonal verteilt. Auch hier schwankt die Sitte nach Ort und Zeit.

La chasse du cerf spricht dem Jägermeister die Haut zu, den Lendenbraten und die Blätter, den Knechten dagegen nur den Hals, und auch dann nur, wenn sie sich gut betragen hatten; an anderen Orten wurden die Knechte besser bedacht. Baillie-Grohmann weist darauf hin, daß die Verteilung oft schwierig gewesen sein muß, weil es vorkam, daß mehr berechtigte Teilnehmer für die einzelnen Stücke da waren, als der einzelne Hirsch ergab. Die minderwertigen Teile erhielten die Hunde mit dem Schweiß auf der Haut; oft wurde auch klein geschnittenes Brot dazu gemengt. Es kam auch vor, daß man diesen Inhalt der Haut auf den Rasen schüttete, die letztere darüberdeckte, den Kopf mit dem Geweih davorhielt und die Hunde erst verbellen ließ; dabei ging natürlich ein Teil des Schweißes verloren. Nachher zog man die Haut fort und ließ die Hunde ran. Hunde, die beim Tod des Hirsches nicht zugegen gewesen waren oder sich erst während des Biles eingefunden hatten, also herumgebummelt waren oder auf falscher Fährte gejagt hatten, will Foix von der Mahlzeit ausgeschlossen wissen, es war ihre Strafe, daß sie zusehen mußten, wie es den anderen schmeckte. Die Grundherren machten sich ein Vergnügen daraus, mit Ruten unter den fressenden

---

[1]) Uhland soll die Rabenmahlzeit behandeln in seinen Schriften zur Geschichte der Dichtung und Sage, III. 158, Anmerkung 101. Mir war der Band nicht zugänglich.

[2]) Foix, 162.

[3]) Hadamar von Labers Jagd, Strophe 529.

Hunden die Ordnung aufrecht zu erhalten. Die Eingeweide band man wohl für sich an eine hölzerne Gabel als sogenanntes Forhu, und ließ die Hunde dasselbe verbellen, indem man ihnen den Jägerruf zuschrie, der bei „Hirsch in Sicht" gegeben wurde, dann warf man das Forhu in die Meute. Was Tristan mit seiner Gabel machen wollte, ist nicht klar, da sie mit in die Burg genommen wird; wir erfahren erst durch Fouilloux im 16. Jahrhundert, daß an der Gabel die Leckerbissen angebunden waren, die der Grundherr zu bekommen hatte. Bevor die Meute an die Reihe kam, wurde der Leithund abgefuttert. Roy Modus läßt ihn den Kopf abnagen, der zuvor am Geweih mit allerhand Weidesprüchen vor dem Hunde hin und her getragen wird, um ihn begieriger zu machen. Die Einzelheiten, namentlich die Verteilung der Wildpretstücke an die Jägerei haben geschwankt, im ganzen aber ist der Brauch im Mittelalter konstant geblieben.[1])

Die Heimkehr von der Jagd pflegte gleich dem Auszug gemeinschaftlich zu erfolgen. Das Gerät, Zelte, Tischzeug usw. ward auf die Lasttiere gepackt. Am Burgtor wurde dann wohl die menée geblasen, der Jägermeister fing an und die anderen folgten. Die Herrschaften und was zu ihnen gezählt zu werden die Ehre hatte, vereinigte bald das Schüsseltreiben, das gemeinschaftliche Mahl. Das Geweih wurde in den Speisesaal gebracht, dem Herrn gezeigt und bewundert. Nach dem Essen unterhielten die Herrschaften sich mit Jagdgeschichten; Gace de la Bigne sagt: „Nach dem Abendessen pflegt jeder Jäger eine jagdliche Denkwürdigkeit zu erzählen, die den König erheitern soll und deren Wahrheit von einigen Spöttern gern angezweifelt wird; die Leute aber, die das Weidwerk kennen, wissen, wieviel Wunderbares sich da zuträgt nach dem Sprichwort:

De chiens, d'oiseaux, d'armes, d'amours,
Pour une joie cent doulours.[2])

---

[1]) Vgl. Roy Modus, XXII—XXVI. — Foix, 163—64. The master of game 100—101. — La chasse du cerf bei A. Schultz, I. 463 u. f. — Bailli-Grohmann, Appendix, curée. Daraus, daß für das Zerwirken und Zerlegen nach französischer Art das deutsche Wort Bast gebräuchlich war, kann man wohl schließen, daß auch in Deutschland der französische Brauch gehandhabt wurde. — Ein Beispiel des sogenannten Jägerrechts ist oben in diesem Kapitel gegeben unter dem Abschnitt „Jägerknechte".

[2]) Gace de la Bigne bei Sainte-Palaye, III. 389 u. f.

Es war ja nicht so schlimm mit den doulours! Auch für die Knechte ward gesorgt. Sie bekamen gut zu essen und kein Bier zu trinken, sondern Wein, „damit sie fröhlicher darüber reden konnten, was ein jeder an dem Tage geleistet hatte und welche Hunde am besten und am schneidigsten gejagt hatten.[1])

Man hat der Parforcejagd den Vorwurf der Grausamkeit und Kostspieligkeit gemacht, und wohl nicht ohne Grund. Grausam war es, den edlen Hirsch zu hetzen, bis er nicht mehr weiter konnte, und zum Erbarmen war der Anblick eines mattgehetzten Recken. Mit Mühe nur hielt er sich noch aufrecht auf den zitternden Läufen, oft brach er tot zusammen. Der Körper war blank vom Schweiß, das Rückenhaar gesträubt, die Flanken flogen, keuchend ging der Atem und trocken hing der Lecker weit aus dem Geäse, in wilder Angst starrten die Lichter. Und doch geschah es gerade hier, daß der todesmatte Recke noch Hunde tötete, die nicht schnell genug ihm auszuweichen wußten. Eigentümlich war das Vergnügen der hohen Herrschaften, sich solch ein Bild des Jammers persönlich anzusehen und nicht durch einen Jäger den Hirsch schnell abtun zu lassen.[2]) Aber wenn der Hirsch zum Bile stand, und der Hornruf durch den Wald erklang, dann eilte alles zur Stelle, was zurückgeblieben war, den traurigen Anblick des gehetzten Hirsches zu genießen. War ausnahmsweise mal ein weißer Hirsch gejagt, dann war die Eile ja begreiflich, denn wer dem weißen Hirsch den Fang gegeben hatte, durfte diejenige Dame des Hofes küssen, die ihm die schönste schien. Wilde Leidenschaften wurden dadurch ausgelöst und das Blut der Ritter floß für die Damen. Gawan sagt zum König Artus, der den weißen Hirsch jagen will, daß fünfhundert vornehme Damen am Hof seien und jede ihren Ritter habe und jeder Ritter für seine Dame das Prädikat der höchsten Schönheit in Anspruch nehme.[3]) Man ließ den gefährlichen Brauch daher einschlafen, nur vom Herzog von Bayern wird erzählt, daß er 1748 noch eine Jagd auf den weißen Hirsch veranstaltet habe.[4])

---

[1]) The master of game, 102.

[2]) Auch Bormann ist es aufgefallen, daß die Poesie bei der Angst und den Gebärden der gehetzten Hirsches gern verweilt. „Die Jagd in den altfranz. Artus- und Abenteuer-Romanen", 93.

[3]) Enec et Enide, Ausg. von Haupt, Zeitschrift für deutsches Altertum, Berlin 1856. 374.

[4]) Sainte-Palaye, mémoires III. 189.

Abgesehen von der Grausamkeit des Hetzens kann es keinem Zweifel unterliegen, daß die Parforcejagd vielen Menschen Vergnügen gewährte. Wenn das Geläut der Hunde glockenhell durch den sonnigen Hochwald klang, wenn der Gaul sich übermütig hob unter dem Jäger und ausgriff, daß der Rasen hinter ihm in Fetzen flog, wenn das Juchen, das Rufen und das Blasen der Jäger den Laut der Hunde übertönte und alles in Spannung hielt, wenn links und rechts frohe Gesichter auftauchten, gerötet von dem scharfen Ritt in der frischen Morgenluft, und wenn es unter Lachen und Rufen dann weiter und immer weiter ging durch Wald und Busch, über Feld und Heide, dann leuchteten die Augen, dann wuchs der Mann empor zu neuem Wagemut und stählte sich zu kühnen Taten: das war reine, echte, männliche Lust!

Es ist die Ansicht allgemein verbreitet, daß die Jagd in früheren Zeiten mehr Anforderungen an den Jäger gestellt habe in körperlicher Leistungsfähigkeit und persönlichem Mut als heutzutage, und diese Ansicht ist auch richtig; nur muß man nicht den Fehler machen, anzunehmen, daß die alten Jäger so übermäßig kühn gewesen wären und immer die Gefahr gesucht hätten. Sie sahen ebensogut wie wir in der Vorsicht der Tapferkeit bestes Teil. Foix galt für einen Ausbund von Courage, er war ein kleiner Souverän und hat mit den Kronen von Frankreich, England und Spanien Krieg geführt; aber er warnt sehr davor, bei der Schweinhatz abzusteigen und das gehetzte Wildschwein auflaufen zu lassen. Er nennt solches Beginnen eine große Gefahr für das Leben und sagt, man riskiere zum Krüppel geschlagen zu werden um geringer Ehren willen. Er hat Ritter, Knechte und Diener davon sterben sehen, gibt aber dann doch die Anweisung, wie der sich zu verhalten habe, der so närrisch (fol) sei, einer solchen Gefahr sich zu unterziehen. Hatten die Hunde das Schwein gedeckt, dann konnte man allerdings nach seiner Meinung unbesorgt es töten. Als das höchste Zeichen jägerischer Tugend galt es, das Schwein vom Pferd aus mit dem Schwert zu töten. Foix nennt das Verfahren die schönste und vornehmste Art.[1]) Nach Roy Modus ist diese Art nicht so gefährlich, man darf sich nach dem Stoße nur nicht aufhalten. „Or ça, maistre!" rief der Jäger dem Schwein zu, um es zum Anlauf zu reizen.[2])

[1]) Foix, chap. 53. Ich muß gestehen, daß ich an ein wirkliches Töten auf diese Art nicht glaube; aber Roy Modus wie Foix sprechen von tuer.

[2]) Roy Modus, XXXVI.

Ich kann aus Mangel an Raum nicht ausführen, wie die anderen neun Wildarten à force gejagt wurden, auf welche nach Roy Modus diese Jagdart Anwendung fand. Einige Angaben findet der Leser unten in dem Abschnitt „Jagd auf die verschiedenen Wildarten". Es kam mir darauf an, die Schwierigkeiten, die Kunst und den Geist der Parforcejagd anzudeuten, und das ist beim Hirsch geschehen. Wir wollen uns jetzt noch kurz der Jagd in oder zu den Hecken zuwenden und dann die Hetzjagd verlassen.

Die Anlage und Einrichtung der Hecken ist oben schon beschrieben worden, es kann sich nur noch um das eigentliche Jagen handeln, und gerade da sind wir nur spärlich unterrichtet. Roy Modus schildert die Art, wie man das Schwarzwild durch Treiben im Netz fangen soll; dabei hält er Netz und Hecke nicht streng auseinander, die ja auch tatsächlich den gleichen Zweck hatten. Der Fang des Schwarzwildes geschah am besten im November, weil Keiler und Bachen dann noch gut bei Wildpret waren. Der Sicherheit wegen wurde das Gehölz mit dem Leithund vorher umzogen, denn man hatte nicht nur Leithunde für Rotwild, sondern auch für das Schwein, sogar für den Bären und den Wolf. War ein größeres Rudel Sauen eingekreist, dann kam es darauf an, den Waldteil zu umstellen. Hier zeigte sich schon die Überlegenheit der Netze vor den Hecken darin, daß man sie unter Wind aufstellen konnte, während die feste Hecke leicht in den Überwind geriet. Der Rest des Waldes wurde mit Hatzen und Warten umstellt (levriers et deffences), und zwar in der Art, daß die Windhunde an den freien und offenen Stellen ihren Platz erhielten, und wohl tunlichst an den Flügeln der Netzstellung, während der Rest des Umkreises durch Warten geschlossen wurde. Zunächst suchte man das Rotwild aus dem Treiben dadurch zu entfernen, daß man den vierten Teil der Hunde losließ, welche das scheue Rotwild bald versprengten, das natürlich überall passieren durfte und auch von den Netzen durch die Warten ferngehalten ward. Dann folgte das eigentliche Treiben des Schwarzwilds nach den Netzen oder Hecken zu. Alle Hunde wurden losgelassen und eine Treiberwehr in Bewegung gesetzt, die mit Musikinstrumenten aller Art, mit Johlen und mit Schreien einen solchen Höllenlärm verursachte, daß nach dem Ausspruch des Roy Modus Gottes Donner nicht davor zu hören war. Durchbrach das Schwarzwild die Linie der Warten, dann wurden die Windhunde hinterdreingehetzt. Roy Modus gibt die allgemeine Regel, daß man auf den Wolf von vorn zu hetzen habe, auf den Hirsch von der Seite und auf das Schwein von hinten. Foix will beim Beginn des Treibens nur den vierten Teil der jagenden Hunde lösen, den Rest in Reserve halten und auf die beiden Flügel der Hecke oder Netzstellung verteilen; denn das Schwein flüchtet lange hin und her und läßt sich oft verbellen. Darum ist es gut, drei- oder viermal am Tage frische Hunde heranzulassen. Allerdings jagt Foix ohne Treiber. Was sich nachher in den Netzen zugetragen hat, das sich auszumalen darf ich der Phantasie des Lesers überlassen, denn auch die alten Schriftsteller bedecken gnädig diese Vorgänge mit Nacht und Grauen. Nur das will ich hervorheben, daß die Heckenwächter dem gefangenen Keiler nicht von der inneren Seite nahen durften, von welcher aus er sich gefangen hatte; in solchem Fall zog er sich aus dem Beutelnetz zurück und verwundete und tötete die Angreifer, als wenn er nicht gefangen wäre. Die Wächter mußten herumgehen auf die andere Seite der Hecke, nach welcher zu der Keiler wehrlos war: dort konnten sie dann so lange auf ihn losstechen, bis der tapfere Kämpe sich nicht mehr regte und als leb- und wehrlose Masse vor ihnen lag. Ego jugulo in retibus sagte der Jäger des Königs Alfred.

Auch hier zeigt sich wieder der unweidmännische Einfluß des großen Grundeigentums, denn der Massenmord tritt natürlich in erster Linie in den ausgedehnten fürstlichen Revieren auf. Roy Modus bezeichnet den Fang des Schwarzwildes in der vorbeschriebenen Weise geradezu als déduit royal, als königliches Vergnügen, weil nur Könige und Fürsten die großen Wälder hätten und den Aufwand an Hunden und Netzen bestreiten könnten, der dazu erforderlich sei.[1]) Da die Fürsten das Vergnügen der Jagd keinem anderen Menschenkinde gönnten und am liebsten jedes Stück allein erlegen wollten, jeder Tag aber nur vierundzwanzig Stunden hatte, so mußte der Massenmord heran, wie ihn ja die Karolinger schon geübt hatten. Auch die Burgundenfürsten und Siegfried in den Nibelungen huldigen dem Massenmord in Netz und Hecke oder Park, denn sie konnten auf diese Art ja alles selber töten, und je größer die Strecke war, desto gewaltiger und größer kam sich der Jäger vor. Siegfried tötet einen Wisent, einen Elch, vier starke Ure, einen grimmen Schelch, einen Löwen, einen Eber und dazu Hirsche und

---

[1]) Roy Modus, XLVI l.

Tiere und noch anderes Gewild. Die Jäger bitten ihn, mit dem Morden einzuhalten, da er sonst Berg und Wald ausleeren würde. Nicht anders hat Gunther gehaust.[1])

Auch in späterer Zeit war man dem „Fang" des Wildes zum Vergnügen der großen Grundbesitzer nicht abgeneigt. Kurfürst Albrecht von Brandenburg schrieb 1480 an seinen Sohn: „Wir haben „gefangen" beiläufftig 30 und 100 swein. Und ist noch Swein und ander Wildpert, gott sei's gelobt, genug hie aussen und gutter frid: gott geb' lang!" Vierzehn Tage später schreibt derselbe Albrecht wieder und rühmt sich 32, und 100 Schweine gefangen zu haben.[2]) Es seien aber noch 200 Schweine da. Daß auch Maximilian I. vor solchem Massenmord nicht zurückschreckte, werden wir unten sehen.

Der niedere Adel verurteilte dagegen die Massenschlächterei und bewahrt sich das natürliche weidmännische Gefühl. Auszunehmen ist leider der Verfasser des Roy Modus, der das Treiben zu den Netzen für die beste Jagd und für das schönste Vergnügen mit Hunden erklärt.[3]) An anderer Stelle nennt er freilich alle Art von Fang wieder ein Vergnügen armer Leute, aber doch nur im Gegensatz zu der kostspieligen Jagd mit Hunden und Netzen, wie sie von den großen Grundherren betrieben ward.[4]) Desto bestimmter tritt der Graf von Foix der Netzjagd entgegen; er erklärt, nur ungern von dieser Jagdart zu sprechen, sie sei nicht ritterlich. Er nennt die Heckenjagd schändlich und allenfalls geeignet für Schmerbäuche und altersschwache Greise, oder solche, die nicht „arbeiten" mögen.[5]) Der Herzog von York, der den Foix ins Englische übersetzt hat, verwirft ganz allgemein den Fang des Wildes und sagt, „ich glaube, kein guter Hunter wird auf diese Art jagen."[6]) Aber auch in Deutschland finden wir Stimmen, welche gegen die Heckenjagd

[1]) Nibelungen, 884. — Was es mit dem Löwen für eine Bewandtnis hatte, kann ich nicht sagen. Kann sein, es war ein Luchs, Foix vergleicht den Luchs mit dem Leoparden; kann aber auch sein, daß es ein ausgesetzter Löwe war, eine Annahme, die keine Schwierigkeiten bieten würde, wenn die Jagd, wie ich glaube, in einem Park gedacht war.

[2]) Steinhausen, Deutsche Privatbriefe des Mittelalters. I. 213.

[3]) Roy Modus, XLVIII r.: „Siorrez la meilleure chace et le meilleur déduit de chiens qui puist estre."

[4]) Ebenda, LXIX r.

[5]) Dieses Arbeiten galt selbstverständlich nur von der Jagd!

[6]) The master of game, Baillie-Grohmann, Appendix, 191.

sehr eingenommen sind. In „Die Jagd der Minne“ taucht neben dem Brackenjäger, der über Land jagt, ein Heckenjäger auf, wie wir oben bereits gesehen haben. Schon die Namen seiner Hunde deuten eine unehrliche Sache an: der Leithund heißt Unverschwiegen, die Bracken heißen Unstet, Treulos, Neid, Wankelmut usw. Der Heckenjäger wird belehrt, daß kein Meister Hecken schlagen soll, der soviel Hunde hat. „Eher wollt' ich meine besten Hunde missen, ehe ich ein edles Wild so leicht in einem Seil erwürgte; ich hätte die Freude verloren an dem Wild, das ich so mit freiem Mute jage, wie es einem edlen Jäger ziemt.“ Es wird ausdrücklich der Gegensatz hervorgehoben zwischen dem Jagen über Land und dem Jagen auf Gewinn; nur das erste ist weidgerecht, das zweite ist verächtlich. Nicht auf die Beute kommt es an, sondern aufs Jagen, auf die Schwierigkeiten, das Können. Auch Peter Suchenwirt verwirft die Heckenjagd in dem Gedichte „Hans von Traun“; es heißt daselbst:

„Was sucht ir hie in rauher heck?
Hengt an die liecht, scheucht smale eck,
Die wartt ist hie ze wilde.“

Die Warte war hier ein fortgesetztes Morden; daran lag's! Hadamar von Laber äußert sich mehrfach in verächtlicher Weise über die Heckenjagd; so heißt es in Strophe 321:

„Nu slahent si die hecke so verborgen,
niemen weiß wô und wann
ein edel wild sich dar inn mag erworgen“.

Noch entschiedener äußert er sich in Strophe 216:

„Swer jagt gerechtiglichen
den soll man guotes wîsen,
swer aber wil erslîchen,
an hecken vâhen, des sol niemen prîsen.
ir ist vil, die ir êren tuont ze leide;
dâ von guot wilt nu dicke
sich hüeten muoz vor fröudenrîcher weide“.

Man kann also nicht sagen, daß der Massenmord in Hecken und in Netzen im Mittelalter populär gewesen wäre, er war eine unweidmännische Folge des großen Grundbesitzes, ein fürstliches Vergnügen, ein déduit royal.

Auch auf den Schießtreibjagden beginnt bereits der Massenmord sich vorzudrängen, in erster Linie natürlich wieder an den Fürstenhöfen. Im allgemeinen arbeitete man noch mit kleinen Mitteln. Das Wild wurde vor dem Schießen wenigstens nicht zusammemgetrieben, man begnügte sich mit dem, was gerade in dem abzutreibenden Waldteil stand, und eine Massenstrecke konnte im allgemeinen nur in einem Park erzielt werden. Da freilich konnte der Grundherr seiner Lust am Töten ausgiebig Genüge tun. Im letzten Kapitel des master of game wird eine Treibjagd des Königs geschildert.[1]) Sie beginnt damit, daß der sheriff die nötige Anzahl von Bauern und Wagen aufbieten muß, zeigt also einen Mißbrauch der grundherrlichen Gewalt, der sich darin äußert, daß die Arbeitskraft der Bauern feiern muß, um dem Privatvergnügen des Königs zu genügen. Derartige Mißbräuche wiederholten sich wohl auf den meisten Grundherrschaften. Das Anlegen der Jagd geschah in der Weise, daß ein Teil des Waldes mit Warten und Windhunden umstellt wurde; wollte das Wild ausbrechen, wurde es von den Warten zurückgescheucht, brach es dennoch aus, hetzte man die Windhunde hinterdrein, namentlich wenn das Wild augenscheinlich verwundet war.[2]) Hatten der König und seine Gäste ihre Stände eingenommen, die mit grünem Laub verkleidet waren, dann wurden zunächst die Harriers gelöst, kleine Hunde, die das kleine Wild rege machen und vor die Stände treiben sollten. Um das Wild zwangläufig zu führen, waren auch im Treiben Warten aufgestellt, die in der Nähe der Stände dicht beieinander standen.[3]) Wurde mit dem kleinen Wild ein Hirsch hoch, ertönte ein Signal. Nach einiger Zeit wurden die Harriers zurückgezogen und ersetzt durch Hirschhunde, die nun speziell das große Wild zu jagen hatten. War vorher ein Hirsch bestätigt worden, so wurde er vom Leithund lanciert und von den Hirschhunden angejagt, ähnlich so, wie es bei der Parforcejagd üblich war. Es spielten also immer noch Einflüsse eines weidgerechten Jagens mit hinein, es war der Sinn nicht ausschließlich auf das Töten nur gerichtet, der Heerschild der Jagd noch nicht so ganz geniedert zu einem Schießen auf lebendige Scheiben. Immerhin waren doch schon mehrere Wagen nötig, um während des

---

[1]) Die Schießjagd war in England stark im Gebrauch; Foix gesteht, von ihr nicht viel zu wissen, rät aber dem, der sie kennen lernen will, nach England zu gehen. Foix, 258.

[2]) Twici, Le art de venerie, unterscheidet von der Hetzjagd die andere Jagd mit Schützen, Windhunden und Netzen.

[3]) Foix, chap. 71

Schießens das tote Wild nach dem bestimmten Platz zu fahren, an welchem die „Strecke" gemacht werden sollte. In langen Reihen lagen sie da, die eben noch des Lebens sich gefreut hatten: Hirsch bei Hirsch wurde aneinander gereiht, immer einer die Läufe am Rücken des andern. In besonderen Reihen lag das kleine Wild.[1]) Auf das Töten folgte die Besichtigung der Strecke. Der König verfügte über das Wild in großen Gruppen, zog sich dann zurück und fuhr nach Hause, die Verteilung im einzelnen dem Jägermeister überlassend. Alles Wild, das für die königliche Küche bestimmt war, wurde sogleich aufgebrochen, dabei erhielten die Hunde die übliche curée.

Etwas weidmännischer wurde diese Schießerei aus dem Stand oder Schirm, wenn der Schütze, der ein Wild angeschweißt hatte, seinen Stand verließ, um den Bluthund oder Windhund auf das angeschweißte Stück loszulassen und der Hetze zu folgen, bis das Stück erlegt war. Foix verlangt dies bei jedem Treiben, ebenso hat Roy Modus den Bluthund zur Hand, sogar bei einer gewöhnlichen Treibjagd ohne bevorzugten Stand und ohne Zwanglauf. Auch Maximilian I. hetzt dem angeschossenen Wild die „Pluetthundt" nach.[2])

Es muß unterschieden werden zwischen dem Bluthund des Mittelalters und dem modernen Schweißhund, der im allgemeinen erst als ein Produkt des 18. Jahrhunderts gelten kann. Der Bluthund wurde sogleich auf der Fährte des kranken Wildes gelöst, um zu hetzen, das Wild zu fangen und niederzuziehen. Gewöhnlich wurden mehrere Hunde zugleich gelöst; wahrscheinlich waren darunter ein Bracke und mehrere Windhunde. Der Bracke mußte die Fährte halten, bis die Windhunde das kranke Wild erblickten. Den Bluthunden folgte ein Reiter, um zu verhindern, daß sie das gefangene Wild auffraßen. Neben dieser Bluthundarbeit kommt aber auch schon der moderne Schweißhund vor, le bracque, qui sieut le sang, wie Roy Modus sich ausdrückt, oder der limier pour le sang nach Foix. Mit dem Bracken oder Leithund auf Schweiß folgte der Jäger „bis das Wild tot war", die anderen Hunde aber löste (abatre) er auf der Fährte, um zu Pferd oder zu Fuß zu folgen.[3]) In Deutschland war bis in die neue Zeit der Bluthund üblich, es scheint

---

[1]) Der Herzog von York hat für die Strecke noch das Wort curée.

[2]) Maximilian I., Geheimes Jagdbuch, Ausg. von Karajan, Wien 1858.

[3]) Foix, Ausg. von Lavallée. Paris 1854. 257.

indessen, daß auch im Mittelalter schon der Schweißhund verwendet wurde, eine Tatsache, die um so merkwürdiger ist, als der Schweißhund in den folgenden Jahrhunderten verschwand, um erst in der neuen Zeit wieder aufzutauchen. Die Weistümer von Dreieichen und vom Spessart haben den Schweißhund, und die von Büdingen und Lorsch erwähnen ihn. Die ersten beiden reden von einem Bracken am Seil, mit welchem dem verwundeten Wild nachgehängt wird; Wagner bezweifelt trotzdem, daß hier eine richtige Schweißhundarbeit vorgelegen hat und meint, daß es immer noch fraglich bleibe, ob das Seil nicht nur zum Führen des Hundes nach der Anschußstelle, sondern auch zum eigentlichen Nachsuchen gedient habe.[1]) Als Askanius den Hirsch verwundet hat, setzt er die Hunde auf die Fährte, d. h. die Bluthunde.[2])

Es ist aber im Titurel eine Überlieferung vorhanden aus der ersten Hälfte des 13. Jahrhunderts, welche die Schweißarbeit an der Leine doch wohl außer Frage stellt. Während Schionutulander mit Sigune im Walde unter den Gezelten weilt, kommt mit heller Stimme auf schweißiger Fährte hinter wundem Wild ein Bracke angejagt (Strophe 132). Den Wald durchhallt der Stimme lautes Bellen (133). Der Hund gehörte einem Fürsten und war dessen Hand entwischt auf die schweißige Fährte (136). Schionutulander fängt den Hund auf, der ein kostbares Halsband und ein gesticktes Seil an sich hatte, das wohl zwölf Klafter lang war. Der Hund hieß Gardevias, d. h. hüte die Fährte (143), nach ihm ist das Kapitel benannt. Während der Ritter im Bache steht und Fische angelt, enteilt der Hund Sigunen mit dem Seil; er zieht ihr dasselbe durch die Hand, so daß diese blutet und entkommt ihr auf die gleiche Art, wie vordem seinem Herrn, dem Fürsten Eckunat. Als er die warme rote Fährte wiederfand, „wollt er's nicht hehlen und jagte öffentlich und nicht verborgen" (158).[3])

Ein zwingender Beweis für ein kunstgerechtes Lancieren an der Leine liegt auch hier nicht vor; die Wahrscheinlichkeit ist aber eher für,

[1]) Weistum von Dreieichen, 1338, Grimm I, 502. — Desgl. vom Spessart, 14. Jh.?, mitgeteilt von Roth, 305. — Weistum von Büdingen, 1380, Grimm III, 426. — Weistum von Lorsch, ebenda, 1423, I. 465. — v. Wagner, Über die Jagd des großen Wildes im Mittelalter, Germania, Wien 1884. 129.

[2]) Eneit, von Heinrich von Veldecke, 4620—50.

[3]) Titurel, Rittergedicht von Wolfram v. Eschenbach, Ausg. von Simrock, Stuttgart und Tübingen 1842.

als gegen dasselbe. Allenfalls könnte eingewendet werden, daß die Dichtung einem französischem Vorbilde entstamme, wie ja auch der Name des Hundes schon verrät, und daß aus dem Titurel noch nichts bewiesen wäre für die deutsche Jagd. Dem stehen aber die Weistümer entgegen. Erwähnen will ich noch, daß im altfranzösischen Tristanliede auch das Totverweisen des Schweißhundes vorkommt.[1])

Roy Modus belehrt uns, wie man am Schweiß die Art der Verwundung erkennt. Fließt der Schweiß stark, rot und dick, so ist das Wild gut getroffen und wird bald eingehen; ist er hell ohne Schaum, so ist das Gegenteil der Fall.[2]) Wenn das Wild in den Eingeweiden getroffen ist, schweißt es wenig und mit dem Schweiß kommen Kraut und Fleisch heraus, von denen das Wild genossen hat. Bei einer solchen Verwundung muß man dem Wild lange Zeit Ruhe lassen, ehe man mit dem Bracken folgt, denn erstens bleibt es dann mehr in der Nähe und zweitens bleibt es da, wo es kalt wurde.[3]) Wird es später vor dem Bracken hoch, soll der Jäger zwei sichere Hunde anhetzen, die es niederziehen. Es folgen Angaben, welche Schüsse gut und welche schlecht sind, je nach den Teilen des Wildkörpers, die getroffen worden sind. Ich verliere mich zu sehr in Einzelheiten, wenn ich auf diese Angabe eingehe, ich will nur anführen, daß der Schuß unten hinter dem Blatt für den besten galt, durch den der Tod plötzlich einzutreten pflegte.

Eine der ältesten Mitteilungen, die wir über die Treibjagd haben, ist wohl die des Heinrich von Veldecke, der in seiner Eneide den Askanius eine Treibjagd ausüben läßt, bei welcher die Schützen mit Pfeil und Bogen sich vor die Bäume stellen und das Rotwild sich zudrücken lassen.[4]) Nachdem Askanius den Hirsch verwundet hat, hetzt er, wie vorhin schon gesagt, die Hunde auf „die vart". Heinrich von Veldecke lebte und dichtete am Ausgang des 12. Jahrhunderts.

---

[1]) Tristan, recueil de ce qui nous reste etc. par Francisque Michel, Londres 1835. I. 79—80.

[2]) Foix gibt als gutes Mittel zur Beurteilung des Schusses an, den schweißigen Pfeil zu betasten, der natürlich nicht immer zu finden war, da er meistens stecken blieb. Fühlte der Schweiß sich fett und schleimig an auf dem kalten Eisen, so war das ein günstiges Zeichen. Foix, 257.

[3]) Soll wohl heißen, es verliert dort die Flüchtigkeit. Der erste Grund ist „qu'elle ne s'eslongne pas tant. La seconde que là ou elle a esté refroidie elle demeure et se laisse cheoir." Roy Modus, LV r.

[4]) H. v. Veldecke, Eneide, Ausg. von Behagel, Heilbronn 1882, 4620—50.

Der Methoden, wie der einzelne Birschjäger des Wildes habhaft zu werden suchte, gab es viele, Roy Modus und Foix führen eine ganze Anzahl auf. Man steckte ein paar Gehilfen in ein künstliches Pferd aus Tuch und birschte sich hinter demselben an, ebenso hinter einem Reiter. Der Jäger nahm auch selbst einen grünen Schirm in die Hand, oder ein Schild mit aufgemaltem Ochsen. Der Bauernwagen mußte zum Anfahren dienen. Der Jäger birschte sich auch frei an das Wild heran ohne künstliche Deckung. Wenn das Wild verhofft, muß man stillstehen, man darf sich nur nähern, wenn es den Kopf unten hat. Roy Modus birscht am liebsten bei windigem und feuchtem Wetter, der Jäger wird dann nicht so leicht gesehen und das Wild ist dann gewöhnlich auf den Läufen. Das Birschen geschieht am besten in der Frühe, allein, gegen Wind, den Bogen in der Hand, Schritt für Schritt, vorsichtig, die dunklen Wege und Dickungen entlang. U. U. muß sich der Jäger auf den Boden legen, aber immer das Wild fest im Auge haben und dabei im Munde einen grünen Zweig halten, um das Gesicht zu verdecken.[1]) Der Jäger soll gekleidet sein in der Farbe des Waldes. Bei Mondschein, im April und Mai, wenn das Wild des Nachts auf den Feldern steht, bezieht der Jäger einen Ansitz an der Brame. Es gehen auch mehrere Jäger zusammen hin zwei bis drei Stunden vor Tagesanbruch. Zum Anstand auf Schwarzwild wird ein zwei Fuß hoher Hochstand an der Suhle empfohlen. Immer sollen die Bluthunde in der Nähe sein, bereit, nach dem Schusse das Wild zu verfolgen. Man suchte das Schwarzwild auch mit dem Finder auf, und während dieser das Schwein stellte, bemühte der Jäger sich, unter Wind heranzukommen. Öfter kam es vor, daß der Schütze über Nacht im Walde bleiben mußte. Darum tritt bei Foix die Forderung auf, die übrigens auch schon in den altfranzösischen Romanen gestellt wird, daß der Jäger Schwamm, Stein und Stahl bei sich führen soll, um Feuer anmachen zu können; auch soll er ein Brot hinter sich gebunden haben und ein Tönnchen Wein, „denn man weiß nicht die Ereignisse, die auf der Jagd eintreten können". Der Leser hat aus den wenigen Angaben, die ich hier machen konnte, ersehen, daß man im Mittelalter in der Schießjagd nicht unbewandert war und sie stellenweise auch weidgerecht zu handhaben suchte. Es war bei den Jagden der großen Grundherren

[1]) Albertus Magnus sagt diesen Kunstgriff sogar den Wölfen nach, die ihn anwenden sollen, um die Schafe und Ziegen sicherer zu berücken! Kap. Lupus.

mit dem Zwanglauf freilich oft ein unweidmännisches Durcheinander verbunden. Das Wild kreuzte sich womöglich vor dem Schirm, und zuweilen vereinigten alle Bluthunde sich hinter einem Wild, das jeder dann geschossen haben wollte. Am Abend nach dem Essen wurde der Streit noch einmal lebendig, bis der Wein den Frieden gab.[1])

Da die Gebärde des Bogenspannens auffällig war, denn die Sehne mußte bis ans rechte Ohr gezogen werden, empfiehlt Roy Modus, zur Jagd einen leichten und biegsamen Bogen zu verwenden, den der Schütze längere Zeit gespannt halten kann, während das Wild sich naht. Bei größeren Entfernungen soll der Jäger aufs Blatt zielen; wenn das Wild nahe ist dagegen auf die Seite. Foix geht weiter und will vorhalten, und zwar um so mehr, je weiter das flüchtende Wild entfernt ist. Er warnt davor, in der Schützenlinie abzuschießen, weil auf diese Art leicht Unglück entstand und Herr v. Harrecourt auf diese Art z. B. seinen Arm verloren hatte. Ob es mit dem Bogen viel mehr schlechte Schüsse und Fehlschüsse gab, als mit der Flinte, weiß ich nicht, abgesehen davon, daß die Flinte ja genauer, weiter und schärfer schießt, wenn sie richtig gebraucht wird. Man schoß eben nicht so weit mit dem Bogen, auch wohl selten in der Flucht und fast gar nicht im Fluge. Maximilian I. rühmt sich, mit 104 Schüssen 100 Enten erlegt zu haben, erzählt aber als eine Merkwürdigkeit, daß der Kammermeister einen Reiher in vollem Fluge mit dem Bolzen zu Tode „geborffen"[2]) habe. Man schoß sogar mit vergifteten Pfeilen; Hadamar von Laber verwirft sie;[3]) Albertus Magnus erwähnt sie dagegen, ohne sie zu tadeln, selbst beim Rotwild.[4]) Albertus Magnus war nicht etwa ein Bürgerlicher, sondern ein gelehrter Graf von Vollstedt. Auch die Kunst des Blattens wurde geübt. Der junge Parzival bricht auf einem Weidegange sich ein Blatt zum Locken.[5])

Trotzdem die Schießjagd sehr verbreitet war, zumal in England, stand sie nicht gerade hoch im Ansehen, weil das richtige und durch keine Gewöhnung ertötete Gefühl ihr gegenübertrat, daß durch das Schießen manches Wild verwundet wurde, das nachher nicht zur Strecke gelegt werden konnte. Das kam bei der Hetzjagd nicht vor; hier handelte es

---

[1]) Foix, 1854, 258.

[2]) Maximilian, Geheimes Jagdbuch.

[3]) Hadamar von Laber, Die Jagd, Strophe 46.

[4]) Tierbuch Alberti Magni, gedruckt zu Frankfurt 1545, Kap. Cervus.

[5]) Parzival, übers. von Pannier, I. 150.

sich immer nur um ein einzelnes Wild, das entweder erlegt wurde oder gesund entkam. Beim Treibjagen dagegen, und namentlich beim großherrschaftlichen Massenmord mit Zwanglauf wurde viel gesündigt und manches Stück in leichtsinniger Weise angeschweißt. Foix sagt, daß viel vorbeigeschossen wurde, und der Pfeil, auch wenn das Wild getroffen war, sich oft verschlug und ganz wo anders hinging.[1]) Der Hetzjäger sah mit Geringschätzung auf den Schießer herab, der nicht im Jagen den Selbstzweck gelten ließ, nicht die Freude an der Jagd, sondern ein Mittel in ihm sah zum Töten von Wild, und zwar zum Töten um jeden Preis, selbst auf die Gefahr hin, das Wild nur zu verwunden, mit einem Pfeil im Leibe es kümmern und womöglich langsam eingehen zu lassen. Als Tristan und Isolde verbannt im Walde weilen, vertreiben sie sich die Zeit mit Birschen. Hetzen dürfen sie nicht des Lärms wegen, der sie verraten könnte. Gottfried hält aber doch für nötig zu betonen, daß es ihnen nicht auf Beute ankam.

„Nicht um die Beute zu erjagen,
Wie man wohl übt die Jägerei,
Nur Kurzweil suchten sie dabei,
Die man am Jagen finden soll.
So zogen sie, ich weiß es wohl,
Mit Hund und Armbrust durch den Wald
Und suchten nicht nach Unterhalt,
Nur Jägerlust war ihr Verlangen,
Nur Kurzweil sind sie nachgegangen.“ [2])

Auch die Birschjagd sollte Selbstzweck sein, das Schießen sich ihm unterordnen, und der Sinn nicht um jeden Preis auf das Töten gerichtet sein. Ganz scharf verurteilt Laber die Schießjagd.

„Wilent dô die alten
krefticlîchen schône
ir verte kunden halten,
dô hôrt man ouch von jagen süeze dône.
nu wil man ez mit birsen sô durchwalken,
und manic sätze râten,
dâ von daz wilt vor noeten muoz verschalken.“ [3])

Laber kennzeichnet hier das Unsichere und Mißliche der Schießjagd, das Wild in den wechselnden Stellungen richtig zu treffen. An

---

[1]) Foix, 1854, 257.
[2]) Tristan und Isolde, übers. von Pannier, 17266 u. f.
[3]) Hadamar von Laber, Jagd, 510.

einer anderen Stelle geißelt er das ganze unweidmännische Verfahren der Schießer:

Swâ ein birsaer mûzet
bî wilde in einer dicke,
darob mir noch mêr grûzet,
ob jäger hengen ich niht so erschricke,
swâ der zerwürket des wirt innen niemen.
swer waenet wild erziehen
bî im, sô sint die hiute worden riemen.
Sîn bracke hât des wunden
alze niht genozzen
er hat ouch abgeschunden
vil hiute, die er mortlîch hât erschozzen.
daz er die göudenlîchen müg vertrinken,
laet erz an fröuden sterben
und an hôchgemüete immer hinken.
Ir strâl kan mangez snîden
daz si doch niht erjagen!
daz wunde wil niht mîden
die wolfe mêr, vor den ez muoz verzagen.[1])

Wahrgesprochen, Laber, und echt weidmännisch empfunden. In der ganzen Literatur des Mittelalters finden sich keine Laute, die so warm und weidgerecht sich des Wildes annehmen, wie diese einfachen Worte eines deutschen Jägers.

Eine Hauptjagd des Mittelalters war die Falkenjagd; leidenschaftlich war der Adel ihr ergeben, und gerade sie stand neben der Hetzjagd im Mittelalter auf der Höhe ihrer Kunst. Im ersten Kapitel haben wir gesehen, daß die Jagd mit dem Federspiel in alten Zeiten schon bei unseren Vorfahren heimisch war. Diese Tatsache schließt nicht aus, daß die literarischen Quellen nach den Gestaden des Mittelmeers und nach dem Orient hinweisen, denn die maurische Kultur stand bereits in hoher Blüte, als in unserem Vaterlande die Kunst des Schreibens noch sehr selten war, als der Priester noch seine Runenstäbe warf, an ihnen in dem Buch des Schicksals las und im Stabreim der Nornen Offenbarung menschlich wiedergab.[2]) Das Mittelalter übertrug den

[1]) Labers Jagd, 543—45.

[2]) Runen waren ursprünglich Zeichen eines Gottes des Zaubers und daher geheimnisvoll. Man grub sie in Stäbe ein, warf diese auf ein Tuch, zog einige heraus und wahrsagte aus ihnen einen Spruch, in dem die Zeichen der Runen wiederkehrten. Auf diese Art entstand der Stabreim. Vgl. Henne am Rhyn, Kulturgesch. d. deutschen Volkes. Berlin 1886. I. 35.

Ursprung der Falkenjagd auf König Dankus, der in Armenien geherrscht haben soll. Meines Erachtens handelt es sich hier ebenso um einen verkappten Namen wie bei dem König Modus, unserm alten Bekannten, oder um eine Figur der Sage, wie bei dem König Frankus, der nach alten französischen Chroniken einem Sohn Hektors entsprossen und der Stammvater der Franzosen geworden ist.[1]) Die Handschrift des Dankus haben die späteren Schriftsteller vielfach ausgenutzt, wenn sie über die Falknerei geschrieben haben, und so ist in der jagdlichen Literatur die sogenannte Dankusgruppe zustande gekommen. Ihr gegenüber steht die Moamingruppe, die auf Mohamed Tarkani zurückgeführt wird, den arabischen Philosophen des 10. Jahrhunderts. Auch er hat über Falkenjagd geschrieben, auch er hat Schule gemacht. Eine dritte Gruppe ist die Ptolemäosgruppe. Eine eingehende Abhandlung über die Falkenjagd hat uns der Hohenstaufenkaiser Friedrich II. hinterlassen, der aber auch wieder auf Moamin zu fußen scheint, denn er hat dessen Buch durch seinen Arzt Theodor ins Lateinische übersetzen lassen. Diese Übersetzung hat Tardif vielfach benutzt, als er am Ausgang des 15. Jahrhunderts für Karl VIII. über die Falknerei alles zusammentrug, was er „Wahres und Notwendiges über sie hatte finden können".[2]) Der oben schon erwähnte Albertus Magnus hat seine Abhandlung über die Falkenjagd im wesentlichen aus den Schriften des Dankus und Ptolemäos zusammengestellt,[3]) und es gewinnt den Anschein, als wenn das Buch Friedrichs II. noch am meisten auf Originalität Anspruch erheben darf. Er war selbst ausübender Falkenjäger, und bei seinen ausgedehnten Beziehungen zum Orient standen ihm dessen Kenntnisse und Erfahrungen ohne weiteres offen. Er sagt selbst, daß er Falkner aus dem Orient herbeigerufen habe, als er den Entschluß faßte, ein Buch über das Federspiel zu schreiben. Ihm werde ich bei meiner kurzen Schilderung daher in erster Linie folgen, obschon das Buch Friedrichs nur von der Zähmung der Falken handelt und nicht von der eigentlichen Jagd.[4]) Der Kaiser verweist bezüglich alles dessen, was er von der Natur der Vögel

---

[1]) Voltaire, Sämtl. Werke, deutsche Ausgabe. Berlin 1786. II. 223.

[2]) E. Jullien in dem Vorwort zu Tardif, Le livre de l'art de Faulconnerie, Paris 1882. X., XVII—XIX.

[3]) H. Werth, Altfranzösische Jagdlehrbücher. Halle a. S. 1889. 35.

[4]) Ich benutze dabei die Ausgabe von H. Schöpffer, Des Hohenstaufen-Kaisers Friedrich II. Bücher von der Natur der Vögel und der Falknerei. Berlin 1896.

übergangen habe, auf den Aristoteles; über den griechischen Weisen war man noch lange nicht hinausgekommen, er mußte auch das Gerippe geben für die Scholastik, die um jene Zeit in ihre vergängliche, nebelhafte Blüte trat.

Friedrich unterscheidet bei der Falkenjagd die Kunst und die Wissenschaft, die Praxis und die Theorie. Er verlangt die regelrechte Schulung des Falkners in beiden Richtungen, allerdings nur zu dem Zweck, daß er die Jagd „kunstgerecht" betreiben lerne, denn möglich sei es, daß man sie auch „auf gutes Glück" ausübe und dabei trotzdem seine Sache nicht übel mache, wie auch Laien in der Schießkunst bisweilen das Ziel träfen. Den Lehrkursus des jungen Falkners zerlegt er in sechs Teile. Der Lehrling muß die Raubvögel genau kennen lernen, sich dieselben zu verschaffen wissen, sie zähmen, damit sie die Scheu vor dem Menschen verlieren, sie gewöhnen, sich von der Hand werfen zu lassen und zu ihr zurückzukehren, sie abrichten und andere Vögel schlagen lehren, und endlich die Falken gesund zu erhalten und die kranken zu heilen wissen. Die Bezeichnung der verschiedenen Falkenarten schwankt bei den Schriftstellern hin und her, und auch Friedrich ist in seiner Einteilung nicht klar. Er nennt Gerfalken, Sakerfalken, Wanderfalken, wahre Edelfalken und Würgfalken. Sein Zeitgenosse Albertus Magnus hat eine ganz andere Einteilung. Auf Grund unserer heutigen Wissenschaft können wir sagen, daß die gesuchtesten Falkenarten aus dem Norden kamen, aus Island und Norwegen; sodann waren der Lanner- oder Feldeggs Falke, der Wander- und der Berberfalke im Gebrauch, dem sich der Baum- oder Lerchenfalke und der Eleonorenfalke anschlossen, letzterer eine seltene Falkenart aus dem Gebiet des Mittelmeers.[1]) Daneben blieben natürlich die von unseren Altvorderen von jeher gezähmten Habichtarten im Gebrauch, der Hühnerhabicht und der Sperber. Im Weißkunig wird von Maximilian I. gesagt, er habe Falken gehabt aus der Tartarei, aus der Heidenschaft, aus Rußland, Preußen und von der Insel Rhodos. Es wurden dem Kaiser von fürstlichen Persönlichkeiten viele Falken zum Geschenk gemacht, wie denn überhaupt die Falken gleich den Jagdhunden als Geschenke zwischen den hohen Herren sehr beliebt waren. Namentlich war Preußen eine dankbare Falken-

---

[1]) Vgl. hierüber die Abhandlung von Schäff: „Die zur Jagd verwendeten Falkenarten", im Anhang zu dem Buche Kaiser Friedrichs, Ausg. von Schöpffer.

quelle. Der Hochmeister Heinrich von Richtenberg sandte im Dezember 1471 acht Falken an den Kurfürsten Albrecht von Sachsen, und Albrecht von Brandenburg machte Maria der Katholischen ein ähnliches Geschenk. Lange Zeit übte die dänische Regierung den Brauch, alljährlich eine Anzahl Falken durch ein besonderes Schiff aus dem Norden einholen zu lassen und sie geschenkweise an die europäischen Fürsten zu verteilen. Brabanter Kaufleute brachten Falken aus dem Norden nach Frankreich und Spanien. Lopez von Ayala, kastilischer Gesandter bei Karl V. und Karl VI., erzählt, daß der Preis eines Falkens mit hohem Flug vierzig Franken in Gold betrug, der eines Falken, der speziell auf den Reiher abgerichtet war, sechzig Goldfranken.[1])

Junge Falken wurden aus dem Horst [2]) genommen oder in besonderen Fallen nicht weit davon gefangen. Um die jungen Falken aus dem Horst zu nehmen, ließen die Falkner in den Alpen sich an einem Seil herunter bis in die Höhe der sonst unzugänglichen Horste. Ältere Falken fingen sie in Schlaggarnen und Schlingen, die mit lebenden Vögeln beködert waren.[3]) Die jungen Vögel zog man auf in einem künstlichen Horst mit rohem Fleisch, frischem Käse, Eiern und Milch. Der Akt der Zähmung ging in der Weise vor sich, daß zunächst die Haltklauen etwas abgestumpft und die Fangschuhe dem Falken angelegt wurden, damit er auf der Faust festgehalten werden konnte. Die Schuhe bestanden aus leichten Riemen, an denen der Bell oder die Rolle befestigt war, eine kleine Schelle, bei deren Klang man den Falken leichter wiederfinden konnte, wenn er sich verflogen hatte. Auch merkte der Falkner leichter eine etwaige Unruhe des Vogels, wenn er ihn in Gewahrsam hatte und konnte schneller eingreifen, zumal des Nachts. An dem Geschüh war die Kurz- oder Langfessel befestigt.

Sollte der Falke zahm werden, so mußte ihm zunächst der Verkehr mit der Außenwelt abgeschnitten werden; diesem Zwecke diente das Blenden oder Aufbräuen. Mit einer Nadel durchstach der Falkner die unteren Augenlider des Falken, zog einen Faden durch das untere

---

[1]) Jullien berechnet in der Vorrede zum Tardif XXIV, daß 40 Fr. in Gold 590 Fr. in heutigem Gelde ausmachen, 60 dagegen 885 Fr. Demnach würden die Falken heut 472 und 708 Mk. gekostet haben. Anständige Preise!

[2]) Der Ausdruck ist nicht beizgerecht, in der Falknersprache hieß das Nest „Geständ". Vgl. „Unser Deutsch" von Fr. Kluge, Leipzig, 1907. 131.

[3]) Tierbuch Alberti Magni, Frankfurt 1554. Falken, VIII.

Augenlid des einen Auges über den Kopf des Vogels hinweg durch das untere Augenlid des anderen Auges und knüpfte beide Enden dieses Fadens auf dem Falkenkopf so kurz zusammen, daß die unteren Augenlider über die Pupille gehoben wurden und der Vogel nicht sehen konnte. Das zweite Mittel, den Vogel „locke zu machen", d. h. zu zähmen,[1] war die Spekulation auf seine starke Verdauung und seinen immer regen Appetit: der arme Schelm mußte hungern! Blenden und Hunger ergänzten einander. Es gab Falkner, welche ihre Vögel ohne Blendung locke machten; in diesem Falle mußte der Hunger aber alles tun und so weit getrieben werden, daß die Vögel „ganz abgemattet und völlig zu nichte gemacht" wurden, ein Grund, der Friedrich von von Staufen die Methode mit dem Blenden oder Aufbräuen vorziehen ließ. Vierundzwanzig Stunden lang mußte der Falke nach dem Aufbräuen in einem dunkeln, stillen Raum auf der Faust umhergetragen werden; die Faust des Falkners war geschützt durch einen dicken Handschuh aus Hirschleder. Beim Umhertragen löste ein Falkner den andern ab; gern sahen sie es, wenn der übermüdete Vogel während des Umhertragens einschlief, denn gerade das Schlafen auf der Faust machte den Falken vertraut.[2] Nach dieser Frist bekam der Vogel zu kröpfen,[3] und zwar immer auf der Faust. Einige Tage später trug man ihn an hellere, belebte Orte; allmählich lockerte man den Blendungsfaden so weit, daß die Lider die Pupillen nur noch halb bedeckten, und endlich zog man ihn ganz heraus. War der Vogel im Hause zahm geworden, trug man ihn ins Freie und gewöhnte ihn an Hund und Pferd. Wenn der Falkner das erstemal mit dem Vogel das Pferd bestieg, um auszureiten, hatte er gern einen leichten Regen, weil der Vogel dann weniger unruhig war. Der Falke wurde in stiller Gegend auf das Luder gesetzt, das mit Fleisch umwickelt war zum Kröpfen. Das Luder oder Federspiel war ein mit Leder bezogener Stiel, an dem flatternde Bänder oder Vogelschwingen befestigt waren, die dem verflogenen Falken einen lebenden Vogel vorspiegeln mochten. Die Hauptsache war, daß der Vogel gewöhnt wurde, auf dem Luder zu kröpfen; dadurch gelang es, ihn herbeizulocken, wenn er entflogen war, indem man das Luder ihm

[1]) Nach der Angabe des Elias Meichßner vom Jahre 1541 wurde der Falke weder zahm noch locke gemacht, sondern „bericht". Kluge, 131.

[2]) Roy Modus, XXX.

[3]) Der Falkner sagte „ätzen". Kluge, 131.

zeigte und die Bänder im Winde spielen ließ. Falken, die im ausgewachsenen Zustande gefangen worden waren, hießen Wildfänge. Sie machten dem Falkner mehr zu schaffen, lohnten aber die vermehrte Mühe durch ihre größere Kühnheit.

In der Zeit der Hohenstaufen war der Gebrauch der Haube aufgekommen, und zwar durch die Araber. Friedrich hatte sie auf dem Kreuzzug kennen gelernt. Die Haube überdeckte den Kopf des Vogels bis zum Halse und ließ nur zum Luftholen die Nasenlöcher frei. Sie schloß ihn also besser von der Außenwelt ab, als das Aufbräuen es hatte tun können; trotzdem behielt Friedrich das letztere bei und gebrauchte die Haube nur als willkommenes Ergänzungsmittel. Auch Roy Modus wendet nebeneinander das Aufbräuen und die Haube an. Das lange Stehen auf der Hand war dem Vogel lästig; er äußerte die Unlust durch eine Neigung „zu springen," d. h. die Hand zu verlassen. In solchem Falle suchte man die Aufmerksamkeit des Vogels abzulenken wie bei einem Kinde, indem man ihm Näschereien reichte, gehacktes Fleisch, das sogenannte „Ziget," oder auch den „kalten Flügel", die sich in der Falknertasche immer finden mußten. Man stellte den Falken auch wohl an einen anderen Ort, oder reichte ihm Wasser zum Baden. „In zwanzig oder dreißig Tagen", sagt Jullien, „oft sogar in kürzerer Zeit, lernten die Vögel sich die Haube aufsetzen und abnehmen lassen, kröpften sie das Ziget auf der Faust, kamen sie zum Federspiel und lernten sie das Tier kennen, das sie jagen sollten. Während der einzelnen Abschnitte dieser Erziehung bildeten das Entziehen des Schlafs, wiederholte Bäder, Laxative, welche immer den Appetit rege hielten, eine sorgfältig überwachte Ernährung, die bald stärker, bald schwächer war, die Mittel, die den Charakter der Vögel besänftigten."[1]) Viel Geduld und Ausdauer waren erforderlich, immer mußte der Vogel auf der Faust und auf dem Luder kröpfen, auf den Ruf herbeikommen, den gebotenen Fraß sich wieder fortnehmen und gegen einen anderen vertauschen lassen. Wollte er beißen, hielt man ihn einen harten Gegenstand hin. Der Falkner mußte eine genaue Kenntnis der medizinischen Mittel besitzen, da die Falken in der Gefangenschaft sehr von Krankheiten geplagt und namentlich in der Mauserzeit überaus empfindlich waren. Die gefangenen Vögel mauserten sich

---

[1]) E. Jullien, in der Einleitung zu Tardif, Le livre de l'art de Faulconnerie. Paris 1882.

nicht nur im Herbst, sondern auch im Frühjahr, und gerade diese Frühjahrsmauserung war eine ernste Krankheit.[1] Der halbe Inhalt der Falkonierlehrbücher besteht immer aus medizinischen Mitteln.

War der Falke soweit zahm, daß er auf den Ruf herbeigeflogen kam, ruhig auf der Hand stand und kröpfte, dann war es Zeit, ihm lebenden Raub zu bieten. Der Falkner suchte nach Albertus Magnus die Aufmerksamkeit des Vogels dadurch anzuregen, daß er die armen Opfer kniff und drückte, damit sie schreien mußten; man tötete sie in seiner Gegenwart; man bot sie lebend ihm zum kröpfen und ließ sie entwischen, doch so, „daß er sie selber wieder fahen möge".[2] Meistens waren es Tauben, an denen der Falke seine erste Stoßübung versuchte. Man rupfte zunächst der Taube einige Schwungfedern aus, so daß sie mehr flatterte als flog und von dem Falken leicht zu schlagen war. Der Falke durfte von der Taube auch wohl kröpfen; später nahm man sie ihm ab und bot ihm dafür das Ziget oder den kalten Flügel. Die ersten Stoßübungen machte der Falke an einem langen Faden. Das Bild auf S. 81 im Roy Modus zeigt den fliegenden Falken an einem Faden gefesselt. Erst wenn der Falkner des Vogels sicher zu sein glaubte, wurde die Fessel abgenommen. Nach und nach brachte man den Vogel an größeres Wild und allmählich lernte er Enten, Gänse, Fasanen, Hasen, Trappen, Weihen, Kraniche und Reiher schlagen. Als im Erek die Herren nach Britannien zu König Artus reiten,[3] hat jeder seinen Habicht auf der Hand; sie vergnügen sich unterwegs mit Beizen und werfen die Vögel nacheinander auf Enten und Hühner, Reiher, Fasanen, Kraniche und Trappen. Jeder ist der Meinung, daß sein Habicht am besten geflogen sei. Hatte der Vogel fehlgestoßen, oder war er verflogen, wurde er mit dem Federspiel zurückgelockt. Hungrig mußte der Falke sein, wenn es zur Jagd ging, sonst riskierte der Falkner, daß er nicht wiederkam. Als Parzival im Walde von Karidöl übernachtet, sieht er über sich einen Falken stehen, den die Falkner des Königs Artus verloren haben. Der Falke hat

„Weil man ihn überfüttert,
Nach dem Luder nicht gewittert."[4])

---

1) Boissoudan, Le fauconnier parfait, chap. 24.

2) Tierbuch Alberti Magni, Falke, XVII.

3) Erek, 2028—62.

4) Parzival, VI. 59—60.

Labers Jagd hat eine Nachahmung gefunden durch einen späteren Sänger, der die Falkenjagd für seine Allegorie erwählte. Das Gedicht heißt „Der Minne Falkner" und schildert die Suche des Falkners nach dem verstrichenen Vogel, der in der Allegorie natürlich die Geliebte vertritt. Obschon die jagdtechnische Ausbeute in dem Gedicht nicht groß ist, will ich das jagdliche Moment doch herauszuschälen suchen. Wir sind an Schilderungen aus der Falkenjagd so arm, daß wir jeden brauchbaren Stein zu einem Bau zusammentragen müssen, wenn wir die Jagd des Mittelalters verstehen und sie in ihrem sozialen Werte beurteilen wollen.[1])

Ein Falkner besaß einen edlen Falken, an Farbe, Fängen, Gebaren, Gefieder gab es keinen gleichen; sein Flug war adlig und über die Maßen hoch, selbst im Reiche Schweden ward kein so vollkommener Falke gezogen. Wenn der Falkner den Vogel auf der Hand trug, dann däuchte er sich Kaiser zu sein. Wie ein Pilgerfalke vor einem Sakerfalken, so zeichnete sich dieser Falke im Fluge aus vor anderen seinesgleichen. Alle Gerfalken, Pilgerfalken, Spengel, Steinfalken, Schmerle kamen ihm nicht gleich, von Sakerfalken und Blaufüßen zu schweigen. Habicht, Sperber und Terzel waren kaum ein Traum gegen diesen Vogel.[2])

Nun war der Falke wild geworden und zum Luder nicht zurückgekehrt! Der Falkner wartet auf ihn vergebens; er sucht ihn am Feld, an Auen und Bächen, im Gebirg und im Tal, er schreit nach ihm, er zeigt ihm das Luder ohne Erfolg. Er begegnet einem alten Falkner und klagt diesem sein Leid. Der alte Herr belehrt ihn, er wisse noch nicht mit Edelfalken umzugehen; junge Leute sollten erst mit Blaufüßen beizen lernen, die kehrten nachts ins Haus zurück, wenn sie auch mal verstrichen seien, aber Edelfalken, das sei ein ander Ding![3]) Er rät unserm Falkner,

[1]) Das Gedicht „Der Minne Falkner" ist abgedruckt als Anhang zu Hadamar von Labers Jagd, herausgeg. von J. A. Schmeller. Stuttgart 1850. (Bibliothek d. literarischen Vereins, XV.) Ich füge meinem Auszug die Nummern der Strophen nicht erst bei, weil das Gedicht nur kurz ist und es nicht schwer fallen kann, meine Angaben im Original zu verfolgen und zu prüfen.

[2]) Da haben wir wieder eine Liste der gebrauchten Falkenarten; es kann sich nur um eine andere Bezeichnung der von Schäff genannten Vögel handeln.

[3]) Diese Stelle steht im Widerspruch mit Albertus Magnus, der gerade von den edelsten Falkenarten sagt, daß sie des Abends von selbst nach Haus zu kommen pflegten, wenn sie einmal verflogen waren. Tierbuch Albert Magni, von den Falken, V und VII.

sich zu Roß zu setzen und die Aue vor dem Walde abzusuchen. Der Falkner reitet nun wieder die Au entlang, „ju schoho! ju schoho!" schallt sein Ruf laut über die Wiese hin. Berg und Tal sucht er ab, er wirft das Luder in die Luft: vergebens! Das Pferd ist müde, der Falkner führt es an der Hand.

Da begegnet dem Suchenden ein zweiter Falkner (Strophe 98); er trägt auf seiner Hand einen edlen Falken, dessen Gefieder gebrochen ist: der Suchende traut dem Ankömmling nicht; er hält ihn für einen Falkendieb, die verflogene Falken zu stehlen pflegten. Er sagt ihm daher nicht, daß er einen Falken verloren habe, sondern gibt sich für einen harmlosen Spaziergänger oder Reiter aus, der sich des Maien freue und die Vögel singen hören wolle in der Au.[1]) Der Fremde aber hat sein Schreien gehört und sein Luder gesehen, er fragt nach seinem Verlangen und nennt ihn zuletzt ein Kind in seiner Kunst.

Unser Falkner ist wieder allein; plötzlich glaubt er eine Schelle zu vernehmen; er sieht seinen Falken zur Aue streichen, zugleich erblickt er aber einen Adler! Er schreit, läßt sein Luder umlaufen, mit Sporn und Luderriemen setzt er dem müden Pferde zu, denn er fürchtet, daß der Adler den Falken schlagen könne,[2]) der aber durch seine Schnelligkeit gerettet wird. Unser Falkner ist vom Schreien heiser, der Gaul bricht vorn zusammen, er läßt ihn liegen, zu Fuß eilt er weiter: „ju schaho! ju schaho!" Da kommt der Falke zu ihm hingestrichen und stellt sich in einen Baum! Der Falkner bindet frisches Ziget auf dem Luder fest und wirft das letztere dem Falken zu, der jetzt dicht vor ihm auf einem Aste steht. Da streichen Krähen herbei, der Falke zuckt das Fleisch vom Luder ab und flüchtet mit dem Raub vor dem Geschrei der Krähen fort auf Nimmerwiedersehen![3])

Schon Friedrich II. spricht von einer Zunft der Falkner und es ist wohl anzunehmen, daß sie genossenschaftlich organisiert waren, wie ich oben schon bemerkt habe, wenn uns auch Einzelheiten darüber nicht be-

---

[1]) Vielleicht ein Fehler in jagdtechnischer Hinsicht; im Frühjahr, wenn die Vögel singen, waren die Jagdfalken ja angeblich krank an der Mauser.

[2]) Der Leser denkt wohl an den Traum der Kriemhild in den Nibelungen, deren wilder stolzer Falke von zwei Adlern geschlagen ward. Aventiure I. 13.

[3]) Albertus Magnus versichert, daß er selbst Falken gesehen habe, die im Hause und Hofe frei umherflogen; von Dächern und Fenstern aus stießen sie auf Raub und kamen zurück zum Federspiel, sobald sie gerufen wurden. Kap. Falke. IV.

kannt sind. Gerade zur Zeit Friedrichs II. nahm das Zunftwesen einen mächtigen Aufschwung; die Städte erhielten eigenes Gericht, die Handwerker waren persönlich frei geworden vom Grundbesitz und begannen den Kampf gegen die Geschlechter. Nach Friedrichs Wunsch soll der Falkner von Mittelgröße sein, scharfe Sinne haben, namentlich Gesicht und Gehör, beherzt sein und eine kräftige Stimme haben, damit der Falke in der Luft seinen Ruf vernimmt. Der Falkner muß befähigt sein, dem Falken über Ströme nachzuschwimmen, wenn dieser sich dahin verflogen hat; er soll nicht zu jung, auch nicht verschlafen sein, damit er des Nachts leicht munter ist, wenn sich die Vögel regen; er soll kein Leckermaul sein, kein Saufaus, nicht jähzornig, nicht träge und gleichgültig. Es ist charakteristisch, daß Friedrich nicht Frömmigkeit verlangt, die sonst immer als unabweisbares Ingredienz vom Jäger gefordert wurde, wie es ja sogar heut noch vorkommt, daß „die Herrschaft" einen katholischen oder evangelischen Jäger verlangt.[1]) Die Reiherbeize war im Mittelalter das Hauptvergnügen der großen Herren. Auf allen Zügen, auf Reisen, wenn sie auf Besuch oder zur Dingstätte zogen, hatten sie ihren Falken bei sich und ihren Hund.[2]) Die Beize konnte nur bei gutem Wetter und am besten im Herbst geübt werden, da im Frühjahr die Falken mauserten und im Winter durch den Schnee geblendet wurden.

In festlichem Zuge, hoch zu Roß, paarweise geordnet, verließen die Burgbewohner ihr altes Eulennest, um am Federspiel sich zu ergötzen. Der Zug durchritt das Tor, und vor ihm lag der See. Noch schwebte ein leichter Nebel auf dem Wasser, wie der Geist Gottes am ersten Schöpfungstage, er bewegte sich im Wind, die weißen Schwaden schoben und teilten sich, zogen und standen wieder; immer durchsichtiger ward der Schleier, er hob sich, zerriß, zerfloß und verschwand in der klaren Luft. Blau leuchteten jetzt See und Himmel. Rauschend kam die Flut ans Ufer und die weißen Kämme der Wellen grüßten im Morgenlicht.

---

[1]) Es ging der Herrschaft wie den Frauen:

„Die Mädels sind doch sehr interessiert,
Ob einer fromm und schlicht nach altem Brauch.
Sie denken, duckt er da, folgt er uns eben auch." (Faust. I. Teil.)

[2]) Im Weistum des Hofs zu Ursfeld heißt es: „Wenn der Herr zu Gericht kommt, soll er kommen mit drei Pferden und zwei Knechten, samt einem Vogel und einem Wind- und zweien Vogelhunden. Die sollen verpflegt werden. J. Grimm, Weistümer, II. 619.

Einen Regen goldener Blätter warf die Birke in den See und vom andern Ufer herüber winkte der grüne Fichtenwald. Auch die Damen der Burg waren in dem fröhlichen Zug vertreten, sie trugen selbst den Falken kunstgerecht auf ihrer Hand. Die Brust des Falken mußte immer gegen den Wind gerichtet sein, er selbst so auf dem Handschuh stehen, daß er mit den Fängen zwischen das Handgelenk und die gebogenen Finger griff. Nie durften die Schellen klingen, wenn der Vogel richtig getragen ward. Die Fessel war um den kleinen Finger geschlungen, an ihr wurde der Falke gehalten. Vor dem Zuge her durcheilten die Stöberhunde den Rohrwald des Ufers. Jetzt stieg ein Reiher auf. Die Falkenträgerin ritt vor gegen den Wind und nahm dem Vogel die Haube ab. Aller Augen waren auf das Paar gerichtet, aller Sinne harrten gespannt des Augenblicks, da der Falke den Reiher erblicken würde. Der Falknerin schlug das Herz in mächtigen Schlägen, jetzt hat der Falke den Reiher erspäht! Unruhig tritt er hin und her, das Auge fest auf den Feind gerichtet. Schnell löst die Hand die Fessel, noch ein Augenblick, ein Schauen, ein Fühlen: der Falke will steigen, und mit einem kühnen Ruck wirft die Falknerin den Vogel in die Luft!

Jetzt begann der Kampf der Vögel, einstweilen aber nur um die Meisterschaft im Fliegen. Der Reiher stieg, er wollte dem Falken die Möglichkeit benehmen, auf ihn herab zu stoßen. Auch der Falke stieg, oftmals weitab vom Reiher, immer höher klommen die Vögel an der Leiter der Luft empor, bis sie dem Auge kaum noch sichtbar waren. Dieser Wettflug gewährte den Jägern das köstlichste Vergnügen. Unablässig waren die Augen in die Luft gerichtet; Hohberg und Flemming machen beide den faulen Witz, daß es sehr zu bezweifeln sei, ob unter den Weidleuten viele den Himmel einmal so innig und so unverwandt betrachtet hätten aus frommem Gefühl und dem brünstigen Verlangen, da hinein zu kommen.

Endlich hat der Falke seinen Gegner überholt und jetzt erfolgt der erste Stoß. Der Reiher hält ihm aber den spitzen Schnabel entgegen, um ihn aufstoßen zu lassen, genau so, wie der Jäger das hauende Schwein auflaufen ließ. Der Stoß ist erfolglos gewesen, wieder steigt der Falke, wieder stößt er nieder, einmal, zweimal, dreimal, bis es ihm gelingt, den Reiher zu packen und beide Vögel wie ein Wirbelwind herab zur Erde fallen. Sie haben inzwischen eine hübsche Strecke durchflogen, womöglich quer über den See, und ihnen nach jagt am Ufer hin in aufgelöstem Schwarm die Reiterschar. Ein solcher Ritt war nicht ohne Gefahr, denn die Augen waren mehr in den Himmel, als auf die Erde gerichtet. Sichere Pferde, die kein Hindernis scheuten, waren für die Falkenjagd die unerläßliche Bedingung. In wildem Rennen donnerten die Hufe über die Wiese hin, wer stürzte, der lag, über ihm und neben ihm flogen die Gestalten vorüber, vorwärts nur war der Sinn gerichtet, jeder wollte der erste sein, Ehrgeiz, Lust und Leidenschaft traten in ihr Recht. Auf einem solchen Ritt verunglückte Marie von Burgund, die erste Gemahlin Maximilians I. Der Sattelgurt löste sich und die Reiterin glitt mit dem Sattel hinten runter. Sie war so schlimm gefallen, daß sie nach kurzer Zeit an ihrer Verletzung starb.[1]) Der Zweck des schnellen Reitens hinter dem Falken her war der, daß man die Beschädigung der Vögel verhüten wollte, denn auch den Reiher pflegte man am Leben zu belassen. Später wurde er wohl gezeichnet, indem man einen Ring mit Inschrift um den einen Ständer legte. Dann gab man den Vogel der Freiheit zurück. Der Falke mußte abgebrochen, belohnt, angefesselt und gekappt werden. Wollte man das Leben des vom Falken geschlagenen Vogels nicht erhalten, war es zweckmäßig, einige Windhunde zur Hand zu haben, die dem Flug der Vögel folgten und zur Stelle waren, sobald der Falke mit seiner Beute zur Erde fiel. Falke und Hunde waren aneinander gewöhnt und halfen sich gegenseitig.

Am Abend folgte in der Burg natürlich das gemeinschaftliche Essen. Die Falkner berühmten sich, kein Latein dabei zu reden, denn bei der Falkenjagd trage sich nichts zu, bei dem nicht aller Augen Zeuge wären.[2])

Wir haben hier das schönste Beispiel des Sports, der Lust am kühnen Reiten, am freien Kampf in der Luft, an der Bewegung in der weiten Natur, kein Verlangen nach Beute und Tod. Durch die Geschichte der Jagd zieht sich unablässig der Wettstreit hin zwischen Jagd und Federspiel, welche Kunst die edlere sei; auch Friedrich von Hohenstaufen warf die Frage auf und entschied sie zugunsten der Falkner.

---

[1]) Merkwürdigerweise starb auch die zweite Gemahlin Maximilians auf der Jagd durch einen Sturz vom Pferde. Die Damen hatten im Mittelalter das rechte Bein nicht um das Sattelhorn gelegt, sondern saßen seitwärts im Sattel, die Füße auf ein Brett gestellt. Da konnte denn freilich der Halt kein fester sein. Vgl. das Bild der reitenden Dido in der Berliner Äneas-Handschrift, nachgebildet bei A. Schultz, Das höfische Leben.

[2]) Gace de la Bigne bei Sainte-Palaye, mémoires, III. 408.

In dem nicht sehr umfangreichen Gedankenkreise des mittelalterlichen Adels füllte zuzeiten die Falkenjagd sicherlich die eine Hälfte aus, ihr galt der letzte Gedanke vor dem Einschlafen, sie umgaukelte in leichtem Traum den Müden, und wenn der Strahl der Morgensonne den Schläfer munterküßte, dann stieg sogleich die Falkenjagd in frischen Bildern vor dem innern Auge wieder auf. Kaum war der äußere Mensch so leidlich hergestellt, ging es zum Falken hin, er mußte auf die Faust sich stellen und an der Messe sich erbauen, die er wahrscheinlich ebensogern besuchte wie sein Herr.

In die Dichtung des Mittelalters drängt sich im Gleichnis wie in der Episode immer wieder der Falke ein, vielmehr als Hirsch und Schwein, als Pferd und Hund. Sogar der ernste Dante vergleicht den Flug des Geryon, der ihn und den Virgil getragen, mit dem Flug des Falken,

„Wenn er nach langem Wiegen
In hoher Luft nicht Raub- noch Lockbild sieht,
Und ihn der Falkner ruft herabzufliegen,
So schnell er stieg, so langsam niederzieht,
Dann zürnend seinem Herrn auf luftgen Pfaden
Im Bogenflug zum fernsten Baume flieht,
So setzt uns an den steilen Felsgestaden
Geryon ab und flog in großer Eil',
Sobald er nur sich unserer Last entladen
Hinweg, gleich einem abgeschnellten Pfeil." [1])

Die Beize mit dem Habicht werde ich im nächsten Bande besprechen.

In Frankreich wurde die Beize auch vom Mittelstand geübt; Ritter, Domherren, Bürger und Junker taten sich zusammen und brachten etwa zwanzig Falken mit. Man ließ am Vormittag die Vögel fliegen, aß gemeinschaftlich zu Mittag und nahm am Nachmittag die Beize wieder auf.[2]) Diese gemeinschaftlichen Jagden waren das größte Vergnügen des Mittelalters. Junge Leute, Damen wie Herren, ritten in bunter Reihe über das Feld dahin, jeder Teilnehmer trug seinen Sperber, den er auf Rebhühner und Lerchen fliegen ließ. Die Lerche stieg zunächst so hoch sie konnte, der Sperber stieg ihr nach. Die Reiter ließen einen zweiten Sperber folgen, der nun eifrig nachklomm an der Himmels-

[1]) Dante, Göttliche Komödie, übers. von Streckfuß, Leipzig. 18. 127—136.

[2]) Gace de la Vigne bei Sainte-Palaye, mémoires III, 409. — Leider sagt der Kaplan nicht, wo die Herren den Vogel gelassen haben, wenn nicht gejagt wurde. Wahrscheinlich war er bei einem Falkner in Pflege.

leiter.[1]) Die Lerche ließ sich in der Angst zu Boden fallen, ihr nach der obere Sperber: wie zwei Steine schlugen sie zur Erde nieder, und fast regelmäßig fing der Sperber hier dann seine Beute. Dieser Anblick war für den mittelalterlichen Adel die höchste Lust. Der Verfasser des Roy Modus bricht in die entzückten Worte aus: „Dieux, comme c'est beau déduit, c'est plaisant déduit que de voir prendre une aloe à l'estourse à bon esprevier!“[2]) Der Leser beachte wohl, daß es nicht allein der Flug der Vögel war, der hier ergötzte, sondern der Fang, das prendre, das Arrian beim Hasen für ein widerliches Schauspiel erklärt hatte, trotz aller Freude an dem Jagen selbst. Das war der Unterschied zwischen dem feinen Griechen und dem grobsinnlichen Ritter des Mittelalters. In Tirol war schon seit dem Jahre 1414 dem Adel verboten, Fasanen und Rebhühner auf eine andere Art zu fangen, als mit dem Federspiel.[3]) Die Herren hatten den Fang wohl etwas gar zu rücksichtslos getrieben. Bald darauf kam die Jagd in Tirol an Maximilian I., da Tirol zu den österreichischen Erblanden gehörte. Max war nicht nur ein großer Liebhaber der Jagd, sondern auch der Falknerei; er empfiehlt in seinen Schriften, des Morgens zu jagen und des Abends zu beizen.[4]) Er hat die Reiherbeize neu belebt und die Enten an vielen Orten hegen lassen, zum Teil unter Aufwendung von erheblichen Kosten. Auch auf seinen Reisen und Feldzügen vergaß er das Beizen nicht; er ritt gern mehrere Meilen ins Land hinein, wenn er nur wußte, daß Enten oder Reiher zu erreichen waren, und kam erst mit der sinkenden Nacht zurück.[5])

Nachdem wir die Hauptjagdarten des Mittelalters durchgesprochen haben, möchte es sich zur größeren Klarheit und Übersichtlichkeit empfehlen, noch eine Gliederung nach den Wildarten folgen zu lassen, und bei jeder kurz anzugeben, in welcher Weise sie gejagt zu werden pflegte.

---

[1]) Mit dieser Schilderung im Roy Modus steht die Angabe des Albertus Magnus im Widerspruch, daß der Sperber keinen andern Sperber neben sich duldete beim Beizen, und daß er oft gesehen hätte, wie beide Sperber aufeinander gestoßen hätten. Kap. Nisus.

[2]) Roy Modus, C I.

[3]) M. Mayr in der Vorrede zu „Das Jagdbuch Kaiser Maximilians I.“ Innsbruck 1901.

[4]) Die abendliche Beize wurde allgemein bevorzugt, weil der Falke dann den größten Hunger hatte und die geringste Neigung, sich zu verfliegen. Roy Modus, CI.

[5]) Der Weißkunig. Wien 1775.

Ich muß mich im wesentlichen darauf beschränken, einen Auszug aus dem Roy Modus und dem Foix zu geben, da die deutsche Überlieferung noch zu spärlich fließt und eigentlich nur das Edelwild behandelt. Man kann auch die Entwicklung der deutschen Jagd nicht verstehen, wenn man die französische Jagd nicht kennt. Schon seit dem 12. Jahrhundert drang die überlegene französische Kultur mächtig vor in ihrem Einfluß auf die Sitten und die Gebräuche des deutschen Rittertums, das in seinem Denken und Fühlen nichts weniger als deutsch gewesen ist. Der Minnesang wimmelt von französischen Redensarten, nur die Lieder der Sängers von der Vogelweide machen eine Ausnahme. Ich muß mich darauf beschränken, über die einzelnen Jagdarten nur das Notwendigste zu sagen, was zum Verständnis nötig ist. Wiederholungen werden sich so wenig vermeiden lassen, wie eine gewisse Eintönigkeit, die sich von einer schematischen Aufzählung schwer fernhalten läßt.

Die Hörner des Bison und des Ur wurden als Kopfschmuck getragen, auch Hagen, in dem Sang „Der Rosengarten", trägt ein gedoppeltes goldenes Wisenthorn.[1]) Über die Jagd dieses größten und schwersten Wildes, welches Deutschland besaß, sind wir sehr mangelhaft unterrichtet. Das Volksrecht der Alemannen spricht von gezähmtem Schwarzwild,[2]) das zur Jagd gebraucht wurde, vermutlich zum Birschen und zur Jagd auf den Ruf, in derselben Weise, wie das Edelwild verwendet worden ist, dessen jagdlichen Gebrauch ich im ersten Kapitel unter Schießjagd begreiflich zu machen versucht habe. Nach einer anderen Mitteilung ist der Büffel zur Zeit der Merowinger vorgesucht, bestätigt, lanciert, angejagt und gehetzt worden wie der Hirsch;[3]) mir ist der Originaltext der lateinischen Überlieferung unbekannt geblieben, doch läßt schon die Tatsache, daß von rotem wie von schwarzem Wild gezähmte Tiere verwendet worden sind, den Schluß wohl zu, daß die Jagdart auch im übrigen eine gleiche war. In der Edda geht der hurtige Ase zum Walde und erjagt in kurzer Zeit einen schwarzen

[1]) Der Rosengarten, 345. Bezügl. der Verwechselung beider Wildarten vgl. Kap. I. Wildstand.

[2]) L. Alemann. tit. 99. c. 1, 5 u. 10. L. Rothar. c. 320. Daß das Zähmen des Schwarzwildes, d. h. speziell des Urs, nicht schwer gewesen ist, geht aus Albertus Magnus hervor. Tierbuch. Ausg. von 1545. Kap. Bubalus.

[3]) Sainte-Palaye, mémoires, III. 171.

Ochsen; als er wiederkam, war ihm der Kinnwald gefroren.[1]) Auch was uns sonst von der Jagd auf den Büffel berichtet wird durch den Mönch von St. Gallen[2]) und das Lied der Nibelungen[3]) geht nicht hinaus über die Erzählung von Jagdepisoden und gestattet keinen sicheren Schluß auf die Handhabung des Jagens selbst. Ebenso schlecht steht es mit unserer Kenntnis von der Jagd auf den Elch.

Auch gezähmtes Edelwild[4]) wurde von den Markgenossen zur Jagd gebraucht;[5]) über die Art seiner Verwendung habe ich im ersten Kapitel meine Vermutung ausgesprochen. Etwas Bestimmtes wissen wir nicht. Das Edelwild wurde über Land gejagt,[6]) in Frankreich à force de chiens.[7]) Dabei wurde wenig Unterschied gemacht zwischen der Hinde und dem Hirsch; erstere ward auch gehetzt, wenn sie hoch beschlagen war. Der Hirsch wurde am liebsten gejagt in der Feistzeit, dann war er weniger flüchtig und ausdauernd (Gace de la Vigne). An junge Hirsche wagte man sich nicht heran, weil sie Hunde und Pferde zu sehr ermüdeten. Es war also nicht das Geweih allein, was dazu trieb, nur Hirsche von zehn und mehr Enden für jagdbar zu erklären. Man hetzte in der Zeit vom Mai bis zum September.[8]) Bezüglich der Einzelheiten beim Überlandjagen und der Parforcejagd verweise ich auf das oben Gesagte.[9])

---

[1]) Die Edda, Reclam, 93. 94.

[2]) Der Mönch von St. Gallen ist deutsch unter den Geschichtsschreibern der deutschen Vorzeit erschienen, Bd. 26, eine kleine kulturgeschichtlich interessante Schrift.

[3]) Aventiure 15 u. 16, Strophe 854—912.

[4]) Eigentlich ein Widerspruch im Beiwort!

[5]) L. Alemann. tit. 99 c. 1, 4, 5, 10. L. Rothar. c. 320.

[6]) Die besten Quellen sind Arrian, die oben angeführten Allegorien und die Minnesänger, für die spätere Zeit kommen die Weistümer in Betracht.

[7]) Gutes Material aus den altfranzösischen Romanen gibt Bormann, ferner sind zu nennen la chasse du cerf, Roy Modus, Gace de la Vigne, Foix, Twici nnd le bon varlet de chiens. Wertvoll sind die Mitteilungen von Baillie-Grohmann im master of game.

[8]) In den altfranzösischen Epen wird die Zeit um Michaelis genannt, aber auch der Mai. Bangert, Tiere im altfranz. Epos, 143.

[9]) Eine Hirschjagd wird beschrieben in dem altfranzösischen Roman „du Renart“, publié par Méon, III. 94. 22326—56. Die Beschreibung macht den Fehler, daß sie Spürhunde und Windhunde nicht auseinander hält; sie ist mitgeteilt bei A. Schultz, Das höfische Leben der Minnesinger, I. 465—66. Eine andere Jagd auf den weißen Hirsch beschreibt der Roman „Fergus“, par Guillaume le Clerc, aus dem

Neben den Hetzjagden waren Treibjagden beliebt, bei denen der Trieb mit Warten umstellt wurde. Sodann wurden zwei bis drei Hunde in den Trieb gelassen, die das Wild rege machen und vor die Schützen bringen mußten. Statt der Hunde ward auch eine Treiberwehr in Bewegung gesetzt, die an jedem Flügel einen Winkel bildete, der nach den Schützen zu geöffnet war. Die Treiber gingen meistens mit großem Lärm vor, namentlich an den Flügeln. Immer mußte der Schweißhund oder der Bluthund zur Stelle sein, von denen der erstere an der Leine das kranke Wild ausarbeitete, während der zweite nur zum Hetzen war. Aus dem 12. Jahrhundert schildert Heinrich von Veldecke eine Treibjagd auf Rotwild, bei welcher die Schützen das Wild sich zudrücken lassen, während sie selbst durch Bäume sich decken. Askanius verwundet einen Hirsch, dann setzt er die Hunde auf die „vart".[1]) Bei fürstlichen Jagden trat Zwanglauf ein mit Jagdschirm, Massentot und Strecke; die letzte Jagdart ist unter Schießjagd in diesem Kapitel näher erörtert worden.[2])

Auch über die Birschjagd ist oben das Notwendigste gesagt,[3]) die teils als freie Birsche ohne alle Hilfsmittel geübt wurde, teils unterschiedliche Deckungsmittel zur Anwendung brachte, wie lebendes Rotwild, ein künstliches Pferd, einen grünen Schirm, einen Schild mit einer gemalten Kuh; auch des Bauernkarrens bediente der Jäger sich zum Anfahren. Beliebt war folgende Methode: Zwei Reiter ritten dicht hintereinander her, so daß der Kopf des einen Pferdes die Kruppe des anderen berührte, sie zogen sich im Bogen um das äsende und sichernde Edelwild herum. Auf der Außenseite dieser wandelnden Kulisse schritten die Schützen, die einer nach dem andern an geeigneten Bäumen stehen blieben, während die Reiter um das Wild herum im Bogen weiterzogen und dasselbe den Schützen zudrückten, „wie der Hühner-

Anfang des 13. Jahrhunderts. Ausgabe von E. Martin, Halle 1872. S. 2 u. f. Eine dritte Jagd findet sich in Erec et Enide, Zeitschrift für deutsches Altertum. Berlin 1856. 374 u. f.

[1]) Eneide, 4620—50, Ausg. von Behagel. Heilbronn 1882.

[2]) Die Hauptquellen sind Roy Modus, 54—56; Foix, 255—58; Das Jagdbuch Kaiser Maximilians I., Abt. Hirschjagden. Bezüglich des Massentötens s. the master of game, letztes Kapitel.

[3]) Die Birschjagd ist gut zu entnehmen aus dem altfranz. Tristan, F. Michel, Tristan, recueil de ce qui nous reste des poëmes etc. Londres 1835. I. 75 u. f. a. a. O. Ferner Roy Modus, 59.

jäger die Hühner in den Hamen treibt". Auch mit nur einem Reiter wurde diese Jagd geübt, der Schütze konnte auch selbst das Pferd besteigen.[1]) Die Schützen mußten ein grünes Wams tragen, der Schweißhund und die Fanghunde sollten in der Nähe sich befinden und leicht abzupfeifen sein. Tristan verfolgt einen verwundeten Hirsch, kommt müde nach Hause und sagt: „un cerf m'a lassé". In dem Roman l'arte perilleux folgt der Jäger einem angeschossenen Hirsch, der endlich vom Windhund gestellt wird.[2]) Das Anpirschen mit einem einzelnen Pferde nennt der reiche Foix schon die Art der armen Leute. Auch der Anstand an der Brame wurde des Morgens ausgeübt, wenn das Wild zu Holze zog, am liebsten ging man hinaus bei klarem Himmel und bei Vollmondschein.

Die Jagd mit Netzen und mit Hecken ist beim Edelwild weder von Roy Modus noch von Foix eingehender beschrieben worden, sie war aber allgemein in Gebrauch, wie die Weistümer kund tun, wie das Gedicht „Die Jagd der Minne" erzählt, und wie schließlich auch Foix erkennen läßt, wenn er die Anlage der Hecken beschreibt. Die Öffnungen für den Hirsch, an welchen die Beutelnetze befestigt wurden, sollten zwei Vorderarmslängen breit und vier zum mindesten hoch sein. An den Flügeln der Hecke, deren Einrichtung ich oben unter „Die Fangjagd und die Hecken" beschrieben habe, wurden in Winkelform Netze aufgestellt. Die Netze mußten wenigstens acht Fuß Höhe haben, von denen der unterste in die Erde kam, während sieben Fuß in freier Luft standen. Vor die Hecke waren verteilt die Heckenwächter, meist drei oder vier Mann, je nach der Länge der Hecke und der Netze. Im freien Gelände war der Standpunkt der Wächter einen kleinen Steinwurf von der Hecke entfernt, im dichten Holz war die Entfernung kleiner; auf alle Fälle waren die Leute natürlich gut versteckt, meistens wohl in einem grünen Schirm. Wenn der Hirsch die Wächterlinie passiert hatte, schrien die Leute hinter ihm drein, klatschten in die Hände und liefen gerade auf ihn zu. Manche hetzten Windhunde an, doch wird diese Maßregel von Foix widerraten, weil, wie sich ohne weiteres denken läßt, der Hirsch in solchen Fällen umzukehren pflegte. Dagegen war der Hund am Platze, wenn nicht mit Hecken, sondern nur mit Netzen

---

[1]) Roy Modus, 56, 58, 61. — Foix, 259, 262, 269.

[2]) E. Bormann, Die Jagd in den altfranz. Artus- u. Abenteuer-Romanen, 98.

gejagt wurde, die rings im Bogen standen, denn diese waren weniger sichtbar als die Hecke, und das Wild fiel leichter in sie ein. Foix hält noch an der Vorstellung fest, daß nur ein einzelner Hirsch in das Netz oder in die Hecke gejagt werden soll, den er ebenso vorgesucht und angejagt haben will, wie es auf der Jagd à force gemacht wurde. Der alte Hetzjäger hält auch hier der weidgerechten Jagd die Stange, so lange wie er kann. In Wirklichkeit kamen aber auch regelrechte Treibjagden vor, bei denen Netz und Hecke geradeso in Aktion traten, wie wir oben beim Schwarzwild gesehen haben. Arge Metzeleien haben zur Zeit der Karolinger stattgefunden, und eine blutige Schlacht liefert das Nibelungenlied. Andere Beispiele ergeben die Schilderung, welche der Jäger Alfreds im zweiten Kapitel machte, und aus späterer Zeit die Jagden Maximilians.[1])

Das Damwild soll erst spät in Deutschland eingewandert sein; das ist kaum annehmbar, da es in Frankreich schon im 12. Jahrhundert bekannt war und in den französischen Artus- und Abenteuer-Romanen oft genannt wird.[2]) Megenberg kennt das Wild nur aus England, doch scheint es sehr fraglich, ob man ihn als ausschlaggebend ansehen darf. Wenn das Wild nicht genannt wird, so ist noch nicht bewiesen, daß es nicht vorhanden war. Vielleicht wurde es mit dem Edelwild zusammengefaßt, wie z. B. Foix noch den Luchs und die Wildkatze unter dem gemeinschaftlichen Namen Katze abhandelt.[3]) Albertus Magnus spricht vom Damhirsch als einem ganz bekannten Wild und verwendet die Galle sogar zur Beeinflussung des Geschlechts bei menschlichen Geburten. Auch Heyne spricht sich für ein frühzeitiges Vorkommen des Damwildes aus.[4])

Der Damhirsch wurde in Frankreich à force gejagt wie der Edelhirsch, nur begnügte man sich mit vier bis sechs guten Hunden. Vorsuche, Bestätigen, Lancieren und Anjagd wurden leichter gehandhabt.

---

[1]) Foix, 237 u. f.; Petrus de Crescentiis, Labers Jagd, die Jagd der Minne, die Königsberger Jagdallegorie, die Weistümer, das Jagdbuch Maximilians I.

[2]) E. Bormann, Die Jagd in den altfranz. Artus- und Abenteuer-Romanen, 63.

[3]) Anton sagt, daß Reh und Damhirsch öfter verwechselt worden sind und der Ausdruck damma durch Hintkalb wiedergegeben wurde. Diese Angabe macht Anton für die Zeit zwischen dem Tode Karls des Großen und dem Ableben der Karlschen Familie, also vor 911. Gesch. d. Landwirtschaft, III. 476 f.

[4]) M. Heyne, Fünf Bücher deutscher Hausaltertümer, II. 235.

Der Damhirsch wurde nicht nach der Fährte, oder der Losung, oder dem Bett angesprochen, sondern allein nach dem Eindruck des ganzen Hirsches selbst; in erster Linie sah der Jäger natürlich nach dem Geweih. Der Jäger ging mit den Hunden am Morgen auf die Wiese, den Schlag oder das Feld, auf welchem Damwild zu äsen pflegte, und versuchte, ob die Hunde eine Fährte fanden und annehmen wollten. Im Bejahungsfalle verbrach er die Fährte und begab sich zur Versammlung, um Meldung zu erstatten. Beim Beginn der Jagd und dem Anlegen der Hunde auf der Fährte gab er Acht, daß sie die Widerfährte nicht faßten und ließ sie im übrigen frei schießen. Der Damhirsch flüchtet ebenso wie der Edelhirsch, nur pflegt er die Wege und die Straßen länger zu halten, auch mehr sich unter die Trupps zu mischen und mit anderen Hirschen gemeinschaftlich zu flüchten, um die Hunde zum Wechseln zu verleiten. Er ist nicht so flüchtig wie der Edelhirsch, hält auch nicht so lange aus, steht öfter still und sichert, hat aber eine stärkere passive Witterung als der Edelhirsch, und die Hunde fressen bei der curée des Damhirsches mit größerer Begier. Die eigentliche Jagd, sowie auch das Zerwirken und Zerlegen ging in gleicher Weise vor sich wie beim Edelhirsch. Als die beste Jagdzeit galt der Sommer von Mitte Juni bis Mitte September. Auch die anderen Jagdarten, die beim Edelwild erwähnt sind, wurden beim Damwild in Aktion gesetzt. Die Treibjagden, das Birschen mit und ohne Deckung, das Anfahren und der Anstand. Um Wiederholung zu vermeiden, verweise ich auf das beim Edelwild Gesagte. Selbstverständlich fand auch die Netzjagd auf das Damwild Anwendung.[1])

Das Reh wurde gehetzt, à force gejagt, doch fielen hier wie beim Damwild die Vorarbeiten fort. Ein Jäger ging in der Frühe auf die Äsungsplätze, verbrach die Fährte eines Bocks und erstattete Bericht auf der Versammlung. Hatte er keine Rehe gesehen, dann ging die Jagdgesellschaft nach dem Frühstück selber auf die Suche. Der Bock macht eine lange verwickelte Flucht und ist ein Verderb für junge Hunde. Wer Relais stellen wollte, konnte es tun. Das Anlegen der Hunde geschah nicht auf der Stelle, an welcher der Jäger den Bock verbrochen hatte, sondern er löste die Hunde einen Bogenschuß weiter rückwärts und ließ

---

1) Hauptquellen sind Foix, 196 u. a. O. — Roy Modus, XXVIII—XXIX l.

sie suchen. Dann ging er nach dem Bruch, rief die Hunde und zeigte ihnen die Fährte. Auf diese Art gewöhnte er die Hunde an Gehorsam. Er durfte den bestimmten Ruf nur aussprechen, wenn er seiner Fährte sicher war, er mußte den Hunden stets die Wahrheit sagen, dadurch gewann er ihr Vertrauen, und wenn er dann nach ihnen rief, waren sie stets zur Stelle. Hatte der Jäger der Versammlung keinen Bock vermelden können, ließ er nachher die Hunde suchen. Wurden sie laut, stieg er ab vom Pferde, hielt die Hunde an und prüfte die Fährte, namentlich auch auf die Richtung, damit die Hunde nicht die Widerfährte annahmen. Immer wieder warnt Foix vor der Widerfährte. Man konnte übrigens hören, ob sie auf der Hin- oder auf der Widerfährte jagten; sie waren auf der letzteren weniger feurig und wurden still und stiller, weil die Witterung beständig abnahm. Beim Rehbock durften die Hunde nicht übereilt werden; er steht oft still und wartet bis die Hunde an ihm sind. Die Jagd ging im übrigen ebenso vor sich wie beim Hirsch, nur war sie knifflich und nicht leicht. Foix sagt, der Jäger komme beim Bock dreißigmal zum Suchen, wo er beim Hirsch einmal dazu gelange, so viel Wendungen und Widergänge macht der kleine Kerl. Die Hunde konnten auf das Reh sicher eingehetzt sein, die Fährte von Edel- und Damwild, die Spuren von Fuchs und Hase unbeachtet lassen, selbst dann aber gab es wenige unter ihnen, die nicht gelegentlich die gerechte Rehfährte mit einer anderen Rehfährte vertauscht hätten. Durch die vielen Widergänge wurden sie oft zum Wechseln verführt. Roy Modus rät, die irregeleiteten Hunde jagen zu lassen und neue gute Hunde da anzulegen, wo die alte Fährte noch bejagt wurde. Er hat also Relaishunde zur Verfügung. War der Jäger von der Unfehlbarkeit seiner Hunde von vornherein nicht überzeugt, suchte er Windhunde anzuhetzen. Fühlt der Bock sich matt, dann flüchtet er gerade aus über die Felder, durch die Dörfer und zwischen den Menschen hin, auf und über die Landstraßen hinweg und auch ins Wasser. Der Jäger muß immer dicht an den jagenden Hunden sein; überfällt ihn die Nacht, so kann er darauf rechnen, am nächsten Morgen den Bock in der Gegend zu finden, in der er ihn verlassen hat.

Das Reh wurde gleich dem Damwild nur angesprochen nach dem Anblick des Wildes selbst. Bei der Bast pflegte man wohl so ziemlich das ganze Reh den Hunden zu opfern, zerschnitten und womöglich vermengt mit gekochtem Fleisch oder Käse. Auch konnte man das Gericht nicht fervieren auf der Haut, weil diese zu klein war für die Meute.[1]) Das Reh wurde gejagt von Mitte Mai bis Mitte Juni. Treiben, Birschen, Anstand wurden gleichfalls angewendet. Roy Modus spekuliert auf die Kälte des Winters und den Hunger des Wildes, um Fütterungsplätze anzulegen, und das betörte Wild auf diese Art in Schlagnetzen zu fangen, speziell das Reh. Weidmännisches Empfinden vermißt man gar zu oft. Merkwürdig ist, daß die französischen Schriftsteller das Blatten nicht erwähnen, während es bei den deutschen Minnesängern öfter vorkommt, so im Parzival, wie ich oben schon angegeben habe.[1]) Man fing das Reh in Netz und Hecke, und nach Petrus de Crescentiis beizte man in Italien sogar das Rehkitz mit dem Falken![2])

Die Vorsuche auf Sauen erfolgte am besten ohne Hund, weil diese Wildart vor dem Menschen nur eine geringe Scheu verriet, eine desto größere aber vor dem Hunde. Nach Foix kam es vor, daß Sauen, die einen Hund gewittert hatten, das Lager verließen, um an demselben Tage nicht zurückzukehren. Roy Modus ist weniger ängstlich; die Gewohnheiten des Wildes haben ohne Frage geschwankt nach der Art, wie es beunruhigt zu werden pflegte. Die Jagdzeit des Schwarzwildes begann im September und dauerte bis in den Winter hinein. Im September standen die Sauen des Nachts noch auf den Feldern, sie zogen sich nach den Weinbergen hin und dem Fallobst der wilden Apfelbäume. Später besuchten sie in den Wäldern die Eichel- und die Buchelmast, brachen auch wohl nach Wurzeln, Trüffeln und Spargeln. Auch an den Suhlen waren sie zu finden und an den Bächen, aus denen sie die hineingefallenen Eicheln herauszufischen liebten. Das murrköpfige Schwein steckte gern im dichten Holz, auf den Heiden und im Stechginster, aber nie im hohen Walde. Wenn der Jäger des Morgens die Orte absuchte, an denen die Sauen ihren Fraß fanden, und einen Keiler traf, und dieser durch das hohe Holz nach seinem Dickicht ging, konnte der Jäger ruhig folgen; denn wenn der Keiler seinetwegen wirklich einmal etwas weiter gegangen war, kam er doch bald zurück nach der Stelle, wo er sein gewöhnliches Lager hatte. Wenn der Jäger sah, daß der Keiler sich in eine Dickung schob, in welcher er sein Lager haben konnte, verbrach er den Einwechsel, umzog das Dickicht mit dem Leithund ebenso wie beim

[1]) Trotzdem behält Foix den Ausdruck curée bei.

[2]) Parzival, III. 129.

[3]) Foix, 36—40 u. 199—204. — Roy Modus, XXIX—XXX l. XXXI.

Hirsch, und begab sich darauf zur Versammlung.[1]) Hier knatterten vier mächtige Feuer, das eine für den Grundherrn und den Adel, das zweite für das bürgerliche Pack, das dritte für die Küche zum Braten und Anwärmen der Speisen, das vierte für die Jägerburschen, Jagdpagen, die Jagd- und Windhunde. Die Jägerei hatte das grüne Sommergewand vertauscht mit dem warmen, wollenen, grauen Gewande des Winters.

Das Ansprechen des Schweins erfolgte nach der Fährte, nach dem Lager, dem Gebräche und der Suhle,[2]) wurde aber im wesentlichen auf den Anblick des Schweines selbst beschränkt. Das Lancieren und die Anjagd wurden beim Keiler ähnlich so gehandhabt wie beim Hirsch, wenn sie auch weniger schwierig waren.[3]) Der Jäger ließ zunächst nicht alle Hunde los, denn der Keiler flieht langsam und verwundet oder tötet eine Anzahl Hunde, die sich gerade beim Keiler übermäßig zu erhitzen pflegen. Aus diesem Grunde war es gut, immer frische Hunde zur Hand zu haben, und deswegen stellte man Relais. Der Jäger folgte den Hunden zu Pferde, womöglich bewaffnet mit Bogen, Schweinsfeder und Schwert. Der Keiler ist leicht zu jagen, er macht keine Finten wie der Hirsch. Die Bache bereitet mehr Schwierigkeiten als der Keiler; sie flüchtet ins Weite, läßt sich wohl verbellen, läßt aber den Jäger nicht herankommen. Deswegen waren scharfe Fanghunde am Platze, die sie deckten und festmachten. Mehrmaliges Verbellenlassen galt beim

---

[1]) Foix, 149, 150.

[2]) Roy Modus, XXXII—XXXIV.

[3]) In dem altfranz. Epos „Die Lothringer" läßt der Jäger den Leithund los, damit er den Keiler hoch machen und verbellen soll. Der Hund wird aber tödlich geschlagen. Die Fährte des Keilers wird gemessen, ebenso in dem Roman von Auberie; beide Male entsetzen sich die Jäger über die mächtigen Tritte und glauben kein irdisches Schwein vor sich zu haben, sondern den Teufel. Der Keiler wird gejagt mit Bracken, chienz coranz, ebenso in dem Epos Girars de Viane. Bei der Hetzjagd war der spürende Hund immer der Hauptbestandteil in der Meute, sogar bei der Jagd auf den Wolf. Die altfranzösischen Epen geben eine Menge Einzelheiten über die Saujagd, sind aber mit Vorsicht zu genießen, da sie zuweilen sich in freier Phantasie ergehen, so z. B. in der Art, wie die Übermenschen jener Zeit den Keiler töten. Der eine steigt ab und tötet gleichwohl den Keiler mit dem Schwert, auch der andere steigt ab, haut den verwundeten Keiler mit einen Baumast vor den Kopf, daß er hinten zusammenknickt und schlägt ihm dann den Kopf herunter. Soll ihm erst einer nachmachen! Eine Zusammenstellung gibt Bangert, Die Tiere im altfranzösischen Epos. 149—155.

Keiler für ein Zeichen, daß es bald zu Ende ging. Geräuschlos, ohne Schreien und Hornen, näherte sich der Jäger dem gestellten Schwein; konnte er einen Schuß anbringen, tat er es; war das Gelände frei und offen, versuchte er auch wohl die Schweinsfeder als Lanze nach dem Keiler zu werfen. Stand der Keiler dagegen in einer Dickung, suchte er ihn herauszubringen, indem er ihn anreizte mit dem Zuruf: „Avant, mestre! avant! or sa! sa!“ Nahm der Keiler den Jäger an, konnte dieser ihm mit der Schweinsfeder oder mit dem Jagdschwert begegnen. Er setzte mit kurzem Zügel den Gaul in leichten Trab, hob sich in den Bügeln und stieß mit der Schweinsfeder von oben nach unten nieder, so kräftig wie ihm möglich war. Die Bügel mußten kurz sein, damit der Jäger darin stehen und sich frei bewegen konnte. Wollte er mit dem Schwert den Keiler treffen, dann legte er das ganze Gewicht seines Körpers in den Stoß, während der Keiler erfahrungsmäßig keinen gefährlichen Schlag anzubringen pflegte, wenn er gut getroffen war. Diese Art, den Keiler zu töten, galt für am meisten weidmännisch, die größte Gefahr bestand natürlich für das Pferd: unmittelbar nach dem Stoß mußte der Jäger die Sporen einsetzen und machen, daß er weiter kam. Mit dem Schwert tötet Siegfried den Keiler im Nibelungenlied:

„daz swîn vil zornicliche lief an den küenen recken sâ.
dô sluog in mit dem swerte der Krimhilde man,
ëz hête ein ander jägere sô sanfte niht getân.“[1])

Wollte der Keiler trotz des Anreizens den Jäger nicht annehmen, dann suchte dieser ihm von hinten beizukommen. Nach dem Stoß mußte der Jäger schleunigst auf die Seite biegen, denn unfehlbar kehrte der Keiler sich um, wenn er von hinten sich getroffen fühlte und schlug dem Pferde wütend nach den Beinen; dabei kam es vor, daß Roß und Reiter zu Boden fielen. War der Keiler tot, dann wurde das gleiche Signal geblasen wie beim Tode des Hirsches.

Man konnte auch absteigen und den Keiler auflaufen lassen, doch widerrät Foix das Verfahren als ein leichtsinniges Unternehmen. Selbst wenn der Auflauf geglückt war, dann mußte der Jäger den Schaft der Schweinsfeder unter die Achsel klemmen und mit aller Kraft das Gleichgewicht zu halten suchen denn der Keiler wollte an den Jäger

[1]) Aventiure XVI, 881—82.

heran und drängte und schob in grimmer Wut so lange, bis die innere Blutung einen solchen Grad erreicht hatte, daß eine Lähmung des Gehirns eingetreten und das Bewußtsein geschwunden war. Diese Art des Kampfes mit dem Keiler ist vermutlich so alt, wie es eiserne Waffen gibt. Albertus Magnus spricht von ihr und rät bereits dem Jäger, sich auf den Boden hinzuwerfen, wenn der Stich mißglückt sei, weil das Schwein wegen der gebogenen Gewehre den liegenden Menschen nicht so leicht verletzen kann.

Den Hunden ward ihr Recht, nachdem der Keiler zerwirkt und zerlegt war; aber während beim Hirsch das Recht ihnen gleich nach der Jagd gewährt wurde, mußten sie beim Keiler sich gedulden, bis sie wieder im Zwinger waren. Die Abfütterung der Hunde hieß auch nur beim Rotwild curée, beim Keiler hieß sie fouail. Der Inhalt des toten Keilers ward über einem Feuer angebraten, mit Brot zerschnitten und mit dem Schweiße angerührt, der in einer Schüssel aufgefangen war. Das Anbraten fand statt aus zwei Gründen; einmal weil die Hunde das Wildpret des Keilers in rohem Zustande nicht so gerne fraßen wie das des roten Wildes, und zweitens, weil man bei der Kälte durch die warme Speise ihnen eine besondere Annehmlichkeit bereiten wollte.[1])

Den Fang der Sauen in Hecken habe ich oben beschrieben unter „Die Treibjagd in den Hecken". Auch mit Rüden ging man ihnen zu Leibe. Wenn der Jäger wußte, wo ein Rudel Sauen seinen Kessel hatte, etwa in der Nähe einer guten Eichelmast, oder sonst in einer Dickung, dann schlich er unter Wind sich an und ließ einen Rüden los, ohne dabei ein Wort zu sprechen. Der Hund hatte von den Sauen Wind, lief hin und verbellte sie. Alsdann ließ der Jäger noch andere Hunde los, Rüden, Windhunde und Allans.[2]) Die Sauen hatten von den Hunden nicht eher Wind und wurden diese auch nicht eher gewahr, als bis sie verbellt wurden und womöglich schon gepackt waren. Ging

[1]) Foix, 166—69. 217—20. — Roy Modus, XXVIII l. Eine nicht ganz einwandfreie Sauhetze wird beschrieben in dem altfranzösischen Roman „du Renart", Méon, III. 94. 22 326—563, mitgeteilt von A. Schultz, Das höfische Leben der Minnesinger. I. 465—66.

[2]) Allans waren große Hunde, die unseren heutigen Doggen glichen. Der Name war hauptsächlich bei den romanischen Völkerschaften im Gebrauch und soll aus Spanien stammen.

alles nach Vorschrift, konnte der Jäger sicher darauf rechnen, einige Schwarzkittel auf diese Art zu erbeuten.

Das Schwarzwild wurde auch in Fallgruben gefangen, doch galt diese Jagdart nicht für ganz weidgerecht und blieb den Bauern überlassen. Die Grube war unten weiter als oben und mit Zweigen und Kräutern abgedeckt. Von der Fallgrube gingen zwei oder vier Hecken ab in schräger Richtung, welche das nahende Wild zwangläufig nach der Grube hinführten. Die Gruben für das schwarze Wild und für das Raubzeug wurden im Walde, die für das rote Wild im Freien angelegt. An der Suhle stellte der Jäger einen zwei Fuß hohen Stand her auf Pfählen und betrat diesen vor Tagesanbruch und bei gutem Winde, um die Sauen mit dem Bogen zu erwarten, die oft die Suhlen aufzusuchen pflegen, wenn sie vom Gefräß heimkehren. War ein Schwein verwundet worden, folgte der Jäger mit dem Bluthund nach. Auch am Rande des Holzes oder einer Dickung wurde auf Sauen der Morgenanstand ausgeübt, und auch hier mußte der Bluthund zur Hand sein. Die Jagd mit dem Finder fand in der Weise statt, daß der Jäger unter Wind sich anzubirschen und einen Schuß anzubringen suchte, während der Finder verbellte. Hatte er ein Schwein verwundet, hetzte er ihm alle Hunde nach.

Es ist auffallend, daß bei dem Anstand an der Suhle und an der Brame Foix anscheinend vom Schweißhunde spricht, er sagt metre son chien sur le sanc und metre aprés sus le sang, während es hier heißt abatre tous les autres chiens après. Man wird wohl nicht fehlgehen, wenn man annimmt, daß auch in den ersten Fällen der Bluthund gemeint war und nicht der Schweißhund. Klar ist die Sache nicht. Überfiel die Nacht die Jäger bei der Jagd mit dem Finder, dann blieben sie wohl im Walde, zündeten mit Schwamm und Feuerstein ein Feuer an und bereiteten sich die Speisen zu, die sie als vorsichtige Leute mitgenommen hatten. Prächtig schmeckte der Wein.[1])

Unseren Ahnen war der Eber mehr vertraut als der Hirsch. Die Helme der germanischen Helden zeigten das Bild des Eberkopfes. Berwoulf hat einen hellen Helm, da

[1]) Foix, 265—69. — Roy Modus, LX.

„Ein Wunder wirkender Waffenschmied
den Schutzhelm mit Ebern auch schmückte, daß nimmer
ein brennendes Kampfschwert ihn beißen konnte.“[1])

Der Eber war der Freia heilig, ein zauberisches Werk der Zwerge, mit goldenen Borsten versehen, die bei besonderem Anlaß zu leuchten begannen. Beim Eber wurde der Schwur geleistet, er ward vorgeführt und die Männer legten die Hand auf ihn.[2]) Es ging vom Eber die Sage, daß er den Menschen durch sein Brechen im Erdreich die Kunst des Pflügens gelehrt habe.

Der Hase wurde das ganze Jahr hindurch gehetzt, und zwar mit spürenden Hunden, Bracken oder chiens courants. Im Sommer jagte der Grundherr am frühen Morgen, dann ließ er die Mittagshitze vorübergehen und gegen Abend nahm er die Jagd wieder auf. Des Morgens führte er die Hunde auf die Schläge des jungen Getreides und ließ sie diese absuchen. Hier hatten die Hunde die beste Witterung, denn der Hase hockelt bei der Äsung hin und her und hinterläßt beim Äsen viel mehr Witterung auf der Erde und an den Halmen, als er später von sich gibt, wenn er ins Lager gefahren ist. Wenn es also gelang, den Hasen noch bei der Äsung abzufassen, hatten die Hunde leichtes Spiel, während sie meistens länger suchen mußten, wenn der Hase sein Frühstück schon beendet hatte und auf dem Wege zum Lager begriffen oder schon ins Lager gefahren war. In solchen Fällen, sagt Foix, nimmt der Hase einen Weg an und zieht ein langes Stück auf ihm hin. Dann setzt er sich und macht seine Toilette, putzt Läufe, Gesicht und Löffel, dann hockelt er eine Strecke weiter fort, kommt auf seiner Spur zurück und macht dann seine Finten und Kniffe, malices et subtilesses, unter denen Foix die kunstvolle und verschmitzte Art versteht, in welcher der Hase ins Lager zu fahren pflegt. Gelang es den Hunden nicht, den Hasen noch bei der Äsung auszumachen, dann mußte systematisch gesucht werden. Der Jäger rief die Hunde zusammen und umzog mit ihnen das Feld, auf dem sie die Hasenspur gezeigt hatten. Wurde ein Hund laut, rief der Jäger auch die anderen Hunde zur Stelle und nahm die Jagd auf. Im anderen Falle war anzunehmen, daß

---

[1]) Das Beowulflied, übers. von H. v. Wolzogen, Reclam, 54; andere Stellen sind S. 20 u. 49.

[2]) Die Edda, Reclam, 237.

der Hase auf einer Landstraße abgezogen war, auf der die Hunde immer schlechte Witterung haben. Der Jäger zog alsdann neben der Landstraße auf und ab, an der einen Seite hinauf, an der anderen herunter, um die Stelle ausfindig zu machen, an welcher der Hase abgebogen war ins Feld. Fanden die Hunde nicht, wurde das Absuchen der Straßen weiter ausgedehnt, denn ein Hase hockelt oft unglaubliche Strecken auf der Landstraße hin. Half das alles nichts, dann war anzunehmen, daß der Hase einen Widergang gemacht hatte, oder auf dem Äsungsplatz geblieben war. Der Jäger zog nun neben der Landstraße eine lange Strecke hin in umgekehrter Richtung, und wenn sich wieder kein Hase fand, dann umzog er das Saatfeld in kleinerem Kreise als das erste Mal, immer in der Hoffnung, daß die Hunde den Hasen aufstoßen würden, denn dieser „liegt zuweilen so fest, daß man ihn sieht in seinem Lager, oder daß die Hunde ihn packen, ohne daß er sich rührt".[1] Es kommt vor, daß der Hase auf dem Felde bleibt, auf dem er geäst hat, aber niemals ohne eine große Tour gemacht zu haben, um sich zu trocknen und seine Kniffe anzuwenden. Gegen Abend war die Suche eine andere. Da gab es keine warmen Spuren, Luft und Sonne hatten die Witterung aufgezehrt. Der Jäger suchte den Hasen auf den Saaten und Viehweiden, an den Büschen, Bächen und schattigen Stellen. Wurde ein Hund laut, war auch der Hase da, denn warme Spuren gab es ja nicht mehr, auf denen er sonst wohl hätte anschlagen können. Der Jäger folgte den jagenden Hunden stets in nächster Nähe, und wenn sie verloren hatten, dann wurde der Hase in derselben Weise gesucht, wie es am Morgen geschehen war, durch Vorgreifen und Abspüren der Wegränder. Im Winter jagte man natürlich den Tag über durch, die Hunde fanden gut, namentlich bei kaltem Wetter. Allzu früh durfte die Jagd nicht beginnen, weil die Hasen dann noch munter waren und sich rechtzeitig in Sicherheit zu bringen suchten. Im Sommer sollte die Sonne eine Klafter hoch (?) am Himmel stehen, ehe die Jagd ihren Anfang nahm. Dann waren auch die Spuren abgekühlt, denn kalte Spuren sind für die Hunde mehr zuträglich als warme, durch welche sie leicht verwöhnt und verdorben werden.

Das Wildpret des Hasen bekamen die Hunde nicht zu fressen, weil sie es wieder auszubrechen pflegten und dadurch einen solchen

[1]) Foix, 208.

Widerwillen gegen den Hasen bekommen konnten, daß sie ihn das nächste Mal unlustig jagten.[1]) Dagegen wurden sie gepfneischt mit geschnittenem Brot, das mit dem Schweiß des Hasen angerührt war.

Meistenteils war es wohl dieselbe Meute, die im Sommer den Hirsch und später den Hasen jagte, denn nur die großen Grundherren konnten sich mehrere Meuten halten, wie denn Foix selbst beispielsweise nach der Chronik von Froissart beständig über sechzehnhundert Hunde gehabt haben soll.[2]) Roy Modus sagt, daß die Meutehunde von Mitte September an, wenn die Hirschjagd vorüber war, ohne Beschäftigung bleiben müßten, sofern sie nicht den Hasen hetzen sollten.[3]) Demnach will er für die Sau eine eigene Meute haben, die aber ebenfalls aus chiens courants bestand. Den Hasen jagt er am liebsten im März und April, weil sie dann am schwächsten sind, da sie Junge in der Tracht haben (!). Bei keiner anderen Jagd konnte man den Hunden soviel Ausdauer und Erfahrung beibringen, wie bei der Hasenjagd. Der Hirsch macht dieselben Finten wie der Hase, und beide sollten auf die gleiche Art gejagt werden. Demnach galt die Hasenjagd für eine gute Vorschule für den Hirsch.

Roy Modus schießt den Hasen auch im Lager, und zwar im April, wenn der Hase im jungen Getreide sitzt und sich gut darin verstecken kann. Der Jäger hat einen Knecht bei sich, der zwei Windhunde an der Koppel führt. Sieht der Jäger einen Hasen im Lager, läßt er ihm die Windhunde vorführen; vor diesem Anblick erschrickt der Hase und drückt sich nun so fest ins Lager, daß der Schütze nach Belieben herangehen und seinen Schuß abgeben kann. Den verwundeten Hasen greifen natürlich die Hunde. Zur Zeit der Markgenossen wäre diese Jagd eines berittenen Jägers mit Knecht und Hunden im jungen Getreide unmöglich gewesen, es war im salischen Recht sogar eine Strafe von zehn Schillingen auf das bloße Überschreiten einer Saat gesetzt.[4]) Im 14. Jahrhundert aber hatte die Sache sich gewandelt: der Grundherr wollte

---

[1]) Foix, 210—11. Twici, le art de vénerie, nennt die Abfütterung der Hunde nach der Hasenjagd le halou, das ist die dritte Spezialbezeichnung neben der quirreye oder der curée bei der Hirschjagd und dem fouail beim Schwein.

[2]) Lavallée, vie de Gaston III. XXXV, am Schluß des Jagdbuches.

[3]) Roy Modus, XLIV l.

[4]) L. Sal. 37, 2. 3.

jagen und der Bauer mußte seinen Zins bezahlen, ob die Ernte gut ausfiel oder schlecht.

Man fing den Hasen in der Schlinge; Foix spricht bei dieser Gelegenheit wieder das erlösende Wort, indem er denen wünscht, die auf diese Art den Hasen fangen, daß sie die Schlinge selber an dem Halse hätten. Man stellte die Schlinge auf den Wechsel und die Hasenstege. Bei einer anderen Fangart stellte der Jäger vier Fallnetze auf einen Kreuzweg, weil die Hasen gern die Wege benutzen, sowohl wenn sie in die Felder rücken, als auch wenn sie heimkehren. Seitwärts vom Wege hinter jedem Netz lauerte ein Posten, es waren also ihrer vier. Eine Stunde vor Tagesanbruch mußten sie zur Stelle sein. Wenn ein Hase angehoppelt kam und sich zwischen dem Posten und dem Netz befand, dann schlug der Posten mit einer Rute auf den Boden, ohne ein Wort zu sprechen, und die Folge war, daß der Hase ins Garn fiel.

Der Jäger umstellte auch die Brame in der Nacht mit Fallnetzen. In aller Frühe zogen dann zwei Jäger mit einem langen Strick von der anderen Seite her langsam über das Feld dem Walde zu. An dem Strick waren kleine Glocken befestigt. Durch das ungewohnte Geräusch erschreckt, eilten die Hasen dem Holze zu, fielen ins Netz und wurden eine Beute der überlegenen menschlichen Schlauheit.[1]) Wenn sich irgendwo ein Zaun fand, durch welchen die Hasen zu schlüpfen pflegten, sei es um in einen Obstgarten, oder in den Kohlgarten des Bauern zu gelangen, legte der Fänger Beutelnetze an die Schlupflöcher.

Die eigentliche Hasenhetze mit Windhunden, wie sie Arrian beschreibt und Martial erwähnt und wie sie auch in der neueren Zeit geübt wurde, finde ich im Mittelalter wenig erwähnt. Es war die Blütezeit der Jagd mit spürenden Hunden, vor der alles andere zurückstehen mußte. Der Jäger zog es vor, die spürenden Hunde auch beim Hasen anzuwenden. Foix gebraucht die Windhunde zum Fang der Hasen nur des Abends auf dem Anstand. Zwei oder drei Jäger besetzten den Holzrand, von denen jeder eine Koppel Windhunde bei sich hatte. Kam ein Hase aus dem Holz heraus und war er weit genug ins Feld gerückt, so daß er nicht mehr umkehren konnte, dann ließ der nächste Jäger stillschweigend seine

[1]) Diese Fangart scheint das sogenannte Hasenlusen oder Hasenlaußen gewesen zu sein. Meißner sagt 1541, daß man den Hasen ins Garn hetzen und auch (wiewohl „unweidisch) mit laußen hinein schrecken könne. Fr. Kluge, Unser Deutsch. Leipzig 1907. 133.

Hunde streichen. Man stellte auch wohl die Wege mit Netzen ab, entweder früh, ehe der Hase ins Holz rückte, oder abends, ehe er das Holz verließ, und hetzte ihn, wenn er auf dem Wege angehoppelt kam, mit Hunden in die Netze. Es wurden sogar besondere Hecken für Hasen angelegt, ebenso wie für den Hirsch und die Sau, nur entsprechend kleiner und mit engeren Schlupflöchern. Die Grundherren unterhielten für Hasen und Kaninchen auch besondere Gehege,[1]) ebenso für Fasanen, Rebhühner und Schwäne.[2]) Schon Albertus Magnus erzählt vom Hasen, daß er mit offenen Augen schlafe, eine Ansicht, die heut noch von vielen Jägern irrtümlich geteilt wird.

Steinbock und Gemse werden von Plinius unterschieden, im Mittelalter von den Glossen aber oft verwechselt.[3]) Vom Steinbock sagt Foix, daß er die Knoten am Horn in gleicher Weise ausbilde wie der Hirsch die Enden am Geweih, und daß es Leute gab, die behaupteten, daß mit jedem neuen Jahre ein neuer Knoten geschoben würde. Je mehr Knoten ein Bock habe, je länger und stärker die Hörner seien, desto älter sei auch der Bock. Die Besitzungen des Grafen, Foix und Bearn, lagen am Nordabhang der Pyrenäen, es ist daher der pyrenäische Steinbock, von welchem er berichtet und erzählt.

Man sprach den Bock an nach der Losung, die Satzzeit war im Mai. Um Allerheiligen (1. November) trat das Steinwild in die Brunst. Die Böcke kämpften miteinander und griffen in jener Zeit auch Menschen und Tiere an. Sie schrien gleich dem Hirsch, doch hatten sie nicht den ehernen Klang in ihrer Stimme, denn Foix findet ihr Schreien häßlich. Nach der Brunst zog sich das Steinwild in Trupps zusammen und kam herab von den Bergen, aus denen es vom Schnee vertrieben ward. Im Sommer standen die Böcke hoch im Gebirge, einzeln oder zu zweit. Beim Jagen liebte es der Steinbock, sich auf den höchsten Spitzen einzustellen, und dabei machte er unglaubliche Sätze von Fels zu Fels. Foix sah einen gejagten Bock zehn Klaftern tief hinunterspringen ohne sich Schaden zu tun. Andererseits kam es aber vor, daß der Bock auf seiner kühnen Flucht verunglückte. Albertus Magnus sagt, daß der Steinbock im hohen Gebirge Deutschlands wohlbekannt sei. In den landesfürst-

---

[1]) Foix, 74.

[2]) E. Bormann, Die Jagd in den altfranz. Artus- u. Abenteuer-Romanen. 104.

[3]) M. Heyne, Nahrungswesen, 235 f.

lichen Rechnungsbüchern Tirols werden 1327 zwei Steinböcke erwähnt. Zu Maximilians I. Zeit war das Steinwild selten geworden, er hegte es aber, es nahm wieder zu und ist nach Mayrs Meinung gegen Ende des 18. Jahrhunderts ausgestorben.[1])

Die Gemse lebte ähnlich wie der Steinbock. Der Gemsbock setzte reichlich Feist an vor der Brunst, die auch um Allerheiligen zu beginnen pflegte. Die Jagdzeit des Stein- und Gemswildes war die gleiche wie beim Hirsch. Die Haut der Gemse gibt nach Foix ein ausgezeichnetes Pelzwerk, und wenn das Wild in der richtigen Jahreszeit erlegt worden ist, dringen weder Kälte noch Regen durch.[2]) In den Pyrenäen pflegte das ganze Landvolk sich in Gemsfelle zu kleiden, denn das Wild war dort noch so gemein, daß Foix in einem Winter fünfhundert Gemsen beieinander sah. Jeder Bauer war ein eifriger Jäger, sowohl um der Haut, wie um des Wildprets willen. Letzteres war von den großen Herren zwar nicht sehr begehrt, in gesalzenem Zustande aber war es zu genießen: wenn man nämlich nichts Besseres hatte. Die Jagd auf Gemsen galt nicht für schwer.

Die Jäger stiegen am Tage vor der Jagd hinauf in die Berge und verbrachten die Nacht in einer Sennhütte. Acht Tage vorher waren fleißige Hände geschäftig gewesen, die Pässe zum Hochgebirge zu versetzen und Hecken und Netze vor den Schroffen aufzurichten, über die hinweg das Wild seine Flucht zu nehmen pflegte, denn die Gefahr für die Hunde war zu groß. Sobald das Wild ermattet war, suchte es sich auf Felsvorsprüngen einzustellen.[3]) Nicht überall konnten Hecken angelegt werden, deshalb mußten so viele Bauern, wie zu haben waren, in die Warte gehen, d. h. in die oberen Berge steigen und das aufwärts

[1]) M. Mayr, Einleitung zum Jagdbuch Maximilians I. XX.

[2]) Diese Angabe scheint in Widerspruch zu stehen damit, daß die Gemse im Sommer gejagt wurde. Man wird annehmen dürfen, daß im Sommer zwar die großen Jagden stattfanden, daß aber der Bauer die Gemsen auch im Winter schoß.

[3]) In dem Innsbrucker Statthalterei-Archiv befindet sich ein Bericht des Jägermeisters von Spaur über eine Gemsenjagd, welche der Sohn Maximilians I. abgehalten hatte im Halltal zur Salzgrube. Es heißt daselbst, das Wetter sei ungünstig gewesen, auch habe nur ein starker Bock im Gejaid gestanden. Den hätten die Hunde in eine Wand gejagt und dort „gehütet". Die Jäger seien hingestiegen und hätten den Bock ausgeworfen, und dabei sei ein sehr gut hütender Gemshund herabgefallen. M. Mayr, Einleitung zum Jagdbuch Maximilians I., XVI. Über das Auswerfen siehe unten: Die Jagden Maximilians I.

flüchtende Wild mit Steinen zurückscheuchen. Der Jäger suchte die Gemse mit dem Leithund auf und machte sie hoch wie den Hirsch. Zehn oder zwölf Hunde ließ man jagen, an den Pässen wurden Relais aufgestellt, vier zum mindesten, und jedes vier Hunde stark. Zuweilen flüchtete das Wild auch nach den Strömen hin am Fuß der Berge, daher wurden auch dort Relais gestellt. Nach dem Jagdbuch Maximilians pflegten an solchen Stellen „Schiffswart" und „Windwart" ihre Aufstellung zu finden. Die Hunde jagten meistens nur auf Sicht gleich den Windhunden, denn regelrechtes Spüren war in dem steinigen Gelände nicht immer durchführbar. Frische Hunde ließen das Wild in die Berge nicht entkommen, sie waren ihm beständig auf den Fersen, auch vom Wasser trieben sie es ab und wußten es auch wohl zu packen. Da der Jäger aber die Hunde nicht begleiten konnte, galt dem alten fein geschulten Hetzer Foix die ganze Jagd für minderwertig, sie konnte nicht à force betrieben werden. Ärgerlich bricht er ab in der Erzählung, indem er als Grund anführt, daß er genug von ihr geredet habe. Die Art, wie Foix in den Pyrenäen im 14. Jahrhundert die Gemsenjagd betreibt, hat viel Berührungspunkte mit der Art, wie hundert Jahre später Maximilian I. es in den Alpen tat: Abstellen des Reviers mit Netz und Hecke, Verteilen von Windwarten, und von oben her das Vordringen einer Treiberwehr, unterstützt von den jagenden Hunden. In beiden Fällen sehen wir einen jagdlichen Frondienst der Bauern, aber mit dem großen Unterschied, daß in den Pyrenäen sie noch selber jagen durften, während in den Tiroler Bergen schon die Jagd verboten war.[1])

Daß der Bär in Germanien eine gewöhnliche Erscheinung war geht schon aus Tacitus 15 hervor, nach dessen Angabe die Germanen auf Bärenfellen zu faullenzen liebten. In der Edda sitzt Wieland, der Schmied, der nordische Vulkan, auf einem Bärenfell, als er die goldenen Ringe zählt.[2]) Das Tierepos Reineke Fuchs behandelt den Bären neben dem Widder, dem Dachs, der Katze usw. als einen alten Bekannten. In den Pyrenäen war er im 14. Jahrhundert so gemein, daß es wenig Menschen gab, die ihn nicht zu Gesicht bekommen hatten. Er bewohnte die Berge, doch kam er bei starkem Schneefall

---

[1]) Foix, 30—36; 197—99. — Das Jagdbuch Maximilian I., herausgeg. von Michael Mayr, Abt. B., Gemsjagden.

[2]) Die Edda, Reclam, 218.

auch in die Ebene herab.[1]) Die Bärzeit setzt Foix irrtümlich in den Dezember, auch etwas früher oder später. Um zu seinem Fraß zu gelangen, legt der Bär weite Strecken zurück, er wittert nach Foix nebst den Sauen am schärfsten von allen Wildarten. Beim Jagen flieht er den Menschen, solange er nicht verwundet ist; ist er aber getroffen, dann geht er auf alles los, was er vor sich sieht. Er hat mächtige Arme, mit denen er zuweilen Menschen und Hunde erdrückt. Mit den Krallen fügt er eigentlich kein Übel zu, aber er packt mit ihnen und den Pranken und holt das Opfer in den Bereich seiner Zähne, seiner gefährlichsten Waffe.

Vor den Hunden flüchtet er, doch langsam, so lange sie ihn nicht anfassen, dann aber setzt er sich zur Wehr. Zuweilen erhebt der Bär vor Schreck und vor Verlegenheit sich auf die Hinterpranken; wenn er auf allen vieren stehen bleibt, während der Mensch ihm naht, dann hat er die Absicht, Stand zu halten und sich zu verteidigen. Ist der Bär müde und erschöpft, dann nimmt er auch gern einen Bach an oder Strom. Man jagte ihn mit Allans, Wind- und Spürhunden, mit dem Bogen, der Saufeder, mit der Lanze und dem Schwert, man fing ihn in Schlingen, Gruben und Fallen. Zwei Mann, die treu zusammenhielten und mit guten Schweinsfedern bewaffnet waren, konnten nach der Meinung von Foix einem Bären getrost entgegentreten. Siegfried im Nibelungenlied tötet ihn freilich allein. Er hat den Bären zunächst gefangen, eine Tat, die selbstverständlich nur durch Netze und ein zahlreiches Personal erklärt werden könnte; er nimmt ihn mit zur Versammlung und läßt ihn dort laufen. Der Bär flüchtet zwischen den Feuern hindurch, die Küchenknechte lassen den Bratspieß los und reißen aus, das gute Fleisch fällt in die Asche und die beiden Meuten verfolgen den Bären mit lautem Schall. Siegfried holt den Bären ein und tötet ihn mit dem Schwert. Der Dichter hatte nun einmal die Absicht, den Siegfried als Helden hinzustellen. In Wirklichkeit möchte der Held vom Bären sich eine Ohrfeige geholt haben, daß ihm das Wiederkommen vergangen wäre, wenn nicht scharfe Hunde zur Stelle waren; in dem Gedicht ist aber nur von Bracken die Rede. Foix rät dem Jäger ernstlich davon ab, sich allein an den Bären heranzuwagen.

Die Jagdzeit begann im Mai und dauerte bis zum Dezember. Der

---

[1]) Foix, 54. Der Verfasser meint wohl vor oder nach dem Winterschlaf.

Bär benutzt gern die Wege und die Landstraßen, er kennt beim Jagen keine Finten, badet und suhlt sich gleich dem Schwein. Foix erklärt das Bärenfleisch für zart, aber trocken und ungesund, das Beste seien die Pranken.[1]) In der germanischen Vorzeit pflegte man anderer Meinung zu sein. Als Wieland heimkehrt von der Jagd, flammt auf seinem Herd das Föhrenholz auf in mächtiger Flamme, das Fleisch der Bärin zu braten.[2]) Auch im späteren Mittelalter wurde wenigstens der Kopf gegessen, ähnlich dem des Schweins. Daher mußten die Untertanen den Kopf des erlegten Bären abliefern an den Herrenhof.[3])

Der Jäger ging auf die Vorsuche mit dem Leithund; er konnte den Hund schlecht entbehren, weil er ohne ihn zuviel Fährten überging. Fehlte ihm ein geeigneter Hund, dann pflegte er auf gutes Glück den Bären selbst zu suchen, in der Frühe des Morgens, an den verschiedenen Orten, die jenem Fraß gewährten, auf dem Felde, in den Weinbergen, sowie im Eichen- und im Buchenwald. Foix will den Bären bestätigen und anjagen gleich dem Keiler. Zum Jagen mischte man Rüden und Spürhunde durcheinander; diese brachten den Bären dazu, daß er sich entweder verbellen ließ oder eilig flüchtete. Hatte man Allans zur Verfolgung, so wurde der Bär sicher festgehalten, bis er getötet war. Der Bär erbeißt und erdrückt so viel Hunde, daß man wertvolle Windhunde ungern an ihn ließ. Der berittene Jäger warf seine Saufeder oder seine Lanze nach dem Bären; ihn anreiten zu wollen gleich dem Keiler, um ihn mit dem Schwert zu töten, wäre ein vergebliches Beginnen gewesen, denn der Bär würde den Reiter unsanft „umarmt und geküßt" haben. Netze und Schlingen waren auf der Jagd sehr zweckmäßig. Nach der Losung kann man den Bären nicht ansprechen, sie ist zu ungleich, wohl aber nach der Fährte, denn wie der Fuß des Mannes größer ist, als derjenige der Frau, so sieht auch die Pranke des Herrn Braun in ihrem Stempelabdruck auf dem Boden gewichtiger aus, als diejenige der zarteren Gemahlin.[4])

Wenn der Bär regelmäßig in der Nacht einem eingezäunten Felde, oder einem Obstgarten, oder einem Weinberg Besuche abzustatten pflegte, dann dichtete man rings den Zaun und ließ nur eine bequeme Eingangs-

[1]) Foix, 51—55.
[2]) Die Edda, Reclam, 218.
[3]) Weistümer, I. 384. 386.
[4]) Foix, 214—15.

öffnung frei auf der Seite, von welcher der Bär einzudringen pflegte, und hier legte man ein Selbstgeschoß. Man befestigte einen frischen, elastischen Stab mit seinem einen Ende an der Zarge der Eingangsöffnung, band an das freie Ende eine scharfe Harpune rechtwinklig zur Stabachse, zog das freie Ende vermöge einer Leine in eine gespannte Stellung zurück und führte die Leine über eine Rolle wieder nach dem Eingang hin, wo sie mit einer Stellvorrichtung verbunden wurde. Indem der Bär den Eingang durchschritt, löste er unwissentlich die Sperrklinke aus, und das Eisen fuhr ihm in die Seite. Foix nennt das Anlegen von Selbstschüssen eine häßliche Jagdweise.[1]) Außerdem fing man den Bären noch auf mannigfache Art. Den Germanen galt der Bär für den König der Tiere, vielfach wurde sein Name zu neuen Eigennamen zusammengesetzt, und als Wappentier fand er eine ausgedehnte Anwendung.

Das Asengeschlecht der Wälsunge führt auch den Namen Wölfinge seit der Verbannung ihres Ahnherrn Sigi.[2]) Eine erfolgreiche Jagd auf den Wolf, den Bären, den Keiler verschaffte dem Jäger den Beinamen der Wolf, der Bär, oder der Keiler, und sein Geschlecht, das von ihm abstammte, behielt den Namen als Gattungsnamen bei. Die Asen sowohl, als die anderen Gottheiten der natürlichen Religionen waren aus dem Totenkult hervorgegangen. Foix sagt vom Wolfe wie vom Bären, daß es wenig Menschen gäbe, die ein solches Wild noch nicht gesehen hätten. Der Wolf war so gemein, daß sein Tun und Treiben in den Gedankenkreis des Volkes aufgenommen und beispielsweise eine leichtfertige Frau mit einer Wölfin verglichen wurde, die in der Ranzzeit an der Spitze einer zahlreichen Verehrerschar flüchtig und unstet durch die Wälder zog. Ich erinnere den Leser an die Wölfin, welche Romulus und Remus säugte, die Geliebte des Hirten Faustulus, die den Beinamen „die Wölfin" führte, weil sie in ihrer unergründlichen Liebe die ganze Männerwelt umschloß. Das Sprichwort sagte auch: „Der Wolf sieht seinen Vater nicht", denn die Jäger erzählten, daß die Wölfin abseits mit einem begünstigten Liebhaber der Liebe Freuden zu genießen pflegte, während die anderen Liebhaber entschlafen waren. Es kam aber vor, daß sie erwachten, nachschlichen und im Moment

[1]) Foix, 247.
[2]) Die Edda, übers. von H. v. Wolzogen, 245, Anm.

der höchsten Lust den armen Ritter überfielen und unter ihren Fängen jämmerlich verenden ließen.[1])

Einen Hammel oder ein Mutterschaf trägt der Wolf nach Foix freischwebend im Fange fort und eilt trotz der Last mit solcher Geschwindigkeit hinweg, daß ein Mann zu Fuß nicht folgen kann. Er ist so flüchtig, daß zuweilen ihn die Windhunde nicht überholen können. Wurde er mit Spürhunden gejagt, pflegte er nicht weit vor ihnen her zu flüchten, solange ihm nicht Rüden oder Windhunde „Beine machten". Foix behauptet, daß es Wölfe gab, die nur Menschenfleisch fraßen; sie schlichen und sprangen den Menschen an und wichen geschickt seinen Waffen aus. Der Wolf folgte den Heereszügen und fraß die Leichen, die Edda nennt ihn geradezu den Heerhund; auch die Toten mit einer Schlinge um den Hals, die Hans Buck niedrig gehängt hatte, wurden den Wölfen überlassen. Dabei kam der Wolf in Konflikt mit dem Raben, der auf diese Toten ein geschichtliches Recht besaß.[2])

„Raunende Raben reißen am Galgen
die Augen dir aus,
erlogst du dies Eine, daß endlich der Liebste
zur Kammer mir kam,"

droht Goldfreude dem Boten.[3]) Foix hat selbst gesehen, daß Wölfe die Schafe unbeachtet gelassen, aber den Hirten gepackt und getötet hatten. Neben den Raben Gedanke und Erinnerung saßen die Wölfe Gierig und Gehrlich vor Walvaters Thron; neben der erdumgürtenden Mitgartschlange war der Fenriswolf der grimmigste Feind der Götter, und keine Sage war mehr verbreitet im Mittelalter, als die Sage von dem Werwolf und der Verwandlung von Menschen in die grausige Wolfsgestalt. Als Sinfessel und Guntmund sich streiten in dem Helgesang, wirft Sinfessel ihr vor:

---

1) „Entzückende Marter und wonniges Weh!
Der Schmerz wie die Lust unermeßlich!
Derweilen des Mundes Kuß mich beglückt,
Verwunden die Tatzen mich gräßlich." (Heine.)

2) „In des Raben Magen kommen wir wieder zusammen", war der sinnige Abschiedsgruß deutscher Landsknechte. Schauerlich schön sind die Stellen in der Edda, in denen davon gesprochen wird, daß Raben und Wölfe sich sättigen an der Leiche des erschlagenen Siegfried. Edda, Reclam, 347.

3) Die Edda, Reclam, 44.

„Neun Wölfe zeugten wir zwei miteinander,
bekannt ist die Klippe, die Wölfe sind mein.“ [1])

Von dem vielen Aasgenuß waren die Zähne des Wolfes giftig und sein Biß galt für schwer heilbar.

Man jagte den Wolf mit Spürhunden, mit Windhunden und gemischten Meuten, man fing ihn in der Schlinge; er schnitt sich aber sehr bald aus, wenn er nicht getötet wurde. Besser war die Schlinge mit Schnellvorrichtung;[2]) man fing ihn auch in Gruben, legte ihm Fleisch mit Nadeln und mit Gift und stellte ihm überhaupt nach auf jede mögliche Weise. Zum Luderplatz kamen die Wölfe wohl, blieben aber die erste Nacht nicht in der Nähe. Eine Schleppe machte sie erst recht mißtrauisch. Vor scharfen Hunden ergriff der Wolf die Flucht, entleerte sich nach Foix auch rasch von vorn und von hinten, um flüchtiger zu sein. Er merkte aber sehr bald, wenn die Hunde ihn nicht anzufassen wagten, und beschleunigte dann durchaus nicht seine Flucht.

Das Luder blieb immer noch das beste Mittel, um den Wolf vertraut zu machen und zur Jagd in das Revier zu bannen. Während der ersten Nächte saß ein Posten in einem benachbarten Baume und beobachtete den Erfolg. Vor der Jagd umzog der Jäger den Revierteil zur Sicherheit noch einmal mit dem Leithund, um festzustellen, ob die Wölfe nicht am Ende doch schon wieder ausgewechselt waren. Foix schreckt nicht vor der Grausamkeit zurück, ein unbrauchbares Haustier, etwa ein krankes Pferd oder Rind, an den Füßen gebunden, den Wölfen

---

[1]) Die Edda, übers. von H. v. Wolzogen, 254. Verwandlung von Menschen in Tiere, und umgekehrt, ist der Glaube aller wilden Völkerschaften. In der Unbestimmtheit ihres Denkens verwechseln sie beim Toten leicht das Beiwort mit der Person: der Tote wird zum Wolf und zeugte Wölfe. Das ist nicht immer bildlich zu verstehen, wie es die Mythologie nachträglich wohl zu deuten suchte. Der Wolf kommt in den alten Gesängen so vielfach vor, daß ich nicht alle Stellen anführen kann. Wenn Wölfe vor dem Kampfe gesehen werden und voreilen, so hat der Kämpfer Glück. Ebenda 290. Noch im Götz von Berlichingen, d. h. in dessen Lebensbeschreibung, gelten die Wölfe für Glück verheißend, die in eine Herde fallen. Als in der Siegfriedssage Gunther und Hagen den Guntwurm zum Morde Siegfrieds bewegen wollten, geben sie ihm Wolfsfleisch zu essen mit Wurmesstücken. Ebenda 321. Als Gudrun ihre Brüder warnen will vor Verrat, sendet sie ihnen einen Ring, an den sie ein Wolfshaar geknüpft. Ebenda 342.

[2]) Es ist dieselbe Fangart, die ich im 1. Kapitel unter arcus kurz beschrieben habe; der Franzose nannte sie im Mittelalter haussepiez.

lebend hinzuwerfen an der Luderstelle, in der Meinung, sie dadurch sicherer zu betören. Wollte man wissen, ob Wölfe im Walde waren, heulte man sie an in der Nacht und bekam auch Antwort. Wenn die Jagd angesetzt war, die Wölfe aber trotz des Luders im Revier nicht bleiben wollten, dann hing der Jäger am Abend vor der Jagd die besten Teile des Luders an einem Baume auf, so hoch, daß die Wölfe nicht herankonnten, und ließ nur einige Knochen liegen, um sie zu beschäftigen. Einige Stunden vor Tagesanbruch kam er in der Kleidung eines Hirten zurück und warf das Luder vom Baume wieder herunter. Die Wölfe wurden bei ihrem Fraß nun durch den Morgen überrascht und blieben diesmal im Revier mit größerer Wahrscheinlichkeit. Zur Vorsicht wurden an der Seite, an welcher sie sonst auszuwechseln pflegten, mehrere Feuer angezündet und unterhalten, bis der Grundherr endlich aus dem Bett gefunden hatte und zur Jagd erschienen war. Alle fronpflichtigen Leute waren zur Wolfsjagd aufgeboten worden, womöglich auch noch Dörfer aus den benachbarten Grundherrschaften dazugezogen, damit eine zahlreiche Mannschaft zur Hand war, mit welcher man das Holz umstellen konnte, so dicht wie irgend angängig. Eine Stelle nur am freien Felde ließ der Jäger offen, und hier wurden hintereinander unter Wind und verdeckt durch Laub vier Windhetzen aufgestellt; jede bestand aus zwei Koppeln und jede Koppel aus drei Hunden. Dann ließ der Jäger durch seinen Leithund sich vom Luder nach der Stelle führen, an welcher die Wölfe ins Gehölz gezogen waren, setzte hier den dritten Teil der jagenden Hunde auf die Spur und schickte die anderen auf Relais. Er selber stieg zu Pferd und folgte den jagenden Hunden mit Schrei und Horn, um sie anzufeuern und mutig zu machen, denn viele Hunde jagen nicht gern den Wolf.[1])

Es war zweckmäßig, sie zuvor auf junge Wölfe einzujagen. Suchte der Wolf, nachdem er hin und her geflüchtet war, seine Rettung durch den offenen Teil der rings umstellten Warte, dann wurden die Windhunde hinter ihm dreingehetzt, und nur die letzte Hatze warf man ihm entgegen. Roy Modus umstellt einen Teil des Waldes mit Netzen, den anderen mit Warten; wenn freies und offenes Gelände den Wald begrenzt, legt er Windhatzen weit aufs Land hinaus. Dann jagt er die Wölfe ähnlich so wie Foix.

---

[1]) Als in Labers „Jagd" die Hunde verschweigen, schließt der Jäger auf die Anwesenheit von Wölfen. 130.

War der Wolf erlegt, dann wurde er ausgeworfen und den Hunden in dem Leib des Wolfes ein schmackhaftes Essen zubereitet aus gekochtem Hammelfleisch mit Brot und Käse. Spür- und Windhunde mußten gut belohnt werden, denn auch die Windhunde packten von Natur jedes andere Wild lieber als gerade den Wolf.[1])

Es ist charakteristisch für die Volkstümlichkeit des Tierepos im Mittelalter, daß der Name des Fuchses, der im Altfranzösischen le gupil hieß, umgewandelt wurde in renard, als eine Nachbildung von Reineke, infolge Vordringens der bekannten Dichtung „Reineke Fuchs". Roy Modus hat noch den goupil, Foix hat schon den renard. Die übliche Jagdzeit war im Februar und März, am meisten beliebt war auch hier wieder die Hetze. Wenn der Vollmond sein silbernes Licht ergoß in den winterkahlen Wald, dann gingen ein paar Jäger spät abends ins Revier, den Rücken bepackt mit leeren Getreidesäcken. Sie schritten zu den bekannten Fuchsbauen und verstopften alle Röhren mit den Säcken.[2]) Am anderen Tage fand die Jagd statt. Auch hier wieder lautet die Vorschrift, das Holz mit Warten zu umgeben, wie denn überhaupt eigentlich keine Hetzjagd ohne diese üblich war. Beständig stoßen wir auf Frondienste der Bauern, und nach allem, was die alten Jagdschriftsteller sagen, kann es keinem Zweifel unterliegen, daß jagdliche Fronen auch im Mittelalter schon in ausgedehntem Maße bestanden haben.

Roy Modus will zunächst nur drei bis vier Hunde lösen; ist der Fuchs gefunden, dann kommen auch die anderen Hunde los; sie werden öfter angehalten, damit sie sich erholen können, sie fassen aber zuletzt den Fuchs ohne Hilfe von Netzen und Windhunden. Hätte der Jäger gleich zu Anfang alle Hunde losgelassen, dann hätte die Gefahr nahe gelegen, daß, wenn ein anderes Wild gejagt wurde, nachher alle Hunde müde waren. Erst mußte der Jäger sicher sein, daß die Jagd richtig ging, dann konnten alle Hunde mitjagen. Diese alte Regel der Hetzjagd war immer zu beobachten. War ein Bau beim Verstopfen der Röhren am vorigen Abend übergangen worden und schlüpfte der Fuchs hier ein, wurden alle Röhren nachträglich geschlossen

---

1) Foix, 63—71; 222—28. — Roy Modus L u. LI l.

2) Foix rät, geschälte Stäbe kreuzweis auf jedes Rohr zu legen und behauptet, daß kein Fuchs alsdann den Bau annehme. 229—30.

bis auf eine, und dann wurde der Fuchs ausgeräuchert. Roy Modus gibt folgendes Rezept: „Nimm einen Topf mit langem Halse, tu' glühende Kohlen hinein und schütte darauf Pulver von Operment und Schwefel, und schieb den Topf so weit du kannst in eine Röhre und mache sie wieder zu." Durch die offen gelassene Röhre sprang der Fuchs, entweder in ein Beutelnetz oder ins Freie zum Fang durch Windhunde. Der Jäger brauchte auch kleine Erdhunde oder einen anderen Rauch, um den Fuchs zum Springen zu veranlassen, doch wirkte keines der Mittel so schnell wie das mitgeteilte.[1]) Man fing den Fuchs auf die gleiche Art wie den Wolf, im 14. Jahrhundert waren schon Fuchseisen üblich.[2]) Die Hunde wurden auf dieselbe Art gepfneischt wie beim Wolf, man ließ den Fuchs auch kochen und gab sein Fleisch, mit Brot zerschnitten, den Hunden auf dem Balg als eine Art curée.

Grimbart galt den Hetzjägern für kein interessantes Hetzobjekt, denn er war schlecht auf den Läufen; die Hunde holten ihn bald ein, er ließ sich verbellen wie ein Keiler, bis der Jäger herbeikam und ihn tötete. Auch beim Dachs wurden in der Nacht vor dem Jagen die Röhren verstopft oder mit Beutelnetzen ausgefuttert. Vom Graben finde ich nichts erwähnt. Das Fleisch des Dachses galt für ebensowenig genießbar wie das vom Fuchs oder Wolf.[3]) Schon im 13. Jahrhundert tritt die Sage auf von den zweierlei Dachsarten, dem Hundsdachs und dem Schweinsdachs, von denen der letztere seinen Namen daher führt, daß er nicht Zehen, sondern gespaltene Schalen haben soll, gleich dem Schwein.[4])

Foix unterscheidet zwei Katzenarten, die im Volksmunde als lous cerviers und chatz lous bezeichnet wurden, als Hirschwolf und Wolfkatze, er verwirft aber die Bezeichnung und sagt, daß die große Katze einem Leoparden ähnlich sei, nur keinen so langen Schwanz habe, und in der Größe einem Wolf gleichkomme. Wir haben es hier unzweifel-

---

[1]) Roy Modus XLI. Hier findet sich die früheste mir bekannte Erwähnnng der Erdhunde, also im Anfang des 14. Jahrhunderts, abgesehen natürlich von dem Biberhund des bayerischen Volksrechts. Foix will den Fuchs graben, sagt aber nichts von Erdhunden. Ebenso äußert sich Albertus Magnus, Tierbuch, Kap. Fuchs.

[2]) Konrad Megenberg, Das Buch der Natur, übers. von H. Schulz, Greifswald 1897. 135.

[3]) Foix, 76. — Roy Modus LXXV.

[4]) Albertus Magnus, Tierbuch, Kap. Dachs.

haft mit dem Luchs zu tun, für den also Foix noch keine besondere Bezeichnung kannte. Die Jagd beider Katzenarten beschränkte sich auf ein zufälliges Begegnen; beide wurden von den Hunden verbellt, die Katze bäumte auf und wurde mit dem Bogen herabgeschossen, während der Luchs sich den Hunden stellte. Foix ruft Menschen und Hunde zusammen, die ersten mit Waffen, wie sie gerade zu haben waren. Die Jagd auf den Luchs muß nach seiner Beschreibung ein tolles Durcheinander gewesen sein.

Der Otter ward vorzugsweise gejagt wegen des Schadens, den er in den Fischteichen anrichtete, und wegen des gesuchten Pelzwerks, das nach Albertus Magnus zur Verbrämung anderer Pelzarten gebraucht wurde. Das Fleisch des Otters wie des Bibers galt als Fastenspeise und ward in den Klöstern gegessen.[1]) Man fing den Otter in Schlingen mit und ohne Schnellvorrichtung, in Netzen und allerhand Fallen. Der Otter wurde aber auch à force gejagt. Vor der Jagd zogen vier Jägerknechte auf die Suche, und zwar bewegten sich je zwei auf jedem Ufer eines Flusses in entgegengesetzter Richtung fort. Die Jäger hatten besondere Leithunde, mit denen sie den Otter ähnlich so bestätigen mußten wie den Hirsch und den Keiler. Auch die Versammlung vor der Jagd sollte ähnlich so stattfinden wie beim Hirsche. Auf der Jagd ließ man frühzeitig alle Hunde los, dann suchte man die Ufer mit ihnen ab, namentlich die Wurzelhöhlungen der Uferbäume. Jeder Jäger führte einen Dreizack von scharfem Eisen. Wurde der Otter gefunden, fiel er natürlich ins Wasser und die Hunde folgten ihm, stromauf und stromab, wobei die Jäger sich bemühten, an den Otter heranzukommen und ihn zu harpunieren. Das gab eine anregende Jagd, wenn der Strom nicht zu breit war, sonst kam man nicht ohne Netze aus, die quer durch den Strom gezogen wurden und auf dem Grunde aufstehen mußten. Zwei Mann pflegten das Netz am oberen Strick zu halten. Foix will die Hunde, die gut sind auf den Otter, auch auf den Hirsch verwenden und sagt, daß sie ausgezeichnet seien in dem Falle, daß der Hirsch das Wasser angenommen habe. Die Hunde bekamen beim Otter ihr Recht in derselben Weise wie beim Fuchs.[2])

[1]) Der Bruder des Reigen, der den Siegfried erzieht, heißt Otter und lebt oft in einem Wasserfall in Ottergestalt. Loge tötet ihn durch einen Steinwurf. Die Sühne dieses Mordes hat die Sucht nach Gold zur Folge und den Fluch des Zwerges Andwar. Edda, Reclam, 284.

[2]) In der Deutschen Jägerzeitung, Nr. 32 u. 33, 1907, steht ein Aufsatz über

Das Kaninchen soll nach Plinius aus Spanien und von den Balearen zugewandert sein. Im Mittelalter ward es in besonderen Gehegen gezüchtet und auf die gleiche Art gefangen wie der Hase, namentlich wurde es aber mit dem Frettchen aus dem Bau gehetzt,[1]) dessen Röhren mit Beutelnetzen belegt waren. Mit Vogelhunden, espagnols und leichten Windhunden suchte man die Kaninchen in Hecken und im Gebüsch, und wenn der Windhund die Tierchen nicht griff, dann fuhren sie zu Bau und fielen nachher dem Frettchen zum Opfer. Die Jägerei veranstaltete Treibjagden mit Wehr- und Fangnetzen, und legte sogar für Kaninchen besondere Hecken an.[2])

Auf das Federwild und seine Jagd kann ich hier nicht weiter eingehen, ich verweise den Leser auf das, was oben schon gesagt ist in den Abschnitten über die Fangjagd, Schieß- und Falkenjagd. Das Vogelwild ward selten geschossen, oft gebeizt und meistens in Netzen, im Hamen, im Tyras und anderen Garnen gefangen. Es hat den Anschein, als wenn die Balzjagd auf den Auerhahn im Mittelalter schon geübt worden ist, denn Laber sagt Strophe 212, daß er „bî mangem valze gehalten" habe durch hören; genauer spricht er sich nicht aus.

Wir können nicht vom Mittelalter Abschied nehmen, ohne auch der Jagden Maximilians I. zu gedenken, dessen Regierung in die beiden Jahrhunderte fiel, in denen nach der allgemeinen Ansicht sich das Mittelalter und die neue Zeit begegnen. Man hat ihn den letzten Ritter genannt; so mag er auch uns die letzte Kunde geben von der Weidmannskunst des Mittelalters, und zwar auf deutschem Grund und Boden. Maximilian zeigt den Übergang in die neue Zeit nicht nur an durch das Anwerben der Landsknechte, die fortan im Kriege das Fußvolk wieder zur Hauptwaffe erhoben, sondern auch durch sein unausgesetztes Bestreben, die Jagd in seinen Erblanden mehr und mehr an sich zu ziehen und die Regalität derselben zu begründen. Durch Fälschung von Freiheitsbriefen hatten die Habsburger die Erblande zu einem selbst-

---

den Fischotter und seine Jagd von M. Samhoff, der sehr lesenswert ist und auch die Hetzjagd anziehend beschreibt, wie sie schon im Mittelalter üblich war. In England wird der Otter heute noch à force gejagt.

[1]) Schon Albertus Magnus verwendete das Frettchen für diesen Zweck, das in der deutschen Übersetzung von 1545 furo oder furunculus genannt wird. Albertus starb 1280.

[2]) Foix, 212.

ständigen Herzogtum gemacht; Max wollte für den Herzog von Österreich den Rang der Kurfürsten erlangen und nannte sich „des Heiligen Römischen Reichs Erzjägermeister". Sein zahlreiches Jagdpersonal haben wir schon kennen gelernt. Er jagte nicht nur, sondern hegte auch, und zwar das kleine Wild so gut wie das große. Im Weißkunig werden als gehegtes Wild genannt Hasen, Murmeltiere, Schweine, Gemsen, Steinböcke und Hirsche. Durch seine Hege hat er damals noch den Steinbock vor dem Untergang bewahrt, denn die Bauern hielten kein Maß im Jagen und hatten den Steinbock bis auf vier Exemplare abgeschossen. Das Wild muß, nach den gefundenen Gehörnen zu urteilen, in Tirol einst sehr gemein gewesen sein, Ende des 18. Jahrhunderts ist es ausgestorben. Der Kaiser zog auf seinen Jagden die Bauern zu Frondiensten heran, und um sie zu entschädigen, überwies er seinem Jägermeister eine jährliche Pauschalsumme von zwanzig ganzen Gulden! Es kam aber auch vor, daß er für die Jagddienste der Bauern Frondienste anderer Art erließ. In dem Gedenkbuch heißt es: „Der Kaiser hat fünf Bauern im Ispertal vom Frondienst befreit, dafür sollen sie das Wild bewachen und dem Kaiser jagen helfen." [1]) Gerade in Tirol pochten die Bauern auf ihr altes angestammtes Recht der Jagd. Abgelegen und unberührt vom Getriebe des modernen Lebens lagen diese Berggegenden in ihrer Ursprünglichkeit da, eine eigene Welt, aus der kein Teil herausgerissen werden konnte, ohne das Ganze zu verletzen. Und nun gar die Jagd, der einzige Gegenstand der Leidenschaft und Lust des Bauernvolkes! Von alters her hatte der Bauer frei gebirscht im Walde, und jetzt sah er sich in der Ausübung seines angestammten Rechtes mehr und mehr zurückgedrängt. Im Jahre 1414 war in Tirol verordnet worden, daß niemand ohne landesfürstliche Erlaubnis Hirsche, Rehe, Bären, Gemsen oder graue Hasen jagen oder fangen dürfe; ausgenommen war der Adel, der auf seinen Besitzungen die Jagd behielt. Auf dem Landtage in Bozen im Herbst des Jahres 1478 klagten die Bauern schon über Schaden, den das Rotwild tat und namentlich an der Etsch auch die Sauen. Abhilfe wurde nur geschaffen bezüglich der letzteren. Maximilian I. strebte mit allen Sinnen dahin, in ganz Tirol das alleinige Jagdrecht zu erwerben. Der Stadt Neuburg gegenüber trat er schon mit der Erklärung hervor,

---

[1]) J. R. v. Franck, Der großmächtig Waidmann. Berlin 1898. 25.

daß die Jagden „kaiserliche Regalia“ seien; er hatte aber doch noch zu wenig juristischen Untergrund, um dieser Behauptung im Verordnungswege Geltung zu verschaffen; er mußte sich damit begnügen, sein Revier durch ständigen Erwerb von Einzeljagden von Gemeinden, Städten, Stiften und Vasallen zu erweitern. So erwarb er die Jagd im Oberinntal, im Venntal am Brenner und im Sellraintal; abblitzen ließ ihn dagegen die Stadt Innsbruck, und er selber machte seine landesherrliche Verbeugung vor dem reichen Industriellen Jacob Täntzl von Tratzberg, dem er 1501 seine Jagden im Achental und an der Riß überließ mit dem gleichzeitigen Recht, die Bauern daselbst zu Frondiensten heranzuziehen. Auch die Atzung und die Hundelege in den Pfarreien zu Schwez, Münster und Fügen wurden Täntzl bewilligt, ein lehrreiches Beispiel, wie allmächtig damals das Geld schon war.

Maximilian hatte keine andere Leidenschaft als die Jagd; er war der gutmütigste Mensch unter der Sonne; aber wenn ihm ein Unbefugter ins „Gehege“ kam, und das hochfürstliche Vergnügen schmälerte, dann konnte er Maß und Ziel vergessen; so ließ er den Mathäus Sailler von Zirl an den Galgen hängen. Nachher kam seine Gutmütigkeit darin zum Ausdruck, daß er für die Hinterbliebenen sorgte; er hatte aber doch durch seine eigenmächtigen Jagdgelüste so viel böses Blut gemacht, daß bei seinem Tode der Grimm der Bauern länger nicht zu dämpfen war und einen rücksichtslosen Vernichtungskrieg zur Folge hatte gegen alles und jedes Gewild, das der Kaiser in den Tiroler Bergen gehegt hatte.[1])

Interessant und charakteristisch sind die Bergjagden Maximilians, von denen er im geheimen Jagdbuch selbst erzählt. Seine Waffen führte er in besonderen Truhen mit sich, das Jagdschwert, eine Armbrust mit einem Bogen aus Horn und einem Bogen aus Stahl. Der Gebrauch des Stahls wurde beeinträchtigt durch die Kälte, der Stahl mußte im Winter durch Horn ersetzt werden. Der Kaiser beobachtet noch den alten Jägerbrauch, im Sommer ein grünes und im Winter ein graues Jagdgewand, zu tragen, weil das „zu Hirschen und Gemsen die beste Farbe“ war. Er hatte Fußeisen an den Füßen, wenn er im Gebirge jagte, war

---

[1]) Diese Angaben über die jagdlichen Verhältnisse Tirols entnehme ich zum größten Teil der Vorrede zu „Das Jagdbuch Kaiser Maximilians“, von M. Mayr. Innsbruck 1901.

aber keineswegs der kühne Bergsteiger, den seine Geheimschreiber und durch sie beeinflußt der Volksmund nachträglich aus ihm gemacht haben, sondern ein sehr vorsichtiger Herr. „Kein Fürst soll eine Felsenwand besteigen", schreibt er selbst im geheimen Jagdbuch, „denn es ist zu gefährlich der Steine wegen." Eine Bank zum Ausruhen ließ er sich von einem Bauern nachtragen, wenn er auf die Berge stieg nach seinem Schießstand hin, an dem das Wild zwangläufig vorübergejagt wurde; desgleichen eine Hirnhaube, die er aufsetzte, wenn die Hunde über ihm jagten und das Gerölle in Bewegung kam. Auch wollene Socken trug ihm der Bauer nach, die er im Schnee über Schuhe und Hosen zu ziehen pflegte, und eine wollene Kappe gegen Regen und Schnee. Beim Steigen gingen zwei Jäger weit vor ihm her, die ihm als Führer dienten, dann folgte er und hinter ihm die Jagdgesellschaft. Ging es bergab, dann war der Kaiser der letzte, „denn allzeit werden dabei Steine in Bewegung gesetzt". Vor den Steinen hatte er eine Heidenangst.

Die Gemsenjagd wurde meist in der Art ausgeübt, daß oben auf der Höhe ein Trieb angelegt wurde aus Jägern, Bauern und Hunden, während die Schützen, insbesondere der Kaiser selbst, weiter unten an einem guten Zwangpaß sich anstellten und hier warteten, bis der Trieb herunterkam. Immerhin werden auch die Schützen zuweilen ganz nett haben steigen müssen. Wenn es weit hinaufging, führte Maximilian „eine kleine Hütte" mit sich und einen Stuhl zum Zusammenschrauben. Seine Waffen bestanden auf der Gemsenjagd aus einem Jagdschwert, auf dem sich „ein Tillmesser" befand, einem Jagdschaft, der 4½ Klafter lang sein mußte und der Armbrust. Daneben führte er den 3½ Klafter langen Bergstock. Eine „kleine Bütte" mit Gebratenem, Früchten, Käse, Brot und gutem Wein sorgte für des Kaisers leiblichen Teil, während ein Saumroß Brot und Wein für das Gefolge trug. Auch der Kaiser bediente sich bei der Gemsjagd gern eines Saumrosses, das ein oder zwei Jahre lang Erz über das Gebirge getragen hatte. „Ein solches laß verschneiden und trage Sorge, daß es nicht scheu ist." Wenn eine Gemsjagd angesetzt war, erhob sich der Kaiser in der Regel früh um 3 Uhr, hörte die Messe, frühstückte etwas und brach dann auf.

In dem Jagdbuch für Tirol sind von dem Oberforstmeister Karl von Spaur und dessen Jagdschreiber Wolfgang Hohenleiter die Jagdgelegenheiten auf Gemse und Hirsch in sechzehn Gerichtssprengeln des oberen und unteren Inntales kurz beschrieben und zusammengestellt.

Nachdem die Beschaffenheit und die Grenzen der Reviere kurz angegeben sind, wird allemal gesagt, wo der Trieb angelegt werden soll und wo er enden wird, wieviel Wild im Treiben zu erwarten ist, was die Jagd im übrigen verspricht und ob sie sich eignet für den Kaiser. Schroffe Felsen, dichte Bestände waren nicht beliebt, auch bei einer sonst guten Jagd: wo „es rauh und hultzig" ist, oder „rauh und sundrig, auch nit liecht", wird immer abgeraten. Die Gemsen wurden durch Gamshunde zu Tal gejagt; dabei hatte das Wild die Eigenart, auf schroffe, schwer zugängliche Felsvorsprünge zu flüchten, um sich dort seinen Verfolgern zu entziehen. In diesem Falle trat der 4½ Klafter lange Jagdschaft in Aktion. Der Jäger suchte an die eingestellte Gemse heranzuklettern, sie vermöge des langen Schaftes zu erreichen und tot zu stechen. Es war dies das sogenannte „Ausfällen" der Gemsen, eine Jagdart, die von alters her geübt wurde und bis ins 17. Jahrhundert sich erhalten hat. Um das seitliche Ausbrechen der Gemsen zu verhüten, wurde der Trieb durch Hecken und Netze eingegrenzt, sofern nicht die Bergwände selber Schutz gewährten. Das Jagen, das der Kaiser besuchen sollte, mußte bequem zugänglich sein, womöglich mit dem Saumroß zu erreichen; es mußte „liecht" sein, übersichtlich, dem Auge etwas bieten, den Anblick der Jagd freigeben, namentlich das Einstellen und Ausfällen der Gemsen. Es wird immer angegeben, ob der Landesfürst „auf das pirg reiten und zu den wenden gen mag". Bei der Jagd am Achensee konnte der Kaiser „zu den wenden geen, auch auf dem Achensee zu solchem gjaid fern und lustig sehen daran haben". Lustig mußte die Jagd sein, Auge und Ohr etwas bieten, darauf kam es an; immer wieder wird erwähnt, ob es „ein lustigs gjaid" ist für den Fürsten. Bei Läfätsch am Hinderkar erwartete man „anderthalb hundert gembsen im gjaid. Da richt man ein netz. Und das ist ein sunderlich lustigs gembsgjaid." Die Gemsen wurden aber nicht nur mit dem Schafte ausgefällt, sondern auch mit der Armbrust geschossen und beim Treiben sogar in Netzen gefangen. Der Kaiser erzählt selbst im Weißkunig durch die Feder seines Hofschreibers, daß er im Tal Smyeren in Tirol eine Jagd hatte, bei der 600 bis 1000 Gemsen ins Jagen kamen, und daß einmal 183 Stück „gefangen" worden seien. Auch hier finden wir schon wieder den unglückseligen Massenmord!

Ähnlich wie die Gemsen wurde auch das Rotwild mit Hunden vom Berg ins Tal hinabgehetzt und durch Hecken und Netze zwangläufig geführt. Dabei mußte es die Schützenlinie passieren. Vielfach waren die Triebe so angelegt, daß das Wild ins flache Tal hinunterflüchten mußte. Auch das Tal war dann umgrenzt, entweder durch Hecken oder Netze, oder durch eine Schützenlinie und „Windwarte". Stellenweise grenzte auch ein Fluß das Treiben ein, so z. B. die Donau an dem Kürnberg bei Linz, die alsdann mit „Schiffswarten" belegt wurde. War das Rotwild ins Tal gejagt, dann liebte Maximilian zu Roß zu steigen und „mit zu reiten", d. h. dem Wild zu folgen in dem abgestellten Raum, in welchem es von den Windhunden gehetzt und gefaßt wurde. Auch hier mußte eine „lustige Hetz", ein „lustiges Hirschgejaid" zu erwarten sein, wenn der Kaiser teilnehmen sollte, eine Jagd, die „hörlich und sichtig" zu jagen war.

Hatte eine Gemse sich irgendwo eingestellt, wo sie ohne große Schwierigkeit zu erreichen war, wird der Kaiser sie natürlich selbst ausgefällt haben. Er mag auch beim „Mitreiten" mit Bogen und Schwert das Wild verwundet, auch einem mattgehetzten, womöglich von den Hunden gedeckten Hirsch den Fang gegeben haben. Maximilian nennt die Gemsenjagd eine Übung der Schenkel und Arme, sie befördere die Gesundheit. „Du König von Österreich",[1]) redet er im geheimen Jagdbuch sich selber an, „sollst dich ewig freuen der großen Lust der Weidmannschaft, deren du mehr hast als alle Könige und Fürsten, zu deiner Gesundheit und Erholung, auch" — erschrick nicht, lieber Leser — „zum Troste deiner Untertanen, weil du ihnen dadurch kannst bekannt werden, auch der Reiche wie der Arme täglich bei diesem Weidwerk Zutritt zu dir hat." Diese Stelle ist fruchtbar geworden für die strebsamen Geschichtschreiber und Juristen des 17. und 18. Jahrhunderts; sie hat wie eine Offenbarung auf sie eingewirkt, wenn es für die armen Teufel hieß nach Gründen zu suchen, um die Regalität der Jagd zu rechtfertigen. Maximilian war im Grunde ein herzensguter Mensch, wenn auch beglückt mit einer unglaublichen Eigenliebe; ein Licht ist er nie gewesen, man beachte nur die trostlose akademisch-ciceronianische Öde seiner biographischen Schriften, deren Nacht auch nicht von einem einzigen Geistesblitz erleuchtet wird, einerlei ob Max selbst die Feder mit Behagen führt oder seine auf gleicher Geisteshöhe stehenden Vertrauten. Kein Wort, kein Gefühl für die großartige Natur, kein Gedanke an die Eigenart der

[1]) Einen solchen gab es nicht; es gab nur einen Herzog von Österreich und einen deutschen König oder Kaiser.

Jagd und ihre Bedeutung im Völkerleben, nur die eine Entgleisung mit dem Wohl der Untertanen. Das Buch des Hohenstaufen über die Falkenjagd ist den Schriften Maximilians an geistigem Gehalt weit überlegen. Aber Maximilian war ein guter Mensch. Wenn er auf der Gemsenjagd seinem Stande zuschritt und der Bauer neben ihm herging und ihm Bank und Waffen und Lebensmittel trug, dann war es wohl selbstverständlich, daß der Kaiser ein Gespräch anknüpfte. Oder wenn er den Stand erreicht hatte, auf der Bank sich ruhte und mit einer kalten Gänsekeule in der rechten und einem Becher feurigen Burgunders in der linken Hand das Anblasen der Jagd erwartete, und wenn der Bauer dann vor ihm stand und treuherzig von der Leber herunterschwatzte, war es menschlich naheliegend, daß auch der Kaiser Anteil nahm und daß er manche Not auf diese Art gelindert hat, wo er helfen zu können glaubte. Die ganze Umgebung, die Morgenfrische der Bergwelt, die Erwartung der Jagd, das gute Frühstück, das nach der Kraxelei vortrefflich mundete, vereinten sich, um den Kaiser in gute Laune zu versetzen, und wenn der Hochgestellte gute Laune hat, so fällt ja leicht auch für den Armen etwas ab. Das Bauernvolk gehört einmal zur Landschaft und paßt in sie hinein in Aussehen und in Sprache, in der Art, wie es empfindet, fühlt und denkt, wie es sich gibt und wie es handelt. Die Natur bildet und formt ihre Bewohner; darum ist der Bauer an der Wasserkante ein anderer, als in der Alpenkette. Die zahlreichen Rheinländer, die im Osten von der Elbe, die zwanzig Tausend Salzburger, die vom Soldatenkönig in Ostpreußen angesiedelt wurden, wo sind sie geblieben in ihrer Eigentümlichkeit? Längst hat das Land sie umgewandelt und dem neuen Boden angepaßt, vielleicht sind sie in der Schädelbildung noch zu unterscheiden. So ist der Bauer ein Kind und ein Produkt des Landes, er mischt sich vortrefflich mit dem Hintergrund von Berg und Wald, von Moor und Heide, er bildet die natürliche Staffage der Landschaft und vollendet erst den künstlerischen Gesamteindruck. Diesen Eindruck haben die hohen Herren im Mittelalter auch empfunden, wenn auch wohl meistens unbewußt; aber sie empfanden ihn, wenn sie jagend auf dem Lande weilten, und nahmen Scherzes halber den Umgang mit dem Landvolk gern in Kauf, unterhielten sich höchst leutselig mit ihm, lachten über des Bauern Witz, freuten sich über die frischen Mädels und kniffen sie höchst eigenhändig in die Wangen. Diese Freundschaft beruhte aber nur auf vorübergehendem Behagen und allenfalls auf einem unbestimmten ästhetischen Gefühl, und dieser Baum der sog. Geschmacksmoral treibt keine tiefe Wurzel. Das Interesse der hohen Herren blieb darum nur ein kaltes, äußerliches, das wohl gelegentlich mal lustigmachen konnte, aber nicht zum Herzen sprach, und es sah traurig aus um die sittliche Tiefe eines Landesfürsten, dem erst die Jagd dazu verhelfen mußte, daß er mit dem Volke Fühlung hielt und gelegentlich des Bauern rauhe Hand mal drückte. Diese erhabene Tugend stand auf gleicher Stufe mit den Wohltätigkeitsfesten der modernen Gesellschaft. Friedrich der Große ist kein Jäger gewesen und wußte besser was den Leuten not tat, als die fürstlichen Jäger des Mittelalters. Wollte man nun aber gar, nach Art der dienstbeflissenen Juristen der späteren Jahrhunderte, aus der vorübergehenden Berührung zwischen Fürst und Volk einen Grund für die Notwendigkeit des fürstlichen Jagens ableiten, oder gar für die Regalität der Jagd, so ward eine an sich lobenswerte Gewohnheit des Fürsten geradezu in ein Übel umgewandelt, und durch Liebedienerei die Jagd in ein volksfeindliches System gebracht, dessen Folgen wir im nächsten Bande finden werden.

Wie alle hohen Herren hatte auch Maximilian seine Räte mit sich auf der Reise und seinen vertrauten Sekretär, denn er konnte bei dem unbeschränkten Urlaub, den er hatte, die Regierungsgeschäfte doch nicht ganz vergessen. So mußte es denn kommen und so kam es auch, daß hin und wieder bei den Jagden Entscheidungen getroffen wurden, zu denen die Anregung aus nächster Nähe kam. Mancher Freßzettel (Panisbrief) mag da ausgeschrieben sein; der Kaiser hatte gewiß den besten Willen. Wenn er aber glaubte, der großen Lust der Weidmannschaft „zum Troste seiner Untertanen" sich erfreuen zu müssen, so ist es zu bedauern, daß nicht sein Geist gerufen werden konnte, als er aus den irdischen Jagdgründen abgeschieden war, und die Bauern nun mit lautem Schall die Antwort gaben auf des Kaisers gute Meinung, als die Berglehnen Tirols widerhallten von dem Geschrei der getrösteten Untertanen, die nun das Wild zusammentrieben und unter Flüchen und Verwünschungen niederstachen und niederschossen, weil es ihre Felder umbrochen, abgeäst und zertreten hatte. Weidmännisch hatten sie es nicht erlegen dürfen, denn der Kaiser hatte es gehegt und geschützt. Wir sehen hier ein redendes Beispiel für die verschiedene Art, in welcher das Leben sich darstellt in Wirklichkeit, und in welcher es sich widerspiegeln kann im Kopf eines Regenten, der es gut und ehrlich mit dem

Volke meint. Sicher hat Max vortrefflich geschlafen und sicher ist er zufrieden gewesen mit seiner eigenen Tüchtigkeit.

Die Weidmannssprache.

Bormann sagt am Schluß seiner Abhandlung über die Jagd in den französischen Artus- und Abenteuerromanen, daß an jägerischen terminis technicis das Altfranzösische weit ärmer sei als die neuere Sprache. Das gleiche läßt sich sagen für die höfische Poesie deutscher Zunge. Die Anfänge einer Weidmannssprache waren natürlich da. Jeder Beruf hat mit einer bestimmten Gruppe von Dingen zu tun und mit den Beziehungen, die zwischen diesen Dingen bestehen. Um beides zu bezeichnen, werden Bilder aus der Natur und der Technik entnommen, aus der Volkssprache Worte entlehnt, und in anderer Bedeutung angewendet. So entsteht die Grundlage zu einer Fachsprache. Meistens ist wohl das Verlangen nach einer Abkürzung die Ursache der Fachsprache, denn die Volkssprache kann nur durch weitläufige Umschreibung manche Vorgänge bezeichnen, weil ihr der entsprechende Ausdruck fehlt, man denke z. B. an vorgreifen, bestätigen, abfangen u. a. m. Solange die Jagd das Leben und Treiben der Völker noch zum größten Teil ausfüllt, wird die Volkssprache mit der Jägersprache ziemlich identisch sein und die Fachausdrücke der Jäger in sich aufnehmen. Je mehr aber das Volk der höheren kulturellen Tätigkeit sich zuwendet, in der Werkstatt sitzt und hinter dem Pfluge herschreitet, desto mehr sinkt die Jagd herab zu einem gelegentlichen Vergnügen, eventuell zum Vorrecht eines Drohnenstandes, desto mehr gehen Volks- und Jägersprache auseinander, und letztere entwickelt sich mehr und mehr zu einer eigenen Gedankenwelt, die sich dann auch die nötigen Ausdrucksmittel schafft. Da im deutschen Mittelalter die materielle Kultur sich mächtig hob, und von der Drohnenklasse der Jagd ein großer Teil der vielen freien Zeit gewidmet wurde, sogar eine berufsmäßige Jägerei entstanden war, mußte eine eigene Jägersprache sich herausbilden. Wir sind über ihre Anfänge nur spärlich unterrichtet, zumal in der ersten Zeit das Latein als Schriftsprache überwog und eigentlich erst mit der höfischen Poesie eine Literatur geschaffen wurde, die gelegentlich auch die Weidmannssprache mit umfaßte. In Frankreich werden im 14. Jahrhundert bereits feste Regeln gegeben für die Weidmannssprache, so im Roy Modus, im Foix und im Twici, während das deutsche Mittelalter den Gebrauch der jägerischen Ausdrücke noch auf die Gewohnheit und das Herkommen beschränkt.

Indem ich hier einige Worte der mittelalterlichen Jägersprache folgen lasse, bemerke ich, daß ich diese Worte meinen Auszügen entnehme, die seinerzeit zwar auch für dieses Buch, aber nach anderen Gesichtspunkten gesammelt worden sind. Erst nachträglich kam mir der Gedanke, daß es vielleicht nicht zwecklos wäre, die alten Jägerworte auszuziehen und zusammenzustellen, um das Wandeln der Jägersprache zu beleuchten. Was ich hier gebe, ist also reines Zufallsprodukt, ohne System und ohne irgendwelchen Anspruch auf Vollständigkeit.[1])

Bei der Tätigkeit des Jägers wird unterschieden zwischen **jagen** und **birsen**; das erste Wort wird auf die Hetzjagd angewandt, das letztere auf die Schießjagd;[2]) im 15. Jahrhundert kommt **bürschen** vor.[3]) Ob **birsen** aus dem Französischen kommt von **berser**, wie Imme meint, oder neben diesem aus der gemeinschaftlichen lateinischen Wurzel **bersare** abzuleiten ist, kann wohl offene Frage bleiben. Im Nibelungenlied gilt die Tätigkeit des Jägers als **weidenlich**; das Wild wird **ersprancт**, aus dem Lager gesprengt.

Neben **jagen** wird im 13. und 14. Jahrhundert **rur, ruore** gebraucht, wohl von **ruoren**, rühren; man sagt **in die ruore** ziehen, laufen, **in die ruore** hetzen, aber auch **aus der rur** hetzen,[4]) die Hunde **jagen an dem gewilde.** Um die gleiche Zeit finden sich **sliefen, hengen, hängen** im Sinne von nachhängen, **fürgrîfen, erstaten** im Sinne von gerecht ansprechen, **anhetzen, fahen, vahen, zerwürken.** Das Wort **bestäten** finde ich nicht im Sinne von bestätigen gebraucht, sondern von bewähren.[5]) Die Jagd der Minne hat schon **nachhangen, wild bestellen** und **vorgewissen,** und das 15. Jahrhundert hat **bestetten** für bestätigen. Die Tätigkeit des Jägers wird bei Laber als **weidenlich** und **gerechtiglich,** in

[1]) Wir besitzen in Deutschland ein gutes Wörterbuch der „Weidmannssprache" von Josef und Franz Kehrein, Wiesbaden 1871, das auch die Quellen gibt. Das Buch beginnt aber erst mit der Mitte des 16. Jahrhunderts.

[2]) Nibelunge, 854. 859. 885. — Eneit, 1683. 1735.

[3]) J. Grimm, Weistümer I, 465.

[4]) Meleranz, 2028. — Königsberger Jagdallegorie, 183. — Labers Jagd, 10. 18. Suchenwirt, Gedichte, 144.

[5]) Labers Jagd, 512.

„Die Jagd der Minne" als **waidenlich** bezeichnet. Der Jäger **schreyet,** er ruft nicht; daher kam später **weidgeschrey.** Auf die Weidesprüche komme ich unten zu sprechen. Der Minne Falkner und Suchenwirt haben **baissen,** letzterer auch **seilen,** für am Seil führen. Die Jagd selbst wird bezeichnet als das **gejägede,**[1]) das **gejagd,** das **jeid** und **die weid.**[2]) Maximilian hat die **hetz** und das **Gejaid, Hirschgejaid, Gemsgjaid.**

Die Fährte des Wildes heißt **vert, verte, geverte, vart, spor,** auch **wechsel** kommt schon vor. Das Nibelungenlied sagt auch **stêg,** und für Bett oder Lager **leger.**

Der Jäger heißt im 12. bis 14. Jahrhundert **jäger, jeger, suochman, jagetgeselle, gesell, weideman, waidgeselle, yeger** und **birsaer.** Dazu kommt **jägermeister** und **jägedes meister.** Maximilian hat bereits den **schütz.**

An Jagdhunden kommen vor **der bracke, ruor, ruore, spürhunt,**[3]) **rüdische Hunde, daz gehünde, swinrüde** und **laithund,** daneben wird der **hofwart** genannt. Bei Maximilian finde ich **wind, rüde** und **pluetthund.** Die Hunde haben noch keinen Behang, sondern Ohren;[4]) sie **snurren** und **versnurren,** spüren hörbar und verfehlen; sie **kobern** und **stoßen ab,**[5]) **spüren** und **nehmen den wechsel.**[6]) Sie sind **genozzen** und **ungenozzen,** je nachdem sie Teile eines erjagten Wildes gefressen haben oder nicht. Sie haben **laut,** haben beim Jagen ein **gedön** und **sueze done,** sie **beschrien die vart** und **werden lüt** auf der Fährte; sie **kefern nach der vart,**[7]) ereifern sich auf der Fährte; sie **laufen** und **hetzen in die ruore, erloufen, erjagen** das Wild, der Leithund wird angeredet mit **geselle.**

Das Wild wird bezeichnet als **daz wild, gewild, diu tier, hert, hirz, hinde, ëber, swin, bër, bêre, wisent, ûr, elch, schelch.** Die Königsberger Jagdallegorie braucht schon für hinde **das tier.** Unter **wildpret** wird bald das lebende, bald das tote Wild ver-

---

[1]) Nibelunge, 884.

[2]) Labers Jagd, 197.

[3]) Alle drei Ausdrücke aus den Nibelungen, 877. 883. 876.

[4]) Wigalois, 60, 24.

[5]) Alles bei Laber, 48. 486. 51. 48.

[6]) Jagd der Minne.

[7]) Ebenda.

standen. Das Nibelungenlied bezeichnet ein Wild mit **halpful** (878), was damit gemeint ist, weiß ich nicht. Das Hochwild heißt oft **edel wild**, die Worte sind noch nicht zusammengezogen in Edelwild. Das junge Wild heißt **kalp.**[1]) Der Hirsch hat ein **gehürn, gehoren, horne** und **fueße.**[2]) Maximilian sagt nicht mehr **hirz**, sondern **hirsch**; letzterer trägt ein **gehurn** mit **zinken**, nicht Enden. Ein schwacher Hirsch heißt **ein schâl hirz.** Der Hirsch steht **ze strit, zum bîle**; er wird **gehächselt**, wenn ihm die Sehnen durchgeschlagen werden; der Hirsch **flieht, flüchtet flüchtiglich**, bei Maximilian ist er dagegen noch **gestanden, geloffen, getrabt.** Maximilian spricht schon von einem „**stuck wildt, das war aber faist und hat nit lauffen mögen**". Die **hinde** hat **ohren**, eine **hiut**, wird **geschunden**; das Wild ist **jagebaer** oder nicht.[3]) Im 14. Jahrhundert findet sich **repphun,**[4]) dem 15. Jahrhundert entstammen folgende Namen: **hase, reh, rebhun, tachs,**[5]) **aichhorn, fuchs, hürsch,**[6]) **ber, wolf, luchs, marder, eltiß, haselhun, birkhun, urhun,**[7]) **feldhuhn,**[8]) **hawendes schwin**; **liene** übersetzt Heyne mit Wildsau,[9]) später hieß sie **Leen.**

Beim Jagdgerät hat das Nibelungenlied **gêr, bogen, kocher, kochaer, spiez** und **strâl**, letzteres für Pfeil. Das **horn** wird **geblasen.** Die gesamten Schußwaffen werden im Erek als **geschütze** bezeichnet. Die Eneit hat ebenfalls **bogen, kocher, strâl** und **horen.** Suchenwirt braucht **wintvanch** für den Schalltrichter des Hornes.[10])

---

[1]) Labers Jagd, 212.

[2]) Das kleine Buch von der hirß wandlung spricht stets von fuoß und fueßen: eine arge Stelle findet sich beim Schränken: der hirß „schrenkt mit den fueßen uber ain ander", als ob er die Läufe verwechselte wie ein Betrunkener die Beine. Anhang zum Geheimen Jagdbuch, Ausg. von Karajan, 76.

[3]) Labers Jagd, 184.

[4]) Weistümer, 5, 310.

[5]) Weistümer, 5, 153.

[6]) Weistümer, I, 384.

[7]) Weistümer, 5, 227.

[8]) Weistümer, 6, 13.

[9]) Weistümer, I, 38. — Heyne, II 238.

[10]) P. Suchenwirt, Gedichte, XVIII. Hans von Traun:

„Sein wintvanch und sein buzzes hal
Hilt tymmerlaut nach pruches schal."

Das Netzwerk heißt im 13. Jahrhundert **geziug**, daneben kommen vor **hag, ric** und **rick.**[1]) Der Jäger jagt **im horn.**[2])

An sonstigen Worten ist zu merken die dem Leser längst bekannte **warte.** Der Nadelwald heißt kurz **der tan.** Der Schweiß des Wildes heißt im 12. Jahrhundert **bloet,**[3]) am Ausgang des 15. Jahrhunderts **pluett;**[4]) dazwischen finde ich im 14. Jahrhundert den Ausdruck **varbe,**[5]) den wir noch in färben behalten haben. Das Wasser, dem das Wild beim Hetzen zustrebt, nennt Laber **leckerîe.** Ferner braucht er **widerganc, widergehen, widerfaren, widerlouf**; das Wort **wiltban, wildbann** wird als örtliche Bezeichnung angewandt. „Der jeger macht manig **wildgeheger** mit sîner **kunst.**" Das Balzen des Auerhahns heißt **die valz.**[6]) Der Ansitz wird mit sâze bezeichnet. Wir haben oben gesehen, daß im Tristan das Zerwirken und Zerlegen **die bast** genannt wird; denselben Ausdruck finde ich nur einmal wieder in „Die Jagd der Minne"; daselbst heißt es **zum baste kommen** im Sinne von zum Halali kommen. Die Nibelungen und die Jagd der Minne haben **erdozen** für erschallen. Das Jägerrecht heißt **furslach.**[7]) Die Losung wird in der Schrift „von der hirz wandlung" als **gelaesz** bezeichnet, die Äsung als das **gacz, geaecz. Ueber lant jagen** wenden die Jagd der Minne an und Maximilian. Auch im Weistum des Büdinger Waldes aus dem Jahre 1380 heißt es: „dye herrin sollin auch nicht anders jagen dan ober lant, one in dem meyge vierzehn tage vor und nach."

Ich könnte noch mehr Vokabeln anführen, glaube aber meinen Zweck erreicht zu haben, der dahin ging, den Leser zu überzeugen, daß unsere Weidmannssprache im Entstehen begriffen und im allgemeinen auch schon vorgebildet war, wenn auch nicht so weit vorgeschritten wie heute. Es sind eine ganze Anzahl von Worten und Redewendungen nachweisbar, die schon im Mittelalter für die Jägersprache charakteristisch waren und es bis heut geblieben sind. Ich

---

[1]) Königsberger Jagdallegorie, 213. 95. 33. 35. 176 177.

[2]) Jagd der Minne.

[3]) Eneit, 4643.

[4]) Maximilian, Geheimes Jagdbuch.

[5]) Labers Jagd, 71.

[6]) Ebenda, 212.

[7]) Weistum des Spurkenburger Waldes, 13. Jahrh.

erinnere nur an das **gehürn, jagebaer, widerganc, valz, kalp, verte, fürgrîfen, lüt werden, verbrechen, birsen, sliefen** und **nachhängen, hawendes schwin.** Andere Ausdrücke sind verloren gegangen, größtenteils durch die Wandlungen der Jagd, durch das Verschwinden der alten schönen Brackenjagd und der Falkenjagd und das heutige Vorwiegen der Schießjagd. Verloren gegangen sind z. B. **bîl, bast, hinde,**[1]) **halpful, ruor, furslach, weid, weidenlich, warte, kobern, snurren, verstoßen, kefern, hächseln, line** und viele Ausdrücke aus der Falkenjagd. Endlich gibt es eine Gruppe von Dingen und Tätigkeiten, die im Mittelalter noch der Volkssprache zugänglich waren, später aber in die Weidmannssprache übernommen und mit neuen Ausdrücken belegt worden sind, wie Losung statt **gelaeß,** Geweih statt **gehörn, horne,** Enden am Geweih statt **Zinken,** Behang am Hunde statt **Ohren,** Gehöre am Rotwild statt **Ohren,** flüchtig sein statt **laufen,** trollen statt **traben,** ein Wild stellen statt **hüten,** zerwirken statt **schinden,** Lauf statt **fuoß,** Schweiß statt **bloet** oder **pluett,** und manches andere.

Ein lehrreiches Beispiel des Wandels einzelner Ausdrücke gibt das Wort **zerwirken.** Im Mittelalter wurde die Hirschhaut **abgeschunden.** Wir haben diesen Ausdruck gefunden bei Laber,[2]) d. h. in der ersten Hälfte des 14. Jahrhunderts, er kommt auch noch zweihundert Jahre später vor, so 1541 bei dem Grammatiker Elias Meichßner, der die Weidmannssprache seiner Zeit zusammengestellt hat, und den wir im nächsten Kapitel wiedertreffen. Das heutige **Zerlegen** wurde im 16. Jahrhundert durch **Zerwürken** bezeichnet. Wirken bedeutet ursprünglich eine Art des Webens,[3]) seit Erfindung des Strumpfwirkerstuhls um 1589 wurde Wirken für Maschinenstrickerei gebraucht. Auf jeden Fall bedeutet das Wort also ein Verflechten von Fäden zu einer Fläche, und Zerwirken bedeutet demnach das Auftrennen oder Zerschneiden einer solchen Fläche.

---

[1]) Das Wort **hinde** ist sehr mit Unrecht verloren gegangen, und ich bin dafür, es wieder einzuführen, da es individueller und schöner klingt, als die nichtssagende, ganz allgemeine Bezeichnung **tier.** Beim Schreiben kommt man oft in Konflikt mit der doppelten Deutung dieses Wortes.

[2]) Labers Jagd, Strophe 545.

[3]) Bruno Bucher, Geschichte der Technischen Künste. Stuttgart 1893. III. Textilkunst.

So lange **Zerwirken** gebraucht wurde an Stelle des heutigen **Zerlegens,** hatte das Wort also einen Sinn. Als nun aber mit der neuen Zeit die Zünfte in den Städten die Oberhand erhielten und sich gegen eine ganze Anzahl von Berufen absperrten, die sie für „nicht zünftig" und geradezu für unrein erklärten, und unter diesen Berufen obenan die Wasenmeister standen, stellte das Wort **schinden** eine unliebsame Gemeinschaft mit einem unehrlichen Gewerbe her, galt für anrüchig und wurde aus der Jägersprache ausgemerzt. An die Stelle des **Schindens** trat nun das **Zerwirken,** das seinerseits durch **Zerlegen** ersetzt wurde. Das letztgenannte Wort ist auch am Platze, das erstere dagegen nur halb. **Zerwirken** kann nur für das Aufschneiden der Haut gebraucht werden, beim Ablösen hat es keinen rechten Sinn, hier versagt die Bildlichkeit.

Wir sehen, daß die Jägersprache fließt und sich wandelt, wie die Volkssprache auch,[1]) und daß es ein verfehltes Bestreben ist, mit einer Ängstlichkeit, die oft ans Komische grenzt, jeden Ausdruck festhalten zu wollen, der früher einmal gebraucht worden ist, weil ein blinder Köhlerglaube in der Jagd nur allzuoft auf alles schwört, was alt ist, und sich einen papierenen Papst erschaffen möchte an den alten Schriftstellern. Die Jägersprache ist nichts anderes als eine Fachsprache wie die Burschensprache, die Seemannssprache, die Gaunersprache und die Bergmannssprache auch; sie hat eine besondere Vornehmheit dadurch erlangt, daß die gebildete Jägerei ihrer sich bemächtigt hat. Aber sie fließt mit der Technik der Jagd und muß sich wandeln, wenn sie nicht erstarren soll. Der Buchstabe tötet, aber der Geist macht lebendig!

Versunken in den Schoß der Vergessenheit sind auch die W e i d e s p r ü c h e, mit denen der Jäger dem Leithunde und den Bracken zuzusprechen pflegte. Gleich den verschiedenen Arten des Weidgeschreies haben auch die Weidesprüche später feste Formen angenommen; im 14. Jahrhundert sind sie noch flüssig und voll frischen Lebens, wird auf die Form weniger Wert gelegt, als auf den Inhalt und den Ton, und auf die ganze Art zu reden und sich dem Hunde verständlich zu machen. Foix sagt, er spräche zu seinen Hunden wie zu Freunden, und sie verstünden ihn, besser als mancher Mensch. In den französi-

[1]) Vgl. das empfehlenswerte kleine Buch von Friedrich Kluge, Unser Deutsch, Leipzig, 1907, V u. IX.

schen Werken des Mittelalters werden nur wenig Anweisungen gegeben, wie man zum Hunde sprechen soll, am meisten bei der Hasenhetze; aber das Frage- und Antwortspiel, das in der deutschen Jägerei später heimisch wurde, liegt hier schon vorgedeutet in der Form der Zwiegespräche, in denen die ersten jagdlichen Abhandlungen geschrieben sind. Ich erinnere an das Gespräch, das der Jäger des Königs Alfred mit dem Laien hatte; ähnliche Form haben la chasse du cerf, Roy Modus, Twici und Gace de la Vigne. In der Form der Weidesprüche war der Jäger im Mittelalter noch ziemlich ungehindert, sie wurden frei gesprochen und erfunden, der Augenblick gab sie oft ein, wenn auch ein fester Kern wohl schon vorhanden war. Laber bringt eine ganze Anzahl solcher Sprüche, denen man es anmerkt, daß feste überlieferte Formen ihnen nicht zugrunde lagen. Steiskal hat in seiner Ausgabe des Laber einen Teil der Sprüche zusammengestellt; sie beginnen:

„hin hin zu guoten heile", oder
„waz witert dich nu an, geselle", oder
„geselle hie her wider umbe rize", oder
„hin wider zuo der verte," oder
„kêr, lieb geselle, wider zuo der einen,"

und in der Weise fort. Einige Weidesprüche habe ich oben schon gegeben bei der Schilderung von Labers Jagd. Daß im übrigen auf diese Sprüche doch schon ein gewisser Wert gelegt wurde, kann man daraus entnehmen, daß in dem Sang „Die Jagd der Minne" von dem verrufenen Heckenjäger gerühmt wird:

„seine sprüche waren meisterlich,
er jagte im horn waidenlich."

Fast könnte man geneigt sein, in dieser Stelle die Ironie zu sehen, die darauf abzielt, daß die Weidesprüche nicht den Jäger machen. Ganz ohne Berechtigung sind die festen Formen aber nicht gewesen. Der Hauptgrund lag in dem zahlreichen Jagdpersonal und in dem zahlreichen Gehünde. Nicht immer war es möglich, dieselben Knechte und dieselben Hunde zusammen zu bringen, und wie sollten die verschiedenen Knechte sich den Hunden verständlich machen, wenn nicht die Art zu sprechen festgelegt und immer die gleiche war? Wie sollten die valets die Hunde zurückbringen, die auf falscher Fährte jagten, wenn nicht durch immer gleiche, den Hunden bekannte Worte?[1]) Der Leithund

[1]) Vgl. Foix, 157. 193.

durfte nicht laut werden, er mußte manchen Ruck und manche Drohung hinnehmen, und doch bei guter Laune erhalten werden und freudig seine Pflicht tun; dazu war eine fleißige Zusprache das beste Mittel. Nicht anders stand es um die chiens courants. Nur durften die Weidesprüche nicht so lang und geistlos werden wie später. Foix warnt davor, ununterbrochen zu den Hunden zu reden, weil sie dann auf die Worte des Jägers nicht mehr achten.[1]) Der hetzende Jäger machte sich seinen Kameraden und seinen Hunden verständlich durch Schrei und Horn. Unzweifelhaft ist der Schrei das ältere Mittel, doch sind uns deutsche Jägerschreie aus dem Mittelalter nicht bekannt geworden. Es heißt immer nur, der Jäger schrie, oder ich schreie, und dergleichen, aber was und wie er geschrien hat, kann ich nicht sagen. Den Schrei des Falkners habe ich gefunden, der den verflogenen Vogel sucht, und diesen habe ich oben schon mitgeteilt. Der Schrei lautete: „Ju, schoho!" oder „schaho". In der Königsberger Jagdallegorie aus der Mitte des 13. Jahrhunderts schreit der Jäger dem jagenden Hunde Wenke zu:

„ju! nu dar,
Wenke, nim ir eben war!"

In der Parforcejagd kamen bestimmte Schreie vor, so bei der Sicht des Hirsches: „Taho!", ein Schrei, der später in den Formen mehrfach wechselte und bald „Thileau", bald „Tahou, Tha hillaut und Tayau" gerufen wurde. Die Jagd des 18. Jahrhunderts hatte „Taïaut". Roy Modus gibt neben den Signalen drei Arten Schreie. Der erste Schrei galt den Hunden, die dadurch gerufen wurden; der Schrei bestand aus einem langen Ton. Der zweite Schrei wurde ausgestoßen, wenn die Hunde jagten, und bestand aus drei langen Tönen in gleicher Höhenlage. Den dritten Schrei hörte man, wenn der Jäger seine Gefährten rief, er bestand aus zweimal zwei kurzen Tönen und einem langen Ton.

Da wir nun doch einmal bei den Schreien und Signalen sind, ist es wohl angezeigt, den Gegenstand nicht zu verlassen, ohne auch der Hornsignale wenigstens kurz Erwähnung zu tun. Über die deutschen Signale wissen wir nichts. Roy Modus hat sechs Signale:

1. Den Ruf nach den Hunden beim Lancieren,
2. denselben Ruf, aber dringender,

---

[1]) Foix, 200.

3. das Signal „gute Jagd“,
4. das Signal „Suchen“, wenn die Hunde verloren haben,
5. das Signal zum Zurückziehen der Hunde („Arriere!“),
6. den Ruf „Hirsch tot“.

Es fehlt hier das sonst übliche Signal „Die Sicht“. La chasse du cerf hat ebenfalls sechs Signale, aber an Stelle von 5. „Die Sicht“. Foix hat sieben Signale und sagt im übrigen, daß jedes Land seine eigene Art hatte zu blasen; darum gehe ich auch hier auf die einzelnen Signale nicht weiter ein. Wie oben schon erwähnt, waren die Hörner des Mittelalters eintönig und konnten die Signale nur durch eine Reihenfolge längerer und kürzerer Töne unterscheiden. Es scheint aber, als wenn durch mehr oder weniger starkes Blasen der Ton doch etwas verändert werden konnte, denn Foix verlangt z. B., daß das Signal „Hirsch tot“ tief geblasen werde.[1])

Rückblick und Schluß.

Zweimal waren die deutschen Fluren überflutet worden durch eindringende Germanenstämme, zweimal war das Land erobert, verteilt und neu besiedelt worden, die alte Einwohnerschaft getötet oder versklavt. Über der unfreien Masse, getragen von der Arbeit ihrer Hände und ihres Geistes, hatte der Drohnenstand sich eingerichtet, dessen Eigenleben uns Tacitus und die Volksrechte überliefert haben. Er war im Besitz der Jagd, dieselbe galt als ein Zubehör zum freien Grundbesitz, und das Recht zu jagen war gleichmäßig verteilt auf alle Genossen der Mark.

Das rasche und pilzartige Emporschießen des Frankenreiches veränderte die Sachlage. Die Franken hatten das Glück gehabt, die alte römisch-gallische Kulturstätte zu erobern und hatten aus dieser Quelle die Kraft geschöpft, die angrenzenden Germanenstämme ringsumher zu unterwerfen. Italien war durch die Alpenkette abgeschieden, in Spanien drangen die Araber vor, so konnte das neue Reich nur in Gallien erwachsen. Und es wuchs und nahm zu an Bodenfläche, weniger freilich an Weisheit und Verstand. Die barbarischen Eroberer kannten

[1]) Näheres über die Signale geben Roy Modus, Twici, Foix und Hardouin de Fontaines. Eine Zusammenstellung gibt Baillie-Grohmann im master of game, Kapitel hunting-music.

als erstrebenswertes Ziel allein den Grundbesitz; sie sorgten für sich und ihren eigenen Leib, und man muß gestehen: sie hatten das richtige Gefühl, denn wer den Boden hat, der hat die Macht, ihm gegenüber ward alles andere zur Nebensache. Die römischen Eigentümer wurden zunächst in ihrem Besitze noch geschont, allmählich aber ward der Boden, soweit er ohne allzu schweren Rechtsbruch frei zu machen war, vom Königtum der Franken aufgesogen.[1]) Die erste Verbeugung vor der römischen Kultur hatten die fränkischen Eroberer gemacht, als sie dem Christentum sich unterwarfen: der Katholizismus verband fortan die Römer und Franken gegen die heidnischen Überrheiner,[2]) und als die fränkische Krone dem Radiumlichte gleich in unerschöpflicher Fülle wieder auszustrahlen begann, was sie an Land geborgen hatte, da waren es die Priester und die Gardeoffiziere, die sich nebst den Hofdienern zuerst herandrängten mit offener Hand und die Schenkungen der Krone froh entgegennahmen. Die ersten Glücklichen haben die Sahne abgeschöpft, denn später war die Krone so klug geworden, das Land nur noch leihweise fortzugeben, um Beamte, Offiziere, Hofdiener und die immer hungrige Kirche zu belohnen und zu unterhalten. Als das Frankenreich sich teilte, ging die Landverlehnung in den Einzelreichen weiter.[3]) Mehr und mehr kam der nackte Landraub an der besiegten Völkerschaft in Flor, und als das christliche Heer über die Elbe und die Saale sich ergoß, wurde kein Recht, kein Besitz mehr geachtet, alles Land für Eigentum der Krone erklärt und wieder an die Kirche und die Soldateska hingegeben zur Herrschaft und zu arbeitslosem gutem Leben in der behaglichen Rolle einer neuen Drohnenschar. Unfrei war auch hier die Bevölkerung geworden, eine große, hörige Masse.

Die besiegten Stämme der Germanen westlich von der Elbe hatten in den meisten Fällen die Selbstverwaltung der Gemeinden unter Auf-

[1]) H. Delbrück, Gesch. der Kriegskunst, I. 346. 445. Die erste Ansiedlung der Franken auf erobertem romanischem Boden war wohl in der Form der Einquartierung vor sich gegangen, bei welcher die kommandierenden Generale (Könige, Herzoge) die Verwaltung des Landes in die Hand nahmen. Im 7. Jahrhundert entstand der große Grundbesitz.

[2]) F. Dahn, Gesch. d. deutschen Urzeit, II., bis 814. 417.

[3]) Damals sprachen die Ostfranken noch die Volkssprache, das theod, daraus ist der Name Deutschland hervorgegangen. Siegel, Deutsche Rechtsgeschichte, 189. Im alten Gallien wurden die fränkischen Eroberer von der höheren Kultur allmählich aufgesogen. Hugo Capet konnte nicht mehr Germanisch. H. Delbrück, 459.

sicht des Grafen beibehalten und standen zunächst nur unter Königsschutz. Aus der Gewalt des neuen Grundbesitzes aber, dessen Träger, wenn sie Grafen waren, die königliche Amtsgewalt handhabten, erwuchs den Markgenossen ein schwerer Kampf um ihre alten grundherrlichen Rechte. Der Dienstadel erwies sich stärker als die Genossenschaft, und eine Dorfmark nach der anderen begab sich in die Schirmherrschaft der großen Grundbesitzer. Diese erwarben mit der Zeit die Grafenrechte, wurden unabhängig von der Reichsverwaltung, freie Herren auf ihrem Lehen, das durch Erblichkeit mit der Familie fest verbunden wurde. Die Schirm- und Landesherren erlangten für den Bezirk der Schirmvogtei die grundherrliche Macht, die das Bann- und Zwingrecht in sich schloß. Der Grundherr hatte die Polizei, konnte Bannforste und Bannwässer anlegen, Zwangsdienste einführen, Jahrmärkte abhalten, Zölle erheben, Gericht halten, den Blutbann ausgenommen,[1]) der ihm besonders übertragen werden mußte. Durch die emunitas wurde die früher reichsfreie Bevölkerung zur Landeshörigkeit herabgedrückt, die öffentlichen Lasten wurden auf sie abgeschoben, auf sie und die hörigen und leibeigenen Hintersassen. Die alten freien Markgenossen mußten Leistungen und Dienste übernehmen, und ihre Kinder durften das grundherrliche Gebiet nicht mehr verlassen bei Strafe der Leibeigenschaft.[2]) Bald wurden die Allmenden inlandes herrliche Domänen umgewandelt. Ein kleiner Teil der Markgenossen erhob sich in den Ritterstand, die meisten gingen unter und verschmolzen mit dem alten unfreien Kolonat zur hörigen Bauernschaft, die als die einheitliche breite Masse des Volkes um das Jahr 1200 uns entgegentritt,[3]) um die gleiche Zeit, als der große Grundbesitz sich fertig ausgebildet hatte, die Landesherrlichkeit erwachsen war,[4]) das Rittertum in seine Blüte trat, das Papsttum seine höchste Macht entfaltete, die Inquisition ihren Mordgang unternahm. Die Grundbesitzer triumphierten, einerlei, ob geistlicher oder weltlicher Natur, sie waren durch eine breite Kluft vom Volk geschieden, und zwischen beide schoben sich schüchtern erst die Städte ein. Alles hatte sich säuberlich getrennt in Herren- und in Bauernstand,

---

[1]) v. Maurer, Gesch. der Fronhöfe, III. 61—68.

[2]) v. Maurer, Gesch. der Fronhöfe, III, 128. 175—78. I. 59. 62. 188. 373. II. 21. 93. 123.

[3]) A. Schwappach, Handbuch der Forst- und Jagdgeschichte. I. 97.

[4]) v. Inama-Sternegg, Deutsche Wirtschaftsgeschichte, II, 108. 117.

die Übergänge waren geschwunden, es erblühte der Minnesang, der Ritter turnierte, die Dame schmückte sich mit Samt und Seide, das Volk war aber versklavt und seine Berührung machte unrein.

Die Aufgabe der Grundherrschaft lag im Beherrschen dieses unterdrückten Volkes. Die Untertanen waren um des Grundherrn willen da, selbstverständlich war es auch die Jagd. Die Entschließungen der Grundherren gingen aus vom Eigenwillen, vom tel est mon plaisir, und um der fürstlichen Laune willen ward dem Lande Frieden oder Krieg zuteil. Das Nationalepos die Gudrun singt vom Frauenraube der Gewalthaber und den dadurch bedingten Metzeleien. Selbst Franz I. von Frankreich wurde zuerst nach Mailand gelockt durch die Reize der Signora Clerice, mit welcher er das Bett besteigen wollte, und aus diesem Zuge entwickelte sich dann der Krieg. Die Kirche bot ihre Hand, um die natürliche Moral der Selbstbehauptung aller Wesen auf den Kopf zu stellen. Der Grundherr konnte den Hörigen verschenken und verkaufen, über ihn und seinen Besitz verfügen nach seiner Willkür und Laune. Dafür war der Hörige seinem Herrn zu unbedingtem Gehorsam verpflichtet; bis in den Tod hinein mußten seine Treue und sein Gehorsam dauern, denn für den Gebieter zu sterben, brachte ihm die größte Ehre ein.[1]) Kam der arme Teufel zu seinem „geistlichen Berater", der soeben gut zu Mittag gegessen hatte, und wollte von diesem Trost und Hilfe haben, so zuckte der geistliche Herr die Achsel und ermahnte eindringlich: „Seid untertan der Obrigkeit, die Gewalt über Euch hat!" Und drang der Bauer weiter in ihn mit Fragen über den Fluch des privaten Eigentums, über die ungerechte Verteilung von Macht und Gut, dann fertigte der Herr ihn ab mit Gottes Unerforschlichkeit, der letzten Etappe, hinter welcher der Optimismus sich verschanzen kann. Half auch das nicht, dann rückte er mit dem schweren Geschütz hervor und versprach dem Bauern Belohnung in dem Himmel. Am nächsten Tage drohte er auf der Kanzel wieder mit der Hölle, und wenn er sich in Schweiß geeifert, geschrien und gefuchtelt hatte über ihm selber gänzlich unbekannte Dinge, dann ließ er sich zu Hause trocken reiben und dachte bei einem Becher Weins in Muße nach, wie schwer das geistliche Amt doch war. So wurde das

---

[1]) F. Meyer, Die Stände, ihr Leben und Treiben, dargestellt nach den altfranz. Artus- und Abenteuer-Romanen. Marburg 1892. 7.

arme Volk mit Himmel und mit Hölle, mit Zuckerbrot und Peitsche fortgetrieben, und es gehörte die ganze wunderbare Zähigkeit des Bauern dazu, der immer wieder an dem Busen der Natur sich Kraft und Jugend holte, daß er bei diesem doppelten weltlichen und geistigen Regiment, ohne Unterricht, ohne Presse, ohne geistige Nahrung nicht noch tiefer in die Nacht hinuntersank. Für den ersprießlichen Dienst, den der geistliche Herr ihm geleistet hatte, durfte der Bauer den Zehnten geben von allem, was er durch seine Arbeit schuf, und damit beileibe nicht die Entrichtung des Zehnten in Vergessenheit geriet, nahm die Kirche diese Pflicht in die Formel der Beichte auf.[1])

Wer den Boden hat, der hat die Macht, er versklavt das Volk, das lehrt die Geschichte aller Zeiten, von Persien und von Ägypten, von Indien, Thessalien, Lakedämon, Athen und Rom, vom Frankenreich, von England, von Rußland, Polen, bis zum jungen Staat Ostelbien. Bei der Entwicklung des Bodeneigentums hat die Jagd eine wichtige Rolle gespielt. Das Jagdrecht ist in vielen Fällen nicht eine Folge, sondern die Ursache der Vorgänge gewesen. Zunächst gehörte die Jagd zum freien Eigentum. Auch im Mittelalter erhielt der Vasall nicht nur die bodenständige Bevölkerung, seine „Untertanen" zugewiesen, sondern auch das Recht der Jagdausübung. Im allgemeinen galt sogar die Jagd für frei, und jeder Jäger folgte frei dem Hunde und dem Falken durch den ganzen Gau. Der König war der erste, der seine Wälder ausschloß von dem allgemeinen Recht der Jagd und seinen Bann davor als Riegel schob. Bald aber bannte er auch die Allmendewälder und erweiterte sein Jagdrevier. Wieder kam die hungrige Schar der kirchlichen und weltlichen Getreuen und bat um den gleichen Schutz für ihre Waldungen, und wieder ward er vielfach hingegeben. Der Appetit kam mit dem Essen: der Grundherr wollte das Revier erweitern, schikanierte die kleinen Markgenossen, drängte sich als Schirmherr auf und ließ die Jagd sich im Allmendewalde geben. So kam das alte Grundrecht aus der Welt, daß die Jagd ein Zubehör des Bodens war. Hatten die Grundherren erst die Jagd erhalten, dann suchten sie die Rechte auszudehnen und bettelten beim König um das Wildbannrecht, damit sie nicht geduldet mehr zu jagen brauchten, sondern als Herren auftreten konnten mit Gericht und Polizeigewalt.

[1]) Hagelstange, Süddeutsches Bauernleben im Mittelalter. 1898. 22. „ich gehu, daz ich minen decimon ni fargalt, sô ich scalda."

Je mehr die Bevölkerung zunahm und sich dehnte, desto mehr mußte sie auf grundherrlichen Liegenschaften angesiedelt werden, an Stellen, die vordem nur das Wild durchzogen hatte. Alles wüste Land zwischen den Marken hatte die Krone fortgenommen, zum Teil es in Domänen umgewandelt, zum Teil es an die Kirche und Soldaten hingegeben. Auch die Allmendewälder waren unter Schirmherrschaft geraten, und im Interesse der Jagd ward nun das Roden untersagt. Wo sollte die wachsende Bevölkerung hin, wo Herd und Hof begründen, wo Neuland sich gewinnen? Die Industrie nahm nicht die überschüssige Bevölkerung wie heute in sich auf, wenn auch ein beständiger Strom nach den Städten schon vorhanden war. Die Bauernsöhne mußten, wenn sie roden wollten, sich an den Grundherrn wenden, kamen auf Herrenland zu wohnen und waren auf das Abkommen mit dem Grundherrn angewiesen, der in der angenehmen Lage war, die Bedingungen den Siedlern vorzuschreiben. Als im Mittelalter noch im Westen und im Osten von der Elbe weite grundherrliche Strecken wüst und öde lagen, stellte man den Siedlern günstige Bedingungen, als aber die Grundherrschaft dem Seelenkauf genug getan und weiter nicht besiedeln wollte, zog sie die Zügel fester an,[1]) die Kolonisten wurden grundhörig, in ihrer Freizügigkeit beschränkt, mit Zins und Fron belastet, und die Jagd behielt natürlich allemal der Grundherr in der Hand. In der Markengründung auf herrschaftlichem Boden liegt seit der Teilung des Frankenreiches der Hauptquell der Hörigkeit und der Leibeigenschaft der Bauern, wie der Handwerker: das große Grundeigentum war die rechte und eigentliche Quelle der Unfreiheit. Nur die Städte tauchten als neues Element auf neben dem Vasallentum und hetzten in ihren Wäldern wohl den Hirsch, sonst war die Jagd im ganzen Lande in den Händen der edlen Soldateska und der frommen Seelenhirten angelangt. Letzteren wird sie vom Vogt zuweilen wohl bestritten, dann zankte eine Drohne mit der anderen sich herum. Als die Landesherrlichkeit erblühte, schwand der alte Wildbann aus der Welt, seit dem 13. und 14. Jahrhundert wurde er nicht mehr verliehen. Die Landesherren gingen nun aus eigenem Recht in ihrem Lande vor und setzten Rad und Galgen auf die unbefugte Jagdausübung. Die königliche Grundherrschaft war in eine Zellenteilung eingetreten, die Königsmacht hatte sich in neue

---

[1]) v. Inama-Sternegg, Deutsche Wirtschaftsgeschichte, III. 60. 61.

Lebewesen aufgelöst, sie führte noch ein schwaches Eigenleben weiter, hatte aber verloren, was sie groß gemacht, das Grundeigentum, und nach 400 Jahren war sie tot.

Die Drohnen wußten wohl, daß sie das große Los gezogen hatten. Unser alter Freund, der Verfasser des Roy Modus, vergleicht den Hirsch mit der Kirche (von wegen des heiligen Eustachius!), das Damwild und das Reh dagegen mit dem Adel: zweiter Rang, man wollte der Kirche doch den Vortritt lassen. Die wehrlose Hinde aber und den Hasen vergleicht er mit dem dritten Stande, „das sind die Leute der Arbeit, welche das erarbeiten, wovon die anderen leben".[1]) Der Vergleich ist treffend: den von allen Seiten verfolgten und gehetzten Hasen als Symbol für die arbeitende Menschheit hinzustellen, zeugt von einer Einsicht in den Geist des Mittelalters, die dem Verfasser alle Ehre macht.[2]) Sein Nachfolger ist kein anderer als Karl Marx geworden, der die Behauptung niederschrieb, daß die Masse der Geburten und der Todesfälle in der Arbeiterschaft, daß die Größe der Familien im umgekehrten Verhältnis stehe zur Höhe des Arbeitslohnes und diese Erscheinung mit der massenhaften Reproduktion schwacher und vielgehetzter Tierarten verglich.[3])

Wir sehen also im Mittelalter eine Zentralmacht erwachsen dadurch, daß ein Stamm auf alten Kulturboden gerät, hier erstarkt, strahlenförmig den Boden rings im Kreise an sich zieht und einen Drohnenstand gebiert. Die verteilten Bodenflächen gewinnen allmählich Eigenleben, ihre Eigentümer ziehen die Jagd an sich, erbetteln die gräflichen Rechte bei der Krone und saugen der Mutter die Lebenskräfte aus: die Lieblingskinder erheben sich zum Oberdrohnentum. Die aufsaugende Eigenschaft des großen Grundbesitzes, der mechanisch weiterfrißt und

---

[1]) Roy Modus LXIV. Der reaktionäre Staatsrechtler Stahl sagte: „Die Leute, die mit dem Fluch der Arbeit beladen sind".

[2]) Für die Leser, die nicht Jäger sind, füge ich als Illustration zur Not des Hasen die Worte Wildungens hier bei:

„Menschen, Hunde, Wölfe, Lüchse,
Katzen, Marder, Wiesel, Füchse,
Adler, Uhus, Raben, Kräh'n,
Jeder Habicht, den wir seh'n,
Elstern ja nicht zu vergessen,
Alles, alles will ihn — fressen!"

[3]) Karl Marx, Das Kapital I., 669.

fortarbeitet, zehrt an des Volkes Lebensmark. Das war der Lindwurm, der die Bevölkerung verschlang und den zu töten kein Ritter Kraft und Mut besaß. Im heidnischen Rom opferten sich ideal veranlagte Naturen, weitschauende Männer für das Volk, um diesem seinen Anteil an der Mutter Erde zu gewinnen, Spurius Cassius, Gnäus Genucius, Spurius Mälius, Marcus Manlius, Tiberius und Cajus Gracchus, Livius Drusus, Männer, die mit ihrem eigenen Leben ihr lebendiges Gefühl für Unrecht und Gewalt bezahlten. Im deutschen Vaterlande erstand kein Siegfried, kein Georg, der dem Drachen des Bodenwuchers an den Leib zu gehen wagte, im Gegenteil, sie schluckten selber, was sie kriegen konnten und verlangten immer noch nach mehr! Tor, der Donnergott, war für das Volk noch eingetreten:

> „Berserkerweiber im Eiland der See überwand ich;
> die hatten das Schlimmste geschafft, alles Volk geschädigt."[1])

Holda und Freia sorgten für die Häuslichkeit und den gewerblichen Fleiß. Der Gott der Christen aber wußte nur zu sterben und nach dem Himmel hinzuschauen. Dafür hatte das Volk allerdings den Vorzug, daß die Ideale [2]) ihm erhalten wurden und seine Kultur eine christliche blieb! —

Der Grundadel erreichte im Mittelalter seine Blüte, er klärte sich ab von der übrigen Menschheit als Ritterstand und schuf sich eine eigene Welt, in welcher die Minne, das Turnier und die Jagd den engen Horizont der Junkerschaft begrenzten. Der Coitus, der Totschlag und der Tierfang wurden da in Schranken eingegrenzt, mit bunten Kleidern rings behängt, mit Brauch und Herkommen in ein ausgeklügeltes System gebracht, das mit der Zeit herausgewachsen war aus dem zielbewußten Streben nach Lust und Wohlbehagen, dem alles andere sich opfern mußte. Alle Regeln waren dazu angetan, den Genuß zu verfeinern und die Genußfähigkeit dauernd zu erhalten. In diesem Bestreben erreichte die Jagd ihre höchste Blüte. Wenn heute die Jagd beim Grundadel vielleicht den zehnten Teil der wachen Zeit ausfüllt, nahm sie im Mittelalter vielleicht den vierten Teil, stellenweise noch erheblich mehr in Anspruch. Wie der Grundadel in materieller Hinsicht ein Drohnenleben führte, so tat er es in geistiger erst recht; wie er die Gefälle sich

[1]) Die Edda, übers. von H. von Wolzogen, Reclam, 72.

[2]) Welche?

bringen, das Huhn sich braten, den Rock sich weben ließ ohne nennenswerte andere Gegenleistung, als die Erlaubnis, auf seinem Grund und Boden das Leben zu fristen, so lebte er in geistiger Hinsicht von den Brosamen, die aus dem Kulturleben der aufstrebenden Städte, seiner Städte, für ihn abfielen. Sein geistiges Leben war leer, sein Gesichtskreis beschränkt, wenn er beten wollte, rief er einen toten Menschen an, einen Heiligen der Kirche, und nächst der Liebe und dem Trunk war die Jagd das größte Vergnügen, das er kannte. Die Folge war ein unglaublicher Aufwand an Geld, Menschen- und Hundematerial für diesen einen Zweck und eine Ausbildung der jagdlichen Fähigkeiten, denen wir heute nicht mehr gewachsen sind. Die Parforcejagd des Mittelalters und die Falkenjagd sind die großartigsten und kühnsten Formen gewesen, zu welchen der Fang der freien Tiere jemals sich erhoben hat. Das Gewicht lag in der Kunst des Jagens, in dem Spüren und dem Laut der Hunde, in dem freien Flug der Vögel, in dem kühnen Reiten in der schönen Natur, in der Bewegung, der Kraft, in Mut und Geistesgegenwart. Der erjagte Hirsch wurde verschenkt, der erjagte Vogel wurde freigelassen. Nicht um der Beute willen ward gejagt, nicht das Töten des Wildes war der Zweck; das Töten ward nur in den Kauf genommen, weil die Jagd doch einen Abschluß haben mußte. Aber der Zweck des Jagens war das Jagen selbst, der Sport, die Lust, die Entfaltung ritterlichen Könnens, der Reiz der Gefahr, der leichte Kampf, das freie Spiel der zur Betätigung drängenden Kräfte.

Wie aber die ganze Blüte des Mittelalters nur eine äußerliche war, nur die Blüte des Drohnenstandes auf Kosten der Arbeit und der Unfreiheit des Volkes, abgesehen natürlich von den Städten, so waren auch Parforce- und Falkenjagd nur ein äußerlicher Schein, das Festgewand, das von den strebsamen Poeten dann gerühmt und von den Jagdschriftstellern mit Vorliebe geschildert und als die Blüte der Jagd gepriesen wurde. Beide Jagdarten waren kostspielig und ein Vergnügen der Großen. Gace de la Bigne rühmt zwar gerade, daß die Falkenjagd nicht den Herzögen, Königen und Prinzen vorbehalten war und auch vom Mittelstand gehandhabt werden konnte, der bessere Falken haben könne als die größten Herren. Doch konnte der Bürger immer nur vereinzelte Vögel haben und selten seinen eigenen Falkner halten. Wir werden sehen, daß noch im nächsten Abschnitt der Landedelmann mit

Habicht und mit Sperber sich begnügt und sie im wesentlichen nur auf Hühner und auf Enten stoßen läßt. Die eigentliche Falkenjagd mit hohem Flug war teuer, viele kostbare Vögel gingen ein, stets war ein zahlreiches Personal erforderlich zur Pflege und zum Abrichten. Der Aufwand für die Parforcejagd war noch schlimmer, denn zu den Kosten für das Personal kam der Unterhalt der Hunde noch hinzu, deren Zahl sich oft ins unglaubliche steigerte. Foix, ein kleiner halbsouveräner Graf in den Nordpyrenäen, hatte über 1600, Maximilian I. hatte ständig 1500 Hunde. Der edle Grundbesitzerstand wußte mit köstlichem Humor die Kosten abzuschieben auf die Untertanen oder auf die Klöster: Atzung und Hundelege kamen auf, und die Untertanen durften die herrschaftlichen Hunde futtern in dem erhebenden Bewußtsein, auf diese Art zum fürstlichen Vergnügen beizutragen. Der kleine Landedelmann besaß aber zu wenig Untertanen, um eine Meute unterbringen zu können mit Würfen und mit Nachwuchs und allem, was dazu gehörte, er hatte ohnehin auch schon die Steuerschraube so fest angezogen, wie es ging. Ihm stand das weite Revier nicht zur Verfügung, das die Parforcejagd brauchte, und der Unterhalt der Jägerei ging über seine Mittel weit hinaus. Dabei sind die Kosten für die Pferde noch außer acht gelassen, die für beide Jagdarten nicht unerheblich waren. Ich glaube kaum, daß selbst an fürstlichen Höfen der nötige Pferdebestand ohne weiteres verfügbar war. Die veneurs konnten nicht jedes Pferd verwenden, auch die Pferde mußten eingejagt und eingeritten sein. Sie mußten Liebe zu den Hunden haben, dicht an die Meute halten, mußten sicher auf den Beinen sein und kein Hindernis verweigern. Foix verlangt für den veneur drei Pferde; ebensoviele mußten auf jeden valet und zwei wenigstens auf jeden Teilnehmer gerechnet werden. Hundert Pferde waren für eine Parforcejagd gar kein seltenes Erfordernis, von denen dann wohl meistens noch einige beschädigt wurden. Wie sollte der kleine Vasall solchen Aufwand erschwingen? Das war ja ausgeschlossen! Nach Gace de la Vigne fing der König keinen Hirsch, der ihm nicht cent livres de bons parisis kostete. Auch die Parforcejagd war das Vorrecht großer Herren, und der gemeine Vasall blieb, wenn er im Walde hetzen wollte, angewiesen auf die Brackenjagd. Diese Jagdart war in ihrem Ergebnis aber unsicher. Heute kommt der Jäger den jagenden Hunden mit der Flinte zu Hilfe; mit dem Wurfspieß aber und dem Bogen war das schwer.

Zuweilen gelang es wohl, einen guten Schuß anzubringen, in den meisten Fällen aber ging die Hetze so lange hin und her, bis das Wild sich stellte; und wenn die Hunde zwischendurch gewechselt hatten, war die Jagd wohl meist ergebnislos. Und wie oft ging die Jagd über die Grenze, über Land! Das Aufstellen der Warten war ein unsicherer Notbehelf, und so dicht konnte man sie selten stellen, daß sie mit Sicherheit das Wild zurückscheuchen und die Meute zur richtigen Zeit unterstützen konnten durch Loslassen frischer Hunde. Auch diese Jagdart war schon teuer, denn zum Ausrichten von Warten war Menschen- und Hundematerial erforderlich. Den Aufwand für die Warten bezahlten die Herren natürlich nicht aus ihrer Tasche, das war Fronarbeit, aber welcher Aufwand wurde da getrieben, immer wieder predigt Foix, die Warten so dicht wie möglich zu stellen, nicht nur bei Schwein und Hirsch, sondern auch bei Gemse, Fuchs und Wolf, und in letzter Linie litt darunter natürlich auch die Steuerkraft. Die kleinen Dutzendritter jagten wohl gemeinschaftlich, und jeder stellte Hunde und Mannschaften, aber unsicher blieb das Jagen über Land trotzdem. Wollte der Jäger die Jagd des Jagens wegen treiben, wie Gottfried von Straßburg es verlangt, dann war das Überlandjagen am Platze; wenn er aber Beute machen wollte, dann mußten Netz und Hecke ran, und tatsächlich ist die Netz- und Heckenjagd neben der Fang- und Schießjagd die eigentliche Jagd gewesen im Mittelalter, wie im Altertum. Das Gedicht „Die Jagd der Minne", das wir oben besprochen haben, unterscheidet ausdrücklich und ganz scharf zwischen dem Jagen über Land und dem Jagen auf Gewinn. Selbstverständlich war beim Jagen mit Netz und Hecke die Vorsuche so wenig ausgeschlossen wie das Jagen der Hunde, Netz und Hunde dienten in erster Linie nur zur Sicherstellung des Erfolges, nebenbei natürlich auch zur Fangjagd größeren Stils, bei der dann auch die Treiberwehr zur Anwendung gelangte. In großen Revieren führte diese Jagdart leicht zur Massenschlächterei, und so kam es denn, daß Albrecht von Brandenburg wiederholt von hundert Schweinen schreiben konnte, die er auf der Jagd „gefangen" hatte, und Maximilian gar von hundertdreiundachtzig Gemsen!

Im Mittelalter war der Grundadel das führende Element in der Handhabung der Jagd und in der Feststellung dessen, was als weidgerecht passieren konnte; er ist aber zu einer Auffassung dessen, was weidgerecht ist in unserem heutigen Sinne, nicht vorgedrungen. Das

Gefühl des Grundadels blieb vielfach roh und unweidmännisch, trotz Parforce- und Falkenjagd, auch abgesehen von der Massenschlächterei. Die Schlinge blieb als Fangmittel gang und gäbe, das Spicken des Köders mit Nadeln haben wir oben kennen gelernt, und der Adel schreckte nicht davor zurück, ein altes Haustier lebend, aber gebunden den Wölfen vorzuwerfen.[1]) Der Koran verbot das Essen von erwürgten Tieren,[2]) aber die Bibel war nach dieser Richtung unempfindlich. Der Verfasser des Roy Modus findet es sehr unterhaltend, die säugende Hinde zu hetzen. Am besten jagt man nach seiner Auffassung das Tier, wenn es hochbeschlagen ist, wegen der schönen Jahreszeit im Mai und Juni. Ist aber das Kalb schon gesetzt, dann kehrt die Mutter oft zu ihm zurück, wenn es nicht folgen kann und wagt nicht, es zu verlassen, weshalb man mehr Vergnügen (déduit) hat. Zuweilen ist das Tier mit Kalb feister als ein geltes Tier. „Findest du also ein Tier mit Kalb, gib dir die Mühe, es zu bestätigen mit dem Leithund und laß die Hunde danach jagen."[3])

Wenn die lustige Gesellschaft von Damen und Herren, die über die Felder ritt und mit Beizen sich vergnügte, den Sperber nach der Lerche geworfen hatte, dann stieg der kleine Sänger erst so hoch er konnte, darauf ließ er sich gleich einem Stein zur Erde fallen. In seiner Angst und Unschuld suchte er jetzt Rettung bei den Menschen, und gerade aus dieser Torheit erwuchs dem Vergnügen der köstlichste Trick. Mitleid kannten diese Menschen nicht, und mit der größten Wonne gaben sie den Flüchtling dem Verfolger preis. „Wenn der Sperber sie dann fängt, das ist ein köstliches Vergnügen!"[4]) Albert, Graf von Bollstedt, der sich als Schriftsteller selbst der Große nennt, sagt, daß der Gerfalke mit frischem, noch warmem Fleisch gekröpft werden müsse. Beim lebenden Vogel fing der Falke an zu kröpfen, ehe der Vogel getötet war. Darum rissen etliche Falkner einer lebenden Henne einen Schenkel aus, am nächsten Tage den anderen, um dem Falken ein schmackhaftes Gericht zu geben. Der große Albert tadelt das, aber nur deswegen, weil am zweiten Tage das Fleisch nicht mehr gut sein könne, „von wegen der

---

[1]) Foix, 223—24.

[2]) Der Koran, fünfte Sure, 4.

[3]) Roy Modus, XXVII.

[4]) Ebenda, CI.

hitz, so der schmertz erwegt"; von der unmenschlichen Grausamkeit weiß der Graf von Vollstedt nichts zu sagen.[1])

Je mehr das Grundeigentum zusammenwuchs, desto mehr ging die Jagd ins große über, in das zeitweilige Zusammentreiben und Massentöten des Gewilds; diese Art der Jagd wird fein und hoffähig, der König betätigt sich daran in eigener Person. Zuerst haben wir die Schlächterei gesehen am fränkischen, dann am französischen und englischen Königshofe, dann zeigen die Anfänge sich an deutschen Fürstenhöfen und am deutschen Königshofe. Im nächsten Abschnitt werden wir der Jagd als Massenmord bei den Landesherren allgemein begegnen, denn das Massentöten folgte der Gewalt der großen Grundherrschaft. Die keusche Diana des Altertums, die jedem Bauern das Jagdrecht offen hielt, buhlte im Mittelalter um die Gunst der Höfe und machte bei den Großen sich beliebt, gleichwie die Poesie des Mittelalters von den Brosamen des Drohnenstandes lebte, zum Danke pflichtschuldigst in die Harfe griff und von fürstlicher Pracht und Milde und Freigiebigkeit (ja nicht zu vergessen!) sang und sagte.

Die Schießjagd wurde viel geübt, war aber schwieriger als heutzutage, denn erstens schoß der Bogen nicht so sicher wie die Büchse, und zweitens nicht so weit. Der Birschjäger des Mittelalters konnte nicht auf zwei- oder dreihundert Meter hin die Kugel fliegen lassen wie der moderne Schütze, er mußte sich dicht heranbirschen und eine ganz andere Kunst entfalten, als sie heute nötig ist. Ich zweifle nicht, daß es auch im Mittelalter Jäger gab, die den Reiz zu schätzen wußten, der gerade in der hohen jägerischen Kunst verborgen liegt, die zur Überwindung der Schwierigkeiten drängt und künstlich welche schafft, wo keine sind. Wenn Tristan sich im Walde allein mit Birschen vergnügt, nicht um Beute zu erjagen, wie Gottfried wiederholt betont, sondern nur um Kurzweil zu suchen, dann ist er ein Jäger in dieser Auffassung. Vorgekommen ist der Einsatz persönlicher weidmännischer Fähigkeiten, und die Lust am Weidewerken selbst, aber dieses achtbare Bestreben wurde leicht beeinflußt und verdorben durch böse Beispiele von oben her, durch die unweidmännische Art, wie der Stand der großen Grundbesitzer jagte, der nun dem echten Weidmann gegenüber durch die große Strecke glänzen wollte und sich das Wild zwangläufig an seinem Schirm

[1]) Tierbuch Alberti Magni, Falken, VI.

vorübertreiben ließ, um es als lebende Scheibe zu benutzen. Entstellt von dieser kleinlichen Eitelkeit tritt die Jagd in den Nibelungen uns entgegen:

Dô muose vil dër tiere verliezen dâ daz lëben;
dô wânden sie daz füegen, daz man in müeste geben
den prîs an dem gejägede: dësn kunde niht geschëhen,
dô dër starke Sîfrit wart zër viwerstete gesëhen.

Er war ihnen über! Maximilian I., „der große Weidmann", hat schon im Achental sich das Wild in den See treiben lassen, um es vom Schiff aus zu töten![1]) Ich will die eingehende Besprechung dieser eingestellten Jagden für den zweiten Band mir vorbehalten, weil sie erst in den kommenden Jahrhunderten zu ihrer ganzen Häßlichkeit sich ausgewachsen haben; ich will nur hinweisen auf die Verrohung des Gefühls, die mit jedem Massenmord verbunden ist und die sich gar nicht von ihm trennen läßt. Wenn immer wieder auf vorbeigetriebenes Wild hingeschossen wurde, das, wie Foix sagt, oft zu zwei und drei Stücken zugleich vorüberflüchtete, da war ein sicheres Abkommen nicht immer zu erzielen, und übereilte Schüsse konnten nicht vermieden werden.[2]) Die Lust am Töten und Wiedertöten ohne Mühewaltung ist unsittlich. Wenn der Mensch die Tierwelt sich zu eigen macht, seine Mitgeschöpfe fängt und tötet und dabei Lust empfindet, so kann dieses Verfahren nur geadelt werden durch einen Kampf, durch die Überwindung von natürlichen oder künstlichen Hindernissen, am besten unter Einsatz persönlicher Gefahr. Wenn dann der Jäger Sieger bleibt, dann mag die Freude gelten. Wenn aber die ganze Kunst des Jägers in müheloses Scheibenschießen umgewandelt und der Tod der Mitgeschöpfe verzehnfacht und aber und aber verzehnfacht wird, dann muß das Verfahren jede fühlende Brust

---

[1]) J. R. v. Franck, Der großmächtig Waidmann, 51.

[2]) Da kamen denn die sogenannten interessanten Schüsse vor, von denen Maximilian im geheimen Jagdbuch uns erzählt. „Ein Hirsch ist in Gegenwart des Herzogen von Jülich erlegt worden durch den großen Weidmann." (Der alte Herr hatte viel jägerisches Selbstbewußtsein.) „Dieser hat auf den Hirschen geschossen, hat ihn nicht gesehen und nicht getroffen und dennoch ist er durch diesen Schuß gefällt worden." An einer anderen Stelle heißt es wörtlich: Der große Weidmann hat „zwei stuck wildt In eim schuß geschossen, und als Er die Pluetthundt daran hat gehetzt, da ist noch ain frisch stuck wildt mit wundt faist und frisch geben. Es hatt aber nitt laufen mogen." Ich verstehe das so, daß ein hochbeschlagenes Tier nach der Verwundung gesetzt hatte, ehe die Bluthunde angehetzt wurden.

peinlich berühren, denn der Mensch mißbraucht dann die göttliche Kraft des überlegenen Geistes, die der Herrgott ihm anvertraut hat als ein heiliges Vermächtnis.

Was aus dem angeschossenen Wild wurde, war auf den höfischen Jagden mit dem Schießschirm zunächst wohl ziemlich gleichgültig, nur neue her, immer wieder schießen, daß nur die Strecke eine möglichst große ward, und dann nachher der Stolz! — Im eingestellten Jagen konnte ja das kranke Wild nicht fort. Auch sonst wollen Foix und Roy Modus mit dem Schweißhunde nachhängen, ob aber zur Erlangung des Wildprets oder zur Beschleunigung des Todes und zur Abkürzung der Qualen, ist sehr zweifelhaft. Ich glaube, daß moralische Gefühle dabei fremd gewesen sind. Auch Maximilian hat den Bluthund bereit; so wird das Bedenkliche des Schießens im eingestellten Jagen um ein Weniges gelindert. Auch war die Strecke, die auf den eingestellten Jagden des Mittelalters erzielt wurde, im allgemeinen noch bescheiden. Maximilian erzählt uns im geheimen Jagdbuche, daß er in einem Jahre 32 Hirsche, 41 Gemsen und 300 Enten erlegt habe, an Rotwild eine sehr mäßige Strecke, die später auf den Hofjagden in wenig Stunden zusammengeschossen wurde.

Der französische Adel erwartete von der Jagd gar vieles Gute. Foix will durch sie den sieben Todsünden entrinnen und alle guten Sitten und das Heil der Seele aus ihr ableiten. Der Jäger muß nach seiner Auffassung ins Paradies eingehen, er lebt fröhlicher in dieser Welt als irgend ein anderer Mensch. Maximilian aber war realistischer veranlagt, er betrieb die Jagd zu seiner Gesundheit und Erholung. Trotzdem er das Wild hegte, hatte er doch noch nicht das Gefühl einer Liebe zu dem Wilde, mit dem heute allerdings oft Mißbrauch getrieben wird und mit der sich leicht die Jägerei selbst einen blauen Dunst vormacht. Maximilian hatte noch das natürliche Gefühl der Feindschaft zwischen dem Jäger und dem Wilde; er schrieb 1490 an den Erzherzog Sigmund: „Wir werden morgen Gemsen jagen. Gott geb', daß wir mögen eine mit unserer Hand fällen! Wir tragen besonderen Haß von langer Zeit her gegen die wilden Tiere."[1]) Ähnlich so äußert er sich ein anderes Mal über die Bären. Da war denn das Töten freilich eine ganz naturgemäße Tat und das Massentöten zu begreifen.

---

[1]) Steinhausen, Briefe, I. 287.

Es ist mit der Schießjagd überhaupt ein eigen Ding, namentlich beim Treiben, bei flüchtigem Wild. Der Mensch schießt hin und verwundet wohl ein Wild; liegt es, dann liegt es, und liegt es nicht, dann geht es eben weiter, und es kommt ein anderes ran. Bei der Hetzjagd hatten viele Menschen und Hunde ihre Lust, und nur ein Stück Wild mußte leiden; bei der Schießjagd aber dreht sich leicht die Sache um, hier hat der eine Schütze nur die Lust, nur ein einzelner Mensch, und das Leiden des Wildes kann bei schlechten Schüssen vervielfacht werden. Wie nahe liegt die Gefahr eines nur halb geglückten Schusses, wie gering ist das menschliche Können, wie spielt der Mensch hier mit der Kreatur! Ein guter Schuß ist der schönste Tod, aber wie viel schlechte Schüsse kommen bei der Jägerei durchschnittlich wohl auf einen guten? Wie war das gar im Mittelalter bei dem unsicheren Zielen mit dem Bogen? Die Armbrust war ein zweifelloser Fortschritt, aber zu Labers Zeit im 14. Jahrhundert war sie noch wenig im Gebrauch, und daher war dessen absprechendes Urteil über die Birschjagd wohl nicht ohne Grund.[1]) Mehr weidmännisches Empfinden habe ich in den Kreisen des niederen Adels gefunden, als an den Fürstenhöfen. „Die Jagd der Minne", Gottfried von Straßburg, Hadamar von Laber, stellenweise auch Foix verraten weidmännisches Gefühl.

Friedrich II. von Hohenstaufen, der in erster Linie Italiener und König beider Sizilien und im Nebenamte deutscher Kaiser war, der Deutschland in dreiunddreißig Jahren einmal nur betreten hat und ihm wenig Segen brachte, trug in jagdlicher Beziehung hohen Sinn. Er war von seiner italienischen Mutter erzogen und von islamitischen Lehrern gebildet worden, seine besten Truppen waren Mohammedaner. Er war es, dem die Kirche das geflügelte Wort beilegte von den drei Betrügern Moses, Jesus und Mohammed. Er hat uns leider das kurze Lehrbuch über die Falkenjagd nur hinterlassen, während er nach eigener

---

[1]) Den Ansitz läßt er aber gelten:
„Diebisches birschen, schießen,
Muß ich auch underkumen
Das nimmer will verdrießen
Manchen, es gab schaden oder nutzen.
Ohne vergiftete pfeile ein lichte sâze
Erlaube ich einem herrn und guten gesellen auch in solchen maaße."
(Strophe 46.)

Angabe sich mit der Absicht trug, auch die anderen Jagdarten zu beschreiben, „wenn wir dann noch am Leben sind“, fügte er einschränkend hinzu. Die Todesahnung hat ihn nicht betrogen, er sollte die Kunde von der Jagd uns nicht mehr überliefern. Er starb, erst 56 Jahre alt, in den Armen seines Sohnes Manfred, zum Entzücken des Papstes Innozenz III., der seinen Tod frohlockend als ein Zeichen der göttlichen Rache pries!

Friedrich erklärt die Jägerkunst als den Inbegriff der Lehren, die ungezähmten Tiere zu bestimmten Zwecken, entweder durch Gewalt oder durch List, in die Gewalt des Menschen zu bringen, und die Jagd selber als die Körperbewegung und Übung, welche zur Erbeutung dieser Tiere stattfindet. Die Jägerkunst zerlegt er in drei Teile: in die Kunst, mit toten Werkzeugen, mit lebenden Tieren und mit beiden zugleich zu jagen. Diese „Wissenschaft faßt das, was wir lehren, nur geistig zusammen, ohne es in Wirklichkeit zu betreiben, und ist deshalb nur Theorie, während die Praxis unsere Lehre auch zur Anwendung bringt“.[1]) Friedrich erklärt die Falkenjagd für edler als die anderen Jagden, weil sie weniger der materiellen Werkzeuge bedürfe, wie Netze, Schlingen, Fußfesseln, Wurfspieße, Jagdspeere, Bogen, Schleudern und dergleichen, auch keiner vierfüßigen Tiere, sondern nur „der Raubvögel, welche sowohl unbeseelten Werkzeugen als auch Vierfüßlern ...... sind“. Gerade hier an entscheidender Stelle zeigt das Manuskript eine Lücke. Vielleicht fehlen die Worte „an Adel und Kühnheit überlegen“. Dann aber, fährt der Kaiser fort, sind die Raubvögel weit schwieriger zur Jagd abzurichten als Hunde; sie können dem Menschen nicht in gleichem Maße unterworfen werden, und man kann bei ihnen durch Gewalt nichts ausrichten. Auch ist die Kunst des Beizens schwieriger zu lernen als die Kunst des Jagens. Auf der Jagd, sagt Friedrich, kann sich auch der Pfuscher helfen, indem er die Hunde anleint und losläßt, Falken und Habichte aber werden durch Pfuscher nur verdorben. Als letzten Grund, durch welchen der Hohenstaufe die Beize für edler zu erklären sucht, gilt ihm die Tatsache, daß die Edlen mehr die Kunst erlernten als die Bürgerlichen. Diese Auffassung kann nicht wunder nehmen bei

[1]) Kunst und Wissenschaft identifiziert der Kaiser demnach im Gegensatz zur Praxis, zur Ausübung der Jagd. Diese und noch andere Stellen, die ich wörtlich anführe, sind der Übersetzung von H. Schöpffer entnommen, der einzigen Ausgabe des Friedrichschen Buches, die mir zugänglich war. Berlin 1896.

einem Hohenstaufen, dessen junkerliche Allüren das bürgerliche Element nun einmal nicht vertragen konnten, und dessen Zeit als ihre größte und genialste Errungenschaft die Untertänigkeit erfand.[1]) Während in Frankreich Philipp II., August und Philipp der Schöne, berührt vom Wehen des freiheitlichen Geistes, sich auf die Städte stützten und die einheitliche Königsmacht erstarken machten, gab Friedrich die deutschen Städte dem Adel preis und besiegelte die Kleinstaaterei, die Deutschland bald mit Hunderten von Fürsten segnen sollte.

Der Kaiser hält also die Beize für edler als die Jagd, weil sie nur mit dem Raubvogel zu tun hat, der mit List und Güte behandelt sein will; weil sie schwieriger und feiner ist als die andere Jagd, und weil es der Adel ist, der sie vorzugsweise treibt. Gegen diese Auffassung läßt sich gar vieles sagen. Weil bei der Beize die eigentliche Jagd sich in der Luft vollzieht und keiner Fangmittel bedarf, und weil der Raubvogel nur bis zu einem gewissen Grade und nur durch List und Güte zähmbar ist, kann man doch nicht gerade sagen, daß die Jagd mit ihm edler sei als die mit Pferd und Hund, die beide geistig höher stehen als der Falke. Mit dem Berichten des Falken war durch das beständige Opfer lebender Vögel, die ihm teils zur Übung im Stoßen, teils zur Ätzung hingegeben wurden, eine fließende Quelle von Grausamkeit verbunden, wie sie in dieser Art und in diesem Umfange keine andere Jagdart zeigte. Weder Leithund noch Laufhunde konnten mit dem Pfuihaas abgerichtet werden, wenn sie nicht gerade ein zahmes Tier angefallen hatten, und auch dann noch mußte man vorsichtig sein. Das Abtragen, das Berichten der Vögel war eine schwierige Sache, aber das Abführen des Leithundes war es auch, und die eigentliche Jagd mit dem Falken war nicht schwer, sonst hätten nicht Herren und Damen eine angenehme Unterhaltung sich damit verschaffen können, wie sie u. a. Roy Modus uns beschreibt. Bei der Hetzjagd blieben die Damen wohlweislich zurück. Die weidgerechte Ausübung der Hetzjagd, namentlich der Parforcejagd, war sicherlich vielseitiger und schwieriger als die Falkenjagd. Man darf aber annehmen, daß der Kaiser die Parforcejagd nicht gekannt hat, die um jene Zeit erst in Frankreich frisch entstanden war. Sofern er gegen die Massenschlächterei mit Netz und Hecke Stellung nehmen wollte,

---

[1]) Das Wort Untertanen wird zum erstenmal gebraucht in den Zugeständnissen Friedrichs an die neu geschaffenen Landesherren. Vgl. Schwappach, I, 86.

ist ihm sicherlich nur beizupflichten. Dagegen kann man nicht eine Jagdart für edler erklären als eine andere, weil der Drohnenstand sie mehr betrieb, denn dieser übte nicht nur die Beize mehr aus als die Bürgerlichen, sondern auch die Jagd ganz allgemein, weil er das Grundeigentum besaß; die Erklärung ist verteufelt einfach. Nicht aber war die Beize edel, weil sie der Adel trieb, sondern weil der Adel beizte, galt er für edel.

Das ist das Traurige an der menschlichen Kultur, daß sie heute noch mit falschen Begriffen arbeitet, die entstanden sind unter ganz anderen Verhältnissen. Es ist tief beklagenswert, daß der Stand der Grundbesitzer, der das ganze Mittelalter von anderer Menschen Arbeit lebte und die Arbeit für verächtlich hielt, für edel gelten konnte, und der Stand der Hand- und Geistesarbeiter, auf dessen Schultern die Kultur erwuchs, für unedel und für gemein. Der Drohnenstand hatte die Verwaltung des Gemeinwesens an sich gerissen, weil er nur auf diese Art sich im Besitz behaupten konnte; mit der Verwaltung übte er die Macht, und diese ist an sich nicht unedel, denn sie wirkt ins Große, und alles, was wirkt und schafft, ist edel, denn es gleicht einem schwachen Abglanz der ewigen Kraft und des göttlichen Wirkens. Ursprünglicher aber, edler und göttlicher ist die schaffende Kraft, die hervorwächst aus dem Schoß der Mutter Erde, die aus Stoff und Geist mühsam das Haus errichtet, das zerbrechliche Gebäude der Kultur, das dem Menschen das Wohlsein zwar erhöht, aber nur durch Umgestaltung der Naturprodukte und vielfach nur im Kampf mit der Natur die Wirklichkeit erlangt. Diese ursprüngliche, schaffende und göttliche Kraft liegt im Volke, in der Arbeit seiner Hände und seines Geistes, und was da oben herrscht und regelt, ob es sich nun Adel, ob Geistlichkeit oder Regierung nennt, ist nur der Ausfluß dieser schöpferischen Kraft, wird durch sie allein getragen, leiblich und geistig ernährt, gekleidet und erhalten.

Das Wort edel kommt aus dem Angelsächsischen von ead, ed, altdeutsch ôd; das Wort bezeichnet den Besitz, nichts anderes als den gemeinen stofflichen Besitz, und den ganzen Zierat, der um und an ihm hängen soll, haben strebsame Hofpoeten erst erfunden und dazu getan. Lassen wir das verdrehte Wort beiseite und sagen wir statt seiner wichtig, wichtig für die Kultur, so erhellt ohne weiteres, daß die arbeitende Klasse eine ganz andere Bedeutung hatte als der Drohnenstand. Man nehme aus dem Mittelalter den Adel und die Geistlichkeit hinweg, und das Volk atmet auf und erhebt sich zu neuer Blüte; man nehme das Volk hinweg, und Adel und Geistlichkeit sinken zusammen, verhungern oder müssen selbst die Arbeit leisten, die ihnen das Volk sonst abgenommen hatte. Die Franken waren selbst Arbeiter gewesen, ehe sie Eroberer wurden und nunmehr übergingen in den Drohnenstand.

Und diese ganze Verdrehung der Begriffe, dieser Kopfsprung der Moral, diese Verwechselung von edel und unedel, einen richtigen Hintergedanken hatte sie doch: derselbe Kerl, den der Bauer füttern mußte, hing ihn an den Galgen, wenn er sich dessen weigerte. So lange die Völker miteinander ringen, ist der Mut auf beiden Seiten gleich verteilt; ist aber ein Volk besiegt und im Sinne des Mittelalters erst verknechtet, dann erlischt der Mut wie weggeblasen. Knechtschaft macht feige, weil die Möglichkeit des Sieges fehlt. Damit der Drohnenstand gut leben konnte, mußte das Volk versklavt werden und vertiert, beraubt der alten Kühnheit seines Geistes, der ebenso von Gottes Gnaden war wie derjenige des Drohnenstandes. Langsam nur, mit den Erfindungen der Technik, mit dem Hammer des Tor und dem Webstuhl der Holda erhebt sich das Volk aus seiner Sklavenstellung. Mit der steigenden Vergeistigung der Arbeitskraft steigt auch das Volk an Geist und Wissen. Der Adel des Grundbesitzes verliert den Talmiglanz, und der Begriff des Edlen erleidet eine Umwertung. So müssen die späten Enkelsgeschlechter in mühevoller Arbeit wiedergewinnen, was die Väter im einmaligen Kampfe verloren hatten: die Freiheit des schöpferischen Wirkens und die Unmittelbarkeit zu ihrem Gott. Edel ist die schaffende Kraft, ob sie als Gottheit die Natur durchdringt oder im schwachen Menschen wirksam ist, edel ist die Arbeit und nicht der Grundbesitz.

Je mehr der Auffassung des Hohenstaufenkaisers widersprochen werden mußte, wo der Menschheit Adel auf dem Spiele stand, um so freudiger kann ihm zugestimmt werden in dem, was er über den Zweck der Beize uns vermeldet und über die Weise, wie er aus ihm heraus die verschiedenen Arten der Jagd bewertet. Er unterscheidet an dem Zweck der Falkenjagd vier Gruppen. Die erste Gruppe will mit der Beize Haar- und Federwild erbeuten für die Nahrung und den Verkauf; die zweite Gruppe erheitert und erfreut sich an dem schönen Flug der Vögel; die dritte zeigt ihre Vögel aus Eitelkeit, sie will prahlen mit der Zahl ihrer Beizvögel; die vierte Gruppe endlich will nur den Ruhm und die Ehre besitzen, die trefflichsten Vögel, zu haben und hat damit einen hohen Genuß.

Die erste Gruppe wird von Friedrich verworfen, weil sie zur Erschöpfung der Falken führe, die man nicht lange haben werde wegen übergroßer Beutegier. Der Kaiser ist also ein Gegner der Küchenjagd. Auch die zweite Gruppe führt nach Friedrichs Meinung dazu, die Vögel zu sehr anzustrengen, das sei knabenhaft und nicht kunstgerecht; auch die dritte Gruppe wird verworfen, weil sie die Vögel zu stark in Anspruch nehme. Nur die vierte Gruppe ist zu billigen, denn wer die besten Vögel hat, wird sie nicht mißbrauchen, damit er längere Zeit sie leistungsfähig hält. Das Ergebnis der Friedrichschen Untersuchung ist dahin zusammenzufassen, daß dem Kaiser die Kunst der Jagd erstrebenswert erscheint, und nicht die Beute.

So über alle Maßen scharf und dialektisch einwandfrei ist die Beweisführung Friedrichs gerade nicht zu nennen. Dem mittelalterlichen Geiste war es sicher gut, daß er mit dem Studium der Alten in der Zeit der Renaissance eine vortreffliche Schule des formallogischen Denkens durchlaufen mußte, wie sehr auch die unverstandene Aneignung der antiken Kultur in den Anfängen des Mittelalters uns in der nationalen Entwicklung zurückgehalten und geschadet hat.

Es verdient hervorgehoben zu werden, daß im Altertum und Mittelalter die weidgerechte Jägerei daran festgehalten hat, daß das Jagen Selbstzweck sein müsse; nicht nur Xenophon, Horaz und Arrian vertraten diesen Standpunkt, sondern auch Friedrich von Hohenstaufen, der Graf von Foix, der Herzog von York, Gace de la Bigne, Gottfried von Straßburg, die Königsberger Jagdallegorie, Hadamar von Laber und „Die Jagd der Minne". Alle schätzen und lieben den Sport des Jagens, alle achten die Beute gering, alle stellen diejenigen Jagdarten in die zweite Linie, deren erstes Ziel nicht geistige und körperliche Übung bildet, alle verurteilen um so schärfer jede Form von Jagd, welcher es an dieser Übung mangelt, je mehr die persönliche Kunst des Jägers und der Hunde einer mechanischen Fangvorrichtung weichen muß, wie Netz und Hecke.[1])

[1]) Die Königsberger Jagdallegorie paßt insofern nicht ganz in diesen Rahmen, als sie von vornherein mit Anwendung der Hecke jagt. Der Schwerpunkt liegt aber darin, daß der Jäger in der gebräuchlichen weidmännischen Weise des Wildes nicht habhaft werden kann und falsche Mittel angewendet werden müssen. Der Dichter verklagt die gefangene Hinde, daß er an einem Tage sie erjaget habe „mit falschem geziuge", während ein guter Jäger mehr denn zehn Jahre vergeblich ihr gefolgt sei „uf der spôr". Nicht das schnelle Erlegen war also das punctum saliens, sondern das kunstgerechte Jagen.

Schon die Schießjagd gilt nicht unbedingt für weidgerecht, zumal dann nicht, wenn der Jäger Beute machen will und nicht nur bedacht ist auf die Entfaltung jägerischer Kunst. Gottfried von Straßburg und Hadamar von Laber sind hier einig. Ich finde überhaupt keinen Unterschied in der Bewertung des Jagens zwischen den Italienern, Franzosen und Deutschen; alle verlangen vom Jäger individuelle Fähigkeiten, geistige Frische, körperliche Gewandheit, weidmännisches Vermögen, jagdliche Kunst. Einen Unterschied macht nur Hadamar v. Laber insofern, als er der einzige Jäger des Mittelalters ist, der nicht nur an die weidmännische Kunst denkt, sondern auch an das Leiden des Wildes. Foix verwirft die Schlinge und die Heckenjagd, aber eigentlich nur deswegen, weil die jägerische Kunst hier fehlt. Um mich nicht zu oft zu wiederholen, verweise ich auf die Stellen, die ich oben in den Abschnitten über die Treibjagd in den Hecken und über die Schießjagd schon gegeben habe. Nur ein Beispiel möchte ich noch anführen, das freilich etwas lang ist, aber typisch für die Auffassung des Jagens und im Lauf des Mittelalters mehrfach wiederkehrt, ich meine den Streit der Jäger und der Falkner über die höhere Bewertung ihrer Kunst, dieselbe Frage, die Friedrich von Staufen untersuchte. Im Roy Modus findet sich das nächstälteste mir bekannte Beispiel dieser Untersuchung, dessen Inhalt ich in seinen wesentlichen Punkten hier wiedergeben will. Daß im Mittelalter trotz der hohen jägerischen Kunst Vorgänge unterliefen, die sich mit unserem heutigen Gefühl durchaus nicht mehr vertragen, habe ich oben ausgeführt; ich brauche daher auf diesen Punkt nicht mehr zurückzukommen.

In einem städtischen Gasthofe sind Jäger und Falkner zusammengetroffen; sie haben sich angefreundet, nehmen die Mahlzeiten gemeinschaftlich ein, und unterhalten sich trefflich über ihre Kunst. Leider rollt der Apfel der Zwietracht in den Saal und die künstlich unterdrückte Eifersucht schlägt Flammen. Ein Jäger nennt die Falkner Lügner; ihm wird geantwortet, daß die Jäger Aufschneider und Trunkenbolde seien. Der Jäger erklärt die Falknerei für eine bloße Geflügelzucht und erhält als Antwort, daß die Jägerei in der Hauptsache nichts sei als Hundemist. Dem Jäger steigt der Wein zu Kopfe, in hellem Zorn schreit er dem Falkner zu: „Allen Dreck, den die Hunde machen, wünsch ich dir in den Hals!" Der Falkner schlägt dem Jäger das Luder um die Ohren und der Jäger pflanzt ihm das Horn zwischen seine natürlichen Hörner mitten hinein. Mit Mühe bringt man die Kämpfer auseinander und ein Jäger verkündet laut, daß die alte Streitfrage unlängst zwischen zwei Damen entbrannt und darauf entschieden worden sei durch das Urteil des Grafen Tancarville; er besitze eine Abschrift dieses Urteils und wolle es verlesen zu allgemeinem Nutz und Frommen, aber erst am anderen Tage, nachdem aus der gemeinschaftlichen Beute der Jäger und der Falkner ein gutes Essen bereitet und von beiden Parteien eingenommen sein werde, zu welchem die beiden Kampfhähne das Brot und den Wein zu stellen hätten. Allseitig wird der Vorschlag angenommen. Bei der Mahlzeit werden die Kampfhähne gefragt, ob sie noch etwas vorzubringen hätten. Der Jäger sagt, er sei geludert worden und habe doch nicht gekröpft; die Genossen lachen, binden ihm zwei Reiherschenkel auf das Luder und reichen es ihm hin. Der Falkner sagt, kein Ochse habe solche Hörner erhalten wie er, esse der Jäger von seinem Luder, dann wolle er trinken aus dessen Horn. Ihm wird das Horn mit gutem Wein gefüllt und die ganze Gesellschaft fängt an, so laut mit Jägerschreien und Signalen durch den Saal zu toben, daß die Leute aus der Stadt zusammenlaufen. Auf diese sinnige Art ward der Friede hergestellt und im Anschluß an den feierlichen Aktus das Urteil des Grafen Tancarville entfaltet und verlesen. Es folgt zunächst der Tatbestand.

Ein Ritter und seine Gattin jagen einen Hirsch und erlegen ihn in der Nähe einer Burg, mit deren Bewohnern sie gesellschaftlich verkehren. Sie beschließen daher, die Gelegenheit zu einem Besuche auszunutzen. Die Burgbewohner sind zwar auf der Falkenjagd, kommen aber bald zurück und zeigen sich hocherfreut über die Anwesenheit der lieben Gäste. Die Damen kommen ins Gespräch, jede preist die froh durchlebten Stunden, die eine die Jagd, die andere die Beize. Da keine Einigung darüber zustande kommt, welchem Vergnügen der Vorzug gebühre, schlägt der Burgherr vor, den Streitfall dem Grafen Tancarville zu unterbreiten, der für einen großen Jäger galt. Die Damen sollen am nächsten Tage ihre Gründe ausführlich entwickeln, dieselben aufschreiben lassen und die Schrift durch einen Boten dem Schiedsrichter übersenden.

Am nächsten Morgen begibt sich die Gesellschaft in den Garten, der vom Gesang der Vögel widerhallt, und dort tragen die Damen ihre Gründe vor, die übrigens kümmerlich genug ausfallen. Die Falknerin beginnt und sagt, daß die Falken in die Gemächer von Königen und Grafen getragen würden, die Hunde dagegen auf den Mist gelegt. Sie schildert entzückt die Beize mit dem Sperber in der Art, wie ich sie oben schon berührt habe. Es antwortet die Jägerin, daß die Windhunde auf dem Bett des Königs von Frankreich heimisch seien, und malt die Hirschjagd in den rosigsten Farben, wie denn überhaupt der eigentliche Streit weniger in der Entwicklung von Gründen sich bewegt, als darin, daß jede Dame ihr Vergnügen so schön ausmalt, wie möglich ist. Nur am Schluß werden noch einige Gründe vorgebracht: die Jägerin erklärt, daß bei der Jagd Auge und Ohr Ergötzen hätten, während bei der Beize das Ohr leer ausgehe. Die Falknerin betont, daß mit der Jagd Gefahr verbunden sei und diese ein eigentliches Vergnügen ausschließe, und das Gesicht sei wichtiger als das Gehör.

Als die Gründe zu Papier gebracht sind, wird der Schloßkaplan an den Grafen Tancarville gesandt, dessen Urteil im wesentlichen darauf hinausläuft, beiden Parteien Recht zu geben und sich wohl in die salomonischen Worte kurz zusammenfassen läßt: je nachdem! Der Ausgang des ziemlich langen Gedichts erinnert etwas an den Ausgang des Hornburger Schießens. Zu höherer Betrachtung konnte sich die ritterliche Gesellschaft nicht erheben, sie genoß wohl die Freuden der Jagd, aber worin diese eigentlich bestanden, war ihr selbst nicht klar. Mit voller Entschiedenheit aber stellen die Damen immer das Vergnügen in die erste Linie, das déduit, die Lust am Jagen, am Finden der Fährte, am Spüren der Hunde, am Flug der Vögel, am Kampfe in der Luft; ganz und gar nebensächlich ist die Beute, das Erlegen, das Töten des Wildes. Die Strecke scheidet völlig aus, wenn zwei Jäger über die Lust des Jagens sich besprechen, sie betonen immer nur die Kunst, den Sport, die leichte geistige und körperliche Übung und die anregende seelische Lust. Das Erlegen des Wildes für die Küche ging mehr im verborgenen vor sich, nebenher, und wurde im allgemeinen nicht dem jagdlichen Vergnügen beigezählt.

Wegen der Lust, welche die Jagd gewährte, war sie von allen Seiten heiß begehrt; immer mußte sie der Herrschaft folgen, und wie das deutsche Volk im Mittelalter unfrei war, hat es auch nie die Jagd besessen. Die Jagd ist eine Kulturerscheinung, die ihr Recht beständig ändert mit der Form der Grundherrschaft; das Recht zu jagen ist das Spiegelbild der Grundherrschaft und der schärfste Gradmesser der grundherrlichen Macht. Denkt man sich die Zahl der Jagdberechtigten in den einzelnen Zeitabschnitten des Mittelalters anschaulich dargestellt durch eine Pyramide, so bilden die Markgenossen die Basis, dann verjüngt sich der Querschnitt beständig, durchläuft das Vasallentum und endet in der Spitze beim Landesherrn. Ursprünglich ein Kampf gegen die kulturfeindliche Tierwelt wird die Jagd bald zu einem Nahrungsquell, um bei steigender Kultur mit der Tierwelt vor dem Anbau des Landes mehr und mehr zurückzuweichen. Ist das Volk nach der Art des deutschen geknechtet durch einen großen Grundbesitz, dann entsteht der Konflikt zwischen der Arbeit des Volkes und dem Vergnügen und dem Mittagstische der Grundbesitzer, die nun das Wild hegen wollen entgegen den Interessen des verknechteten Volkes. Die Periode dieser Konflikte setzt ein mit dem Abscheiden des Mittelalters; wir haben sie aufleuchten sehen bei Maximilians Tod. In seiner Fortentwicklung legt dieser Konflikt ein lautet Zeugnis ab von dem Unterschiede zwischen Stadt und Land. Während in den Städten das Bürgertum erstarkte und die Standschaft auf den Reichs- und Landtagen erwarb, legte die Jagd sich auf des Bauern Felder wie eine schwere Heimsuchung. Das Mittelalter hat hier günstig abgeschnitten. Uneingeschränkt herrschten Adel und Kirche, duckte das Volk, und der Anbau des Bodens hatte noch nicht die Grenzen überschritten, hinter welchen er mit einer rücksichtslosen Ausübung der Jagd notwendig in Widerspruch gerät. Noch jagte der Reiterzug hinter dem Hirsche und dem Falken zum großen Teil auf ödem Boden, noch trat der Hirsch vielfach auf natürliche Wiesen aus, noch brach das Schwarzwild meistenteils im Walde. Bär, Wolf und Luchs halfen den Wildstand dezimieren. So konnte sich im Mittelalter aus dem großen Grundbesitz und dem beschränkten Felderbau die Blüte der Jagd entwickeln, ohne doch bis zur weidmännischen Durchgeistigung sich fortzubilden.

Neben dem Bodenraub war es der Geist der römischen Kultur, durch welchen das ungeschulte Volk des Mittelalters in Abhängigkeit gehalten wurde. Physisch hatten die Germanen die römischen Völkerschaften botmäßig gemacht, aber dafür sind sie von dem Geiste der Besiegten dreimal überwunden worden. Die erste große Sturzwelle des Geistes, die von Süden her über die deutschen Stämme sich ergossen hatte, war die christliche Religion gewesen, ihr war die römische Sprache gefolgt und die folgenden Wellen spülten das römische Recht und die Kunst ans Ufer. Jedes Volk muß an der Hand der Technik sich selbst emporarbeiten, muß Kapital erzeugen und die Mittel zur Verfügung stellen, welcher die kleine Minderheit der Gelehrten bedarf, um die Geistesströmungen zu fixieren und die schaffende Kraft des Weltalls zu belauschen. Jedes Volk muß ebensogut sein geistiges Kapital erzeugen, wie es materielles Kapital erzeugt. Geistige Bevormundung hat immer ungesunde Folgen, die nationalen Kräfte werden abgelenkt, in eine schiefe Richtung abgeschoben, und das geistige Kleid, das sie dann weben, ist nichts als eine Zwangsjacke. Die geistige Kultur des Altertums hat uns in der Religion geschadet, im Recht vielleicht so viel geschadet wie genutzt,[1]) in der Kunst hat wohl der Nutzen überwogen.[2]) Gefördert hat uns die Kultur des Altertums nur in der Technik, in den exakten und in jenen Geisteswissenschaften, die wir von vornherein auch zu verarbeiten vermochten, ohne durch sie versklavt zu werden, in jenen Teilen, die erst mit dem humanistischen Zeitalter in Geltung traten, in der Logik, der Grammatik, der Geschichte, dem Staatsrecht, der Politik, der Ethik, der Poetik, der Rhetorik, meinetwegen auch in der Metaphysik, trotzdem Aristoteles und Plato gespukt haben in der Scholastik des ganzen Mittelalters. In der Zeit der Renaissance hatte der deutsche Bürger trotz Grundherrschaft und Priestertum den Blick soweit geschult, daß er den Geist des Altertums schon hier und da begreifen konnte, und was der Mensch geistig verarbeitet, das kann auch Nutzen bringen. Im Mittelalter war das Volk noch unreif, die zu einem religiösen System verdichtete spekulativ-mystische Philosophie des Altertums benahm ihm das natürliche Gefühl. Die Kirche war die große geistige Zwangsanstalt,[3]) ihre scholastische Wissenschaft schrieb Abhandlungen über die nichtigsten Dinge, Fragen, von denen niemand etwas wußte, wurden zur Hauptaufgabe der Forschung gemacht.[4]) Die Geist-

[1]) J. Grimm hält das Aufkommen des römischen Rechts für ein nationales Unglück. Vgl. Bernhardt, Gesch. des Waldeigentums, I. 146.

[2]) Zweifellos ist auch diese Frage nicht, unsere Volkskunst ist durch die fremde Architektur zum Teufel gegangen, das Bauernhaus geschwunden.

[3]) „Wahre Tugend ist unabhängig von aller und unverträglich mit befohlener und auf Autorität geglaubter Religion". Wilh. v. Humboldt, Über die Grenzen der Wirksamkeit des Staats. Reclam 89.

[4]) E. Zeller, Gesch. d. deutschen Philosophie, München 1875. Einleitung 4. — Man untersuchte die Frage, ob Gott der Vater den Sohn durch Verstand, oder durch das Wesen, oder durch das Attribut, natürlich oder frei hervorbringt, und die stolzen Schreiber legten sich klangvolle Titel bei, der Große (unser Albertus!), der Feine, der Englische, der Unwiderlegliche, der Feierliche, der Illuminat, der Allgemeine, der Tiefe. Diese Doktoren waren gegen die Kirchenväter, was ein ver-

lichen zerschrien sich auf der Kanzel die Lunge, um Geheimnisse zu beweisen, von denen sie nicht die mindeste Vorstellung hatten.

Wäre diese Flutwelle griechisch-syrisch-jüdischer Spekulation nicht über die deutschen Lande hingerauscht, dann würde das deutsche Volk im Sinne des verwandten arisch-griechischen Geistes sich entwickelt haben; es hätte eine Naturreligion aus sich entfaltet ohne Priester, es hätte die Natur durchgeistigt gleich den Griechen, es hätte sich nicht zerfleischt um seines Glaubens willen, politisch wäre es früher zur Einheit gekommen, und Kunst und Schönheit hätten es beglückt. Der Anfang war gegeben, die germanische Religion bot mit der griechischen unendlich viel Berührungspunkte, denn beide waren auf dem gleichen Stamm gewachsen.[1] So aber kam es anders. Die geistig überreife Kultur des Altertums bestrickte und brach zugleich den Geist der jugendlichen Völker, und die christliche Philosophenschar überschwemmte das Land und teilte mit der fränkischen Erobererkaste sich in den Bodenraub. Schwert und Kutte wuchsen sich aus zur Grundherrschaft und Landplage und knechteten die besiegte Arbeitskraft. Sie waren die Frostriesen des Mittelalters, welche das keimende Leben niederhielten, die Joten und Thursen, die Esser und Durster; die einen zehrten von des Volkes Lebensmark, und die anderen sogen an seiner Seele. Durch diese junge Seele war das Sehnen gegangen nach Licht, nach Sonne und Leben, nach Anteil am Kampf zwischen den Mächten des Lichts und des Dunkels, den Wälsungen und den Nibelungen. Vorahnend die Zeit der späten Geschlechter sagen die alten Gesänge der Edda vom Liebesleben des Sonnengottes und der jungfräulichen Erde, vom göttlichen Geist und dem heimischen Boden, vom Einbilden der Form in den ewigen Stoff, vom Erwachen des Frühlings in der Natur und im Völkerleben. Aus dem Meere war die Erde entstiegen, von ihm war sie umgürtet, sie lag im Banne der Winterkälte, bewacht von den Frostriesen, die das Meer umwohnen. Die wärmende Frühlingssonne in der Gestalt des Gottes Froh sendet den Schirner, den ersten erwärmenden Strahl, zur Erde als Freiwerber. Durch die Waberlohe der Abend-

unglückter schöner Geist gegen einen wahren Gelehrten ist. Voltaire, sämtl. Werke. Berlin 1786. VI. 172. Es war die wissenschaftliche Blüte der Kirche, das Papsttum stand auf der Höhe seiner Macht.

[1]) J. Grimm, Deutsche Mythologie, weist den Zusammenhang in den Einzelheiten noch.

glut und der Morgenröte reitet er auf dem Windroß zur Jotenburg, auf welcher die gefangene Erde weilt. Froh gibt dem Boten

„Das Schwert, das von selber sich schwingen soll
„als des Wissenden Waffe!"

Des wärmenden Geistes Macht sollte die Frostriesen besiegen. Doch die Erde ist befangen in dem Nebel, der um die Seele sich legt, sie versteht nicht die Erlösung, sie ahnt das Licht des Frühlings nicht und weigert sich, der Werbung zu folgen. Aber die Kraft des Lichtes und des Geistes ist so leicht nicht abgewiesen, sie weiß, daß sie siegen wird, sie will es und muß es wollen:

„Schaust du dies Schwert, Maid, so zauberscharf,
Das ich halt, in der Hand hier?
Vom Halse hau' ich das Haupt dir herunter,
wenn du nicht willig bist!

Sollst dauernd mit dreiköpfigem Dursen leben;
sollst mannlos bleiben, von Morgen zu Morgen
gedanken bedrückt;
sollst dorrn wie die Distel, gedrängt ins Vorhaus
droben am Dache!"

Da erwacht in der Erde die Ahnung eines höheren Lebens, sie fühlt das Wehen des Geistes, den sie noch nicht begreift, aber sie rafft sich auf:

„Heil dir, Heldensproß! — Hier nimm den Eiskelch gefüllt mit Firnmet!
Nie dacht ich doch, daß ich dulden könnt' eines Wanen Werbung!
Blütenhain ist, wie wir wissen, ein windstiller Wald;
Nach neun Nächten dem Nord-Sohn will Gerda zum Weibe dort werden." [1])

Am Ausgang des Mittelalters erwacht das Volk aus dem Zauber der winterlichen Gewalten. Der Hammer des Tor hat ihm Waffen geschmiedet, unter seinem Schlage sprüht der Funke des Geistes: die Humanisten verscheuchen den römischen Nebel. Den ersten Trank bringt die Erde dem göttlichen Licht, Firnmet im Eiskelch, tötend für jeden, den der Geist nicht berührt, aber labend für die Kämpfer, die mit der Springwurz, mit dem Zähmezweige der Vernunft das Volk sich zwingen

---

[1]) Die Edda, in der prächtigen Übersetzung von Hans von Wolzogen, Leipzig, Reclam, 31—33.

zu Willen. Die Springwurz wächst im wilden Walde. Das deutsche Volk hatte den Wald gewandelt in goldenes Ährenfeld, aus der Arbeit war die Springwurz entsprungen, die junge Zauberkraft des Geistes, mit welcher er die Winterriesen scheuchen sollte. Aber nach neun Nächten erst will die Erde dem Nordsohne zum Weibe werden. Vier Nächte sind vergangen, fünf folgen noch, ehe der Frühling erblüht auf deutscher Erde. Die vergangenen vier wollen wir durchwandern im kommenden Bande.[1])

Es gibt gewisse Rechte, die der Mensch nicht opfern kann, ohne das ethische Grundgesetz aufzuheben, das in der Pflicht der Selbstbehauptung liegt. Die Griechen sprachen gern von ungeschriebenen Gesetzen, welche die Gottheit in des Menschen Brust gelegt.[2]) Ein solches ungeschriebenes Gesetz besagt, daß die persönliche Freiheit nicht verletzt werden darf; ein anderes besagt, daß jedes Volk, das sich in der Weltgeschichte autonom bewegt, Eigentümer sein muß von seinem Grund und Boden; ein drittes besagt, daß dem Volke die Verteidigung dieses Bodens gegen die wilden Tiere zugehört. Das Recht ist immer eine Frage der Macht gewesen. Je mehr die Kultur fortschreitet, desto mehr siegt die Gesittung über das barbarische Hofrecht des Mittelalters, desto mehr gleitet die Macht in die Hände des Volkes, desto mehr gehen die rohen Formen des Zwanges über in die freiwillige Arbeitsweise. Das erste der angezogenen Gesetze ist schon aufgeschrieben worden,[3]) das zweite im Prinzip zwar anerkannt, im Enteignungsverfahren auch hier und da betätigt worden, aber noch ganz und gar nicht durchgeführt.[4]) Wie es mit dem dritten steht, werden wir im zweiten Bande sehen.

[1]) Ich habe eine Winternacht auf ein Jahrhundert hier gedeutet. Vielleicht ist dieser Zeitabschnitt zu weit gegriffen und der Frühling näher als man glaubt.

[2]) Äschylos verkündet in den Schutzflehenden einen Spruch, der nicht eingegraben in Gesetzestafeln, nicht eingesiegelt in ein Pergament, doch hafte fest in eines jeden Brust. Antigone sagt, ein Menschenwort sei nicht höher als des Himmels ungeschriebene, unwandelbare Rechte. Im Ödipus spricht Sophokles von ewigen Rechten, die aus den Höhen herabgestiegen, in Äthers Raum geboren, die kein irdisch Wesen, kein sterblicher Mensch erzeugt. Zweifellos hat unser Schiller die Stelle im Tell hier entnommen, in der er spricht von den ewigen Rechten, die droben hangen unveräußerlich und unvergänglich, wie die Sterne selbst. — Die Stellen aus den griechischen Tragikern entnehme ich der Ausgabe von Reclam.

[3]) Z. B. in der preußischen Verfassungsurkunde, Art. 5.

[4]) Es sind noch keine zweihundert Jahre vergangen, seit der Lehnsnexus in Preußen aufgehoben ward. So geschehen am 15. Januar 1717.

Wir nehmen Abschied hier von unserem alten Drohnenstande, indem wir als ehrlicher Feind die Hand ihm reichen. Ich rufe Bismarck hier zum Eideshelfer auf, den Recken, der halb aus junkerlichem, halb aus bürgerlichem Blut entsprossen, als ein Markstein dasteht in der Geschichte des deutschen Volkes, als ein Wendepunkt in dessen Leben, weil er das gleiche Stimmrecht ihm verschaffte und den Wert des Geistes höher schätzte als den Grundbesitz. Bismarck betonte im Jahre 1895, als er die Vertreter der Innungen empfing, „daß die praktischen Leute, die wirklichen Erwerber, von der Landwirtschaft bis zu dem feinsten Gewerbe, wie sie sich allmählich angesetzt haben an die Urgewerbe, daß wir da zusammenhalten, die Erwerbenden, und uns wehren gegen die Drohnen, die nicht Honig sammeln, ich will nicht sagen, in der brutalen Art wie die Bienen es tun, aber doch, daß wir uns von den Drohnen nicht führen lassen". Im Lehnstaat war die Einheit der Staatsgewalt gegründet gewesen auf dem Grundeigentum, mit dem Boden war sie dahingeschwunden und bestand nur noch als eine leere Form von Kaisermacht. Nicht als Organ des Staates ward dem Gutsbesitzer die Gewalt überwiesen, sondern zu eigenem Rechte und Genuß als Drohne. Ihm gehörte das Grundeigentum in den Städten, ihm gehörten die Einwohner, er war Herr über Leben und Tod. Im ganzen wurde wenig regiert, Familie, Korporation und Land regierten sich selbst durch ihre Vertreter, aber der springende Punkt der Steuern ward natürlich nicht vergessen, und die Jagd genoß der Grundherr voll und ganz. Wir werden zu untersuchen haben, wie aus Grundadel, Kirche und unfreier Bevölkerung der moderne Staat in seinem zweifelhaften Wert erwachsen konnte, und welche Wandlungen die Jagd dabei durchlaufen hat, ob sie in die Hände des schwer geprüften Volkes gekommen oder das Vorrecht einer herrschenden Minderheit geblieben ist. Ist das Volk jetzt Herr der Jagd, dann hat es sich befreit, im anderen Falle hat es nur der Herrschaft Form gewechselt, wie der Esel des Äsop.

Für Leser, die nicht Jäger sind, lasse ich nachstehend die kurze Umschreibung einiger Worte und Redewendungen folgen, deren Bedeutung zwar meistens schon erörtert ist, die aber im Texte öfter wiederkehren. Ich verwahre mich indessen ausdrücklich gegen den Gedanken, als hätte ich etwas geben wollen, was einem, wenn auch nur auszugsweisen, Lexikon der Weidmannssprache ähnlich sähe.

Abbrechen tut der Jäger den Hund und der Falkner den Falken in der Art, daß er ihnen den Fang (das Maul) oder den Schnabel öffnet, wenn sie sich verbissen haben.

Abfangen bedeutet soviel wie totstechen.

Abtragen tut der Falkner den Beizvogel, wenn er ihn zahm macht und abrichtet.

Ablegen eines Hundes findet statt, wenn derselbe veranlaßt wird, auf Befehl an einer Stelle still liegen zu bleiben.

Äsen nennt der Jäger das Fressen des Rot-, Dam- und Rehwildes.

Allans war eine große Hundeart, die unseren heutigen Doggen entsprach. Der Ausdruck entstammt nach Foix dem Spanischen.

Anfallen tut ein Hund die Fährte, wenn er die Spur eifrig verfolgen will.

Anjagen nennt man den Teil der Parforcejagd, bei welchem die Meute auf die Fährte gesetzt wird.

Annehmen tut das Wild den Wald, wenn es ihn betritt, der Hund die Fährte, wenn er sie verfolgen will, die Meute den Wechsel, wenn sie die richtige Fährte mit einer falschen vertauscht oder verwechselt.

Ansprechen tut der Jäger ein Wild, wenn er aus gewissen Zeichen auf die Beschaffenheit desselben schließt (Fährte, Losung usw.).

Aufgreifen tut ein Hund die Fährte, wenn er auf ihr fortzuspüren trachtet.

Auflaufen läßt der Jäger das Schwein, wenn er es zum Angriff reizt und ihm den Spieß in der Art entgegenhält, daß es sich selber ersticht.

Aufnehmen tut ein Hund die Fährte, wenn er auf ihr fortzuspüren trachtet.

Ausfällen nannte die Jägerei die Jagdart auf Gemsen, bei welcher sie mit langen Schäften, an denen ein Messer befestigt war, die Gemsen erstach, die sich an einer schwer zugänglichen Stelle „eingestellt" hatten.

Ausweiden heißt das Herausnehmen der Eingeweide.

Balzjagd ist die Jagd, bei welcher der Jäger dem balzenden Auerhahn sich nähert, um ihn zu erschießen.

Bast heißt im Mittelalter das Abstreifen der Haut und das Zerschneiden (Zerlegen) des Wildkörpers.

Beifallen tun die Hunde, wenn sie auf der Fährte einem führenden Hunde folgen.

Beitritt ist das Erkennungszeichen des Hirsches, das darauf beruht, daß er mit dem Hinterlauf neben den vorderen tritt.

Bestätigen tut der Jäger ein Wild, wenn er es derartig einkreist, daß er mit Sicherheit den Aufenthalt desselben angeben kann.

Bett ist das Lager von Edel-, Dam- und Rehwild.

Beize ist die Falkenjagd.

Bil heißt der Teil der Hetzjagd, bei welchem sich das Wild den Hunden stellt und von ihnen verbellen (verbilen) läßt.

Birschen heißt die Schießjagd üben im Gegensatz zum Jagen, der Hetzjagd.

Blatt heißt die Schulter des Wildes.

Block ist der geschlossene Teil der jagenden Hunde.

Bracke bedeutet jagender Hund, Jagdhund, Spürhund.

Bruch legen tut der Jäger, wenn er auf eine Fährte einen abgebrochenen Ast legt, um sie wiederzufinden.

Decken tun die Hunde das Schwein, wenn sie es festhalten.

espagnol, Spanier, war die französische Bezeichnung für den Vorstehhund.

Fallen tut alles Wild in die Netze, wenn es hineinläuft und von ihnen bedeckt wird.

Fang geben heißt soviel wie abfangen, totstechen.

Federspiel heißt einerseits die Falkenjagd, dann aber auch ein mit Leder Bändern und Vogelflügeln umwickelter Stil, mit welchem der Falke gelockt wurde, soviel wie L u d e r.

Fegen tut der Hirsch und der Rehbock, wenn er vom jungen Geweih und Gehörn den Bast, die äußere Haut, abscheuert.

Fehljagd ist eine ergebnislose Jagd.

Fessel ist der Riemen, an welchem der Falke gehalten wurde.

Finkenherd ist ein Fangplatz für Finken.

Gehege ist ein eingezäunter Waldteil, auch ein gebannter Wald, der nicht betreten werden durfte.

Halten die Fährte tun die Hunde, wenn sie stetig darauf fortjagen.

Hals, lauten, hat ein Hund, der bellt oder laut jagt.

Hatze ist eine Gruppe von Hetzhunden, die zu zwei oder drei zusammengekoppelt sind; auch eine solche Koppel wurde Hatze genannt.

Hecke ist eine Vermachung aus trockenen oder lebenden Pflanzen, die Öffnungen hatte, in denen Netze aufgestellt wurden zum Fang des Wildes.

Himmelszeichen oder Wenden ist ein Erkennungszeichen des Hirsches, welches darauf beruht, daß er mit seinem Geweih im Laub- und Astwerk Spuren hinterläßt, wenn er hindurchgeht.

Hinterlassen ist ein Zeichen des Hirsches, welches dadurch hervorgebracht wird, daß alle feisten Hirsche mit dem hinteren Lauf die Spur des vorderen nicht erreichen.

Jagdschirm ist eine Vermachung, durch welche der Jäger vor dem Angriff des Wildes geschützt (geschirmt) wird.

Kalt ist die Fährte, wenn sie nicht mehr frisch ist.

Kappen tut der Falkner den Vogel, wenn er ihm die Haube aufsetzt, damit er nicht sehen kann.

Koppel ist ein Strick oder Riemen, durch welchen mehrere Hunde zusammengefesselt werden, auch die Hunde selbst werden so genannt.

Krank bedeutet beim Wild so viel wie verwundet.

Kröpfen tun die Raubvögel, wenn sie fressen.

Lancieren heißt das Aufjagen des Wildes bei der Parforcejagd.

Lauf heißt im hier gebrauchten Sinne das Bein des Wildes.

Lecker ist die Zunge des Hoch-, Dam- und Rehwildes.

Leithund ist ein Hund, der den Jäger auf der Spur des Wildes leitet und dabei an der Leine ist.

Licht heißt das Auge des Edel-, Dam- und Rehwildes.

Losung sind die Exkremente des Haarwildes.

Luder ist dasselbe wie Federspiel, ein mit Riemen und Bändern umwickelter Stiel, mit welchem der Falke gelockt wurde. Man band Fleisch auf diesem Luder fest, das der Falke kröpfen mußte. Hiervon abgeleitet ist dann die Bezeichnung eines ausgelegten toten Tieres als Luder, wodurch das Raubzeug angelockt wurde. Luderplatz, Schindluder. Das Wort entstammt dem Lateinischen, ludere, spielen.

Nachhängen tut der Leithund der Fährte, wenn er auf ihr fortarbeitet.

Parforcejagd ist die französische Bezeichnung der Hetzjagd, auf welcher gejagt wurde à force des chiens; später sagte man par force des chiens.

Pfneischen tut der Jäger die Hunde, wenn er ihnen von dem erjagten Wild zu fressen gibt.

Pranke ist die Tatze des Bären.

Relais ist eine Gruppe von Jägern, Pferden und Hunden zur Unterstützung bei der Parforcejagd.

Schellen wurden dem Falken an den Ständern befestigt, um seine Bewegungen zu hören.

Schlagen tut der Falke den Raub, wenn er ihn packt.

Schreien tut der Hirsch in der Brunstzeit; auch der Jäger schreit, wenn er den Genossen oder Hunden zuruft.

Schweinsfeder ist ein Jägerspieß, der einen Querriegel hat, durch den ein zu tiefes Eindringen in den Wildkörper verhindert werden soll.

Schweiß heißt das Blut des Wildes.

Schweißhund ist ein Hund, welcher die Blutspur verfolgt.

Sicht, la vue, ist der Anblick des gejagten Hirsches.

Stellen tut die Meute ein Wild, wenn sie es am Fortlaufen hindert, ohne es doch zu packen. Auch das Wild stellt sich in solchem Fall den Hunden.

Strecke ist die Reihe des nebeneinander gelegten erbeuteten Wildes.

Suhle ist eine schlammige Pfütze, in der sich Edelwild und Sauen an heißen Tagen kühlen.

Tier ist das weibliche Edel- und Damwild.

Tot verbellen tut der Schweißhund, wenn er am toten Wild so lange bellt, bis der Jäger zur Stelle ist.

Tuch heißt ein 130 bis 150 m langer und etwas über 3 m breiter Zeugstreifen zum Einfangen des Wildes.

Überlandjagen ist der alte Ausdruck für Hetzjagd.

Verbrechen tut der Jäger die Fährte, wenn er einen abgebrochenen Ast darauf legt, damit er sie wiederfindet.

Vergrämen bedeutet verscheuchen.

Vogelhund bedeutet Vorstehhund.

Vorgreifen tut der Jäger, wenn er die Fährte verläßt und vorwärtsgehend im Bogen auf sie zurückkommt.

Vorsuche ist der Teil der Hetzjagd, durch welchen der Aufenthaltsort und die Beschaffenheit des Wildes festgestellt wird.

Warm ist die frische Fährte.

Warte ist ein Posten oder eine Reihe von Posten zum Scheuchen des Wildes bei der Hetzjagd.

Wechsel heißt der Pfad oder die Stelle, auf welcher das Wild gewohnheitsmäßig hin und her zieht, etwa auf die Felder und zurück. Wechsel, change, ist aber auch das Verwechseln der Fährte auf der Hetzjagd.

Werfen tut der Falkner den Vogel von der Hand, wenn er auf die Beute stoßen soll.

Widergang ist die Rückkehr des Wildes auf der eigenen Fährte, die gewöhnlich mit einem Absprung endet.

Zerlegen ist das Zerschneiden des Wildes.

Zerwirken ist das Streifen des Wildes.

Zudrücken tut ein Gehilfe dem Jäger das Wild, wenn er es langsam und unauffällig dahin bringt, daß es sich dem Jäger nähert.

Zwanglauf ist die eingegrenzte Führung des gejagten Wildes durch aufgestellte Netze oder Menschen, durch welche es veranlaßt wird, sich in bestimmter Richtung zu bewegen.

FSC
www.fsc.org
MIX
Papier | Fördert
gute Waldnutzung
FSC® C083411

Kolibri 360 GmbH
Ferdinand-Jühlke-Straße 7
99095 Erfurt, Deutschland
produktsicherheit@kolibri360.de